心理咨询与治疗丛书

儿童心理咨询
Counseling Children

杨琴 ◎ 主编
彭咏梅 刘郁乔 ◎ 副主编

中国人民大学出版社
·北京·

编委名单

主　　编　杨　琴
副 主 编　彭咏梅　刘郁乔
编写人员（排名不分先后）
　　　　　　李　荣　胡　畅　郑　洁　杨　琴
　　　　　　刘郁乔　罗晓丹　于琳琳　卢宇婷
　　　　　　彭咏梅

推荐序

近年来，儿童心理问题持续呈上升趋势，2019年印发的《健康中国行动——儿童青少年心理健康行动方案（2019—2022年）》中明确提出开展心理健康服务体系完善行动，各级各类院校、社区都需设立心理服务平台。这意味着我国对儿童心理咨询人才有着巨大的需求，而目前儿童心理咨询行业内的指导书籍还相对非常稀少，本书正是一本立足于实践，全面详尽的儿童心理咨询指导性书籍，涵盖了儿童心理咨询师从业所需的理论基础、技术，并有大量本土儿童心理咨询实例。总的来说我认为本书具有以下几个特点：

（1）内容全面翔实。本书包含了三种理论基础、最为广泛应用的四种技术，儿童心理咨询师在实践中可能遇到的多种实际问题，并附有拓展阅读及参考文献以备扩展学习，完全可以满足读者初学所需。书中理论和技术的介绍，虽内容精简，但由于富有条理、逻辑清晰，读者可以非常轻松地理解并搭建起自己的理论框架，为之后的进阶学习奠定良好基础。同时，本书在篇幅有限的情况下最大限度突出了每一种理论的最重要和最具特色的内容。比如第三章"儿童精神分析"中介绍了安娜·弗洛伊德、梅兰妮·克莱因、唐纳德·温尼科特与弗朗索瓦兹·多尔多的儿童心理咨询理论及技术，这几位是儿童精神分析领域最为突出的代表人物，但是在一般的教科书中很少能够看到关于他们的临床理论。

（2）紧扣儿童心理。与成人心理不同，儿童心理处于建构和发展的过程中，心理健康与其成长环境息息相关。本书中的理论、技术及实践均贴近儿童心理和生理发展特点，同时注重儿童的家庭、社会支持系统，非常好地展现了儿童心理咨询工作的特殊性。比如在第六至第九章，即儿童游戏治疗、家庭治疗、艺术治疗和团体咨询中，不是将成人的咨询和治疗技术低龄化处理，简单搬至儿童心理治疗领域，而是充分结合编写者实践经验以及发展观的视角重新梳理了专门适用于儿童的技术及具体操作程序。

（3）实践性强。本书的实践性可以从多个方面体现出来。第一，实例丰富且生动。在书中绝大多数理论和技术之后会配有相应的案例，并且案例很多来源于作者的实践，直白不晦涩，能够帮助读者迅速消化理论知识，有更深切的直观理解。此点得益于有着丰富儿童心理咨询工作经验的编写人员，他们化繁为简，让读者不会在初期的学习中被过于繁复的理论阻拦住脚步。第二，指导性强。当儿童来访者来到咨询室时，咨询师首先面对的是儿童及其问题和症状，如何通过这些问题和症状找到合适的咨询和治疗方法是至关重要的。第十章"儿童常见心理问题与干预"、第十一章"儿童常见心理障碍与干预"、第十二章"儿童心理危机与干预"从问题、症状层面重新梳理了整体理论和技术，从实践出发来说明理论的运用，贴近儿童心理咨询工作实际，具有极强的指导性。第一章"儿童心理咨询概述"、第二章"儿童心理评估"与初期实践工作密切相关。对于高等院校应用心理学专业本科及硕士阶段学生以及想要从事该行业的人士来说，能够对儿童来访者进行评估、了解自己未来职业发展的路径、知晓执业风险及职业伦理是需要放在最初和最重要的位置上的，这三点常常被忽视，也是有着丰富实践经验的编写者才能够充分考虑到的部分。

（4）实现了国际化和本土化的统一。本书非常严谨地参照了国际公认的理论，呈现了现代儿童心理咨询中应用广泛及新兴的多种技术。由于多数理论和技术引进于欧美发达国家，因此结合我国经济文化背景和国内儿童心理发展的特点，对理论和技术在国内进行应用推广是至关重要的。本书编写者结合了自己丰富的临床实践经验，采用理论和国内儿童心理咨询个案片段相结合的方法，充分展现了各个理论和技术的本土化应用。

总的来说，本书得益于多位编写者在儿童心理咨询行业坚持实践并不断深化理论，呈现出全面翔实、深入浅出、贴近本土化儿童心理咨询实践工作的特点，并且具有较高的可操作性，是儿童心理咨询行业中非常优秀的入门教程和实践指导书，推荐有意于从事儿童心理咨询的学生、临床专业人士、教育工作者和家长阅读学习。

严和来
2021 年 1 月于南京

前　言

与成人心理咨询相比，儿童心理咨询的历史极为短暂，除了常对行为或精神障碍儿童进行医学评估或心理治疗外，其他类型儿童心理问题的咨询理论及技术研究只能追溯至20世纪初。而且相比于国外已经形成较为完善的理论和操作体系，国内无论是儿童心理咨询从业者的培养还是理论及实践成果的推广均显不足。这一现状导致了当前国内学习者对现有教材"吃不透"和"吃不饱"的现象并存。"吃不透"指国内教材多直接引用国外研究成果，因文化背景差异及国内实践教学条件所限（独立儿童咨询机构有限，低龄儿童非医学心理干预机构尤其缺乏）等问题，学习者对国外理论及实践成果难以短期消化和理解；"吃不饱"指受国内以往心理咨询师培养体系所限（如高校心理学专业学习者普遍实践学时不够，社会心理咨询从业者普遍学历教育不够），已有教材成果或"重理论轻实践"，或"理论与实践相脱节"，教材研发者不从事实践研究，实践从业者不注重理论总结的现象一直存在，因而国内很多现行教材要么实用性不强、缺乏技术操作指导，要么实践经验未上升为理论经验而导致推广性不强，无法较好满足学习者的多方面学习需求，尤其是实践技能的学习需求。

鉴于此，我们急切需要在深入学习国外先进理论和经验基础上，积极主动开展理论研究和实践探索，并及时总结经验，形成"厚基础"与"重实践"两者兼顾的本土教材。本教材尝试规避当前发行教材的共性问题，瞄准本专业应用型人才培养目标，以"必要""实用"为编写准则，强化理论与实践的渗透共融。全书从理论、技术、实践三个方面进行论述，共十二章。其中理论部分介绍儿童心理咨询的概念及历史发展、技术及设置、专业伦理及职业素养，儿童心理评估的概念、方法及常用工具，并详细介绍了儿童精神分析、儿童行为治疗、人本主义儿童心理咨询三大主要理论流派在儿童心理咨询与治疗领域的理论基础、代表性的实践模式，并介绍其实施过程和实践案例；技术部分详细介绍了当前较为流行的儿童游戏治疗、儿童家庭治疗、儿童艺术治疗、儿童团体咨询的运用途径及发展趋势，并结合丰富案例进行解析和说明；实践部分详细介绍了儿童常见心理问题、心理障碍、心理危机的类型、表现形式、原因、评估及心理干预对策。教材内容甄选及编写风格体现了如下四个特点：第一，定位清晰。专门围绕儿童群体，详细介绍当前心理咨询与治疗的理论观点及实践技术。第二，实操性强。所有理论知识均结合技术指导，并辅以案例说明。第三，中西融合。结构及内容既广泛引用国外先进研究成果，又考虑国内行业实况及需求，力求融会贯通。第四，通俗易懂。编者均为儿童心理咨询与治疗的实践工作者，既有极其丰富的案例处理经验，也注重实践经验基础上的理论思考及探索，并乐于将大量案例的解决过程（尤其是编写团队自身的经验）引入教材。全篇内容通俗易懂，案例生动形象，操作性有突出体现，旨在帮助专业学习者、从业者参照和选择合适的咨询技术及策略有效开展儿童心理干预。因而本教材既可作为本专业本科学生及相关实践工作者的教学用书，也可供广大儿童心理研究爱好者及儿童家长参考使用。

本教材编写过程正值新冠肺炎疫情来袭之际，编写团队为纯娘子军，她们或是高校的心理学教师，或是儿童心理咨询机构专职从业者。在编写过程中，她们要么需兼顾面向学生的网课"直播"，要么热心参与湖北地区公益热线心理援助，同时也因各自家中均有年幼儿童需要照顾陪伴而常常"顾此失彼"或"焦头烂额"。但她们一是不忘初心、齐心协力、相互勉励，二是常常挑灯夜战、每日打卡定量完成编写任务，三是每周定期在线研讨，互通文献、互助疑难。本书编写得到了中国人民大学出版社张宏学老师的充分信任及不断帮助。由于编写者的教材独编经验并不是十分丰富，在张老师的多次鼓励及耐心指导下，编写者始终充满信心，并在近一年半时间内顺利完成本书的编写。本书也得到了巴黎第十三大学临床心理学博士、南京中医药大学严和来老师的精心指导，他是儿童精神动力学治疗方面的实践专家，也是本教材多位编写者的儿童临床工作督导。他对本教材的编写及编写者推广儿童心理咨询实践经验的做法给予了高度肯定，耐心阅览了全书并作了温暖细腻的推荐序。两位老师都让编写者深受感动，并因此对编写过程不敢有任何懈怠。参加本教材编写的作者依次为：杨琴（第一章、第三章、第四章、第十一章）、刘郁乔（第一章、第六章）、彭咏梅（第二章、第五章）、罗晓丹（第三章、第十章）、胡畅（第一章、第八章）、郑洁（第四章）、卢宇婷（第七章）、于琳琳（第九章）、李荣（第一章、第十二章），她们在编写过程付出了大量心血，克服了多重困难，有极高的敬业精神，在此表示由衷的感谢。

由于时间仓促，加上编写者的水平及经验所限，难免存在错漏之处，还望学界及临床界同行和读者朋友给予批评指正及意见建议，以使本教材后续进一步完善。

杨　琴
2021 年 3 月于长沙

目　录

第一章　儿童心理咨询概述　/　1

　　第一节　儿童心理咨询的概念、分类及发展历史　/　2
　　第二节　儿童心理咨询的技术及设置　/　8
　　第三节　儿童心理咨询的专业伦理　/　17
　　第四节　儿童心理咨询师的基本职业素养　/　22

第二章　儿童心理评估　/　30

　　第一节　儿童心理评估概述　/　30
　　第二节　儿童心理评估的方法　/　34
　　第三节　儿童心理测验的常用工具　/　41
　　第四节　儿童心理咨询的效果评估　/　47

第三章　儿童精神分析　/　53

　　第一节　儿童精神分析概述　/　53
　　第二节　儿童精神分析理论　/　54
　　第三节　儿童精神分析经典案例　/　69

第四章　儿童行为治疗　/　77

　　第一节　儿童行为治疗概述　/　77
　　第二节　儿童行为治疗的实施　/　81

第三节　儿童行为治疗的应用　/　94

第五章　人本主义儿童心理咨询　/　101

第一节　人本主义儿童心理咨询概述　/　101
第二节　人本主义儿童心理咨询的实施　/　103
第三节　人本主义儿童心理咨询的应用　/　112

第六章　儿童游戏治疗　/　122

第一节　儿童游戏治疗概述　/　122
第二节　儿童游戏治疗的要素　/　126
第三节　儿童游戏治疗的常见类型及应用　/　130

第七章　儿童家庭治疗　/　147

第一节　儿童家庭治疗概述　/　147
第二节　儿童家庭治疗的主要流派及代表性观点　/　153
第三节　常用儿童家庭治疗技术的实施　/　162

第八章　儿童艺术治疗　/　175

第一节　儿童艺术治疗概述　/　175
第二节　儿童绘画治疗　/　177
第三节　儿童音乐治疗　/　187
第四节　儿童舞动治疗　/　194

第九章　儿童团体咨询　/　202

第一节　儿童团体咨询理论概述　/　202
第二节　儿童团体咨询的常用技术　/　207
第三节　儿童团体咨询的实践操作　/　213

第十章　儿童常见心理问题与干预　/　228

第一节　儿童睡眠问题　/　229
第二节　儿童排便问题　/　232
第三节　儿童沟通与学习问题　/　237

　　　　第四节　儿童焦虑问题　/　243
　　　　第五节　儿童重复问题　/　248
　　　　第六节　儿童品行问题　/　253
　　　　第七节　儿童注意力和多动问题　/　257
　　　　第八节　儿童躯体化问题　/　260

第十一章　儿童常见心理障碍与干预　/　265
　　　　第一节　儿童情绪障碍　/　265
　　　　第二节　儿童发展性障碍　/　283
　　　　第三节　儿童其他障碍类型及干预　/　296

第十二章　儿童心理危机与干预　/　305
　　　　第一节　儿童心理危机概述　/　305
　　　　第二节　儿童心理危机干预概述　/　309
　　　　第三节　儿童心理危机的评估　/　312
　　　　第四节　儿童心理危机干预的实施　/　316
　　　　第五节　儿童常见心理危机的干预　/　321

附件1　鲁特儿童行为问卷　/　331
附件2　分类评估表　/　334
附件3　儿童事件影响量表（CRIES，中文版）　/　337
参考文献　/　338

第一章
儿童心理咨询概述

童年是人类生命的根基，完整愉快的童年是幸福人生的基础。婴儿从呱呱坠地到长大成人，会经历许多预期之中和预料之外的发展和变化。发展心理学研究认为，儿童不可能独自应对来自这些发展和变化的挑战，儿童的健康成长需要充满爱的家庭环境和稳定的家庭支持，也需要来自学校和社会的关爱及重视。当今社会物质生活日益富足，成人努力为儿童营造良好的生活环境，提供多元的知识学习途径，培养儿童的多样化技能，以为儿童将来的幸福生活做好充足准备，总体而言，儿童的生活环境和受教育条件都有了极大改善。但儿童所拥有的爱和支持是否足够？生活方式和身心是否更加健康？

20世纪60—70年代的资料显示，存在大量有明显心理健康问题的儿童，而且其数量在不断增加。纳菲尔德（Nuffield，1968）调查发现，美国有250万～450万14岁以下儿童需要接受心理咨询或治疗，但只有大约10%得到了专业服务，而且这一数据在直到21世纪初的30多年里几乎没有变化（Costello & Angold，2000）。流行病学资料显示，近40年来儿童抑郁症、焦虑症、孤独症谱系障碍、注意缺陷/多动障碍等多种心理行为障碍的世界发病率稳定增长。如联合国儿童基金会和世界卫生组织2019年联合发布的数据（何路曼，2019）显示，全球12亿10～19岁青少年群体中，约20%存在心理健康问题；10～19岁青少年群体遭受的疾病和伤害中，约16%由心理健康问题引发；在中低收入国家，10～19岁青少年中约15%曾有过自杀念头；在15～19岁的青少年群体中，自杀已经成为第二大死亡原因。联合国儿童基金会执行主任亨丽埃塔·福尔表示，这场"迫在眉睫的危机"无关贫富，也没有国界之分，半数左右的心理问题出现在14岁以前，这意味着人们迫切需要尽早对青少年可能存在的心理健康问题进行预防、诊断以及必要的治疗。

世界卫生组织总干事谭德塞表示，现在很少有受心理健康问题困扰的孩子能够得到他们需要的帮助。联合国儿童基金会和世界卫生组织指出，心理健康问题不仅给个人带来负担，也会在社会和经济层面产生不良影响。但在全球和国家层面的卫生规划中，儿童心理健康问题往往没有得到足够的重视（何路曼，2019）。此外，相比成人较为特殊的是，儿童在身体健康、学业、人际关系等方面遇到问题，产生压力或遭遇失败、陷入痛苦等困境之时，由于语言发展尚不成熟，常难以顺畅地表达自己的情感；由于认知发展程度有限，常难以承认或没有意识到自己的问题；由于个性处在发展中且很不稳定，改变常常更依赖于环境的力量。因此，儿童心理健康问题未得到足够重视和足够专业帮助的现状亟待改变。另外，儿童不是"小大人"，儿童心理工作不能简单照搬成人咨询模式，而是需要对儿童身心特点进行严谨、深入研究，秉持合理的儿童心理观念，采用儿童适用的方法及技术，如此才可以真正地理解儿童和帮助儿童恢复健康发展，这是我们开展儿童心理咨询工作的前提。本章我们将系统介绍儿童心理咨询的概念、分类、发展历史、常用技术、场所设置要求、程序，及儿童心理咨询的伦理要求和咨询师的素养要求等。

第一节 儿童心理咨询的概念、分类及发展历史

一、儿童心理咨询的概念

（一）什么是儿童心理咨询？

心理咨询（Psychological Counseling）这一概念首先由罗杰斯（Rogers）提出。1942年，罗杰斯在对以儿童为主的群体进行多年心理治疗临床研究的基础上，编写出版了《咨询和心理治疗：新近的概念和实践》一书，正式明确了心理咨询的概念及工作范围。此后心理咨询这一专业术语逐渐被临床心理学领域所使用并达成较为一致的共识。心理咨询是指运用心理学的方法，对心理适应方面出现问题并企求解决问题的求询者提供心理援助的过程。需要解决问题并前来寻求帮助的人称为来访者或者咨客，提供帮助的咨询专家称为心理咨询师。来访者以语言或非语言的形式向心理咨询师表达或呈现自身存在的心理不适，通过共同的讨论找出引起心理问题的原因，分析问题的症结，进而寻求摆脱困境、解决问题的条件和对策，以便恢复心理平衡、提高对环境的适应能力、增进身心健康。

依据《儿童权利公约》（联合国，1989）的规定，儿童是指18岁以下的人群，是成长发展中的人群，一般所指的"未成年人"都在此范畴。本书所指的儿童也符合这一范围。[①] 儿童正经历着决定其一生发展的关键时期，无论在生理还是心理方面都在迅速成长和变化。当前儿童的心理问题受到社会和学校的广泛关注，他们基于自身需要，或出于学校建议，由家长带领，接受心理咨询的帮助。依据成人心理咨询的概念，本书编写者认为，儿童心理咨询（Psychological Counseling for Children）是指运用儿童适用的咨询方法，对心理适应方面出现问题并企求解决问题的儿童求询者提供心理援助的过程。虽然许多流派的咨询师均承认应用于成人和儿童心理咨询的基本原理是相同的，但临床心理学家们研究认为，适用于成人的现代心理咨询理念和技术并不能直接用于处在发展期的儿童身上。

（二）儿童与成人心理咨询的差异

那么，儿童与成人心理咨询究竟有何差异呢？具体可从以下方面区分。

1. 心理问题性质的差异

较早对儿童心理问题进行临床工作的当属精神分析流派。海尔穆斯（Hellmuth）被认

---

① 本书所使用的部分文献、资料将青少年与儿童并列，儿童则特指较幼小的未成年人。由于原文献、资料如此，故沿用之。

为是第一个对儿童进行心理治疗的精神分析家，他于1913年发表文章《游戏治疗》(Play Therapy)，强调对儿童采用游戏治疗的特殊技术，注重教育的气氛。与父亲弗洛伊德（Freud）对成年人内心世界的研究有所不同，安娜·弗洛伊德（Anna Freud）热衷于与儿童进行工作，她同样强调儿童精神分析的教育属性，她希望通过与儿童的工作，更好地帮助他们成长，并最终使孩子们发展出健康的人格。应该说这正是儿童与成人心理咨询的最大区别。成人心理咨询主要是治疗属性，而儿童各个方面均处于不断发展完善中，按照发展的阶段对他们进行引导，使他们沿着正常、健康的轨道发展是儿童心理咨询的主要任务，其教育属性重于治疗属性。儿童作为身心迅速发展中的特殊个体，除了一些极严重的精神问题和行为障碍外，许多看似有问题的行为其实只是正常发展过程中的偏离。研究者们强调年龄对于区分正常与不正常的行为很重要，咨询者必须把儿童的这些"正常"的问题从更严重的障碍中区分出来。

2. 咨询目标的差异

关于成人的咨询目标，不同的流派因其秉持理念及采用技术的不同而有所不同。如精神分析流派的咨询目标是让来访者疏通早年情结，重建健全人格；行为主义流派的咨询目标是帮助来访者消除不适应的行为方式，代之以建设性的行为方式；认知主义流派的咨询目标是改变来访者的不合理信念，重建理性的生活信念。尽管这些流派的说法不一，但从某种程度上讲，其目标都是基于来访者的现实问题和需要，对其情感、认知和行为进行改变，无论来访者选择何种生活方式，使来访者在其生活范围内获得"自洽"即可。

儿童心理咨询的主要目标则是减轻儿童发展过程中的心理困扰和障碍，且较为一致的是，心理咨询最终都要帮助他们重新回到正常发展轨道，促进他们继续健康发展。咨询师不仅要针对导致儿童前来咨询的核心冲突开展工作，而且要能够鉴别出真正的心理障碍与正常发展过程中的"偏离"，并对儿童随正常发展而出现的压力做出正确指导，帮助他们拓展和控制自我（郭峰等，2005）。

3. 咨询内容的差异

由于儿童与成人在年龄和社会生活环境上的差异，他们咨询的内容有很大不同。儿童阅历较少，经受生活压力和挫折也较少；生活环境相对单纯，主要是家庭和学校；生活事件也相对简单，主要是亲子沟通、学习及同伴交往。因此他们的心理问题多为亲子沟通不畅、学习适应困难、人际交往困扰等，及由此带来的焦虑、抑郁心理等。由于儿童个性及应对模式尚未定型，心理问题程度一般较轻，常处于发展初期，具有浅表性、短暂性、可塑性，干预越早效果较好。但如前所述，由于儿童认知和表达受限，他们的问题也容易被忽视而错过干预的黄金时间，发展为青少年期乃至成人后的心理障碍及精神疾病。少数儿童遭遇重大生活事件，如亲人离世、罹患重大疾病、遭受性侵犯、遭受身体或精神虐待等，造成创伤后应激障碍（Post-Traumatic Stress Disorder，PTSD），可进一步发展为抑郁症状等，需要长期稳定的专业心理治疗才能有疗效。

而成人由于生活事件复杂，生活环境多变，他们的心理问题类型复杂，且多起源于童年期，程度较重，来询时多已发展为心理疾病，具有隐蔽性、长期性和稳定性，且成人因已经形成较为稳定的个性和行为模式，常阻抗较强，因而干预难度较大，咨询时长一般要求较久，必要时需要转介至专业心理治疗机构。

4. 咨询方法的差异

心理咨询从诞生至今,各个流派创造并发展了多种多样的咨询技术。对于成年人咨询技术的选择取决于咨询师的目标是改变思维、情感还是行为,例如精神分析流派常采用的技术有自由联想、梦的解析、移情技术等,以此作为分析无意识和引起所需领悟的工具;行为咨询师们感兴趣的是帮助来访者减少或消除不需要的行为,增加适应的行为,常采用的方法有行为训练如系统脱敏、暴露疗法、放松训练等;认知流派常采用合理情绪疗法来帮助来访者建立合理信念;格式塔咨询师感兴趣的是帮助来访者充分体验每一刻的情感,他们使用各种各样的练习和实验来加强对情感的体验,对阻抗的解释和分析。无论是何种方法和技术(行为疗法除外),它们都有一个共同点,主要表现为言语技术,即要求来访者具备一定的认知领悟能力和言语表达能力。

儿童受到认知发展的限制,其抽象思维能力有限,很难用言语表达和讨论他们的想法和情绪。因此言语技术的应用受到了限制,代之而起的是多种非言语技术。例如,精神分析流派开创了游戏治疗及儿童精神分析技术,行为主义的儿童行为矫正技术、儿童绘画治疗、儿童音乐治疗、儿童戏剧治疗、儿童叙事治疗等治疗方法也应运而生,还有黏土、玩偶等辅助治疗工具的使用。大部分技术起源于成人心理咨询,其共同特点是以非言语交流方式为主,对于儿童心理咨询具有较好的适用性,并在进一步贴近儿童特点和需要的基础上,经过临床心理学家的大量实践,进行了重构,形成了较为完善的治疗体系,也被证实在儿童心理咨询的不同领域发挥着重要作用,目前在世界范围内被广泛使用。本书后续几个章节针对其中一些主流的儿童心理咨询技术分别有详细的介绍,在此不做赘述。

5. 咨询联盟的差异

儿童接受心理咨询和治疗的动机不同于成人,这使得他们的咨询联盟有很大的不同。

首先表现在咨询关系的确立上。成人一般是主动求助的,咨询联盟一般仅由来访者和咨询师组成。来访者虽然在初次咨询时有所顾虑,但他们与咨询师配合度一般较高,共同为确立良好的咨访关系而努力,在咨询过程中一般会自动进入"求助者"角色,并产生相应的"求助者期望",形成较为稳固的咨询联盟,促进咨询的进程。

而儿童一般由监护人(一般是父母)送来或陪同前来咨询,咨询师要同时对儿童及监护人负责,因此对儿童的任何干预都应征得儿童本人及其监护人同意。甚至有时儿童本人并不能觉察自己的心理问题,而是其父母或教师认为儿童存在问题而要求其前来咨询。这种情况下儿童可能会认为咨询师是父母或教师对自己进行控制的同盟,所以在咨询早期常常表现出不合作或敌意。但无论儿童自己的意愿如何,咨询师都会与送儿童来询的监护人达成某种一致,形成相应的咨询联盟。

此外,有经验的咨询师和治疗师都已意识到当儿童出现问题时家庭的重要作用,而且许多治疗与矫正措施都是通过家长实现的。如弗洛伊德的经典儿童治疗案例——罹患恐惧症的五岁男孩小汉斯的案例(弗洛伊德,1909/2016)就很好地展示了父母联盟的重要作用。严格来说,小汉斯基本未直接接受弗洛伊德本人的分析(小汉斯在接受分析期间只在五岁时见过弗洛伊德一次),而是通过书信往来的方式,由弗洛伊德对小汉斯的父亲进行指导来完成对小汉斯症状的理解和分析。弗洛伊德更多充当督导的角色,小汉斯的父亲在其中的参与与合作显得尤为关键。大量临床案例也已经证实了邀请父母参与到咨询中来，对于儿童的心理咨询工作会产生积极的效果，这不是家庭治疗，也不是对儿童生活环境的调查，而是与父母共同工作，这样既拉开了治疗性访谈与儿童的距离，减少了咨询师或治疗师独占或抢夺儿童的效果，也为儿童与其父母之间发展亲密关系留出了开放性的空间。如果是在学校情境中开展咨询工作，那么学校教师和心理健康工作者的合作也同样重要。

二、儿童心理咨询的常见分类

儿童心理咨询的对象应定位于全体儿童而不是个别具有心理困扰和心理问题的儿童，重点为学龄段的儿童，应将帮助他们完成普遍性的成长与发展任务作为主要目的，将对个别面临心理困扰和心理问题的儿童进行特别干预和矫正放在辅助地位。

根据儿童咨询问题的性质，儿童心理咨询一般可以分为发展性心理咨询、适应性心理咨询和障碍性心理咨询。

1. 发展性心理咨询

对象是心理健康、身心发展正常的儿童，着重解决的问题是引导儿童更深入地认识自我，发掘自我潜能，使之在能力发展、信心重建等方面实现提升。干预目标包括指导儿童调控情绪、改善精神状态、建立自信等。

2. 适应性心理咨询

主要对儿童在生活和学习中遇到的各种心理问题给予必要的指导，使之能恰当处理因环境变化所带来的各种心理问题，增强对环境和自我的适应能力。咨询对象是身心发展正常但带有一定的心理、行为问题的儿童。主要是强调发掘和利用其潜在积极因素，使其自己解决问题。

3. 障碍性心理咨询

为各种有心理障碍的儿童提供心理援助。在配合专科医院药物治疗或心理治疗的基础上，通过心理咨询为患病儿童及其父母提供心理支持和非药物方式的心理治疗（如游戏治疗等），来缓解或消除儿童的心理障碍，促进其心理朝着健康方向发展。

三、儿童心理咨询的发展历史

与成人心理咨询与治疗历史相比，儿童心理咨询的历史则显得尤为短暂。最早有系统、有计划地针对智障儿童的治疗可追溯至1797年伊塔德（Itard）对智力发育迟滞儿童进行的有组织的治疗。随后，19世纪中期，艾德武德（Edward）继续对智力落后的儿童进行研究及治疗，并为其建立了寄宿学校，其目的是通过训练帮助他们增强适应社会的能力。到19世纪后期，由于治疗的成效甚微，寄宿的"教育"机构变成了收容治疗机构。但是有确切文献记载的儿童心理治疗则从20世纪初期才开始（Achenbach，1974；Kanner，1948），从这一时期开始，儿童心理咨询与治疗才首先在美国得到大力发展，并逐渐扩展至其他国家和地区。

格尔德等（2007/2020）根据儿童心理咨询相关重要观点出现的时间，将儿童心理咨询的发展分为五个阶段，具体如下。

(一) 儿童精神分析发展期

1880—1940年，对儿童进行咨询与治疗的先驱者为一群卓越的儿童精神分析学家，包括弗洛伊德、安娜·弗洛伊德、克莱因（Klein）、温尼科特（Winnicott）、荣格（Jung）、洛温菲尔德（Lowenfeld）和阿德勒（Adler）等人。

弗洛伊德在19世纪80年代到20世纪30年代的临床实践工作中逐渐形成了自己的精神分析理论，他提出了许多独特的观点，如无意识心理过程、心理防御机制、本我、自我、超我、阻抗、自由联想、移情等，这些观点在理解成人及儿童内在的无意识冲突和外在的心理症状时有较好的指导性。1909年，弗洛伊德出版《小汉斯》一书，引起了人们对儿童心理治疗的重视。虽然严格意义上他并没有专门为儿童工作，但他的理论为儿童精神分析的诞生奠定了良好的基础，其理论至今对儿童心理咨询工作具有指导意义。

为了照顾和治愈二战时期失去父母的孤儿，弗洛伊德最小的女儿——安娜·弗洛伊德创立了儿童治疗课程，并建立了今天的安娜·弗洛伊德中心（Anna Freud Centre）的前身——汉普斯特儿童诊疗中心。她是将儿童精神分析系统化并使之成为特定治疗方法的开创者。她通过观察儿童的游戏来为儿童开展心理咨询与治疗，并强调儿童治疗工作的教育性及与儿童建立良好治疗同盟关系的重要性。

克莱因将弗洛伊德的自由联想技术改为游戏技术，主张通过观察儿童的游戏和玩玩具来了解儿童的内心世界，她在自己的咨询室里放了许多小马、小人、小火车，观察并研究儿童的游戏过程。她认为孩子通过游戏和玩耍，以象征的方式表达出幻想、欲望，以及真实的经验。因此儿童的游戏就像成人的语言一样，可以作为分析潜意识和移情的工具。在她的里程碑之作《儿童精神分析》（The Psychoanalysis of Children）（克莱因，1932/2015）中，她详细阐述了针对不同时期儿童所进行的精神分析技巧和案例。

身为儿科医生的温尼科特，拥有丰富的与儿童打交道的经验。温尼科特通过观察儿童的"涂鸦游戏"（Squiggle Game）来研究儿童。除了关注儿童本身的状态，他还格外强调母亲与孩子的关系，并因此提出了著名的"足够好的母亲"（Good-Enough Mother）和"促进性环境"（Facilitating Environment）的观点。同时，他还发展了克莱因的客体关系理论，提出了"过渡客体"（Transitional Object）和"过渡现象"（Transitional Phenomena）的概念。他认为，儿童是通过对过渡性客体的使用和过渡性空间的体验来逐渐获得成长和发展的。过渡性空间帮助儿童完成与母亲分离并逐渐成为一个独立的个体。咨询师通过在咨询过程中提供过渡性客体和过渡性空间，使儿童的无意识问题得以解决。

荣格发展了弗洛伊德无意识的观点，提出了集体无意识，并强调了儿童时期的经历在个体建立自我认同感中具有重要作用。他强调工作中采用符号表征方式与来访者进行语言沟通。

洛温菲尔德受荣格工作中采用符号表征方式的影响，试图为儿童寻找一种不需要借助语言来表述的心理咨询方法。在儿童心理咨询中，她收集了很多小玩具、蜡笔、纸板、铁片和黏土，采用沙盘来鼓励儿童进行非言语表达。

阿德勒是弗洛伊德的学生，因为不赞同弗洛伊德的性心理理论而脱离弗洛伊德精神分析队伍。他认为儿童在发展过程中受他人的影响，儿童与其所在的生活环境是相互依赖的，因此，对儿童进行咨询或治疗必须将其放在社会背景下去看待。

（二）儿童心理发展理论爆发期

1920—1975年，众多心理学研究者提出了儿童心理发展的理论，主要有马斯洛（Maslow）、埃里克森（Erikson）、皮亚杰（Piaget）、科尔伯格（Kohlberg）、鲍尔比（Bowlby）等人。

马斯洛提出了需要层次理论，尽管需要层次的发展并不是针对儿童，但是它与儿童心理咨询有很大的关系，比如如果儿童低层次的需要没有得到满足，那么试图让儿童满足高层次的需要是毫无意义的。

埃里克森认为个体有潜能解决其自身的冲突问题，并假定了人一生发展过程中有八个不同类型的社会危机，每一类型危机都是个体增长自我力量、适应社会的机会。

皮亚杰提出了儿童在特定发展阶段获得特定技能和行为的概念，并提出了认知发展阶段，认为儿童心理咨询师要根据儿童认知和道德发展水平来选择游戏类型。

科尔伯格关注皮亚杰的认知发展概念与道德习得之间的关系，指出咨询师需要意识到，儿童是基于自身的道德理解水平和对特定结果的预期做出选择的。

鲍尔比引进了依恋的概念，并强调儿童对母亲的依恋，认为儿童情感和行为的发展取决于他对母亲的依恋，如果儿童对母亲产生了安全依恋，那么儿童的发展是快乐的、协调的，如果是不安全的，那么儿童就可能情感失调，社会适应性较差。

（三）人本主义疗法的发展

1940年，人本主义疗法开始发展起来，其代表人物之一、当事人中心疗法创始人罗杰斯在此之前较长一段时间专门从事犯罪儿童的诊断和治疗，并基于儿童工作经验编写了《问题儿童的临床治疗》一书。之后罗杰斯分别于1942年和1951年出版了《咨询与心理治疗》和《当事人中心治疗：实践、运用和理论》，他的当事人中心疗法逐渐形成体系。他强调良好的咨访关系对心理咨询与治疗的重要性，认为在温暖而负责的咨访关系中，来访者有能力找到自身问题的解决办法。同时，真诚、共情、无条件积极关注、对来访者的非评判态度、积极倾听与反馈等均为建立良好咨访关系的方法。这有助于儿童讲述自身的遭遇，特别是在咨询的初始阶段。同时，人本的态度及咨访关系本身对于儿童来访者也有较好的治疗作用。

（四）行为主义疗法的发展

1950年，斯金纳提出了操作性条件反射理论，对儿童不良行为的矫正有重要启发意义。这一理论主要是通过改变环境，运用恰当的强化以及示范模仿等具体技术，改变儿童的不良行为。儿童行为矫正训练在学习领域的应用比较广泛，主要是运用条件反射原理，如强化、消退、示范等帮助儿童矫正不良行为，形成新的适应性行为。也就是说在教育过程中，在行为训练中运用一些心理学规律，使个人或群体改变他或他们原来不好的态度和行为习惯，培养较好的态度和行为习惯。

（五）儿童心理咨询的新发展

近年来，团体治疗（Group Therapy，也称小组治疗）越来越受到心理咨询师和治疗师的青睐。在儿童心理咨询与治疗中，也有许多治疗师对社会退缩、品行问题及青少年违法问题等进行团体治疗。斯卡夫（Schaefer）在《儿童与青少年团体治疗》一书中，介绍了对 4 岁到青少年阶段的儿童进行团体治疗的主要理论及其具体操作，其中包括对处于危机中的儿童干预团体，如离异家庭儿童、住院儿童、残疾儿童、寄养儿童的团体治疗，以及对有特殊发展失调的儿童干预团体，包括同伴关系不良、学习无能、物质滥用等。对儿童进行团体治疗，要考虑儿童的年龄、性别、症状、治疗目的等。对低年龄段儿童，可与游戏相结合进行团体游戏治疗，对高年龄段儿童可组织讨论、"角色扮演"等，让儿童在相互交往中，认识到自己的问题并进行互相帮助。

如前所述，目前用于儿童咨询和治疗的方法多是从对成人的治疗中派生出来的，因而具有一定的局限性。由儿童心理学家与临床心理学家联手研究并创造出更适用于儿童的治疗方法势在必行。一门新兴学科——发展心理病理学已经体现了这种结合。生态系统理论提出者、美国问题学前儿童启蒙计划创始人、心理学家布朗芬布伦纳（Bronfenbrenner）及其他学者提出儿童发展的社会生态学系统应包括家庭系统、同伴关系系统、社区及学校系统，这些系统均对儿童的发展产生直接影响，儿童临床心理学家、儿童心理咨询师应更多借鉴这一观点，从生态系统的角度出发，针对儿童的心理健康制定系统的预防、干预计划和措施。

第二节　儿童心理咨询的技术及设置

一、儿童心理咨询的常用技术

（一）儿童个体心理咨询

个体心理咨询是指与来访者一对一进行的心理咨询方式。目的是通过咨询，使来访者被压抑的情绪得以释放疏泄，并增加对自我和环境的了解，增强自信心与主动性，学会自己做出判断和决定，从而使人格得到成长。广义包括面谈咨询、电话咨询、书信咨询等；狭义专指面谈咨询。

个体心理咨询有几个特点：一是针对性强，即咨询师可以专门针对来访者的问题类型、程度及个性特征，采用个性化的咨询方法；二是由于对来访者的全面关注和倾听，易使来访者放松心理防卫，毫无保留地倾诉其内心秘密，真实地表现自我；三是深入细致，即通过一对一的接触，易建立咨询双方的信任关系，有利于咨询师深入分析来访者的问题，并提供帮助；四是比较费时，一次咨询面谈需要 50 分钟左右，一般需要通过多次咨询才能解决问题。

个体心理咨询适用于心理正常范围内的心理问题困扰者、一般或严重心理问题者。以儿童为对象的个体心理咨询，儿童年龄不宜低于 6 岁。幼儿阶段的儿童由于语言发展水平有限，不宜直接采用以语言沟通形式为主的个体咨询，可以灵活采用游戏治疗、表达性艺术治疗等投射性方式为主的咨询。个体心理咨询尤其适合小学高年级及初高中阶段的青少年儿童，治疗如抑郁、焦虑等情绪困扰或厌学、多动、偷窃、强迫等行为问题。

（二）儿童团体心理咨询

团体心理咨询（也称团体咨商）是从英文 Group Counseling 翻译而来，Group 可译为小组、团体、群体、集体等，因此也可称为小组辅导或集体辅导。临床心理领域约定俗成地称之为"团体心理辅导"，是指运用团体动力学的知识和技能，由受过专业训练的团体领导者，通过专业的技巧和方法，协助团体成员获得有关信息，以建立正确的认知观念与健康的态度和行为的专业工作。

儿童团体心理咨询是通过创设类似于真实社会生活的情境，让儿童与团体领导者、儿童与同伴之间多维互动来提升和巩固辅导效果。儿童在发展性团体中能学到有效的社会技能，并尝试新的合理行为方式。所以，儿童在参与团体心理咨询过程中能够得到成长、改善适应能力和加快发展。不过，如果误用、滥用团体心理咨询，不仅会使团体中的儿童受到伤害，学习错误的行为，加深其自卑和挫败感，而且会破坏团体心理咨询的专业信誉。因此，团体领导者必须熟悉儿童的心理特点，掌握团体心理咨询的专业知识和技巧，了解团体发展的过程，如此才能组织和实施有效的儿童团体活动，协助儿童在团体中真正解决问题，促进他们身心发展和生活适应。

（三）儿童游戏治疗

游戏治疗起源于精神分析流派，经过多种理论整合发展成为独立的儿童心理咨询和治疗技术，也是儿童个体咨询或团体咨询的形式之一。精神分析理论认为儿童通过游戏将内在焦虑外显化，并通过与游戏治疗师的互动，增加对自我情绪和行为的认识，并促进个人发展，增强自我面对困难时的信心和能力。游戏是成人与儿童最有效的沟通方式，采用游戏的方式对儿童尤其是语言表达能力还较为有限的幼小儿童进行治疗，有利于缓解儿童咨询时的紧张情绪，并帮助儿童自然地表达内心想法。

（四）儿童表达性艺术治疗

表达性艺术治疗（Expressive Arts Therapy，简称艺术治疗）或称表达性治疗（Expressive Therapy），同样可以作为儿童个体咨询或团体咨询的主要形式。表达性艺术治疗整合了各种不同艺术形式的治疗技术和方法。艺术治疗师在一种支持性的环境中运用各种艺术形式——沙游、绘画、音乐、舞动、身体雕塑、角色扮演以及即兴创作等，以一种非纯语言的沟通技巧来介入心理治疗，这种方法对于创伤者降低防御、进行心理重建特别有效。常用于儿童的表达性艺术治疗手段有儿童音乐治疗、儿童舞动治疗、儿童绘画治疗、儿童心理剧治疗等。

二、儿童心理咨询室的设置

在咨询过程中，不仅心理咨询师影响儿童，心理咨询室的空间布置也会影响儿童及家长，热闹的、杂乱的、刺激性的房间会让儿童分心。因此，咨询师应创造一个有助于来访家庭感到舒适、放松的环境，儿童心理咨询室的设置要注意以下几点。

（一）具有保密功能

咨询室的保密性功能会影响来访家庭的信任与开放程度。因此，咨询室最好有一个隐秘的出入口，来访家庭可以不必通过主建筑就能进出咨询室；咨询室的隔音效果良好；等候室最好不要安排不同来访者碰面或共享等。

（二）配置合适的家具

家具的尺寸要适合不同年龄阶段的儿童，既要有适合低龄儿童的小桌椅，也要有适合青春前期儿童及成年人的家具。一般来说，至少要有一张适合成人使用的桌子及若干椅子，以便用于开展家庭会议、家庭绘画活动等。此外，配备一张厚实的地毯、若干地板靠垫等会便于儿童休息、游戏。

（三）配备合适的玩具

对于以游戏为主要手段的儿童咨询和治疗来说，玩具和游戏材料的选择应当深思熟虑，因为这些都是很重要的治疗变量。著名儿童游戏治疗师兰德雷斯（2013）认为，挑选玩具和材料可参考如下标准：

（1）是否能引起孩子的兴趣；
（2）是否有利于孩子的创造性和情感表达；
（3）是否有利于开展表达性和探索性的游戏；
（4）是否能让孩子进行非言语的表达和探索；
（5）是否支持非结构性的探索；
（6）是否能被用于无明确意义的游戏；
（7）是否对孩子来说足够结实。

一般而言，现实生活类玩具（如玩偶家族等）、释放攻击类玩具（玩具枪、猛兽等）、创造表达类玩具（如纸笔、黏土、沙子、绳子、彩带、水等）、情绪发泄类玩具（如充气不倒翁、颜料等）都是必备的。同时要考虑儿童的年龄特征和治疗的性质，有适合低幼儿童和青少年的不同玩具和材料，也有部分适合团体治疗的玩具和设备。

（四）室内布局要合理

咨询室大小不限，一般建议不小于15平方米，应该分为几个功能区。一般来说，可以在房间的角落设置一个"休息区"，铺上毛茸茸的地毯，放置一个长沙发、两把垫有软垫的椅子、一盏落地灯、一个书架和部分儿童及成人读物，咨询师和儿童均可在该区域阅读，咨询师也可与儿童和家长在该区域会谈；在"休息区"附近，设置"玩具区"，放置一个方便儿童使用的玩具柜，玩具柜中分类摆放适合儿童的玩具；在房间一角设置"游戏区"，设有水槽，供儿童洗手、玩水、玩沙、用水稀释颜料等；在另一个角落设置"会谈区"，放置一张标准办公桌，桌边放些椅子，供高年龄段儿童及家长在小组讨论和团体模式工作时使用。儿童咨询室最好有窗户，窗户上装有可调节光线的窗帘，以为室内提供适宜的光线。如果条件允许，还可以设置不同功能的房间。

（五）座椅布置要考虑儿童特征

在与成人交流时，儿童更喜欢双脚着地，且能平视成人，因此，很多咨询师会选择在咨询室的地毯上与儿童进行交谈。但是当儿童选择座椅时，那么咨询室的桌椅设置应该能够让儿童和咨询师进行平视的目光交流。咨询师不能坐在桌子后面，以免儿童把咨询师看成老师、校长和办案人员等权威人士，无形中给咨询工作设置屏障。因此，在设置座椅位置时需要注意：首先，桌椅的高度要适合儿童；其次，儿童与咨询师之间有桌子或椅子作为屏障最好，类似于成人咨询时的 90 度夹角。这样既可以让儿童在感到不适时能够退到桌子的后面寻求暂时的自我保护，也可以让他在感到舒适的时候站出来勇敢地与咨询师交流和进行自我探索（见图 1-1）。

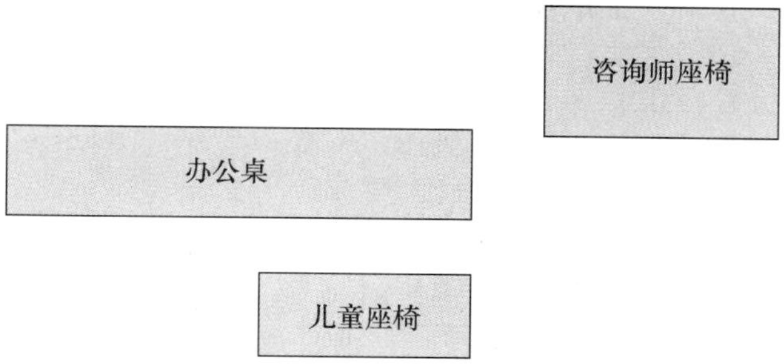

图 1-1　儿童心理咨询座椅布局

三、儿童心理咨询的程序

儿童心理咨询一般包括评估、咨询和效果评估与结束三个阶段。格尔德等（2007/2020）对儿童心理咨询的过程进行了简单概括，具体治疗过程经笔者结合自身临床工作经验修订后，如图 1-2 所示。

（一）评估阶段

评估阶段是指开始儿童心理咨询前的一段准备时间，在这一阶段，咨询师要尽可能多地获得关于儿童的信息，并在此基础上对儿童的身心状态做出评估与假设。

1. 接受最初信息

很多儿童都是由他人转介进入咨询室的，转介者可能是儿童父母，也可能是学校教师、法定机构等。转介者提供的信息对帮助咨询师了解儿童非常重要。尽管有的时候转介者提供的信息并不准确，很可能受到转介者主观过滤或扭曲，但这些信息仍然会帮助咨询师了解儿童生活中发生的事件。

为了让咨询取得最大成效，咨询师要尽可能多渠道收集信息，以获得更为准确的儿童行为、情感、人格、过往史、文化背景和生活环境等各方面信息。

2. 家庭会谈

儿童生活的环境，比如家庭中是否存在联盟及联盟的类型、儿童与兄弟姐妹之间的关系、父母对儿童问题的看法及干预程度等都会对儿童问题的解决起着至关重要的作用。因此，不管倾向何种咨询或治疗理论，在咨询工作开始前，咨询师都要与其家庭成员见面会谈，且最好是儿童的父母及其他重要监护人都参与会谈。

初始会谈（如第一次会谈）可以在儿童不在场的情况下进行，父母可以自由地向咨询师描述儿童的情况及谈论作为父母的焦虑，咨询师也可以借机缓解父母的焦虑，帮助父母了解儿童咨询的设置及原则，如保密及保密例外等。这会帮助父母了解儿童的治疗过程，更容易让家长对咨询师产生信任，更快地适应儿童接受心理咨询这一事实。后续会谈建议在儿童在场的情况下进行，这也是帮助儿童了解父母及父母对他的印象及期望的重要机会，临床研究证实它可以对儿童产生治疗性功效。

```
接受最初信息  ──→  评估阶段：心理测量和形成
     ↓                初步假设
  家庭会谈
     ↓
与父母（或监护人）签订协议
─ ─ ─ ─ ─ ─ ─ ─ ─ ─ ─ ─ ─ ─ ─ ─
选择合适的咨询方式与道具  ──→ 咨询阶段：借助道具、采用合
     ↓                        适的咨询方式，开展心理咨询
与儿童建立信任关系
     ↓
倾听儿童的故事
     ↓                  处理儿童的阻抗问题
帮助儿童释放情感  ←──
     ↓                  处理儿童的移情问题
帮助儿童改善不合理认知和行为
─ ─ ─ ─ ─ ─ ─ ─ ─ ─ ─ ─ ─ ─ ─ ─
  咨询效果评估  ──→ 咨询效果评估与咨询结束阶段：
     ↓              进行咨询效果评估，处理结束问
  咨询结束          题，与儿童告别
```

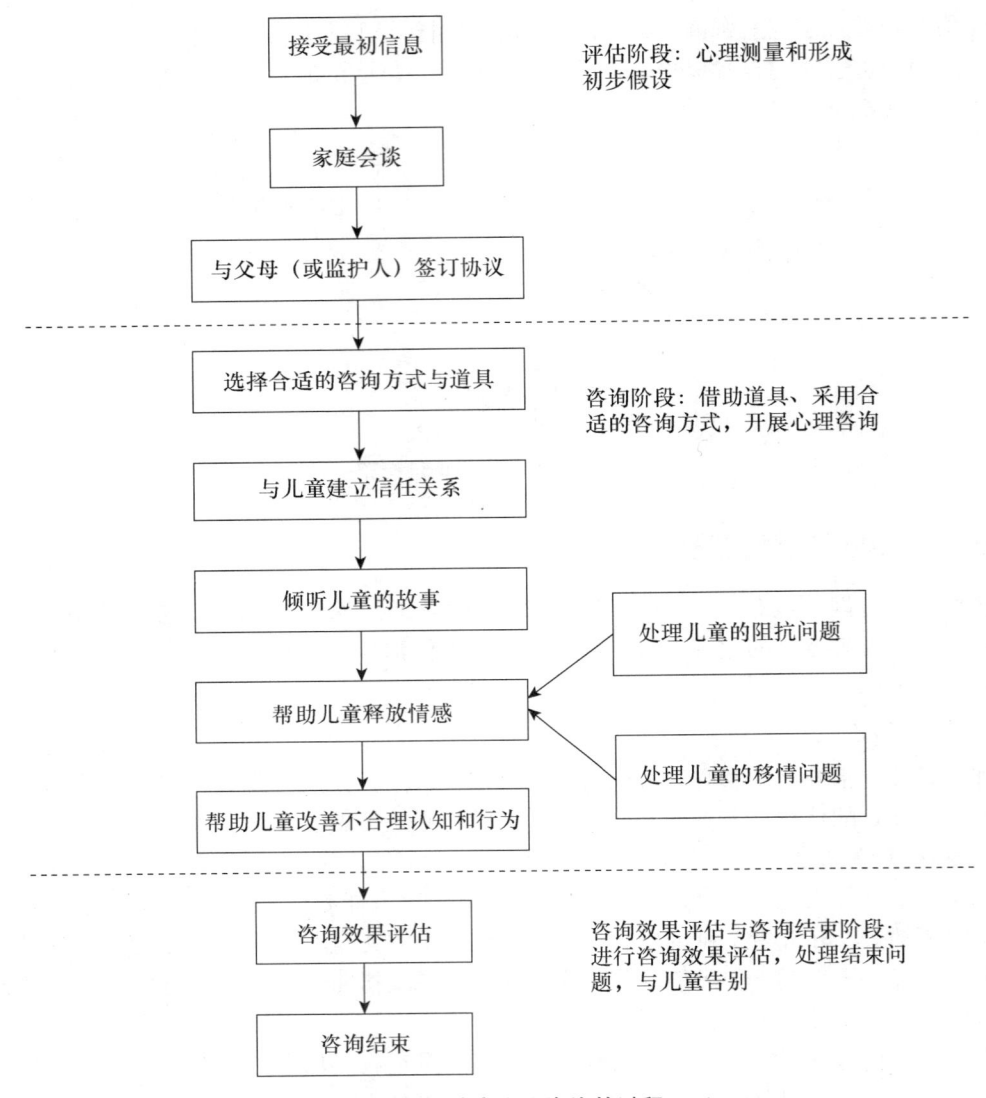

图1-2 儿童心理咨询的过程

资料来源：格尔德等，2007/2020。有适当改编。

为了比较全面、客观地了解儿童目前的状况，咨询师在与儿童父母会谈时会准备一张儿童信息表，实际上这个表就是一份问卷，一般包括儿童当前问题及先前治疗情况、成长中的重要事件、学习情况、在学校中的问题、同伴关系、家庭关系等。咨询师可以根据需要设置繁简程度不一的信息表。同时可以结合心理测量的方式获得儿童的一些信息，比如《儿童行为观察表》《儿童行为评定量表》等，这些量表一般由儿童父母完成。

3. 与父母（或监护人）签订协议

在家长对儿童咨询有了了解后，咨询师要与家长签订咨询协议。

(二) 咨询阶段

基于对儿童信息的了解，咨询师就能够形成一个关于儿童目前问题的初步假设，接下

来心理咨询师就可以选择合适的道具与儿童进行互动，并开始咨询工作了。

1. 选择合适的咨询方式与道具

咨询师可以通过观察儿童对玩具的选择、对玩具做了什么，来了解儿童行为模式和行为动机。因此，在见儿童之前，咨询师可以根据儿童的年龄、性别、人格特质等准备一些道具与活动。格尔德等（2007/2020）认为在准备道具与活动时要考虑儿童的以下几点：

（1）儿童的心理年龄。咨询师要根据儿童发展阶段来选择道具与活动，具体见表1-1。

表1-1 适用于不同年龄组的道具和活动

道具	学龄前儿童（2～5岁）	学龄儿童（6～10岁）	青春期早期儿童（11～13岁）
书籍/故事	■	■	▨
黏土	■	■	■
建筑模型	▨	■	■
绘画	■	■	■
手画颜料	■	■	▨
益智游戏	■	■	■
想象之旅	□	■	■
假装游戏	■	■	▨
动物模型	■	■	▨
彩绘/拼贴画	■	■	■
毛绒玩具	■	■	▨
沙盘	■	■	■
玩偶模型	■	■	▨
工作单	□	■	■

注：■表示最适宜；▨表示比较适宜；□表示最不适宜。
资料来源：格尔德等，2007/2020。

因受到创伤而在情感、认知和行为上表现出"退行"的儿童可能会更适合低龄儿童的道具与活动。

（2）儿童接受的是个体咨询还是团体咨询。大部分道具和活动既适用于个体咨询也适用于团体咨询，但有些道具和活动并不适用于团体咨询和家庭治疗，具体见表1-2。

表1-2 适用于不同咨询类型的道具和活动

道具	个体咨询	团体咨询	家庭治疗
书籍/故事	■	■	■
黏土	■	■	■
建筑模型	■	▨	■
绘画	■	■	■
手画颜料	■	■	■
益智游戏	■	■	■

续表

道具	个体咨询	团体咨询	家庭治疗
想象之旅			
假装游戏			
动物模型			
彩绘/拼贴画			
毛绒玩具			
沙盘			
玩偶模型			
工作单			

注：■ 表示最适宜；▨ 表示比较适宜；□ 表示最不适宜。
资料来源：格尔德等，2007/2020。

（3）儿童当前的咨询目标。在咨询的不同阶段，会有不同的目标。可借助不同道具和活动来实现不同目标，具体见表1-3。

表1-3 适用于不同咨询目标的道具和活动

道具	获得对问题和事件的掌控感	通过身体的表达变强大	鼓励情感的表达	发展解决问题和做决定的能力	发展社会技能	建立自我概念和自尊	提高沟通技巧	提高洞察力
书籍/故事								
黏土								
建筑模型								
绘画								
手画颜料								
益智游戏								
想象之旅								
假装游戏								
动物模型								
彩绘/拼贴画								
毛绒玩具								
沙盘								
玩偶模型								
工作单								

注：■ 表示最适宜；▨ 表示比较适宜；□ 表示最不适宜。
资料来源：格尔德等，2007/2020。

2. 与儿童建立信任关系

大部分儿童是由父母带来做咨询的，因此，在儿童第一次来访时，咨询师可以在等候室开始与儿童接触。咨询师可以从询问儿童想被怎么称呼开始。在儿童进入咨询室开始咨询后，要让儿童知道父母在哪里等候他们，如果父母离开让儿童感到焦虑，可以让父母在场。允许儿童探索咨询室的环境，允许儿童进行阅读、游戏等。

在这一阶段，咨询师需要给儿童自由的游戏时间，在儿童对咨询师和咨询室感到舒服后，咨询师才能真正融入儿童的世界。儿童一旦投入游戏中，便会很自然地感到放松，表露自己的想法、情感和期望。

要获得儿童的信任，建立良好的咨访关系，可以从以下几点去做：

（1）在咨询开始时向儿童说明保密原则。未经儿童同意，不允许其他人进入咨询室，包括其父母，咨询师也不得将咨询过程中的任何具体细节告诉父母，以此帮助儿童理解儿童-咨询师关系的排外性及咨询的保密性。

（2）营造一种安全的环境，让儿童不用担心自己的表现会受到咨询师的评判。当然咨询过程也要设定限制，儿童不得损害财物、伤害自己和咨询师，否则儿童要付出代价，比如终止这次咨询，但是依然要告知儿童欢迎下次再来咨询。

（3）咨询师不必伪装成他人，可以与儿童一起自然地投入游戏与互动中，从而也让儿童放下紧张和防御，真实地表露自己，体验到真实的咨询关系。

（4）儿童谈论到性侵犯或身体虐待时，本着来访者福祉最大化的原则，咨询师需要将此消息传达给儿童父母或其他人，传达前咨询师需要就信息传达可能带来的结果、传达的方式与时间等问题与儿童进行充分的讨论，并及时处理儿童在信息分享后出现的焦虑与痛苦情绪。

（5）咨询师在咨询过程中不应提问过多，因为当儿童觉得被要求回答时，会感到不安，儿童可能会做出退缩或沉默行为。此外，咨询师在与儿童交谈时，应慎用从儿童以外的人获得的信息，否则儿童会因为他人在未经他同意的情况下便将重要信息告知咨询师而产生被出卖的感觉，并且会认为咨询师在以侵入性的方式进入他的世界，他甚至不知道咨询师到底知道了他的哪些信息。

（6）需要让儿童知道与咨询师见面的原因及咨询的目的。有的父母告诉儿童"我带你去见一个能让你的行为变得正常的人"，这种解释不仅伤害了儿童的自尊，同时也给咨询师的工作造成了压力。采用"我带你去见一个可能会让你变得更开心的人"可能更合适。咨询师也需要帮助儿童形成关于咨询的正确认知，比如告知儿童在咨询室内可以以自己喜欢的方式游戏，咨询师会陪伴他游戏，每次儿童会在这里待 45 分钟，游戏快结束时咨询师会提醒时间等。

3. 倾听儿童的故事

儿童觉察到儿童与咨询师之间的关系是安全的、可信任的，才能投入咨询过程中。此时，咨询师就可以邀请儿童讲述自己的故事了。这是儿童咨询过程中最核心、最有效的步骤。

咨询师在引导儿童的过程中需要注意以下几个事项：

（1）要尊重儿童的表达方式。缺乏沟通技巧、有情绪困扰的儿童可能需要借助游戏、绘画等活动来进行自我表达。

（2）不要试图加快咨询进程，不要有过多探询性提问，否则儿童可能会因为害怕被咨询师问到私密而敏感的问题而停止交谈。应该让孩子来引导问题，让儿童有机会表达自己并探究这些令其感到困扰的情绪或问题。

（3）基于儿童的认知与思维水平，采用儿童能够理解的语言进行沟通，语气要和缓。

有时儿童可能有意或者无意地回避讲述、讨论那些给他带来烦恼或痛苦的事情，这种回避可能表现为沉默或退缩，也可能会表现为吵闹不休或暴躁，咨询师要学会识别这些阻抗行为，因为阻抗通常涉及一些重要信息。这种情况下，咨询师不能强迫儿童继续讲述这些事情，这会让儿童更加焦虑、更加退缩。咨询师可以通过给予儿童一些反馈以提升儿童对阻抗的意识，比如"当我们说到不回家见爸爸妈妈时，你可能会有些惊慌。其实，我害怕的时候，也会逃跑，像你一样"，这样既帮助儿童做出了澄清，也让儿童觉得产生害怕是合理的，并且有退缩反应也是能够被尊重、接受的，儿童可能就会感到更安全，对继续前进不再那样害怕了。此时，咨询师可以采用"当你想到爸爸妈妈时，你能想到的最令你害怕的事情是什么？"来帮助儿童充分面对阻抗。如果儿童回答"我害怕爸爸妈妈不再爱我了"，说明儿童已经能够面对阻抗背后其最痛苦的问题了，那么咨询师就可以进一步帮助儿童解决这个问题。

4. 帮助儿童释放情感

有时儿童在讲故事的过程中其痛苦情绪很自然地得到缓解，甚至还能自行找到问题解决办法。但是有时儿童需要通过游戏或咨询师的指导才能对与人交往更具适应性，不再焦虑。让儿童在一个接纳、信任的环境中自由讲述自己的故事本身就是赋予儿童力量的过程。儿童会逐渐获得对自身问题的掌控权，儿童能够更安心、更从容地融入外在世界中。

有时儿童会将对父母的正面或负面情感迁移到咨询师身上，这时移情便发生了。这个时候，咨询师要尽可能保持客观，必要时可与督导探讨移情问题。咨询师一方面要避免表现出父母的行为，另一方面要提升儿童对移情的意识，比如跟儿童反馈"看起来你似乎想让我表现得像你的好妈妈"或"我猜你正在生我的气，是因为你认为我像你的妈妈"，以此来探究儿童对母子关系或父子关系的知觉，使儿童的注意力集中在真实的亲子关系中。

5. 帮助儿童改善不合理认知和行为

咨询师需要了解儿童以往为了解决问题所做的尝试，一般以开放式提问更好，比如"告诉我，你是怎样去努力解决问题的？"，列出儿童为此所做的行为清单，探索儿童从无益的行为中所得的回报或付出的代价，这对迫使儿童停止无助于问题解决的行为，并促使儿童做出改变是有益的。接下来，可以鼓励儿童尽可能多地列出问题解决选项，并且不对儿童所列清单进行评价。然后咨询师与儿童考虑可行性，设置初次尝试目标，商讨具体行动步骤，咨询师给儿童布置家庭作业，以此来帮助儿童重新思考，做出新的行为，以更具适应能力。

（三）咨询效果评估与咨询结束阶段

结束咨询对儿童来说可能很难，咨询师也可能不希望结束令人愉快的咨访关系。但是长期接受心理咨询对儿童的成长是不利的，儿童要成长必须获得足够的独立性。因此，当目标完成的时候，咨询师必须结束咨询。

1. 咨询效果评估

这一步最好是在儿童及家长共同在场的情况下进行。亨德森和汤普森（2015）认为咨询师可以寻找以下标志来结束咨询：

（1）儿童更开放了吗？

（2）儿童已经接纳自己的感受和明白自己的行为的责任了吗？

(3) 儿童更能包容自己和他人了吗？
(4) 儿童更独立或者更能自我指导了吗？
(5) 儿童的恐惧、不开心和焦虑比咨访关系开始时减少了吗？

2. 咨询结束

为了缩短咨询结束的时间，咨询师可以提前几个星期与儿童公开讨论咨询可能结束的日期。如果儿童对分离感到焦虑、矛盾，咨询师这时候要允许儿童分享这种混杂的情感。同时，咨询师要制订计划，并练习当问题再次产生时儿童应做出的反应。有时候，咨询师会制订一份简短的随访计划，如30天或者6个月进行信件或电话随访，来缓和儿童的情绪。

第三节 儿童心理咨询的专业伦理

一、儿童心理咨询的专业伦理内容

联合国《儿童权利公约》赋予儿童生存权、受保护权、发展权、参与权和表达权。《中国心理学会临床与咨询心理学工作伦理守则》（第二版，以下简称《伦理守则》）规定：在心理咨询和治疗中，来访者享有获得治疗权、同意治疗权、隐私权和个人名誉权等权利，并且相关权利受到相关法律和心理学伦理的保护。保护儿童权利是心理咨询与治疗中一个基本的职业道德问题（Coghill，2012）。在儿童心理咨询中，儿童同样享有上述这些权利。

但儿童心理咨询既有心理咨询的共同特征，又有其特殊性（Deakin et al.，2012）。儿童心理咨询不仅涉及儿童和心理咨询师，还涉及儿童的父母或法定监护人以及其他相关人员。某些对心理咨询有着重要影响的伦理议题，在儿童心理咨询或治疗中尤为突出。

（一）伦理条款的解释

心理咨询的第一步是征得来访者对咨询的知情同意，同样，儿童来访者也有权利并且需要了解咨询的性质、潜在结果以及局限性（Wagner，2008）。但是，和儿童来访者签署知情同意书及解释保密原则与成人心理咨询不同。根据儿童心理发展的特点，很多儿童会以为保密就是理所当然对咨询过程中的所有内容都完全保密的意思，并且对此深信不疑。所以，跟儿童来访者进行保密原则以及保密例外的有效解释是很有必要的。用儿童能够听懂的语言来进行解释，并且具体说明工作的方式和相关的设置，以及在什么情况下会打破保密原则，以确保儿童能够清楚地了解在什么情况下咨询师会将他们的咨询内容告诉他们的监护人（Heflinger et al.，1996）。

（二）多重关系

心理咨询中的多重关系（Multiple Relationships）是指当心理治疗师或咨询师与某位来访者建立了职业性的心理治疗或咨询关系时，同时与该来访者有其他关系，或同时与"该来访者有亲密关系，或其他关系的人"具有其他角色关系，或确定未来即将进入某种角色，将与"来访者或与来访者有关系的人"具有某种关系，以上三种情况都属于多重关系。

在儿童心理咨询中最常面临的问题是：谁才是来访者？是儿童、家庭、学校，还是其他儿童支持系统？儿童通常不会自己主动要求来咨询，因此儿童心理咨询往往需要成人的共同参与，这就涉及咨询关系中多方的复杂性。另外儿童心理咨询师本人可能涉及多重角色。例如，在学校，心理辅导师由学科老师或行政老师兼任。这些多重身份和角色都会给咨询效果带来影响。

1. 多重关系的危害

在风俗文化的背景下，咨询师会较为强烈地受到日常人际交往模式和规则的影响（邓晶，钱铭怡，2017）。例如，儿童心理咨询师的朋友或同事可能会请他给自己孩子做咨询，但后来发现孩子的问题恰恰与朋友或同事本人有关。有研究证明，在我国中小学生心理咨询中，有三分之二学生的心理问题与家长有关（肖旻婵，2005）。根据社会心理学的角色理论，一个人担负什么角色，社会就会对其产生什么样的要求和期望（金盛华，2010）。如果咨访双方带着多重身份进入心理咨询关系当中，必然会存在角色冲突或角色混淆。多重关系会腐蚀或歪曲心理咨询关系的本质，也会影响心理治疗的效果。

2. 多重关系的评估与处理

判断多重关系对削弱咨询效果的程度，以及是否存在对咨询关系中的个体造成剥削或伤害的评估标准有三个：剥削个案的风险程度，心理咨询师失去客观性的程度及对专业关系伤害的程度。在多重关系不可避免的时候，应采取专业措施预防可能带来的影响。例如告知多重关系的风险、签署正式的知情同意书、做好相关记录、寻求专业督导等。如果无法预见的因素导致有潜在伤害性的多重关系已经产生，咨询师要以儿童来访者利益最大化为原则，设法解除多重关系。

（三）保密原则与保密限度

心理咨询中的保密原则是指：咨询师有义务为来访者在进行咨询中所说的话语进行保密，不向第三方公开任何可辨认来访者的个人信息、治疗内容和资料信息等（林洁瀛，钱铭怡，2012）。

1. 保密原则

保密这一设置本身对于儿童就具有非常重要的治疗作用，是咨询师与儿童建立信任，形成良好咨访关系的必要前提和基础。个人隐私在内容和范围上受国家法律和专业伦理规范的保护和约束。儿童也不例外。从事咨询与治疗的人员如果随意泄露来访者的个人隐私，造成一定影响的，不仅会受到伦理委员会的惩罚，甚至可能要负法律责任。

儿童心理咨询中的保密原则涉及儿童家长的监护权和知情权，以及儿童所在学校（或机构）的要求和老师的知情权。在儿童心理咨询中，咨询师在遵循保密原则，尊重儿童来访者的个人隐私权、自主权的同时，也应当考虑法律规定父母或监护人有照顾儿童的义务和责任，监护人有权利和义务了解儿童的问题。

2. 保密限度

保密不是无限度的，《伦理守则》中明确指出下列情况属于保密例外：来访者有伤害自身或他人的严重危险、未成年人受到性侵犯或虐待以及法律规定需要披露的其他情况。这一条款同样适用于儿童来访者。在儿童心理咨询中，咨询师需要尊重法律赋予监护人的监护权以及知情权，父母如果要求了解儿童在咨询中透露的内容，咨询师是有义务进行某些程度上的披露的。有时候让来访者父母或监护人参与咨询工作，也是心理咨询师更全面有效地利用心理援助资源，使治疗工作更具成效的重要方式。

如果遇到必须突破保密原则的严重情况，咨询师需要慎重考虑突破保密原则的具体措施，披露信息的内容以及涉及人员的范围。尽量只做最小限度的信息披露（只披露必要信息），将对来访者可能造成的伤害降到最低。理想的情形是邀请来访者一同参与决策过程，这有利于维持咨访关系（Corey et al.，2010）。我国台湾学者洪莉竹（2008）总结出以下可供参考的突破保密原则的应对策略，具体包括：

第一，评估危险程度：若情况危险立刻通报；若暂时没有危险则先与儿童会谈，了解当事人意愿、评估家庭功能与资源；

第二，向相关人员了解通报后的处理流程，并且评估通报对儿童的影响；

第三，与值得信任者（主管、同行、督导）讨论处理方式；

第四，针对未成年来访者的后续情况，决定是否需要突破保密原则而不再为未成年来访者保密。

我国目前尚缺乏儿童心理咨询的专门伦理守则，现有的伦理规范亦无法面面俱到地考虑所有可能的情境和不同来访者的情况。儿童心理工作者需要有更强的专业能力来做出合适的处理；同时，需要对儿童来访者有更多了解，并了解相关法律，才能做出更准确、完善的判断（林洁瀛，钱铭怡，2012）。

（四）第三方权利及处理

儿童是否接受咨询，是立即开始还是延迟，是否改变治疗方法或更换咨询师等问题，通常是由儿童的监护人来决定的。儿童心理咨询与成人心理咨询最大的不同是对未成年人进行工作时牵涉第三方（家长、学校、机构等）的知情权和监护权。

1. 父母/监护人的监护权

在工作中，儿童来访者可能不愿意让父母或监护人知道他们所说的某些内容，很容易认为咨询师是与父母或老师一起对自己进行控制的同盟者。儿童在咨询中表现出不合作或敌意往往源自对咨询师的不信任，以及对保密限度的担心。但是，如果为儿童来访者保守秘密，可能会出现其父母因不知情而减少对儿童问题行为的关注和干预支持，导致问题日益严重的情形（Lyren et al.，2006）。例如，未成年人出现抽烟、喝酒、打架、偷窃、吸毒、恋爱及发生性关系等问题时，咨询师可以根据具体情况，先明确法律是否要求告知，如果不属于必须告知的情况，可向监护人说明保密原则的重要性，希望他们谅解和放弃对咨询信息的要求，尊重孩子的个人意愿。当家长或监护人还是一再要求获得咨询信息时，咨询中的内容仍需要告知儿童的监护者（林洁瀛，钱铭怡，2012）。

由美国学校心理咨询师协会1984年发布、2016年修订的《美国学校心理咨询师伦理守则》（ASCA，Ethical Standards for School Counselors）指出：认清保密原则的基本义务对象主要是学生，但同时须平衡父母/监护人在法律层面或本有的监护权，尤其是在处理价值偏向的事件上，须平衡学生权益的需求来做出决策。无论儿童自己的意愿如何，咨询师都需要与儿童的监护人达成某些一致，形成监护人、儿童和咨询师多方合作的工作联盟。

2. 学校、老师的知情权

在面对学校、老师等第三方人士或者社会机构要求对儿童来访者的心理咨询行使知情权时，咨询师会面临如何取舍的问题。按照《伦理守则》的总则，咨询师应遵循来访者最大利益优先的原则。学校或老师只有在"教育上必须知道"（Education Need to Know）的情况下，才可获得某个学生来访者的治疗信息（林洁瀛，钱铭怡，2012）。学校或老师（包括所有非监护人）要求学生提供校外心理治疗信息或心理测验结果时，必须先获得当事人父母或监护人的同意，并且最好能得到当事人父母或监护人签署的同意书。

如果伦理与法律发生冲突，咨询师需要考虑在既不违反法律又尽量符合伦理标准的前提下，做出对当事人最有利的决策。比较好的做法是与儿童来访者进行充分的事先讨论，使儿童知道什么情况下是必须打破保密原则的，说明当自己的资料需对第三方开放时，需要披露的内容及性质、披露程度、需要对谁披露，以及披露的目的和原因，等等（Lyren et al.，2006）。这样可以尽量减少两难问题和冲突，也可降低咨询工作中不符合伦理事件出现的概率。

（五）咨询设置中与儿童相关的法律

当心理咨询师遇到儿童来访者时，会涉及如何与未成年人签订协议，以及协议是否具有法律效力等问题。《中华人民共和国民法典》将未成年人分为完全民事行为能力人、限制民事行为能力人和无民事行为能力人，儿童年龄越小，父母或监护人的控制权就越大。

如果儿童来访者属限制民事行为能力人，在无法定代理人（父母/监护人）代理或同意的情况下来寻求咨询，儿童来访者与咨询师之间签订的咨询协议是无效的，但如果在一个月内向法定代理人告知情况并获得法定代理人的同意，则咨询协议可以生效。未成年人可获得多少自我决定权和必须到多大年龄才可独立自主，应当按照国家法律与儿童来访者的行为能力做出决定（见表1-4）。

表1-4 儿童监护权

年龄段	行为能力	行为	法律效力
8周岁以下	无民事行为能力人	咨询、协议	必须由监护人同意和签署
8周岁～16周岁	限制民事行为能力人	咨询、协议	必须由监护人同意和签署
16周岁以上未满18周岁	限制民事行为能力人	咨询、协议	必须由监护人同意
16周岁以上未满18周岁，以自己劳动收入为主要生活来源	完全民事行为能力人	咨询、协议	具有法律效力
8周岁以上，但有智力障碍、精神障碍、心智功能不全，辨识能力严重不足	无民事行为能力人	咨询、协议	不具有法律效力，必须由其监护人或法定代理人同意和签署

资料来源：参见《中华人民共和国民法典》第十八条至第二十三条，第二十七条至第二十八条，第一百四十四条至第一百四十五条。

二、儿童心理咨询伦理案例与思考

在儿童心理咨询工作中，表1-5中所列的伦理冲突是比较常见的。

表 1-5　儿童心理咨询工作中常见的伦理冲突

具体情景	相关伦理准则	伦理冲突
儿童来访者的监护人拒绝有临床指征的咨询。	自主和行善	儿童的自主权与监护人的监护权以及咨询师的职责之间的冲突。
儿童来访者告诉咨询师意图自伤或伤害他人。	保密和行善	咨询师须就保护来访者隐私和受威胁的第三方这两种职责和义务权衡利弊。
父母要求咨询师提供青少年有关性行为、药物或酒精使用等情况的信息。	保密和行善	咨询师保护来访者隐私的义务可能与家长就未成年人高危行为进行教育的好意发生冲突。
新手咨询师对儿童来访者进行技术操作上的实践。	不伤害和行善	新手咨询师在没有熟练掌握某项咨询技能的情况下,有义务使来访者免受伤害,同时又需要"实践学习"以在将来为来访者服务,两者的利弊必须权衡。
儿童来访者监护人要求咨询师提供超出其能力的咨询,而当地缺乏其他合格的咨询资源。	不伤害	咨询师既有义务不在能力范围之外执业,从而使来访者避免受到伤害,也有义务使来访者不因为得不到治疗而受到伤害,两者存在冲突。
将"难治性"来访者转介给其他专业人员。	诚信/不伤害和行善	咨询师既有义务忠于咨询目标,避免抛弃来访者,也有义务本着维护来访者利益原则,从专业角度出发将其转介给更胜任或更适合的专业人员,两者的利弊须加以权衡。

国内外除了颁布专门的伦理规范,还有专门机构约束和处理伦理纠纷。它们为行业确立了价值导向,为专业人员提供了可供实践的行为规范和指导。心理工作者如果有违反伦理规范的行为,轻者提出警告,重者取消会员资格、吊销执照,更严重的可能导致法律诉讼。后文将介绍两则伦理案例(见案例 1-1、1-2)。

案例 1-1

保密突破——面对想自杀的未成年来访者怎么办?

某初中生在咨询工作中向心理咨询师透露了想自杀的念头,心理咨询师再次就之前签署的保密协议向来访者进行解释和沟通,并告知必要时将会告知家长或紧急联系人,但是该初中生坚决表示不同意,否则就不再来做咨询。因为他担心如果让家长知道自己有自杀的想法,他很有可能被父母送到精神病院去。此时,咨询师不能完全确定这位未成年来访者潜在自杀风险的程度,如果不突破保密原则,来访者可能会出事,如果突破保密原则,咨询关系会破裂。面对这种情境,这位咨询师经过思考,决定请教督导师或与同行咨询师商量,也打算与负责此类情况的学校指导老师商量。他决定根据同行的经验和共识来决定如何处理这一情况。

本案例中来访者存在《伦理守则》中规定保密例外的情况"寻求专业服务者有伤害自身或他人的严重危险",咨询师可以打破保密原则。但是,在打破保密原则之前,需要先进行审慎的评估,确定打破保密原则的必要性以及打破保密原则的具体措施、披露信息的内容和涉及的范围。此案例中的心理咨询师在不能确定是否突破保密原则时,采取与其他专业人员磋商的做法是恰当的。

如果是更为复杂的情形,例如咨询师邀请当事人一同参与突破保密协议的决策过程失败,可能危及咨询关系,此时,咨询师要及时采用危机干预的措施。如果是对待来访者在校园中遭遇的暴力行为,咨询师一定要特别小心。如果施暴者是学校老师或者高年级学生,而且学生依然处于危险之中,咨询师有必要向学校有关领导举报或提醒有关方面注意。如果来访者是虐待或性虐待的受害者,而且依然处于危险之中,咨询师除通知其家长或其他监护人外,还应当向公安机关举报。如果受害儿童的父母出于各种考虑不愿意举报,咨询师可以尊重他们的选择。对于举报的儿童和父母乃至他们的家庭,咨询师要给予情感支持,并转介儿童及其父母进行心理治疗。"与来访者一起"是最重要的。

案例 1-2

两难选择——当专业伦理与教育思想冲突时

某学生考试作弊没有被老师发现,并且自己的成绩还出乎意料地好。该生作弊本出于侥幸心理,但"超常发挥"的成绩又让他担心被老师发现事情真相,而他也没有勇气跟老师"坦白"。此时,咨询师如果告诉班主任或校方,会使来访者不再信任自己;如果不向班主任或校方反映真实情况,该学生违反校纪校规的行为可能因侥幸逃脱处理而助长,也是对其他学生的不公平。此时该如何处理?

这类问题表面上看是保密问题,但其实是两难选择。在处理这类问题中,咨询师的困惑并非保密原则所能够解决,它反映了咨询师在处理日常生活问题中的行为模式。无论做出哪种选择,咨询师都要承担选择的后果,同时来访者也要承担自己在事件中的责任。就保密而言,如果咨询师认为这类事情不能容忍,那么至少要让来访者决定自己是否跟老师说出真相。同时,也要让来访者知道,咨询师会将此事告诉老师。在这个问题的处理上,来访者应有知情权。如果咨询师接受了来访者的行为,但又将此事公布出去,或者在该来访者未知情的情况下公布出去,这是违背专业操守的。

另外,如果心理咨询师既是学校的任课老师,又是学校的心理辅导员,会涉及多重关系的伦理问题,会对咨询效果产生不良影响,所以,学校心理咨询师最好不是由任课老师或其他行政老师兼任。

第四节 儿童心理咨询师的基本职业素养

一名合格的儿童心理咨询师执业前需审视个人的基本素养,尤其是人格特质及专业技能是否符合执业标准。执业过程中需寻求个人成长，并且在实践和持续学习中不断增强个人的职业素养，正确地履行专业职责，真正实现为儿童心理健康保驾护航。

一、儿童心理咨询师的人格特征

心理咨询行业对从业人员有人格特征的要求，比如情绪稳定，乐于助人，温暖宽容，有敏锐的感受力，富有责任心，适应力好，自我接纳，愿意不断自我成长等（Pope & Kline，1999）。儿童心理咨询师需要充分认识到，儿童身心都处于发展过程中，有其特殊的不稳定性和脆弱性，因此儿童心理咨询师在具备以上基本的人格特征以外，还应具备一些适宜与儿童工作的人格特征。

（一）表里如一

法国著名儿童精神分析家多尔多（Dolto）在最初执业时，有一位特殊的儿童来访者，她需要将这位来访者从学校接回自己的咨询室，因此她们有一段在车上相处的时间。有一天这位儿童问她，为什么在车上的她和工作室的她不一样，自己更喜欢车里的那个人，她才意识到自己在咨询室中，会躲在心理咨询师的专业身份之下与儿童进行工作。儿童的心灵是非常敏感的，他们可以轻易识别我们言语中不一致、不真诚的部分，戴着面具、不是发自内心的情感和言语，都会让孩子产生疑问，开始不信任咨询师。比如，在多种儿童心理咨询方法中，都会运用正面鼓励的策略，如果咨询师只是机械地认为只要对儿童的行为给予鼓励或者奖励就是有效的，那么他也许已经开始犯错了。儿童能够识别出咨询师是例行公事还是发自内心地夸赞。例行公事会导致儿童出现抵触情绪，如果是发自内心地夸赞，则可以极大地提高儿童参与咨询的积极性，并且可以加强儿童与咨询师之间的情感联结。

另外，在儿童的心理咨询中，咨询师不能用自己的自恋和权威的身份轻易否定儿童的感受，而是应该保持对自我的觉察。如果儿童的感受是合理的，咨询师要勇敢承认自己的不一致，并且向儿童解释原因，这会极大地增强儿童的信心和对咨询师的信任度。

（二）理解儿童的内心世界

与儿童工作最重要之处是要能够进入儿童的内心世界，理解儿童行为背后的意义。成人去理解儿童的内心世界，其关键在于能否与自己内心的儿童建立联结。儿童的心理尚未完全成熟，生活中各种挫折会留下不同的创伤印记，很多时候成人会选择压抑这些记忆，让痛苦不再浮现出来。如果儿童心理咨询师能够触碰自己儿童时期的内心，细致觉察和体会自己的心理发展，处理好自己过去的痛苦与创伤，那么他们就能够更开放地面对自己的情感，更能够去触碰儿童高度敏感的心灵。

儿童来访者正是因为自己的痛苦来到咨询室，如果儿童心理咨询师对于其恐惧和情感给予足够的理解和接纳，那么儿童便有了一个安全的空间，可以打开这些经历，将他们的情感充分地表达出来。这些情感被言语化，并且有人可以分享和接纳之后，就变得易于承受，儿童被固化的症状就有可能得以消除。

咨询师在这方面的人格特征并非自然形成，而是需要进行必要的个人心理分析或者寻求个人督导，否则直接面对儿童的痛苦非常容易唤起自己过去未解决的问题，此时往往是十分痛苦的，如果在这个时候咨询师选择了逃避这个痛苦的感受，那么儿童也失去了化解自己痛苦的机会。

（三）善于接纳

人们从出生时起就处于关系之中，儿童从婴儿时期就会开始观察抚养人的表情，以此来判断自己的行为是否恰当和被人接纳。在成长过程中，一个健康的儿童会在人际互动关系中习得如何调整自己的行为，以获得良好的人际关系。他们会展现自己符合他人期望的部分，隐藏自己不被允许的愿望和需求。

作为儿童心理咨询师，需要面对的正是儿童隐藏起来的部分，那些私人的、生存环境中不允许他们表达的情感和需求。这种时候需要咨询师对儿童展现最充分的接纳，让儿童打开自己的心扉，放下防备，完全展露自己的内心。在与儿童的工作中，咨询师要做的是用一种不带任何评判的态度，去接受儿童所说的和所做的任何事情，并且要避免自己的价值取向或评判影响儿童的行为取向。如果在咨询的最初期，咨询师就带有一定的倾向来评判儿童的表达，那么可能再也没有办法看到最真实的儿童，去理解完整的他们。

完全接纳并不代表没有原则，对于有出格行为（如攻击行为、逃学等）的儿童，要去接纳他们是不容易的，因此在治疗之初设定的原则是非常重要的，如果违背原则，那么需要接受一定的限制，比如停止这一次的咨询。但这个时候仍然需要保持不加批判的接纳，尤其是不能有直接的负面情绪和评价的表达。在咨询中出现这样的时刻，往往是儿童在考验治疗环境的安全性，咨询师需要向他们表示，虽然这一次咨询中止了，但是下一次咨询会照常进行。

（四）情感边界清晰

情感边界清晰指的是咨询师清楚自己与他人的情感边界，不被过分卷入他人的情感之中。对于咨询师来说，有良好的共情能力是必要且非常重要的，但是如果在情感上非常难以与他人相分离，那么很有可能会在咨询中被过分卷入。如果儿童来访者认为自己的情绪可能会压倒咨询师，那么他们会感到不堪重负。儿童需要的是一个情绪稳定且有信心的促进者，能够让儿童安心释放情感，并带领他们化解痛苦。

儿童心理咨询师容易被情感卷入的另一个表现是过分关爱儿童来访者，或者过分友好。儿童可能会被这种过分友好的关系束缚，他们会为了保留这样的关系来取悦咨询师。有时候儿童心理咨询师还可能会被卷入儿童的视角，对儿童的父母产生愤怒或敌意，这是非常不利于咨询进行的。在与儿童工作的过程中，咨询师需要坚定地持有儿童父母是咨询工作的盟友的信念，联合所有可以支持儿童的力量来帮助儿童。

二、儿童心理咨询师的专业知识和技能

（一）儿童心理咨询师必备的专业知识

心理咨询师是一个特定的职业，罗多法（Rodolfa）在 2005 年提出的心理咨询师三维胜任特质模型中强调知识与技能是心理咨询师获得胜任特质的基础。依照目前国内高校开设的心理学课程以及《中国心理学会临床与咨询心理学专业机构和专业人员注册标准》（第二版），表 1-6 中列举了心理咨询师需要掌握的基本专业理论知识。

表1-6 心理咨询师基本专业理论知识

知识模块	专业理论知识
基础理论知识	普通心理学、发展心理学、实验心理学、生理心理学、认知心理学、心理统计学、心理测量学、变态或异常心理学、人格心理学、社会心理学、文化心理学、健康与社区心理学等
专业理论知识	科学和专业的道德伦理准则、心理学进展、高阶心理学研究方法、心理病理学或精神病学、危机评估与干预、创伤心理研究等
实践技能知识	心理咨询与治疗的理论与实务、心理评估与会谈、心理健康教育、团体心理辅导、心理诊断的理论与实务、心理咨询与治疗的会谈技巧、针对不同对象的心理咨询与治疗实务、不同形式的心理咨询与治疗实务、与临床心理学或咨询心理学实践相关的现场或模拟现场培训、各类心理或精神障碍的临床治疗方法或方案的专题学习等

作为儿童心理咨询师，在掌握以上的专业理论知识的同时，还需要对儿童的心理、生理发展有深入的学习，充分理解与成人和儿童工作的异同点，熟练掌握两种以上针对儿童的专业咨询方法。与学龄期的儿童工作，还涉及家庭协作、提高学业技能、提高社会和生活技能、在学校范围内提高儿童的学习水平、危机预防与危机管理、家-校合作服务、理解学生学习与发展的多样性等领域的专业知识。

同时，儿童心理咨询师作为一个终身学习的职业，不能满足于过去所掌握的专业知识，应该通过不断的进修和学习提高自己的专业知识和实践技能，更好地服务于儿童来访者。

除了心理学相关领域的专业学习之外，咨询师知识的广度也非常重要，学习文学、哲学、社会学或其他自然科学，都会促进咨询师的心智成熟和思维的灵活度，帮助咨询师更全面地理解儿童来访者。

（二）儿童心理咨询师必备的专业技能

心理咨询是一种特殊的人际互动过程，真正完成一个心理咨询过程，需要一些特殊的技术即心理咨询师的专业技能。我们所熟知的咨询专业技能包括建立关系、共情、觉察力、洞察力和沟通力等。儿童心理咨询师在工作过程中还需要掌握一些特殊的专业技能，下面依照儿童心理咨询的过程，详细阐述咨询师在各个阶段需要掌握的技能。

1. 善于观察

在儿童心理咨询最初的1~2次咨询，咨询师最重要的工作就是观察儿童和他们的父母。可以列一份观察清单，包含儿童整体形象、行为、情绪状态、智力情况、动作技能、游戏技能、言语技能和社交能力（见表1-7）。

表1-7 儿童心理咨询观察清单

观察类别	观察内容
儿童整体形象	儿童是否受到良好的照料；营养和发育水平是否达标。
行为	儿童是否有好奇心去探索外界事物；是安静的还是吵闹的；注意力是否集中；与咨询师的互动方式；儿童对肢体接触的接受程度；儿童是否有攻击性或破坏性行为。

续表

观察类别	观察内容
情绪状态	儿童情绪是否易于观察；占主导的情绪有哪些；对情绪的控制能力；对情绪的觉察能力。
智力情况	对儿童智力进行初步评估，观察有无明显的落后或超前。
动作技能	对儿童的大动作及精细动作进行评估，观察有无明显的落后或超前；观察有无刻板动作。
游戏技能	游戏是否有创造性；游戏的发展阶段是否符合当前年龄。
言语技能	对儿童言语技能进行初步评估，观察有无明显的落后或超前。
社交能力	观察儿童与父母的互动；观察儿童与咨询师之间的互动。

2. 善于积极倾听

倾听是获取信息的主要方式，在咨询初期尤为重要。积极倾听不仅包含倾听，还需要让儿童意识到我们正在接收和评估他们发送的信息。积极倾听分为四个部分：

（1）配合身体语言。在倾听的过程中，合适地运用身体语言可以让儿童明白咨询师正在认真倾听自己。比如，当儿童自然地坐在玩具旁时，咨询师也可以模仿他们的动作，自然地坐在儿童旁边，如果咨询师是坐在座位上的，也可以通过倾斜自己的身体来表达在关注儿童。目光的追随和关注也非常重要，儿童在说话或游戏的过程中不一定会与咨询师有目光的接触，但是当他们偶尔寻求回应时，他们能够看见咨询师的目光是追随自己的，这可以让他们清楚地知道，在这里他们是被关注着的。

（2）利用最小应答。最小应答就是我们日常对话中常常用到的点头、"嗯"、"是的"、"好的"和"对"等等。这种最小应答既不会打断儿童的话语，也可以鼓励儿童继续他们的叙述。最小应答不包括含有情绪或评判性的话语，比如夸张的"哇哦"或者"你说得真好"。这种类型的回应可能会引起儿童适应性地扭曲自己的故事。最小应答也不用过于频繁，适应于儿童说话的节奏就可以了。

（3）利用反应技巧。反应技巧包含内容反应和情感反应。内容反应是将儿童所说的内容按照字面的意思反馈给儿童，但不是逐字重复，而是选择儿童言语中重要的细节，用更清晰的方式重新表达出来。比如儿童说："今天教室里好多人，大家走来走去，豆豆一直和橙子说话，我在玩积木，没有人过来找我。"咨询师可以反馈："听起来好像没有人陪你一起玩。"情感反应是将儿童表现的情绪和情感反馈给他们。比如上面那句话，咨询师也可以同时回应："听上去你不太开心。"进行反应时，要注意不要过于冗长，这种反应技巧可以帮助儿童厘清自己的想法，面对自己内心的情感。

（4）总结。当经过了几分钟的交流以后，咨询师可以帮助儿童总结一下刚才他们想要表达的内容和情感，尤其是那些有突出之处或重要的事情。这样的叙述要有一个良好的组织，帮助儿童形成清晰的画面，认清自己的问题。

3. 善于引导儿童宣泄情感

在咨询中期，儿童的叙述逐渐丰富和完整起来，咨询师需要运用一些方法，帮助儿童继续讲述他们的故事或经历，并且触及和释放情感。这些方法包括观察、积极倾听、反馈和恰当的提问等等，还可以加入道具的使用。一些玩具或者沙盘可以帮助儿童表达那些难以用言语表达的故事或情感。其中恰当的提问是指咨询师需要使用开放式的问题,而不是封闭式的问题,因为封闭式的问题往往只能得到一个简单的回应,并不能帮助儿童继续讲述他们的遭遇。

4. 善于引导儿童改变不合理认知

在咨询中期,另一个重要主题是帮助儿童改变关于自我和环境的不合理认知。儿童的自我概念是由儿童的信念、想法和态度构成的。比如家长总是对儿童有诸多要求,而儿童无法满足这些要求,就可能形成自己没有用或者不听话的自我概念。这些自我概念首先要被咨询师敏锐地识别出来,并且向儿童确认,让他们清晰地明白自己的想法,再去一同探索形成概念的缘由、信念和态度。这样才能改变负面的自我概念。

另外儿童可能还持有不适当的对自己和环境的看法。比如"生气是不好的情绪""我是个坏孩子,所以妈妈不爱我"等等。咨询师需要帮助儿童去探索这些观念的由来,即是自我信念还是他人灌输的,理清楚信念背后的逻辑,帮助儿童区分应该负责的人究竟是别人还是自己,同时给儿童提供可以选择的合适信念。

5. 善于积极促进儿童的行为改变

在咨询的最后阶段,儿童症状已经有了一定程度的好转,这个时候咨询师的主要任务是帮助儿童将这些改变泛化到日常生活中去,建立信心,巩固那些合适的信念和行为。在这个阶段咨询师要善于帮助儿童尝试新行为,为儿童制订一定的训练和巩固计划。比如儿童的主要问题在于愤怒情绪的控制,那么这个计划可以列为:(1)识别愤怒情绪;(2)学会如何处理怒气;(3)通过角色扮演练习上面两个步骤;(4)在家庭、学校中尝试新的处理方式;(5)根据他人回应进一步调整行为。

本章要点

1. 儿童心理咨询是指运用儿童适用的咨询方法,对心理适应方面出现问题并企求解决问题的儿童求询者提供心理援助的过程。需要注意的是,适用于成人的现代心理咨询理念和技术并不适合直接用于处在发展期的儿童身上。

2. 儿童与成人心理咨询的差异主要在于心理问题性质以及咨询目标、内容、方法及联盟的差异。

3. 根据儿童咨询问题的性质,儿童心理咨询一般可以分为发展性心理咨询、适应性心理咨询和障碍性心理咨询。

4. 根据儿童心理咨询相关重要观点出现的时间,儿童心理咨询的发展可分为五个阶段:儿童精神分析发展期、儿童心理发展理论爆发期、人本主义疗法的发展、行为主义疗法的发展及儿童心理咨询的新发展。

5. 儿童心理咨询的常用技术有:儿童个体心理咨询、儿童团体心理咨询、儿童游戏治疗及儿童表达性艺术治疗。

6. 合理布置儿童心理咨询室所需要注意的方面有:咨询室要具有保密功能;要配置合适的家具;要配备合适的玩具;室内布局要合理;座椅布置要考虑儿童特征。

7. 儿童心理咨询的程序一般包括评估、咨询、咨询效果评估与咨询结束三个阶段。

评估阶段的主要任务是：接受最初信息、家庭会谈、与父母（或监护人）签订协议；咨询阶段的主要任务是：选择合适的咨询方式与道具、与儿童建立信任关系、倾听儿童的故事、帮助儿童释放情感、帮助儿童改善不合理认知和行为；咨询效果评估与咨询结束阶段的主要任务是：咨询效果评估及咨询结束的处理。

8. 在儿童心理咨询中始终要非常敏感地去觉察伦理条款的解释、多重关系、保密原则与保密限度等伦理问题。儿童心理咨询常常涉及第三方权利及处理，咨询师要掌握咨询设置中与儿童相关的法律。咨询师在整个咨询工作过程中要能够对突破伦理准则的行为和危险状况，即伦理冲突进行预判。

9. 儿童心理咨询师的基本职业素养包括人格特征和专业知识与技能两个方面。适宜的人格特征有表里如一、理解儿童的内心世界、善于接纳以及情感边界清晰。适合的人格特征、扎实的专业理论知识以及在实践中不断完善的专业技能都有助于儿童心理咨询师胜任这份工作。

拓展阅读

格尔德等．（2020）．儿童心理咨询（原书第5版，杜秀敏译）．北京：机械工业出版社．
克莱因．（2015）．儿童精神分析（林玉华译）．北京：世界图书出版公司．
兰德雷斯．（2013）．游戏治疗（雷秀雅，葛高飞译）．重庆：重庆大学出版社．
亨德森，汤普森．（2015）．儿童心理咨询（第8版，张玉川等译）．北京：中国人民大学出版社．
育宁心理．（2015）．儿童心理咨询治疗师．北京：清华大学出版社．
季建林，赵静波．（2006）．心理咨询和心理治疗的伦理学问题．上海：复旦大学出版社．
牛格正，王智弘．（2008）．助人专业伦理．台北：心灵工坊文化事业股份有限公司．
维尔福．（2010）．心理咨询与治疗伦理（侯志瑾等译）．北京：世界图书出版公司．

思考与实践

1. 请分析儿童与成人心理咨询的差异及造成差异的原因，并结合原因谈一谈进行儿童心理咨询的注意事项。

2. 在儿童心理咨询过程中的咨询目标由谁来设定？是心理咨询师、儿童监护人，还是儿童自己？请在小组内讨论。

3. 儿童心理咨询的常用技术有哪些？你比较喜爱的技术是什么？请查阅文献并在小组内分享你对该技术的了解。

4. 除了伦理规范中提及的必须要打破保密的条件外，如果儿童的监护人要求咨询师将与儿童咨询的内容告诉他们，作为咨询师你打算如何处理？

5. 某天，你的儿童来访者的家长送了两张音乐会的票给你，票价不菲，这场音乐会恰好是你向往已久的，而当时你正为买票发愁。请问：（1）你的感觉如何？（2）你认为这是什么问题?(3)在什么情况下你将接受这两张票?(4)咨询结束后,你将怎样写来访记录?

6. 请在小组内分享你可以成为一名儿童心理咨询师的胜任力特征有哪些,目前的不足有哪些,计划如何改善。

第二章
儿童心理评估

在儿童心理咨询过程中，心理评估具有极其重要的意义。儿童究竟存在什么问题？导致问题的原因是什么？应该安排何种方式的咨询？要回答这些问题，首先必须对儿童进行心理评估。进行心理评估是为了正确了解儿童当前的情绪、行为状态，以判断儿童的心理发展状况和鉴别出儿童的心理行为问题类型，在此基础上对儿童心理干预的计划做出合理决策，也为评估咨询效果，在咨询过程中及时调整咨询策略和方法奠定基础。

第一节 儿童心理评估概述

一、儿童心理评估的概念

心理评估是系统化地收集个人及其有关环境的信息，并以这些信息为基础做出对个人最恰当的决定的过程。这一过程包括系列化的 6 个步骤（见图 2-1）。

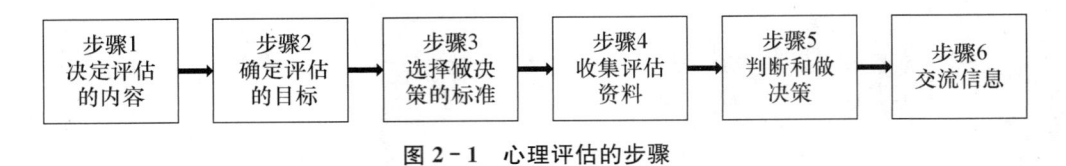

| 步骤1 决定评估的内容 | → | 步骤2 确定评估的目标 | → | 步骤3 选择做决策的标准 | → | 步骤4 收集评估资料 | → | 步骤5 判断和做决策 | → | 步骤6 交流信息 |

图 2-1 心理评估的步骤

资料来源：Compas & Gotlib，2004。

儿童心理评估是一个思考问题解决策略的过程，它是心理咨询的开始阶段，也是诊断和设计咨询计划的依据。儿童心理评估中，咨询师要了解受心理问题困扰的儿童和他们的家庭情况（如经济水平、父母婚姻关系等）、儿童在学校的表现以及与同龄人的关系，也要对儿童的情绪、行为和认知功能进行评估，同时还要对任何可能在其中起作用的环境因素进行评估，如家庭、学校或同伴等的影响。专业的儿童心理评估通常还包括会谈、收集人口学信息和疾病史、了解个人成长史、观察儿童在不同情境中的行为等环节。儿童心理评估的常用方法包括：会谈、结构化的行为评估和心理测验等。

二、儿童心理评估的作用

心理评估犹如一个高水平的侦探工作，它要求咨询师对与儿童问题有关的因素进行分类整理，并对各种假设和计划进行验证。

儿童心理评估的作用有三个方面：一是确定儿童问题的性质和原因，做出正式诊断。如儿童的心理行为问题是属于发展性问题还是适应性问题，是一般性问题、心理行为障碍还是精神疾病，这些都要明确做出诊断。如果是精神疾病，咨询师不宜开展咨询工作，需要转介到专科医院进行治疗。二是预测特定条件下的未来行为，如儿童在学校的行为表现。三是为制订和评估咨询计划提供信息。咨询师要根据儿童的问题类型确定采用哪种咨询方法或技术。

三、儿童心理评估的内容

一套完整的儿童心理评估通常涉及以下几个方面。

（一）儿童及重要他人的看法

通常，有心理困扰的儿童并不会主动求助，而是由他们的父母带过来咨询或由学校的老师转介而来。儿童父母认为儿童有什么问题？儿童本人认为自己有问题吗？儿童对家人和对自己的想法是什么？咨询师必须了解这些想法，而且必须根据儿童的整个发展背景及当时的心理状态来理解。

咨询师应与父母交流，父母是与儿童接触最多的人，他们几乎了解儿童生活的各个方面，并且亲子关系也是影响儿童的重要因素。从父母的看法中可以对儿童行为的适宜性、发生频率、持久性、强度以及损害程度有一个完整的了解，得到一个关于儿童行为的完整资料。

教师是评估儿童行为的重要信息来源。教师有很多经验，他们更能知道哪些行为对于哪个年龄段的儿童是正常的，而且他们有很多机会可以观察儿童的同伴交往。在对儿童进行心理评估时，可以询问儿童教师的看法。

同伴是非常有价值的信息源。咨询师可以从儿童的同伴那里获得大量关于儿童在不同情境下的行为，包括很多成人无法自然参与的情境（如操场、上学或放学路上等）。并且，同伴是从儿童的视角报告被评估者的行为，这能为咨询师提供完全不同于其他信息源的重要诊断线索。

因此，在进行儿童心理评估时咨询师最好能够综合多种信息源。

（二）儿童的成长经历和发展水平

儿童正处在迅速发展、变化的状态，在生理、认知、社会和情感方面都在迅速发展，因此对儿童失调的评估和诊断依赖于儿童所处的年龄段和发展水平。例如遗尿对于2岁儿童与10岁儿童的意义完全不同，因此，需要对不同年龄、不同发展水平的某个行为症状的变化过程以及基本水平有明确的认识（林芝，徐云，1996）。在儿童心理评估中，全面了解儿童的生理、认知、情绪和社会性发展对一个完整的评估过程来说是非常重要的。从儿童的家庭、学校和社会环境因素中，可以了解到儿童成长和发展的一些情况。

1. 健康状况和早期发展

心身医学的研究证实，心身是相互影响的。儿童的心理问题很可能从身体症状上表现出来，如哮喘、神经性皮炎等。另外，儿童的心理和身体正处在发展阶段，儿童的身体疾病也会影响心理发育。例如，儿童在婴儿期如果遭遇过营养不良而引起身体消瘦症，会严重影响婴儿躯体的生长和脑的发育，从而导致智力低下，其损害是永久性的。因此，了解儿童的身体疾病、受伤情况以及视觉、听觉、语言和其他方面的障碍对评估来说是很重要的。例如，在美国曾经发生过一例被认为有注意缺陷/多动障碍的儿童，后来被发现存在听力缺陷。另外，了解儿童家庭中其他成员的健康状况对于认识整个家庭功能也有很重要的影响。在有些情况下，当家庭正全力照顾一个患病的成员时，儿童可能会受到忽视。研究发现，婴儿遭受忽视或虐待，会因情绪压力而引起发育紊乱，造成发育迟滞，并表现出认知和情绪上的困难（Drotar，1995）。除此之外，母亲在孕期疾病发作、遭受生活事件打击、抑郁、焦虑等都会对胎儿产生不良影响，并进而影响儿童出生后的成长（李贤芬等，2012）。

了解儿童最早学会说话和走路的时间可以为了解儿童的早期发展状况提供重要线索。例如，儿童期是个体语言发展的关键时期，语言的发展有其一般规律，如果一个儿童过了2岁还不能用词汇表达自己的思想，就应该引起重视并查找滞后的原因（方富熹，方格，2004）。

2. 认知功能

与学习有关的问题常常是咨询师应该注意的重要问题，对认知功能做一些测验可以找出相应的知觉缺陷。比如，通过智力测验可以了解儿童的智力发展状况，通过阅读测验辅以视听觉测验可了解儿童的阅读水平。倾听父母的叙述也很重要，因为父母可能会告诉咨询师该儿童的学习强项和弱项。一般来说，父母较为了解孩子在学校学习的感受、喜欢和不喜欢的学习内容是什么，有助于咨询师更好地评判孩子的认知发展特点。

3. 情绪发展

在儿童情绪发展的过程中，情绪表达至关重要。因此，在评估中，可以要求儿童的父母描述该儿童的情绪。比如，可以要求家长使用尽可能多的形容词来描述儿童的情绪反应（例如快乐、抑郁、易怒等）。咨询师不仅要考虑儿童对压力的特殊情绪反应以及害怕或担心的事物的性质、数量和强度，还要考虑儿童表达情绪的方式和他们对自身情绪的控制程度。对于那些时常爆发强烈愤怒情绪、对他人产生身体上的攻击或者经常哭泣的儿童，咨询师都必须特别注意。

4. 社会性发展

在儿童社会性发展中很重要的一项内容，是学习如何做好一个特定社会群体（如家庭、同伴群体等）中的成员。在婴儿期，社会性发展最重要的是依恋的形成。依恋是指婴儿对熟悉的人（父母或其他抚养者）所建立的亲密情感联结。婴儿期依恋的质量会影响其儿童期及成年后如何与他人建立关系。因此，评估儿童与父母的互动方式很重要。儿童在婴儿期，其母亲（或主要照看者）对他的需求的回应是否及时？母婴沟通互动是否同步？

研究表明，过度回应的母亲和回应不足的母亲同样都可能拥有非安全依恋型的儿童，而母亲以适当的方式回应婴儿且与婴儿的情绪状态匹配，更可能产生安全型依恋（费尔德曼，2011/2015）。

另外一个需要关注的问题是儿童的自尊水平如何。自尊是一个人对自我是否有价值的一种评判。儿童的自尊反映了他们对自己总体上的看法。如总体上自尊是积极的，他们会认为自己能做好一切事情。相反，如果总体上自尊是消极的，他们就会觉得自己大部分事情做不好（倪凤琨，2005）。有研究指出低自尊儿童容易陷入被欺负的境地，而受欺负严重削弱了儿童的自尊心，降低了儿童的自我价值感，这种消极的自我概念又使儿童陷入受欺负的恶性循环当中（Egan & Perry，2001）。因此，在评估中，要评估儿童的自尊水平，通过询问儿童对自身的总体评价或采用自尊测验量表的形式评估儿童自尊水平。

（三）儿童的人际关系

1. 与家庭成员的关系

在儿童的成长过程中，父母、兄弟姐妹、同伴以及其他重要他人的影响是非常重要的。当今社会离婚率居高不下，家庭结构也随之发生变化。儿童往往会处在比较特殊的亲子关系中。儿童是与亲生父母一起居住，还是与继父母、养父母一起居住？亲子关系质量如何？这些都是应该考虑的问题。另外，家庭成员如何看待儿童，儿童如何看待其家庭成员以及自己在家庭中的地位？在家庭中，父母如何制定管理孩子的原则和方法，孩子对这些原则和方法的反应如何？父母喜欢与孩子玩什么样的游戏？家庭成员间以何为乐？这些都是应该了解的事实。

2. 与同伴的关系

同伴关系对儿童来说意义重大。咨询师可以询问儿童在学校与同学相处的情况，例如，"你在学校有好朋友吗？""你和好朋友会玩什么游戏？做什么活动？"通过儿童对同伴相处的描述，咨询师可以知道儿童与同伴相处的情况。每一个儿童必须拥有至少一个好朋友，需要与之同欢笑、同悲伤或分享秘密。如果连一个朋友都没有，那么儿童很可能就会感到孤独和被拒绝。没有同龄伙伴的儿童通常只能被迫与低龄儿童在一起玩或与成年人（如性质上类似于父母的人）相处。评估同伴类型可以帮助咨询师了解该儿童的同伴关系是否满足他成长的需要。

3. 与其他重要他人的关系

咨询师必须了解是否还有其他的重要他人影响儿童，在儿童的成长过程中，他们的影响是怎样的。有些儿童与家庭以外的一些成员保持着较为密切的关系，比如祖父母、阿姨、叔叔等。如果存在这样的情况，在咨询中，最好让这些对儿童有重要影响的外围成员也能加入进来，帮助儿童克服障碍，健康成长。

（四）儿童的学校生活

绝大多数儿童都会在学校中度过大部分的时间，所以在学校中的学习和社交是否成功对他们的成长至关重要。那些在学校中多次经历学习失败的儿童，其自尊水平很可能会降低，因此，作为一种补偿，他们往往会表现出问题行为来吸引别人注意。在通常情况下，学习失败可能预示着该儿童不适宜在该年级学习，或者有生理、学习或情绪障碍。长期的失败体验使得儿童的学习兴趣降到最低点，可能会引发逃学、与老师关系紧张、不被同伴接受等问题。例如，对于学龄儿童来说，被同伴接受是他们产生积极的自我概念的重要原因；不被同伴接受的儿童非常容易产生消极的自我概念，需要特别重视。

（五）儿童的特殊能力、天赋与兴趣

除此之外，咨询师还必须了解儿童的特殊能力和天赋，这有助于评估和咨询。比如，一个有音乐天赋的儿童会建立起对艺术的成就感。而且，在一个领域的成功可以平衡另一领域的失败。有时父母太过于关注儿童的学习成绩，而忽略儿童在特殊领域的天赋，这可能造成儿童的挫败感。同时，发现儿童的特殊兴趣（如团队游戏、下棋、集邮等）可以帮助成人与该儿童就感兴趣的话题或活动进行更好的交流，加强亲子关系（傅宏主编，2015）。

第二节 儿童心理评估的方法

儿童心理评估是一个收集儿童心理行为相关信息的过程。收集信息的渠道应当包括：与儿童的会谈、与家长的会谈、家庭会谈、行为的观察和评定、标准化测验以及发展史的检查。这个过程可以使用多种收集信息的技术，包括摄入性会谈、观察、行为评估、心理测验以及其他技术。对收集到的信息进行整理和推论，然后形成心理评估报告，这就涉及心理评估报告的撰写。

一、儿童心理评估的技术

收集儿童信息和进行评估的技术主要有以下几个方面。

（一）摄入性会谈

摄入性会谈（Intake Interview）是儿童心理咨询过程的一个基本组成部分，它能帮助咨询师建立起与儿童及其家庭成员的关系，是咨询的基础。一个成功的摄入性会谈可以窥见儿童的人际世界，并提供观察家庭动力系统的有价值的信息。大多数咨询师，不管他们各自的理论倾向如何，都使用摄入性会谈来收集信息，这将有助于他们对案例做出判断并设计适宜的咨询方案。

摄入性会谈存在两种形式：一种是结构性会谈；另一种是非结构性会谈，也叫自由会谈。结构性会谈是由咨询师事先按照所要收集的资料的范围（哪些方面的资料）和要求，确定一个问话的程序结构，根据这个结构编制一个会谈提纲，然后按照这个提纲顺序提问，并要求来访者逐一回答。非结构性或自由会谈，是事先没有一个固定的框架，咨访双方可以从任何一个话题开始讨论，可以用任何方式来表达，从而可以让来访者掌握主动权，让他来选择他想谈的问题。这种方式可使来访者自然而然地说他要说的话，并且随时可以在咨询师认为有价值的主题上进行深入探索、分析和判断。非结构性会谈没有需要强迫性回答的问题，儿童可以自由表达。现在普遍使用的会谈技术是非结构性的。需要注意的是，与儿童的会谈必须符合他们的年龄和发展水平，儿童不像成年人一样能用语言准确

表达内心感受,因此,可以将游戏、绘画、讲故事等活动作为辅助手段促进儿童的自我表达。

在决定采用摄入性会谈之前,咨询师应充分考虑儿童呈现问题的方式。不同年龄段儿童其身心发展有不同特点,如儿童问题越小,呈现的问题越具体,可能越乐于接受结构性会谈。如果使用结构性会谈,可以参照表2-1的内容来收集信息。

表2-1 儿童结构性会谈信息收集

序号	信息类型	提问举例
1	当前主要问题	为什么找心理咨询师?
2	既往疾病史	曾经有过什么重大疾病或遗传疾病?
3	孕产史	在子宫中的发育情况、有无早产或难产?
4	成长中的重要事件	是否一直在父母身边长大?抚养过程顺利吗?有什么困难?
5	家庭关系	父母之间关系怎么样?父母与祖父母的关系怎么样?父母与来访儿童的关系怎么样?
6	学习情况	学习成绩怎么样?学习中有何困难?
7	学校中的问题	是否受过霸凌?在校是否有违纪情况?
8	与同伴的关系	和同学的关系怎么样?有固定的朋友吗?
9	情绪发展状况	平时的情绪表现是怎样的?对自己的评价怎么样?
10	特殊的想法或喜好	有什么特别喜欢或擅长的事物吗?有什么特殊的想法吗?

1. 与儿童会谈

咨询师可以通过与儿童的单独会谈来建立和谐的咨询关系,了解儿童更多的行为和心理冲突。儿童第一次来咨询时往往带着种种担心和疑虑,这些很可能成为儿童心理咨询的阻抗。咨询师首先要了解儿童的阻抗,并化解阻抗,这样才能让会谈顺利进行下去。

第一,了解儿童的阻抗。

成为来访者的儿童依然是儿童,他们有自己的情感、行为、问题和咨询期望。像成年人一样,儿童也有对未知的恐惧。第一次咨询时,儿童可能并不知道他们为何被带到咨询室。实际上,父母或者老师也可能给他们一些错误信息,例如,"因为你不听话,所以要带你去见一个医生"。而这些错误信息会导致他们不信任咨询师。儿童对咨询可能产生的疑问有:

(1) 什么是咨询?我为什么不得不去那儿?
(2) 我做错了什么?我在被惩罚吗?
(3) 我出毛病了吗?
(4) 父母(或者老师)认为我出毛病了吗?他们还爱我吗?
(5) 我的朋友也认为我出毛病了吗?如果被他们发现了,他们会取笑我吗?
(6) 咨询会造成伤害吗?就像去看医生一样吗?
(7) 它需要花多少时间?什么时候我能回家或者回学校上课?
(8) 如果我并不喜欢,我是否还得回来?
(9) 让我说什么做什么呢?如果说错了怎么办?
(10) 我该说我家里那些糟糕的事情吗?咨询师会把我说的话告诉其他人吗?(亨德

森，汤普森，2015)

通常，儿童不会主动寻求咨询。儿童喜欢快乐的思想、情感和行为，并趋向于回避消极的情感、思想和活动。第一次去见咨询师一般不会被当作愉快的活动。跟成年来访者一样，儿童也会对咨询进行阻抗。例如：

(1) 拒绝谈话，拒绝分享重要的事情。否认问题存在或者只谈论无关话题。
(2) 避免与咨询师有任何形式的联系，比如眼神交流。
(3) 迟到或者爽约。
(4) 展现消极肢体语言，并做有敌意的评论。
(5) 扮作局外人，拒绝合作（例如，藏在家具后面）。

以上并不是所有的阻抗表现，儿童能创造出更多五花八门的阻抗方式，因此，咨询师要用自己的感受作为衡量来访儿童阻抗的指标。面对不合作的儿童，咨询师通常会感到困惑和恼火，这时咨询师需要相当多的耐心。很多儿童认为咨询对他们毫无助益，甚至感觉咨询是令人恼火的父母强制活动。儿童通过阻抗保护自己，他们不愿或者害怕遵守咨询师的咨询安排。

第二，化解儿童的阻抗。

(1) 获得儿童的信任。儿童认为，好的咨询师是关心人的、保密的、安全的并且是站在他们这一边的人。"站在儿童这一边"，与其说是儿童的朋友，不如说是儿童的支持者。咨询师要尽可能地以儿童的利益为中心，理解儿童，接纳儿童，逐渐获得儿童的信任。咨询师应给儿童尽可能多的选择，为儿童创造自由空间，使之恢复平时丧失的控制感。例如，允许儿童选择谈话主题。

(2) 做好咨询准备和设置。咨询室应是一个友好、舒适、放松、安全的地方。儿童在一致性、限制和可预测性中获得安全感。咨询应该有规律地约定在每天的同一时间或每月的同一天。咨询时间是属于儿童的时间。约定应该准时开始，并不被电话铃声、敲门声或者任何其他事物打扰。注意这些有计划的细节，可使儿童获得价值感。咨询师应设置行为限制，以便获得合理的结果。例如："我们来做个约定，不能打咨询师、不能打自己、不能故意破坏玩具。"错误行为最好通过重新定向到合适的活动来进行处理。例如："人不是用来打击的；拳击袋才是用来打击的。"

(3) 缓解儿童的焦虑。儿童需要理解什么是心理咨询，以及能从中得到什么。咨询师要缓解儿童来到陌生地方见陌生人的焦虑。比如，有的咨询师会在迎接来访儿童时，蹲下身来在与儿童的视线水平的方向上去问候儿童，并且时刻觉察儿童反应的热情程度来决定是否要与儿童握手，以及是否要花更长时间与儿童问候互动。初步介绍后，咨询师可与儿童一起讨论家庭、学校、朋友、习惯或兴趣。对不说话和极度焦虑的儿童，可以采用游戏的方式。通过这些方法，咨询师可以在了解儿童世界的同时，建立起良好的咨访关系。还有的咨询师则倾向于直接指向问题。例如："你愿意告诉我为什么来这儿吗？"第一次会谈，咨询师应向儿童说明咨询的过程和咨询师的期望，这有助于缓解儿童对咨询的困惑。

(4) 认真倾听儿童的回答。无论是在会谈还是在测试过程中，都要非常专注地听儿童的回答。当咨询师没有听清楚并让儿童复述一遍时，儿童可能给予另外一种不同回答，而且说第一次时自己说错了。这就提醒我们在告诉儿童做什么时，一定要让他们复述一遍以检查他们是否明白其真正的含义。

总之，在与儿童的摄入性会谈中，要允许儿童自由开放地表达思想，不对儿童或其父母的言行做出任何判断；尊重儿童的言语或非言语表达，维护儿童的自尊。只有这样，才能使儿童开放、诚实地表达他的特殊担心或恐惧。

2. 与家长会谈

家长（父母）是儿童最熟悉的人，咨询师如果想尽可能多地了解儿童，就要与家长会谈。家长通常能准确觉察到孩子的问题行为，并且经常会洞察到问题发生的原因。

与家长会谈时，较好的方法是开始时提一些开放性问题，要求家长谈谈这些问题，记录下所谈的内容以及家长谈到问题时的情绪。如果家长表现出抱怨情绪，那么就要求他对行为给予更为细致的描述，包括行为发生的频率、严重性、发生间隔、先前事件和后续结果，以及他为改善行为问题而做的种种努力，然后再通过系统提问法来了解儿童期发生的其他一些普通问题，以使家长在一个更广的范围上评价，而不至于仅集中于某一两个问题。另外咨询师应特别关注母亲的情绪变化，一方面，孩子可能会因为受母亲的情绪影响而产生越来越多的行为问题，另一方面，母亲情绪不良也会改变对孩子行为的知觉。

与家长会谈时，咨询师要注意的问题包括如下五项：

（1）通过个人的行为、谈吐和衣着传递给家长的态度应该是非批判性的。

（2）语言要清晰且容易理解，学术性的语言打动不了家长，反而可能会造成与他们之间关系的一种障碍。

（3）在会谈过程中不要做太多记录，因为做太多的笔记会成为交流的障碍；咨询师可以在会谈结束时快速地记一些文字，或在会谈过程中录音。

（4）某些家长可能会羞于寻求帮助——他们把孩子看作自己的延续，不想让别人知道自己的孩子出现了问题，当发现这种情况时，咨询师要尽可能地减轻或消除家长的顾虑。

（5）某些家长可能会为孩子的问题而感到内疚、自责，应该帮助他们觉察这种感觉，并给予其一定的心理支持，以使会谈顺利进行下去。

3. 家庭会谈

家庭会谈是对儿童的家庭成员（包括儿童本人）进行的集体会谈。它对保证咨询的成功非常重要。通过家庭会谈，咨询师可以表达与儿童及其家庭一道来解决问题的真诚意愿，为随后的咨询过程定下良好的基调（傅宏主编，2015）。在会谈过程中，咨询师应尽一切可能使家长明白：父母在儿童心理咨询过程中起着至关重要的作用。

家庭会谈实际上也是对儿童家庭的评估。在家庭会谈中应关注家庭成员之间较为固定的相互作用模式，即家庭联盟。例如父亲和母亲联盟、父（母）亲与儿童联盟、兄弟姐妹联盟等。当一些家庭成员形成联盟以反对另一些家庭成员时，家庭的稳定性便会受到威胁。例如，当婆婆与孙子结盟来反对儿媳时，婆婆不仅超越了她的权限、干扰了正常的教育子女行为，而且可能最终威胁到母子关系甚至是其儿子的夫妻关系。

在家庭会谈期间，咨询师应了解该家庭中存在的联盟类型、成员之间的亲密度、父母对儿童的干预程度等。要做到这些，咨询师可以在会谈中密切观察成员的身体语言，也可以聆听家庭讨论：儿童是否经常被讨论和谈及、儿童的谈话是否被注意、儿童的谈话是否经常被打断等等。

（二）观察法

观察法是指观察者运用自己的感官或借助一定的科学仪器有目的地对儿童的心理特征、行为表现进行感知和描述，从而获得有关事实材料的方法。观察法是一种认识儿童最基本的途径和方法。通过观察，可以了解儿童的学习风格、注意范围、情绪表达，以及与父母的互动情况。

1. 生活场景中对儿童的观察

如果能观察到儿童在教室、操场、家里的不同表现，那将是非常理想的。为此，咨询师对儿童的观察可以与父母、老师联合进行。观察时间通常应明确，并做记录。观察中可使用"行为检测表"，即预先在一张表格中列出一些典型的问题行为，然后在观察中逐一对照和记录这些行为是否出现。在观察结束后，可以分析哪些行为出现了，哪些行为没有出现，如果出现，它发生的频率有多大，以便对儿童有一个准确的评估。

2. 在心理测验中对儿童的观察

在心理测验中，可以观察儿童在一个相对标准化的非典型情境中的反应。提前列一个观察提纲有助于系统地观察和做记录。记录可以从咨询师接触到儿童开始，具体包括儿童的言语能力、活动水平、单独游戏、哪位家长陪伴、他与家长的互动情况，以及当儿童随咨询师走进测评室之前，他们是怎样分开的等。观察孩子是否缠着家长、是否容易消除疑虑，如果孩子哭了或大发脾气，则要记录什么情况或行为使哭闹如何得到解决的。咨询师须记录孩子是如何完成测验的，以及在每项任务中的行为。咨询师需要对测验材料十分熟悉，只有这样才有足够的注意力来观察和记录孩子的行为。此外，观察要贯穿整个测验过程，以判断孩子的焦虑是得到缓解、保持不变还是有所增加。儿童与咨询师眼神交流的次数，以及对环境的适应情况也要记录，据此可评估儿童的社会退缩程度以及自信水平。以上所有信息都有助于判断测验过程中儿童社会行为的正常或异常程度。

3. 在咨询情境中对儿童的观察

一旦与儿童建立了关系，咨询师就能将注意力集中于儿童在咨询中的表现。咨询师的工作是去评估每一个阶段的氛围。是高兴、伤心、愉悦、中立、暴躁，还是富有成效？是什么定下了这样的基调？接下来，咨询师应找到儿童的行为或游戏模式。注意缺陷/多动障碍儿童会表现出分裂或冲动行为。与此相反，强迫症儿童在游戏中的表现是僵硬和结构化的。儿童的玩具选择是一种丰富的资料来源。玩具可分为消极被动的或好斗进取的、阳性的或阴性的、建设性的或破坏性的；当然，很多玩具也可以是中性的。一定要观察儿童对每一个玩具做了什么。咨询师要寻找儿童行为或咨询活动中的主题和模式，以便了解引发儿童行为的动机。比暴露主题更重要的是在这一阶段中主题的表现强度。不稳定或易受打扰的儿童，其游戏主题往往是多变的、不确定的。

（三）心理测验法

心理测验最早由英国的心理学家高尔顿（Galton）发明，是指"对两个或多个人的行为进行比较的一个系统过程"，关注的是个体间的差异。阿纳斯塔西把心理测验定义为"对一个行为样本组的客观的标准化的测量"（引自傅宏主编，2015）。心理学工作者在工作中经常会使用心理测验，比如智力测验、人格测验、心理卫生测验等，但心理测验通常只是心理评估的一部分。任何心理测验都是针对某一特定领域和行为，咨询师要熟记各种测验的适用范围，也要非常熟悉各种测验的内容及测验程序，更重要的是明确在解释测验结果时需要注意的问题（即不足之处）。心理测验的施测方法容易掌握，但对结果的解释却需要付出相当的时间和精力才能掌握。

心理测验一般在会谈之后使用。心理测验可以对会谈中发现的心理行为问题进行系统的定量的认识。对儿童的心理测验包括各种有关发展、智力、知觉、学业成就的测验，社会能力测验等。借助于这些测验量表，咨询师可以得到儿童行为的更为客观的依据。大多数行为评定量表关注的焦点是儿童的行为，并且需要依赖儿童的父母、老师和咨询师对其行为做出判断。而教师处在观察儿童课堂行为的最好位置，他们对儿童的行为了解得最多。下一节会详细介绍常用的儿童心理测验量表。

（四）其他评估技术

有些年龄较小的儿童不能确切地知道他们为什么而烦恼，或者可能缺乏表达问题的准确语言，这时，咨询师可以借助一些非正式的评估技术，如讲故事、绘画、游戏等来帮助儿童表达其内心的冲突，这些技术是可以与摄入性会谈一起用来进行评估的技术。

例如绘画。儿童绘画能力的发展与认知、心理的发展是相互联系的。个人的智力障碍、行为与情感问题以及发展滞后都会在其绘画作品中有所体现（严虎，2015）。儿童通过特殊的艺术表达方式告诉评估者一个关于他们自己的故事，他们通过绘画的过程、作品，表达积极的或消极的想法和情感。他们可以讲出一件令他们非常恐惧的往事，描述最近发生的愉快或者烦恼的事，也可以描绘他们希望发生的或担心发生的事情。这些独特的、个人的内心经验的表达，如果运用得当，就能够为评估提供有用的线索。作为评估过程的一部分，评估者需要观察或"倾听"儿童绘画的颜色、信息和主题，并观察儿童在画画时的情感，密切关注他们言语和非言语的表达。只有这样，评估者才能对儿童在画中所表现出来的心理冲突、需要和情感做一个初步的诊断。儿童的绘画代表了个人的倾向，评估者需要把他们所表达的其他所有事情联系起来考虑。图2-2是一个生活在农村的6岁女童的绘画作品，她患有甲状腺功能减退症（简称甲减），其智力发育受到影响，她平时少言寡语，反应慢，记忆力差，情绪表达很少，显得呆滞。从其画作中可以看出房子、花和树的比例不协调。

二、儿童心理评估报告的撰写

通常一份完整的评估报告需要包括个案的身份资料、来访理由、既往病史、家庭与人际关系状况以及心理测验和相关评估结论等。评估者在撰写评估报告时要考虑到听取报告的对象，评估报告最主要的目的是使对方能够理解为什么要采用这些咨询措施/干预方案，如果最后的结果不能被理解，那么评估程序毫无用处。因此，评估者在撰写报告时应当注意尽量不使用难懂的专业词汇，从而使报告简单易懂。

下面通过对一个9岁女孩张玉溪（化名）进行心理评估的案例说明最终评估报告的撰写范式（见案例2-1）。个案资料收集的过程完全是依靠本章所述的评估方法而来：先让其父母填写儿童基本信息表；然后与她的父母进行一次访谈，与她的母亲单独访谈两次，每次一小时；与张玉溪本人访谈一次。另外，还收集了她的四个老师对她进行的课堂行为

图 2-2　一个 6 岁女童的绘画作品

观察记录、学校心理老师和咨询师在不同情境中对她的观察记录，并对她进行了智力测验、成就测验、数学与阅读能力测验及视听觉能力测验等。这些测量或访谈的结果由咨询师进行梳理分析，最终形成如下评估报告。

案例 2-1

一、张玉溪的身份资料

姓名：张玉溪

性别：女

出生年月：2010 年 4 月

年龄：9 岁

年级：四年级

出生顺序：排行老大，有一个妹妹。妹妹在其 2 岁时出生。

父亲：35 岁，普通工人。

母亲：33 岁，公司文员。

二、咨询原因

张玉溪是被她的父母带来寻求咨询师的帮助的，因为她有以下问题行为：平时不喜欢说话，不爱动，整个人显得呆板，没有活力；记忆力差，刚写的一页字，翻过来就不记得了；学习成绩特别差；和妹妹在一起玩时总被妹妹欺负，在学校时也总是被欺负，对欺负逆来顺受，不会反抗。

三、既往病史

在 6 岁时检查出甲状腺功能减退症，并开始服药治疗。身体矮小，消瘦。胃口不好。

四、出生情况/早期发展

出生时母亲24岁，怀孕和分娩正常，足月出生，体重正常，6.6斤。从出生起，张玉溪就特别乖，也很好带，比较安静，不哭闹。妹妹在其2岁时出生，妹妹和她的个性完全相反，妹妹活泼好动，不高兴时就会哭闹，妈妈更偏爱妹妹。和妹妹一起玩耍时，她经常被妹妹抢玩具和被妹妹打。学会走路和说话时间正常。

五、学习发展

1. 强项（优势）：能做力所能及的家务，如洗碗、洗衣服；从小学习跳舞，能跳舞。

2. 弱项（劣势）：智商85分，记忆力差，语文和数学成绩处于及格水平。

六、社会发展/同伴关系

1. 学校里：安静，被动，听话，能融入同学群体中。

2. 邻里之间：与邻居孩子的关系融洽，能在一起玩耍。

七、情绪发展

相对于她的年龄来说，她的情绪发展尚未达到应该达到的年龄，也就是说，情绪发展不成熟。情绪反应缓慢，表情刻板呆滞；被打被骂了也没有伤心难过的情绪表现。

八、家庭关系

1. 亲子关系：妹妹出生之后，由于她不哭不闹，显得乖巧，妈妈对她的关注较少，但总体上与妈妈的关系亲密。爸爸在家从不管事，对她也很少关注和过问，和爸爸的关系冷淡。

2. 姐妹关系：姐妹年龄相仿，在一起有竞争，但她争不过妹妹，不喜欢和妹妹玩。

九、心理评估结果

1. 智力偏低，记忆力差，反应慢。

2. 低自尊，容易被他人欺负。

3. 缺乏自信，不敢表达自己的需求，不能保护自己，逆来顺受。

在本案例中，咨询师评估张玉溪的心理行为与儿童智力发育迟滞的症状是相一致的。她患有甲状腺功能减退症，而这种疾病会导致智力低下。咨询师建议她到精神卫生医院做进一步的评估和确诊，并配合医生治疗甲减。

第三节 儿童心理测验的常用工具

儿童心理咨询中常会用到一些标准化的心理测验量表对儿童的心理行为问题进行测量，以辅助心理评估。常用的心理测量工具包括智力评估工具、适应行为评估工具、问题行为评估工具、人格评估工具等。

一、儿童智力评估及工具

（一）智力评估

智力评估通常通过智力测验来完成。智力测验是评估个体智力的方法，它是根据有关智力概念和智力理论，通过标准化过程编制而成的。最早的智力测验始于19世纪末20世纪初，是为了识别出哪些儿童是心理发育迟滞者，并将其转至特殊班级。智力评估的目的是区分儿童智力发展的水平，以便给儿童适当的教育和训练。

（二）儿童智力评估常用工具

1. 儿童智力发育评估筛查性工具

儿童发育评估是一种测量技术，是根据儿童发育规律，应用一定方法对儿童群体或个体发育状况进行程序化、标准化测量和评价的过程，是被用来获得儿童发育行为心理变化数据的一种方法。

（1）丹佛发育筛查。丹佛发育筛查（Denver Developmental Screening Test，DDST）由美国丹佛学者弗兰肯堡（Frankenburg）与多兹（Dodds）编制，主要测查个人-社会适应技能、精细运动适应、粗大动作和言语四大方面的能力，是目前美国托儿所、医疗保健机构对婴幼儿进行检查的常规测验，共104个项目，适用于0~6岁的儿童，目前国内常用的是第二版。如果测查对象不能完成选择好的项目，便被认为可能有问题，应进一步进行其他的诊断性检查。必须注意的是，DDST是筛选性测验，并非测定智商，对婴幼儿目前和将来的适应能力和智力高低无预言作用，只是筛选出可能的智商落后者。

（2）瑞文彩色推理测验。瑞文彩色推理测验（Raven Colored Progressive Matrices，CPM），是瑞文推理测验中的一种，由瑞文于1947年发表。该量表适用于5~11岁的儿童及智力有缺陷的成人。CPM由一系列彩色图形组成，分为三组，每组12题，总共有36道题。1992年，北京师范大学的陈帼眉教授制定了CPM的幼儿常模。CPM测验分数易于解释，适用年龄范围很广，受测者可以是幼儿，也可以是老人；测验对象不受文化、种族、语言以及是否有听力、语言、肢体障碍等的限制；既可以团体施测，也可以个体施测。

2. 儿童智力发育评估诊断性工具

诊断性评估主要用于对已经被确认是发展偏常或迟滞的特殊儿童进行心理或行为问题的诊断。

（1）0~6岁小儿神经、心理发育诊断量表。0~6岁小儿神经、心理发育诊断量表是首都儿科研究所生长发育研究室研制的。该量表是在收集大量婴幼儿神经、心理发育宝贵资料的基础上，历时10年完成的。该研究室摸清了我国各地区幼儿神经、心理发育的基本情况，首次获得了适合我国国情的有系统、有代表性的婴幼儿神经、心理发育常模。该量表主要测量婴幼儿的大运动、精细运动、适应能力、语言、社交行为五个方面的能力。该量表不仅可以用发育商来评价孩子的智能发育速率，也可用智龄来表明其发育水平，为智能超常或发育迟缓提供了可靠的早期诊断依据。

（2）韦克斯勒儿童智力量表中文版。韦克斯勒儿童智力量表（Wechsler Intelligence Scale for Children，WISC）是韦克斯勒在1949年发表的一套儿童智力量表，后经历4次修订；在 2003 年和 2014 年，分别发表了第四版（WISC-Ⅳ）和第五版（WISC-Ⅴ），各个修订本的适用范围都是 6～16 岁儿童。在此基础上，北京师范大学张厚粲教授主持完成了韦克斯勒儿童智力量表中文版（WISC-CⅣ）的修订，该量表于 2008 年正式出版。WISC-CⅣ是我国目前最优秀的儿童智力量表之一，量表同样适用于 6～16 岁儿童。通过智力测验，可以分析出儿童智力发展强项及弱项，从而有助于采取针对性干预，使儿童发挥出最大的潜力。

二、儿童适应行为评估及工具

（一）适应行为

适应行为是指个人保持生活独立并承担一定社会责任的行为。它是以个体的生理成熟和认知发展为前提，并在社会化的过程中逐步习得的行为。个体如果不能或没有按社会要求去掌握特定的行为，或按社会的要求做出适当的表现，他就有适应的障碍。适应行为是具有年龄特征的。这包含了两层意思，一层是指随着年龄的增长，适应行为会变得越来越复杂，另一层是指社会对不同年龄的儿童有不同的行为要求。因此，适应行为的缺陷要根据儿童年龄来判断。

（二）适应行为的评估工具

美国智力障碍学会（AAMR）适应行为量表（Adaptive Behavior Scale，ABS）是目前国际上最著名、应用最广泛的两大适应行为量表之一。1981 年，兰伯特（Lambert）等人对其进行了一次重大的修订，取名为适应行为量表——学校版（ABS-SE）。1996 年，北京师范大学的韦小满对 ABS-SE 进行了修订，新量表取名为儿童适应行为量表（见表 2-2）。量表适用年龄范围是 3～16 岁。

儿童适应行为量表由两部分组成。第一部分主要评估一般适应能力，由动作发展、语言发展、生活自理能力、居家与工作能力、自我管理和社会化等 6 个分量表组成；第二部分主要评估不良的适应行为，由攻击行为、反社会行为、对抗行为、不可信赖行为、退缩、刻板与自伤行为、不适当的人际交往方式、不良的说话习惯、不良的口腔习惯、古怪的行为、多动和情绪不稳定等 12 个分量表组成。量表的信度效度良好，目前已制定了智力障碍儿童、城市儿童及农村儿童三套常模。

表 2-2 儿童适应行为量表的结构和内容（节选条目）

第一部分　适应能力			
第一项　动作发展		第二项　语言发展	
（一）粗大动作		（一）言语理解	
第 1 条　身体平衡（只圈一项）		第 5 条　理解语音（只圈一项）	
能双脚踮脚尖站 10 秒钟	5	听课时注意力一般能保持 15 分钟以上	5
能单脚站立 2 秒钟	4	听故事时注意力一般能保持 15 分钟以上	4
不用扶可站稳	3	理解简单指令（如"把……拿过来""坐下"等）	3
扶东西能站立	2	问他的五官在哪里，能正确指出来	2
不用支撑可坐稳	1	叫他的名字时，能知道是叫自己	1
不具有上述能力	0	叫他的名字时，不知道是叫自己	0

资料来源：韦小满，蔡雅娟编著，2016。

三、儿童问题行为评估及工具

（一）问题行为

问题行为，又叫行为问题、行为异常、行为障碍等，至今还没有一个为人们普遍接受的定义。英国心理学家鲁特（Rutter）将问题行为分成两大类：第一类叫作 A 行为（Antisocial Behavior），即违纪行为或反社会行为，包括毁坏自己和他人的物品、不听管教、说谎、欺负弱小和偷东西等；第二类叫作 N 行为（Neurotic Behavior），即神经症性行为，包括肚子痛、呕吐、烦恼、害怕新事物和新环境、拒绝上学、有睡眠障碍等。

（二）儿童问题行为评估常用工具

1. 鲁特儿童行为问卷

鲁特儿童行为问卷（见附件1）由鲁特于 1967 年初步编制而成，用于区别儿童的情绪和行为问题及儿童有无精神障碍，适用于学龄儿童。问卷分为教师和父母问卷两个版本，内容包括一般健康问题和行为问题两个方面，其中行为问题分为 A 行为和 N 行为两类。问卷采用 3 级评分，"0"表示从来没有这种情况；"1"表示有时有，或每周不到一次，或症状轻微；"2"表示症状严重或经常出现，或至少每周一次。父母问卷总分最高分为 62 分，教师问卷总分最高分为 52 分。我国常模情况是父母问卷以 13 分为临界值，教师问卷以 9 分为临界值。凡分数等于或大于此者，被评为有行为问题。问卷已被证实有较好的信度和效度，且已被广泛应用到很多国家的儿童行为问题研究中（汪向东等编著，1999）。

2. 康纳斯行为评定量表

康纳斯行为评定量表（Conners' Rating Scales，CRS）最早发表于 1969 年，经过 50 多年的应用及反复修订，如今已成为评估儿童行为问题（尤其是注意缺陷/多动障碍）时使用最为广泛的量表。CRS 包括三种量表，即家长量表、教师量表及自我量表，主要用于评估儿童的品行问题、学习问题和多动性。家长和教师评定量表都适用于 3~17 岁的儿童，而自我评定量表只适用于 12~17 岁的青少年。CRS 包括 28 个项目，采用 4 个等级计分，"0"表示完全没有此种行为表现，"1"表示有一点此行为表现，"2"表示此行为表现比较明显，"3"表示此行为表现非常明显。通过计算总分即可评估儿童在注意力、焦虑、多动、社会合作性行为等方面的问题及程度。CRS 的信度、效度已经过较广泛的检验（汪向东等编著，1999）。

3. 阿肯巴克儿童行为量表

阿肯巴克儿童行为量表（Achenbach Child Behavior Checklist，CBCL）为美国精神医学家阿肯巴克（Achenbach）等于 1983 年编制的量表，分父母评定、教师评定和智龄 10 岁以上儿童自己评定三种量表，其中家长填写量表使用经验最多。我国在 1980 年初引进适用于 4~16 岁的家长用表，制定了我国常模，并于 1991 年再次修订（汪向东等编著，1999）。CBCL 主要用于筛查儿童的社交能力和行为问题，填表时按最近半年（6 个月）内的表现记分，内容分三部分：第一部分记录受测者的背景资料，不计分；第二部分测量社交能力，由活动性、社交性和校内学习情况三个分量表组成，按 4 级计分（0~3 分）；第三部分测量行为问题，包括分裂样、抑郁、交往不良、焦虑强迫、体诉、社交退缩、多动、攻击性、违纪 9 个因子，按 3 级计分（0～2 分）。把社会能力、外显问题行为、内隐问题行为和问题行为等量表中的条目得分加起来就是各分量表及量表原始分，并可根据受测者所在年龄和性别常模团体的平均数和标准差，将原始分数转换成 T 分数和百分等级。

4. 儿童孤独症评定量表

儿童孤独症评定量表（Childhood Autism Rating Scale，CARS），由邵普勒等人于 1980 年编制，并于 1988 年进行第一次修订之后被广泛用于孤独症儿童的诊断中（韦小满，蔡雅娟编著，2016）。CARS 包含 15 个分量表，分别是：人际关系、模仿、情感反应、身体使用、与物体的关系、对环境变化的适应性、视觉反应性、听觉反应性、近接收器的反应性、焦虑反应、言语沟通、非言语沟通、活动水平、智力功能和总体印象。每个分量表由正常到极不正常分为 4 级（1～4 分），受测者获得哪个等级分数，由他的行为特征决定。CARS 的得分范围是 16～60 分。如果受测者的分数低于 30 分，就表明没有孤独症；如果分数在 30～36 分之间，表明有孤独症倾向；如果分数超过 36 分，就可确定为有孤独症。

四、儿童人格评估及工具

（一）人格测验

人格（Personality）是指个体在对人、对事、对己等方面的社会适应中行为上的内部倾向性和心理特征。人格表现为能力、气质、性格、需要、动机、兴趣、理想、价值观和体质等方面的整合。人格测验是以某种人格理论为指导，如人格"微型理论"（Mini-Theories）、人格特质理论，人格五因素模型等，基于心理测量理论和方法而编制出的心理测验（Compas & Gotlib，2002/2004）。

根据人格测验施测的方法，可将人格测验大体分为两大类。一类是结构性问卷或调查表，又称客观化人格测验；一类是非结构性的投射人格测验，如洛夏墨迹测验、主题统觉测验和人物绘画技术。

儿童的人格尚未定型，因而适用于儿童的人格客观化测验较少。儿童人格评估的常见客观化测验包括 3～7 岁儿童气质量表和艾森克人格问卷儿童版。

（二）人格评估的常用工具

1. 3～7 岁儿童气质量表

美国儿童心理学家及精神病专家托马斯（Thomas）和切斯（Chess）最早对儿童气质进行研究。1977 年，他们两人领导的纽约纵向研究小组（New York Longitudinal Study，NYLS）设计了家长评定的 3～7 岁儿童气质量表（Parent Temperament Questionnaire，PTQ）。该量表为其他儿童气质的测查量表的发展奠定了基础，目前仍是测查 3～7 岁儿童气质的常用工具。20 世纪 80 年代初，台湾大学的徐澄清将该量表翻译成中文，并在我国台湾地区进行了大样本的测试。1992 年，张雨青等人重新将该量表译成中文，并在国内进行了标准化。该量表共有 72 个条目，9 个维度，每个维度有 8 个条目。由最了解孩子的抚养者根据孩子最近一年的表现来评定。采用 7 等级进行评分，每个条目是一个陈述句。

整个测验大约需要 20 分钟。PTQ 的测量内容见表 2-3。

表 2-3 PTQ 的测量内容

维度	测量内容
活动水平	儿童身体的运动量,如儿童洗澡、室内外活动、玩耍等时候的活动水平。
节律性	儿童反复性生理功能的规律性,如睡眠、饮食、排便等。
趋避性	对新刺激的最初反应,如新食物、新玩具、陌生人、新情境。
适应性	指对新事物、新情境的接受过程,是容易还是困难。如旅游、初去幼儿园或学校时的适应能力。
反应强度	对刺激产生反应的激烈程度,包括正性情绪和负性情绪。如遇某事是大声哭闹或兴高采烈还是反应轻微。
情绪本质	愉快、和悦、友好的行为相对于不愉快、不和悦、不友好的行为的比例。如与小朋友玩时、与人接触时的情绪状态。
注意分散度	外界刺激对正在进行的活动的干扰程度。如做事情时对旁边干扰的反应。
注意时限和坚持度	活动持续的时间长度和克服阻碍继续前行的能力。如做一件事情的坚持度、对别人建议的接受度、是否易哄等。
反应阈	引起儿童产生可分辨反应的外在刺激水平,如声、光、温度等。

2. 艾森克人格问卷儿童版

艾森克人格问卷(Eysenck Personality Questionnaire,EPQ)儿童版是由英国心理学教授艾森克及其夫人编制,从几个个性调查发展而来的。该量表施测方便,有较好的信度和效度,是国际上最具影响力的心理量表之一。EPQ 儿童版适用于 7~15 岁的儿童。量表由三个内容维度——内外向(E 量表)、神经质(N 量表)和精神质(P 量表)(见表 2-4)以及一个测谎量表(L 量表)组成。全量表共有 88 个问题。

表 2-4 EPQ 儿童版的维度和内容解释

维度	内容解释
典型外向(E 分很高)	善于交际,喜欢参加聚会,有许多朋友,健谈,不喜欢静坐独处,学习时好与人争论,喜欢寻求刺激,善于捕捉机会,好出风头,做事急于求成,一般来说属于冲动型;喜欢开玩笑,回答问题脱口而出,不假思索,喜欢变化的环境,无忧无虑,不记仇,乐观,常喜笑颜开;好动,总想找些事来做;富于攻击性,但又很容易息怒。总之,这样的儿童不能很好地控制自己的情绪,往往也不是一个足以信赖的人。
典型内向(E 分很低)	表现安静,不喜与各种人交往,善于自我省察,对书的兴趣更甚于人(除非对很亲密的朋友),这样的儿童往往对人有所保留或保持距离;做事之前先订计划,瞻前顾后,不轻举妄动,不喜欢兴奋的事,待人接物严肃,生活有规律;善于控制情感,很少有攻击行为,但一旦被激怒很难平复。办事可靠,偏于保守,非常重视道德价值。
典型情绪不稳(N 分很高)	焦虑,紧张,易怒,往往会抑郁,睡眠不好,易患有各种心身障碍。情绪反应过度,对各种刺激的反应都过于强烈,情绪激发后又很难平复下来。由于强烈的情绪反应而影响其正常适应。不可理喻,有时会走上危险道路。在与外向结合时,儿童表现出容易被激怒和难以控制自己,以至激动、攻击,概括地说,是一个紧张的人,好抱偏见,以至犯错。

续表

维度	内容解释
情绪稳定（N 分很低）	情绪反应缓慢、轻微，即使激起了情绪也很快平复下来，通常是平静、稳重、性情温和的，即使生点气也是有节制的，并且不紧张焦虑。
精神质（P 分高）	古怪、孤僻、有麻烦的儿童。对同伴或动物缺乏感情，冷酷。攻击、仇视他人，即使是对很亲近的人或亲人。这样的儿童缺乏是非观，不考虑安危。对他们来说，从来没有社会化观念，根本无所谓同情心和罪恶感，对人类漠不关心。

注：表格中是各类型的极端例子，实际上很少有如此典型的人，大多是在两极端之间，不过是倾向某一端而已。

第四节 儿童心理咨询的效果评估

儿童来访者通过与咨询师的互动，会在某些方面发生变化，如何反映并分析这些变化从而判断心理咨询是否达到了预想效果，关系到儿童心理咨询的效果评估问题。儿童心理咨询效果的评估也是心理评估的重要组成部分。咨询效果评估有两个功能：一是评估儿童在咨询中的获益情况，如心理行为问题的改善情况；二是反思咨询过程中出现的问题，以便后续咨询改进，促进咨询师的职业成长。

一、儿童心理咨询效果评估的模式及维度

（一）效果评估的模式

早期心理咨询效果评估多采用基于特定理论的单一技术，在评估方式上，多采用来访者自我报告，心理量表被广泛使用。20 世纪 70 年代，斯特鲁普（Strup）和哈德利（Hadley）提出了心理健康评估的三维模型，认为评估应由社会、来访者和咨询师三方参与（杨宏飞，2005）。社会维度强调行为的稳定性、可预测性和规范性，如家长在评判儿童心理健康标准时则更注重儿童情绪是否稳定、是否存在外显的行为问题、是否存在品行问题等；咨询师维度强调依据专业知识技术判断来访者心理是否健康；来访者维度强调其自我感觉是否幸福和满意。值得注意的是，作为特殊的来访者，绝大多数儿童对心理健康还没有具体概念，多数情况下是以社会道德规范等方面的要求为基本参照体系，而且首先考虑的是情绪这一维度，用心情开朗来表示心理健康。

20 世纪 90 年代后，许多理论把"症状减轻、健康状况和功能改善"作为评估依据，多元评估开始占主导，其特点是：咨询师、来访者、亲友、同事等都可作为评估者，评估来访者各方面的具体变化；认为变化是双向的、多维的和不稳定的，评估方法与实际症状有密切联系。

有的研究者将剂量模型引入咨询效果研究，创建咨询效果阶段评估模型，将来访者的改变分为连续的三阶段，即首先会体验到更多幸福感，接着是症状缓解，最后是社会生活技能的提高。研究者还运用"来访者剖面图"评判咨询效果，即把来访者实际咨询进展情况曲线和预测曲线进行对比，以此为依据调整治疗策略。

拉扎勒斯（Lazarus）提出了一个适合个体儿童咨询的多模式、综合性、可选择的咨

询工作框架——基础识别（Basic ID）模式，用来描述儿童感知世界的 7 种途径以及咨询中经常遇到的问题区域（拉扎勒斯，1993/2009）。基础识别模式如表 2-5 所述。

表 2-5 基础识别模式

问题维度	具体表现
行为	包括可观察的习惯、应答和反应。问题涉及好斗、哭叫、不适当的谈论、偷窃和拖延。
情感	涉及各种各样的情绪和心境。咨询处理的问题包括愤怒、焦虑、恐惧、抑郁、孤独和无助感。
感觉	包括基本的视、听、触、味和嗅五种感觉。消极方面包括头痛、背痛、头晕和胃疼，以及感知运动困难；对儿童来说，还涉及学业失败或者缺乏成就感。
意象	包括幻想、心理图像和梦，如同来自听觉或其他感觉的图像一样。与咨询过程相联系的问题有梦魇、低自尊、体像障碍、害怕拒绝、过度的白日梦或幻想。
认知	包括思想、观念、价值和主张。儿童可能会因非理性观念、目标设置困难、问题决策和问题解决困难、无价值感而求助于咨询师。
人际关系	儿童在与家人、朋友、同伴、老师和其他人的互动中所表现出的方式。与咨询过程相关的退避（害羞）、与成年人的冲突、同伴间的纠纷、家庭问题以及与他人关系紧张。
药物/饮食/身体因素	关注健康和医学的关系。咨询师需要处理的问题包括注意缺陷/多动障碍、体重控制、药物滥用及成瘾。

（二）效果评估的维度

拉扎勒斯通过量表评估个人对基础识别模式中的形式偏好，为个体的行为、情感、感觉、意象、认知、人际和药物/身体因素做简要报告。这 7 个方面也是效果评估的有用准则，咨询之后，评估每一形式上的特定收获，如表 2-6 所示。

表 2-6 基于基础识别模式的咨询效果评估维度

评估维度	咨询获益的表现
行为	回避减少，强迫减弱，更真诚。
情感	更多快乐感，没有敌意，不压抑。
感觉	更快活，少焦虑，更放松。
意象	梦魇减少，自我形象改善。
认知	自我批判减少，更积极的自我评价。
人际	更多、更深厚的友谊，能陈述希望和偏好。
药物/身体因素	坏习惯减少，睡得好，主动。

资料来源：亨德森，汤普森，2015。

二、儿童心理咨询效果评估的具体实施

（一）效果评估的时间节点及方式

咨询师可以通过两个点或更多的点来进行咨询效果的测量。一是来访者每一次或每一阶段咨询后的即时评估与反馈。二是根据问题性质、目标要求，让来访者做定期的评估和反馈。如间隔一定时间用作业法、自我报告法等进行评估。三是咨询师与来访者建立定期联系，来访者以便捷方式向咨询师反馈。一般来说，在 4 或 5 次咨询之后可以进行一次咨

询效果评估。

效果评估和咨询目标有关,咨询目标确立时,要同时写明咨询师和来访者对咨询的期望结果。

全面考虑评估信息的来源,除了儿童来访者本人、受过专业训练的咨询师、教师、家长、亲友、同学等都可以为评估者,评估来访者各方面的具体变化。从理论上说,评估越是多元化,越能反映来访者复杂的变化。不管用什么理论和方法进行心理咨询,都要从多个维度来设计效果评估,使结果尽可能全面准确。

需要注意的是,儿童心理咨询效果评估更关注的是儿童的成长和发展,而不是病理学症状。

(二)效果评估的具体实施

1. 效果评估的工具

目标成就评估量表是咨询效果评估中的评价工具之一。该量表允许咨询师和来访者合作设立咨询目标。咨询师的任务是帮助儿童澄清测量项目中的目标,作为评估"我拥有什么"和"我想拥有什么"的一种方式。咨询师和儿童协商建立一个五点量表,为每个目标设定从最理想到最不理想咨询效果的连续体。每个层次都要写入测量项目,以便咨询师和来访儿童能够监控该儿童正处在哪一个刻度指示上,从而决定咨询的进程。咨询师可以使用首字母缩略词 MAPS 表示目标或者预期效果。咨询师和儿童来访者需要共同商定可测量的(Measurable)、可达到的(Attainable)、积极的(Positive)、具体的(Specific)(简称 MAPS)目标,从而提供清晰明确的满意效果,而不是一般目标。

一般设置 1~5 个目标,每个目标界定五个层次。另外,每个目标都设定一个权重,向来访者呈现其重要性。来访者首先确定其目标,并从最重要到最不重要为这五个层次赋予相应的值。例如,如果最重要目标是最不重要目标的 3 倍,最不重要目标的权重是 10,最重要目标的权重就是 30。据此目标刻度将会分别为 10、20 或 30。详细内容如表 2-7 所示。

表 2-7 目标成就评估量表

刻度达到水平	刻度1: 任务处理 $W_1=20$	刻度2: 行为 $W_2=30$	刻度3: 守时 $W_3=10$	刻度4: 人际关系 $W_4=30$	刻度5: 等级提高 $W_5=10$
a. 对期望的咨询结果最不满(-2)	白日梦,离开桌子;对作业不理不睬(*)	不遵守教室规章 4 次或更多/天(*)	迟到 4 次/周(*)	打架 3 次/周(*)	持续失败(*)
b. 咨询效果低于预期(-1)	每天完成 1 个作业	不遵守规章 3 次/天(*)	迟到 3 次/周	打架 1 次/周	成绩得到 D
c. 咨询效果的期望水平(0)	每天完成 2 个作业	不遵守规章 2 次/天	迟到 2 次/周	避免打架	成绩得到 C
d. 超出咨询效果预期(+1)	每天完成 3 个作业(♯)	不遵守规章 1 次/天(♯)	迟到 1 次/周(♯)	交到 1 个新朋友(♯)	成绩得到 B(♯)
e. 对期望的咨询结果最满意(+2)	每天完成 4 个作业	遵守所有规章	迟到 0 次/周(♯)	交到 3 个新朋友	成绩得到 A

注:* 初始会谈时水平,♯ 随访时水平。
资料来源:亨德森,汤普森,2010/2015。

每个目标水平都是从"+2"（最佳成功预期）到"-2"（最不满意的结果）。"0"是中等水平或者期望的结果。"+1"和"-1"分别表示比期望结果的水平"高"和"低"。目标可以描述为可测量及可观察的术语，以核查目标成就水平进行跟踪。可以用星号表明咨询之后来访者所处的位置，后续的资料也可以周期性地记录在图表中。咨询师可根据表2-7的形式，在咨询实践中与来访者商定要评估的心理行为内容。

其他量表，如阿肯巴克儿童行为量表（Achenbach & Edelbrock，1981）和康纳斯行为评定量表（Gau et al.，2006），可以用于咨询的开始阶段、中期和结束阶段的结果测量。

2. 效果评估的具体变量

咨询是否有效受来访儿童及其家庭变量、咨询过程中的共同要素和特殊干预等方面的影响。在咨询中应详细了解儿童来访者这些方面的具体情况，以供效果评估使用。

（1）来访儿童及其家庭变量。研究表明，咨询效果在很大程度上是由当事人而非咨询师决定的，这些当事人因素包括心理问题的严重程度、求助动机、自我的强度以及对自身问题的鉴别能力等（江光荣，胡姝婧，2010）。当然，当事人问题的性质和一些当事人的过去经历都会对咨询产生重要的影响。在儿童心理咨询中，咨询效果也受儿童的父母对咨询的态度、父母的人格特点及夫妻关系等因素的影响。

（2）咨询过程中的共同要素。共同要素主要为咨访关系，如助长性条件、移情和反移情、工作同盟等。工作同盟包括：咨询师和来访者对咨询目标的一致性；咨询师和来访者对实现咨询目标的方式达成共识；双方形成了情感联系。工作同盟是迄今为止被研究证实的对效果最有影响力的过程变量（朱旭，江光荣，2011）。其他获得了较多研究认同的过程变量有：咨询师解释技术的运用；当事人积极的情绪唤起；咨询师的同感理解；当事人的开放性；会谈中对当事人造成的积极影响；咨询持续的时间等（王恩界，周展锋，2017）。

（3）特殊干预。特殊干预指的是各个咨询与治疗流派的指导思想及其相应的治疗技术。尽管对于某些心理问题，某些特定的疗法有特殊的效果，但是总体来说，不同治疗学派产生的治疗效果没有显著的差异。在儿童心理咨询过程中，针对儿童本身的特点会运用不同的治疗技术，咨询师在咨询记录中应反映所使用的心理咨询技术。

（4）会谈间体验。所谓会谈间体验（Inter-Session Experiences），是指来访者在两次会谈的时间间隙里产生的与咨询会谈或咨询师有关的想法、回忆和感受（于丽霞等，2013）。不少成人来访者表示在两次咨询会谈间隙里，尤其是处于问题情境或经历强烈的负性情绪体验时，想象此时咨询师正和自己在一起，或回想咨询师对自己说过的话，甚至在想象中跟咨询师对话，能让来访者从当时的困境中有所解脱，这一点对于儿童来访者可能同样如此。会谈间体验在实际的咨询会谈和咨询效果之间搭建了一座重要的桥梁。它构成了连续会谈之间的心理联结，通过这种心理联结，来访者能够保持和积累连续会谈的咨询效果。

（5）突然获益。突然获益是指来访者在会谈间歇中心理症状快速改观的现象。该现象最早于20世纪末在认知疗法对抑郁症的治疗中被观察到。突然获益现象随后被认为广泛存在于各个心理咨询流派的咨询与治疗之中。多数学者认为，那些经历了突然获益的来访者，会得到更为持久的咨询效果；也有学者认为，突然获益的经历无益于更好的咨询效果。我国学者通过研究发现，突然获益的强度与心理咨询效果呈正相关。突然获益的经历与来访者的初始症状水平、工作同盟有关；初始症状明显的来访者，体验到突然获益的可能性更高。来访者是否向咨询师坦白自己的问题及对心理咨询的投入程度，均与工作同盟关系的建立有关（朱文臻等，2011）。

（6）会谈（或咨询）的次数。剂量研究已经证实剂量（治疗中会谈或其他形式咨询的次数）与当事人进步和正常化的可能性呈正相关，并在较高剂量水平情况下问题复发的可能性减少。因此，会谈（或其他形式的咨询，下同）的高次数对咨询的效果具有增强作用。对于大多数心理困扰而言，8个会谈期内至少有50%的当事人有显著的进步，26~28个会谈期内75%的当事人有显著进步，52个会谈期内85%的当事人有显著进步或恢复常态（Kopta，2003）。

有研究者指出，对咨询过程中最佳方法的使用、共同因子，包括咨询的来龙去脉、工作联盟和心理咨询的基本原理的记录和反思也是咨询效果评估的重要部分（亨德森，汤普森，2015）。咨询师在咨询中需要选择一定的标准来评估和记录来访者的满意度、效果以及咨询师的工作绩效，这一点对于儿童心理咨询来说同样重要。

本章要点

1. 儿童心理评估是一个思考问题解决策略的过程，它是心理咨询的开始阶段，也是诊断和设计咨询计划的依据。

2. 儿童心理评估时要考虑的因素有：儿童及重要他人的看法，儿童的成长经历和发展水平，儿童的人际关系，儿童的学校生活，儿童的特殊能力、天赋与兴趣。

3. 儿童心理评估的技术有：摄入性会谈（与家庭、家长和儿童的会谈）、观察法、心理测验法以及其他评估技术，如绘画心理分析。

4. 儿童心理咨询初始会谈阶段，儿童会有各种各样的阻抗，咨询师要化解儿童的阻抗：首先，获得儿童的信任；其次，做好咨询准备和设置；再次，缓解儿童的焦虑；最后，认真倾听儿童的回答。

5. 撰写儿童心理评估报告时要注意用通俗易懂的语言描述儿童的问题，根据规定的格式全面系统地书写。

6. 儿童心理测验常用的心理测量工具有：儿童智力评估工具、儿童适应性行为评估工具、儿童问题行为评估工具、儿童人格评估工具。

7. 儿童心理咨询效果评估，一是为了评估儿童在咨询中的获益情况，如心理行为问题的改善情况；二是为了反思咨询过程中出现的问题，以便后续咨询改进，促进咨询师的职业成长。

8. 拉扎勒斯提出的基础识别模式及其维度是较为适合儿童咨询效果评估的工作框架。

9. 目标成就评估量表是咨询效果评估中的评价工具之一，该量表允许咨询师和来访者合作设立咨询目标。目标必须是可测量的（Measurable）、可达到的（Attainable）、积极的（Positive）、具体的（Specific）（简称MAPS）。

10. 影响儿童心理咨询效果的因素有：来访儿童及其家庭变量、咨询过程中的共同要素、特殊干预、会谈间体验、突然获益、会谈（或咨询）的次数。

拓展阅读

韦小满，蔡雅娟（编著）.（2016）. *特殊儿童心理评估*（第2版）. 北京：华夏出版社.
汪向东等（编著）.（1999）. *心理卫生评定量表手册*. 北京：中国心理卫生杂志社.

思考与实践

1. 在与儿童进行会谈时，需要注意哪些因素？怎样化解儿童的阻抗？
2. 如何选择心理测验工具？在给儿童做心理测验时，要注意什么？
3. 为什么要进行咨询效果评估？影响儿童心理咨询效果的因素有哪些？
4. 案例题：

小琦（化名），男，9岁，汉族，上三年级。父亲是部队的一名干部，常年不在家，母亲在家做全职太太，主要负责孩子的生活、学习，父母两人的文化程度均是本科。母子俩与老人同住。小琦是个比较倔强的孩子，从小就与周围环境格格不入。由于是剖宫产，家长怀疑这些"不好"的行为习惯是剖宫产的后遗症，觉得十分愧对孩子，加上孩子的父亲常年在外，不能尽到做父亲的责任，而小琦又是三代单传的"独苗苗"，全家人对他十分宠爱，在家里像个"小皇帝"。如果他的欲望得不到满足，他就会摔东西、尖叫，有时还骂人、打人、咬人，渐渐地就出现了自私、跋扈、凡事以自我为中心，不善与人交往等问题。在读幼儿园时有一次被小朋友欺负了，脸上被抓伤，回到家后妈妈没有问原委就训斥他："你怎么那么傻，他打你，你不会还手吗？下次再有人欺负你，你就打他，这样以后才不会受欺负！"自那以后，他就经常用武力解决问题，他还特别喜欢看有武打镜头的影视节目，并常常模仿里面的动作。上小学后，他在学校经常对同学拳脚相加，每当与同学发生矛盾，便以武力相威胁。有时，同学不惹他，他也会多事，不断制造冲突，欺负弱小同学，搞恶作剧等。因此，同学们都对他避而远之。班主任经常找家长解决孩子的问题，可还是没有任何作用，反而使孩子对老师也产生了不信任感。后来，各科老师都反映他违反课堂纪律，影响了正常的教学秩序，家长此时才意识到孩子的问题且十分担心，于是和孩子一起前来咨询。

请就以上案例撰写一份儿童心理评估的纲要。

第三章

儿童精神分析

精神分析不仅是一种心理临床技术，还为我们提供了探究和理解人类内心世界的理论和方法。精神分析最初在弗洛伊德对神经症的治疗实践中产生，随后经由他的后继者们在此基础上进行变化和发展，并形成了当今众多的精神分析的分支，统称为精神分析流派。而儿童精神分析则是在此基础上，把对于人类内心世界的理解推前到生命的最早期阶段，以更加细化的视角，形成了与其他流派不尽相同的关于儿童心理发展的理论与治疗技术，为我们理解和解决儿童心理痛苦提供了独特的视角和途径。本章中我们将对几位具有代表性的儿童精神分析学家的理论与治疗技术予以介绍，并选取个别经典案例予以分享，以期帮助学习者对儿童精神分析的理论与临床实践有较为清晰的认识。

第一节　儿童精神分析概述

一、儿童精神分析的产生

基于神经症的临床治疗实践，弗洛伊德逐渐萌生系列思考，并于19世纪末20世纪初创立了精神分析学派。精神分析学派认为相对于个体症状和心理现象的表面，存在一个与之联系的、更为庞大深蕴的无意识世界，而对无意识世界的探索应是心理工作的重要任务，所以精神分析又被称为深层心理学（Depth Psychology）（米切尔，布莱克，1996/2007）。随着时代的发展，精神分析学派本身也在不断地演化，现代精神分析有着更为广阔、丰富的内涵，但其注重临床实践，关注纷繁复杂症状背后的无意识世界，以精神分析为治疗手段开展临床实践的共性并未发生变化。

在儿童精神分析尚未真正分化成形之时，它只是作为精神分析的一个延伸存在，其工作和研究的主要对象依然是成人，甚至当追溯第一例儿童精神分析的工作案例——弗洛伊德有关恐惧症男孩"小汉斯"的案例记录时，也显示弗洛伊德并未直接参与这个男孩的精神分析治疗，而代之以精神分析理论框架下对小汉斯父母的思想指导。但毫无疑问的是，弗洛伊德所著《性学三论》以及第一例儿童精神分析都被认为是该领域的开创性工作，为后人发展儿童精神分析理论及技术奠定了基础。

儿童精神分析理论形成于20世纪30、40年代，从这时起儿童精神分析才真正作为理论及技术分支成为精神分析家关注的重点之一（郭本禹主编，2009）。最为著名的有三大学派，分别是以安娜·弗洛伊德为首的"维也纳学派"、以梅兰妮·克莱因为首的"克莱因学派"及以唐纳德·温尼科特为首的"中间学派"。其中，安娜基本继承了其父亲弗洛伊德的主要观点，她认为幼儿的自我尚未发展，不能发展出典型的移情神经症，只有3岁以上的儿童才能接受精神分析。同时她不认可游戏的治疗意义，而仅将其当作儿童分析时的必要媒介。克莱因则继承和拓展了德国精神分析家卡尔·亚伯拉罕（Karl Abraham）的观点，她认为自我从婴儿一出生就开始存在，小至2岁的儿童都能够作为精神分析对象，儿童在游戏中可以透露出幻想生活，分析师可以直接给予解释。她也极大地拓展了游戏在治疗中的意义，而不仅仅是将其作为治疗的媒介。这两位分析家无论是在理论还是临床方面都存在着不同程度的分歧，引起了当时精神分析学界极大的争论，这也导致了后来以温尼科特为代表的"中间学派"的出现，极大地促进了精神分析内涵的拓展和丰富。

这样一场精神分析运动史上最著名的"论战式大讨论"（Controversial Discussions）（King & Steiner, 1992）持续了四年，讨论虽然并未使对立的观点趋于统一，但它不仅为精神分析的进一步发展提供了土壤，也扩大了儿童精神分析的影响，使其从精神分析的"母体"中"分离"，以一种独立的姿态屹立于精神分析世界，为儿童心理治疗奠定了坚实的理论基础，丰富了儿童心理治疗的实践，并成为儿童心理治疗的有效工具。

二、儿童精神分析的发展

1945年之后，儿童精神分析在全世界广泛传播，并涌现出许多为其做出进一步贡献的儿童精神分析学家，如英国精神病学家、心理学家鲍尔比（Bowlby）、英国精神分析学家、群体动力学研究先驱比昂（Bion）等。鲍尔比提出了著名的依恋理论，揭示了儿童与母亲联结的原初性，他对婴儿及家庭的研究突破了精神分析的领域，对精神分析和传统儿童心理学之间关系的建构产生了巨大影响。在美国，斯皮茨（Spitz）、马勒（Mahler）、雅各布森（Jacobson）、埃里克森（Erikson）等开创了对早期婴儿的实验观察，总结了儿童自我形成与发展的全过程。在法国，如索科利尼卡（Sokolnicka）和多尔多（Dolto）等，不仅促进了精神分析在法国的发展，也促进了各种儿童精神分析研究和服务机构在法国的创立。

从上述儿童精神分析产生与发展的过程，可以了解到儿童精神分析是如何从精神分析的母体中孕育、诞生并成为一个相对独立成熟的分支理论及技术的。当前，儿童精神分析已经发展成为整个精神分析理论及技术中不可或缺的重要组成部分。

第二节 儿童精神分析理论

一、安娜·弗洛伊德的儿童精神分析理论及贡献

安娜（1895—1982）是奥地利心理学家、精神分析学家，也是儿童精神分析的先驱。

她将精神分析理论知识与系统观察相结合，提出了其精神分析的儿童发展观与教育观等理论，并将儿童精神分析思想应用于儿童心理治疗、教育、法律、儿科学等领域，为儿童精神分析的理论建构与应用实践做出了巨大贡献，被同行誉为"儿童精神分析之母"。安娜的代表性理论观点及其应用主要有如下几个方面。

（一）心理发展线索

安娜的儿童精神分析思想最显著的特点就是其发展的观点。尤其在她生命的最后20年，她把这一观点渗透于所有的工作领域，不仅关注儿童自我适应生活要求的能力，同时也注重儿童内部世界的发展、环境和人际关系对于儿童自我发展的影响，使精神分析更接近于儿童的现实。心理发展线索（Freud，1965）就是其发展观点最重要的体现之一，不同的心理发展线索揭示了儿童人格发展的不同方面。

1. 线索一：从依赖他人到情绪独立和成人客体关系的发展线索

安娜认为线索一是最基本、最重要的发展线索，对其他发展线索起到主导作用。她把线索一分为八个阶段，描述了婴儿从生命最早期还没有意识到母亲不是他的一部分，到后来逐渐与母亲分离、与他人建立关系的过程，强调了母婴关系在儿童发展的多个领域的重要性。

在儿童精神分析工作中，该发展线索对于儿童与主要抚养人的分离问题有非常重要的指导意义，分离问题从其发展路线角度考虑可以很容易得出令人信服的解释。我们通过分享案例3-1来说明儿童与抚养者之间的关系如何影响儿童的心理发展。

案例3-1

不愿上学的七七

3岁半的七七（化名）因为不愿上幼儿园而被妈妈带来见咨询师。妈妈反映七七每次去幼儿园都非常抗拒，大声尖叫哭泣，不愿妈妈离开，妈妈只好陪她一起上幼儿园。上课时七七不时跑出去找妈妈，一旦没找到，情绪就非常激动，大哭大闹。妈妈很容易焦虑，爸爸工作忙很少在家。一岁前七七换过4个保姆，基本上是由保姆带大，从小性格比较内向。2岁的时候妹妹出生了，她被送到外公外婆家，直到快上幼儿园才被接回父母家中。回到家后父母发现她对妹妹不时有攻击行为，趁大人不注意把妹妹从楼梯上往下推，经常敲她头。而且七七情绪很容易失控，因为一点小事就大哭大闹，尖叫哭泣，时常持续两小时以上，很难安抚。父母会用"关黑屋子"的方式惩罚她，有时也会打她。七七睡眠不好，经常做噩梦，梦里非常惊恐地大叫："不要！不要走！不要离开我，不要抢我的位置！……"

从案例3-1中我们能够看到七七在成长的过程中，由于妈妈过于焦虑、频繁更换抚养者等情况，未能很好地建立安全稳定的母婴关系。后来由于妹妹出生她被送走，过早地与妈妈分离，这种分离令她感到非常焦虑和恐惧。在她的内心里，关于妈妈的稳定意象并没有很好地被建立起来，每一次小的分离都可能被她体验为被抛弃的绝望，以至于无法忍受任何一次分离，时刻需要与妈妈在一起。我们也能看到七七早期阶段未能很好地度过，而使以往的问题叠加到发展阶段中，从而影响她的学习与社交生活。

2. 线索二：朝向身体独立的发展线索

安娜认为身体同情绪和道德一样，需要经历一系列的发展才能从父母那里独立出来。早期婴儿认为自己的身体与母亲是融为一体的，母亲的乳房、双手、面孔都可能会被婴儿误认为是自己的一部分，婴儿的身体满足，比如消除饥饿、舒适等都依赖于周围环境，饮食、睡觉、清洁身体这些活动都是由他人掌控发展到自己掌控，这个过程是极其复杂和漫长的，一般来说分为以下三个阶段（马晓辉，2015）：

第一阶段：从吸吮动作到正常的饮食。在这个阶段中儿童不仅要学会如何自主地满足食欲，还要发展自己与食物提供者的关系。

第二阶段：从大小便不能自控到能适当自控。

第三阶段：从对自己身体的管理不负责任到负起责任。这个阶段儿童要逐渐学会管理自己的身体并保证自己的身体免受伤害。在这个过程中如果母亲对于儿童的照料过于精细，那么儿童可能会将大部分的身体管理和保护工作交给母亲，自己的能力发展受限，甚至通过身体管理和保护行为操控母亲，比如儿童的一些自残行为就是一种体现，儿童希望由母亲来解决自己的身体照顾问题，寻求与母亲的联结。

3. 线索三：从以自我为中心到建立友谊关系的发展线索

线索三有四个发展阶段：第一阶段，儿童在客体世界表现出利己的自恋，其他儿童都被忽视，只把他们视为母亲关爱的竞争者；第二阶段，儿童表现出对待其他儿童像对待玩具一样使用而不期望回应；第三阶段，儿童表现为将其他儿童作为完成特定任务（比如玩耍、建设、破坏等活动）的帮手；第四阶段，儿童将其他儿童作为自己的伙伴和客体。只有到了第四阶段，儿童才喜欢或害怕那些他可以爱也可以恨，能认同、分享和尊重的儿童，并能与其竞争，或者建立友谊关系。

4. 线索四：从关注自己的身体到关注玩具，从喜爱游戏到参加工作的线索

线索四的发展从婴儿关注自己和母亲的身体开始，发展到关注过渡性客体，然后玩柔软的玩具，它作为象征性客体使儿童能够表达矛盾的情感和愿望。最终，当儿童能够控制、抑制和缓和本能冲动，能够将其建设性地用于社交活动，能够为了从一个长期计划中获得快乐而容忍挫折，能够根据现实的要求在升华中获得快乐的时候，儿童游戏的能力就发展为工作的能力。

发展线索是安娜儿童精神分析理论体系中具有重要意义的概念，它从微观的角度为人们提供了儿童发展的精致详细的图景，说明了儿童心理的复杂性，对于儿童心理发展研究及治疗领域而言，不仅具有较好的理论参考价值，而且具有极强的实践指导意义。从理论的角度来看，发展线索帮助人们理解儿童正常发展的细节之处，理解它如何影响儿童对经验的反应；从诊断和治疗的角度来看，儿童在各条发展线索上表现出来的一致性或缺乏，有助于准确描述那些导致症状产生的发展迟滞或扭曲的领域以及出现的时间，从而可以提出精确有效的治疗措施。

（二）诊断剖面图

由于诟病于精神病学的诊断体系对病人贴标签或妄加判断，安娜创立了著名的诊断剖

面图（Diagnostic Profile），根据成熟过程来评估儿童（Sayers，1991）。诊断剖面图是一种评价方法，为诊断的思考提供一个心理框架，它的目标是使诊断者快速地考虑儿童生活和发展的所有领域，对其正常的和病理的功能有一个平衡的看法，对影响儿童心理病理发展的因素进行多样化的了解，从而对儿童的心理发展做出准确的诊断，为治疗提供建议。

诊断剖面图具体如表 3-1 所示：

表 3-1 安娜的诊断剖面图结构表

序号	诊断项目	诊断内容
1	治疗安排的原因	是谁要求进行治疗安排；什么原因促使此时要求安排治疗等。
2	对儿童的描述	包括对儿童外表、心情、态度和其他突出之处的一般描述。
3	家庭背景与个人历史	揭示那些可能影响儿童发展和障碍的有意义的环境因素。
4	可能有意义的环境影响	从历史和家庭背景中抽取出重点以确定儿童压力和影响的可能根源，包括父母所强调的东西，因疾病、死亡和分离造成的家庭生活的破裂，父母失业，对儿童有伤害的父母人格特征，创伤性事件，家庭的迁移，家庭和亲密朋友的丧失，以及身体残疾，等等。
5	发展的评价	考察儿童的自我和客体关系的内在世界，评价他的情绪发展和人格结构。
6	发生的评价：退行与固着	通过儿童父母和其他人对儿童行为的描述以及诊断者的观察，与特定发展阶段相关的特定症状可用于准确指明儿童倾向于退行或不能前行的力比多阶段和客体关系水平，并指出在何种水平上儿童遇到了无法解决的问题，以至于通过退行来逃避。
7	动力和结构的评价	通过在儿童身上可观察到的冲突和焦虑评价其人格结构的发展。
8	一般特征评价	具有心理健康预测价值的一般特征有：挫折容忍力、升华的潜力、对焦虑的整体态度（回避、逃避还是积极控制）、发展的力量和退行趋势之间的平衡。
9	诊断	通过对前面阶段的整合和总结，治疗师要做出诊断，为治疗提供建议。

资料来源：郭本禹主编，2009。

安娜提出的诊断剖面图的评价方式比较全面地展示了儿童心理发展的各个方面，为正确而有效地进行儿童心理分析提供了翔实的依据。这种根据成熟过程来评估儿童的方式即使在目前也是非常具有实际意义和借鉴价值的。

（三）精神分析的教育

安娜的儿童精神分析理论充满了对儿童的关切和深情，对儿童本身的关心甚至超过了精神分析。她敏锐地洞察到了精神分析的局限性，认为教育在一定程度上可以弥补儿童精神分析的缺陷，与儿童精神分析相互补偿。安娜于 1965 年提出了"精神分析的教育"的概念，认为精神分析的教育若建立在临床分析实证数据的基础上，能够向各个年龄段的儿童提供适当的指导，帮助儿童整体的发展。她强调儿童精神分析的教育属性，认为只有儿童精神分析的思想能被教师、父母等重要客体所接受和运用，教育才会成为和谐完整的教育，有利于儿童人格健康和谐发展（Freud，1935）。

"精神分析的教育"的功能主要有三个：

1. 能够批判现存的教学方法

安娜认为教育者不应只重视学生的智力发展，还应重视儿童的幻想、恐惧和情绪，以此去理解儿童的发展和行为。

2. 能够扩大教育者关于人类的知识，帮助理解儿童与教师之间的复杂关系

安娜认为，教师应从整个童年的角度理解学生，而不是从特定的年龄段去考虑。在教学中，教师要坚持成人的价值观，注意反移情的发生；不要与学生建立过深的依恋，但必须对儿童的发展保持兴趣，保持客观的立场。

3. 作为一种治疗方法，能够帮助儿童修复成长过程中的创伤

安娜强调治疗者在开始治疗阶段，需要既对儿童做出反应，又要使他们愉快，积极鼓励儿童与自己建立积极依恋，这有助于唤起儿童的自我兴趣，促使儿童与治疗者合作维持分析的进行。另外治疗者更重要的是领悟精神分析，用它去改进现存的与儿童相关的各个方面，促进儿童各方面的成长（郭本禹主编，2009）。

安娜不仅将儿童精神分析思想应用于儿童心理治疗，而且将其运用到教育、法律、儿童保育、儿科学等领域。她认为，精神分析发展的观点在任何一个与儿童有关的领域运用都是有价值的。

二、梅兰妮·克莱因的儿童精神分析理论及贡献

克莱因（1882—1960）被许多学者公认为是精神分析史上继弗洛伊德之后，对于精神分析理论之开拓最具启发性和最具创意的思想家之一。她从弗洛伊德的经典精神分析理论出发，在分析实践的基础上，创建了系统的儿童精神分析技术——游戏治疗，提出了许多有关儿童心理发展的重要理论观点。由于她的儿童精神分析理论关注儿童与其内部和外部客体的联系，使精神分析运动从弗洛伊德的冲动理论向关系模式转变，因此她也被称为"客体关系之母"。克莱因的代表性理论观点及应用主要为以下几个方面：

（一）儿童性心理发展观

亚伯拉罕针对弗洛伊德有关口欲期的观点进一步区分了第一口欲期（吮吸阶段）和第二口欲期（半岁左右），前者婴儿的目标是吮吸，既没有爱也没有恨，后者儿童与乳房的关系处于一种矛盾的方式，儿童希望咬住它并吞没它，也就是出现了施虐的欲望甚至行为。另外，依据弗洛伊德的观点，俄狄浦斯情结大约出现于3~4岁，一般在6岁时达到顶峰，这个阶段是弗洛伊德性心理发展阶段中的生殖器期，与口欲期是截然不同的。而克莱因受亚伯拉罕的启发，并根据自己的临床观察对两个口欲期和俄狄浦斯情结的关系得出了不同的结论：在第一口欲期，克莱因认为婴儿确实不存在矛盾性，"部分客体"——母亲的乳房都是好的，此时施虐欲还未出现；在第二口欲期，婴儿长出牙齿，通常意味着可以开始断乳，断乳会引起对母亲整个躯体虐待狂的、食肉性的幻想，随着身体发展，尿道和肛门的施虐欲也将作为攻击性的工具加入，使得施虐欲阶段达到高峰，俄狄浦斯情结就是在这样一个背景下出现（或称登场），这相比于弗洛伊德提出的出现时间（3~4岁）要早很多，而且儿童在俄狄浦斯期的幻想依然表现的是口欲期的施虐特质，而不是或不完全是性的冲动。

我们通过克莱因接待的一个 6 岁女孩厄娜（欣谢尔伍德，2003/2017）的案例片段（见案例 3-2），可以看到让厄娜受到惊吓的幻想问题（早在 1 岁时就出现）是一个俄狄浦斯期的问题，但其带有口欲期施虐冲动的特征。

案例 3-2

爱幻想的厄娜

……在游戏开始时，她在小桌子上的玩具中挑出一辆小马车，并让小马车跑向我这边，她说它要来抓她。但是她将一个玩具女人放到马车上，然后又放上一个玩具男人。这两个人在马车上彼此亲吻，并且跳上跳下地驾驶着这辆车。接着，另一个玩具男人驾着另一辆马车撞了上去，碾过他们，并且杀了他们，把他们烤熟，然后吃下肚子。

上面这个片段厄娜非常清晰地指出了夫妻之间的关系——母亲与父亲——是一种非常有爱的口欲（亲吻）关系。孩子能感受到父母之间排他性的爱意，但是她被排除在外，因此她攻击了这对夫妻。俄狄浦斯情结中第三者的攻击性有时候会表现为口欲层面的想象（烤熟、吃掉）。

这一幻想还有另外一个版本：

另一次争斗则有了别的结局，攻击他们的男人被推了下去，但是另一辆马车上的女人却去帮助他，并且安慰他。这个女人和她的前夫离婚了，然后和这个新的男人结婚。

在另一个例子中，原来那个男人和他的妻子，在房间里和一个夜贼（第二个男人）打斗。然后第三个男人变成一个来慰问他们的兄弟，但是当他拥抱这个女人的时候，他却咬掉了她的鼻子。

克莱因分析说，上述幻想中，第三个男人其实是厄娜本人。我们可以看到，厄娜的幻想是多变的，不过总是充满了暴力，带有口欲期的特质（烤熟、吃掉、咬掉等）。同时，在她的幻想中父母很相爱，不过他们的关系是排外的，他们频繁出现口欲期的特质，不管是爱（亲吻）还是攻击（撕咬）。

根据弗洛伊德的观点，6 岁的厄娜应该出现生殖器期的幻想与活动。不过，克莱因通过她的临床观察，发现厄娜还是被限制在有关他人之间关系的口欲期幻想中。由此克莱因得出结论，俄狄浦斯冲突在前生殖器期即已显现，而且是在儿童的施虐特质高峰期出现的，并由恨的冲动导致俄狄浦斯冲突。

克莱因关于俄狄浦斯情结的早期阶段的理论发现不再是弗洛伊德经典精神分析理论的补充，而是与他的理论形成对比。她将对儿童性心理的发展理解推前到婴儿出生早期阶段，填补了我们对于婴儿早期心理发展研究的空白。

（二）儿童心理结构观

克莱因的理论观点是围绕客体关系展开的，如前所述，她基于婴儿观察和临床实践对弗洛伊德的儿童性心理发展阶段论提出了异议。她认为婴儿不是从那些"阶段"发展而来，而是发展自两种心理位置：偏执-分裂样心位和抑郁心位，它们不仅成功地组织起了儿童的内部世界，而且是焦虑、分裂和客体关系的集合，它们在整个发展过程中不断出现。她的学生对此补充说："两种心位不断地此起彼伏，使得'心位'成为一个结构概念而非时间的概念。"（Segal，1979）

偏执-分裂样心位存在于婴儿出生至3～4个月，婴儿会与"部分客体"——母亲的乳房建立联系，而这些联系被单纯地划分为好的和坏的，这种心理状态就是偏执-分裂样心位。比如，以婴儿吃奶为例，在这一阶段，对于婴儿来说，饥饿时候可以给他们奶水滋养的乳房就是好的，能引发生的冲动；而没有乳汁的乳房就会被划分为坏的，成为死亡冲动的物质基础。自我也被划分为"好我"和"坏我"，此时，"好"与"坏"是分离的，因此"好的客体"不可能被破坏。此阶段自我的目标是内射和认同它的理想客体，同时令迫害者消失。偏执-分裂样心位是一个发展步骤，通过内射并认同理想乳房，婴儿克服他的分解和消亡恐惧。

抑郁心位从5～6个月开始，直到1岁左右结束，婴儿逐渐能把同一个客体的各种不同特征（好客体和坏客体）整合在一起，并开始感受到他们和母亲不是一个整体，"爱的客体"（Love Object）存在于自体之外，她既有好的一面，也有坏的一面。当母亲不能满足他的愿望时，他便对她产生了强烈的恨，而这种仇恨使得婴儿害怕自己会毁灭母亲从而失去她，于是陷入了抑郁心位。这一抑郁性的情感和破坏好客体的犯罪感引起了保存和复活所爱客体的愿望，从而驱动修复的愿望和修复好的内部客体的幻想。儿童在克服焦虑并修复内部客体幻想的过程中，逐渐与母亲建立起爱的客体关系。随着社会化发展，儿童还会不断地与外部客体建立联系，不断地整合客体的善恶好坏，这个过程将会持续终身。

克莱因关于偏执-分裂样心位和抑郁心位的描述，使我们对于1周岁内的婴儿心理的发展和婴儿的内部世界有了更加深刻的认识和了解，为我们理解弗洛伊德所谓的这一"昏暗且朦胧的时代"提供了一个概念框架和研究工具（郭本禹主编，2009）。

（三）儿童精神分析技术

克莱因的儿童精神分析实践是在弗洛伊德经典精神分析理论及技术基础上做出的新突破，她创造了游戏治疗的方式来分析儿童，由此打破了传统精神分析的禁忌，开辟了儿童精神分析的新方向。

克莱因观察到，儿童表达自身的自然方式是游戏。她提供给他们一些小玩具，把儿童的游戏看成他们内在生活的象征表达，可以和成人的自由联想相比拟，因而游戏也可以被用作与儿童交流的手段。她认为，对于儿童来说，游戏不仅是儿童探索外部世界的方式，还是探索和控制焦虑的手段。游戏治疗解决了儿童精神分析中的困难，不仅使克莱因坚持了精神分析的基本原则，接受和探索了儿童的无意识，而且使她做出了重要的理论发现。

自克莱因之后，游戏治疗成为儿童分析的主要技术手段，极大地开拓了精神分析技术的治疗范围和疗效，并且革命性地改变了一般人对于儿童和儿童问题的看法，并为之后世界性的游戏治疗运动奠定了基础。

三、唐纳德·温尼科特的儿童精神分析理论及贡献

温尼科特（1896—1971）是被英国大众所熟知的客体关系学派的主要代表人物和儿童精神分析学的重要发展者。在弗洛伊德之后的精神分析流派中，温尼科特远离了弗洛伊德对冲动的关注，强调了环境对儿童心理的影响，探讨了母亲作为环境的一部分在与儿童的相互作用中如何滋养或阻碍其发展。他创造了"涂鸦游戏治疗"，丰富了对儿童接触与理解的途径。作为与儿童精神分析学的两大创始人安娜和克莱因同时代的儿童精神分析师，他在她们二人的对立中寻找到与她们平等、独立的位置，以独具创造性的理论与实践闻名于精神分析学界。他的代表性理论观点与应用主要为如下几个方面。

（一）恰好的母亲与促进性环境

温尼科特有句非常著名的话："从来没有婴儿这回事。"（Winnicott，1964）他的意思是，当你看到婴儿的时候，总是同时看到照料他的母亲。母亲是婴儿最早期的环境，"恰好的母亲"就是促进性环境。促进性环境的特点是可以适应儿童的需要，因此恰好的母亲是能够适应婴儿的需要和促进婴儿成熟的母亲。早期养育中，恰好的母亲会保证婴儿得到成长所需的一切，而不仅是本能的需要，还包括尊重其个体的边界、创造力的发展，并且能够随着婴儿所需的变化不断地调整自己。而不够好的母亲无法提供婴儿正常成长所需，婴儿不能感受到母亲身上的一致、完整和可靠性，经常体验到被环境所侵入。婴儿在这种状态下内在无法得到自然的发展，只能顺应性地适应周围的环境，而真正的人格核心——自发性和创造性则发展停滞。这样的母亲没有给婴儿自我自由发展的空间，而是在最初的时候就将婴儿禁锢在一个必须妥协和顺应的框架之中，过早地限制了其内在的发展，让婴儿必须去关注和处理外部世界的要求，从而失去其自发性，撤回到他的孤立状态中。

恰好的母亲和促进性环境是温尼科特的儿童精神分析理论的出发点，他认为恰好的母亲和促进性环境对儿童人格发展具有非常重要的作用。

（二）过渡客体与过渡现象

温尼科特对客体关系理论最突出的贡献之一就是提出了过渡客体和过渡现象的概念，它们是指婴儿在内在现实与外在现实之间所体验到的中间领域。与温尼科特同时代的安娜评价道："仅仅凭借'过渡客体'这一个概念，温尼科特就征服了整个精神分析世界。"（Rodman，2003）

温尼科特认为过渡客体是儿童在环境中接触到的最初并且最重要的客体（通常是母亲的乳房）的替代物，它是儿童第一个"非我"的所有物，但是它并不是一个纯粹的现实客体，它既存在于儿童的主观观念中，又有其外在现实。在这个中间地带，主观性和客观性同时存在，互不排斥。常见的过渡性客体有儿童幼时的小毛毯、旧衣服或毛绒玩具等，这些东西在一些特殊的情况下让儿童将其与母亲的慰藉联系在了一起。儿童通常有一段时间会非常依恋过渡客体，随身携带或者与之游戏，直到自己不再需要它了。

过渡现象属于儿童内在现实和外在现实的中间领域，它比过渡客体更为广泛、分散和灵活。过渡现象可以促使儿童完成从主观到客观、与母亲融合到分离的早期基本转换，它是内在现实和外在现实之间的桥梁，让心理发展可以连续平稳地过渡。比如说婴儿发出的

咿呀声、吮吸自己的手指、抚摸自己的身体等，婴儿有时候通过这样的方式来抚慰自己入睡，或者抵御不适和孤独的感觉。这个过程对于婴儿来说非常重要，让他们平稳地从全能的控制感过渡到被外界所控制。

通过过渡客体与过渡现象，儿童得以以一种缓冲的方式来面对与母亲之间的分离，让分离对于儿童来说不那么痛苦和具有创伤性。在这个想象和现实交织的区域，儿童的自我慢慢被建立起来。

（三）真实自体与虚假自体

温尼科特认为，真实自体（True Self）与虚假自体（False Self）均来自婴儿与环境的互动，真实自体的特征是自发性，虚假自体的特征是顺从。

在母婴关系早期阶段，恰好的母亲能够满足婴儿的全能感，并在一定程度上理解婴儿的需求，反复地满足婴儿。通过母亲对婴儿全能要求的执行，婴儿弱小的自我获得了力量，一个真实自我开始具有生命（Winncott，1965）。只有真实自体才可能成为创造者，也只有它能被当作真实的东西而被感觉到，正是它给人一种存在和值得活下去的感觉。但是真实自体也需要一些特定量的虚假自体才能继续存在下去。

一个不够好的母亲不能满足或提供给婴儿全能感，婴儿的姿势、表情或态度可能反复地被忽视和错过，相反，婴儿需要去顺从母亲的姿势、表情或态度。这种婴儿的顺从，是虚假自体的最早阶段的迹象，它出自母亲对婴儿需要的无力理解。这种顺从，将导致婴儿与自己自发的、赋予生命以意义的核心保持一种隔离状态。虚假自体会顺从地按照环境的需要进行活动并建立虚假的关系。虚假自体隐藏了真实自体，使其不能自然地活动。虚假自体的存在给人一种不真实或者虚幻的感觉，使其在与他人的关系中不能真诚地表现。比如，我们能够从临床中看到，当父母表现出过度强势和控制时，儿童大多表现出对父母十分乖巧和顺从，说话也会不时望着自己的父母，得到父母的同意后再进行表达。但是当你问及他们自己的感受和想法时，他们大多默不作声或说不知道。他们在学习和人际交往中缺乏自主感和主动性，表现得自卑和退缩。我们可以发现他们在成长过程中需要去顾及父母的感受，顺从父母的要求，他们真实的需求总是被忽略或禁止，而无法发展出真实的自我。这些儿童长大成人后，也许事业非常成功，但是感受不到来自自体的真实感，也不会感觉到自己的人生是有意义和价值的。

不同于精神分析传统意义上的关注于病理症状，温尼科特始终关注的是个体主观体验的质量，个体是否能体验到内在的现实感，是否可以体验到个体意义感，是否可以体验到自我真实感等。他的关于自体发展的富于创造性的观点，影响了包括后来创立自体心理学派的科胡特（Kohut）在内的大批精神分析师。

（四）儿童精神分析技术

温尼科特在对儿童的诊断和治疗工作中创造了一种他称为"涂鸦游戏"的绘画治疗技术。但是他也曾说过："做这一工作的技术几乎不能称作技术，因为没有两个案例是相似的。"（引自郭本禹主编，2009）温尼科特在与儿童的第一次会谈评估时就使用涂鸦游戏，首先他会在一张纸上画几条线或潦草地画一些线，要求儿童在他的画上进行添加，把这些线变成一些东西，例如兔子、房子等任何东西；然后儿童再潦草地画一些线，温尼科特再将这些线变成一些东西。每次会谈，一般会产生 30 幅图画。儿童逐渐依据画线的内容表现出他或她的人格和他们所关注的东西。

我们下面通过温尼科特的一个案例片段（Winnicott，2005/2016）（见案例 3-3）来看他是如何运用"涂鸦游戏"与儿童进行精神分析工作的。

案例 3-3

一个 7 岁男孩的人格问题

这是一个 7 岁男孩人格问题的案例，由家庭医生转介到温尼科特所在的心理部门进行治疗。与男孩父母会谈之后，温尼科特与这个男孩进行了个人访谈，温尼科特邀请男孩与他一起进行涂鸦游戏，在这个过程中，温尼科特所画的线条几乎都被他转变成与绳子有关的东西。在他画的 10 幅画中出现了如下东西：（捕捉牛马用的）套索、鞭子、马鞭；溜溜球的绳子；一条打了结的绳子；又一条马鞭；又一条鞭子。

见过男孩后，温尼科特又和其父母进行了第二次访谈，询问他们关于男孩对绳子着迷的事情。父母谈到男孩沉迷于任何与绳子有关的东西，他们每次进房间，都会发现他把桌椅绑在一起。比如，他们曾发现他用绳子把椅垫绑在壁炉旁。最近男孩对绳子的专注逐渐发展出一个新的特点，这使他们深感忧虑而不仅仅是普通的担心。他最近把绳子缠在了妹妹的脖子上（妹妹的出生造成了男孩与母亲的第一次分离）。

通过男孩在游戏中的表现，以及与父母的谈话，温尼科特向母亲解释道，男孩正在处理分离的恐惧，他使用绳子尝试否认分离，就像一个人使用电话来否认与朋友的分离一样。温尼科特建议她在合适的时间跟男孩把这事开诚布公地谈一谈，然后再根据他的反应继续深入分离的主题。母亲一开始不以为然，直到有一次她与男孩谈到这个话题，发现男孩很急切地想与母亲谈谈。在男孩的帮助下，母亲把能够记得的所有分离细数了一遍，他的反应让她很快就相信温尼科特所说的是对的。并且，自从那次谈话后，男孩的绳子游戏就停止了，他再也不用原来的方式把东西连起来了。

在这个特别的案例中，温尼科特运用了涂鸦游戏敏感地发现小男孩对于绳子的热爱，绳子本可以被看作其他所有交流技术的延伸，但小男孩使用绳子的方式慢慢出现了反常的现象，他用绳子缠住了妹妹的脖子，这种改变很可能会导致绳子的滥用。在这里，绳子的功能由交流转变为拒绝与母亲的分离。作为拒绝分离的绳子，变成了一个危险而必须被控制的物品。当温尼科特建议母亲开诚布公地与男孩谈关于分离的话题时，分离的痛苦被看见和理解，男孩也不再需要用这样的方式来表达他担心与母亲分离的焦虑。

对于温尼科特来说，游戏不仅是诊断的工具，其本身也是"心理治疗性咨询"。他认为"心理治疗与两个在一起游戏的人有关，治疗师的工作是引导病人从不能游戏的状态进入能够游戏的状态"，游戏能促进成长和健康，能引导进入群体关系，在这一过程中，它需要被激发和抱持，但不能去控制，最重要的是平等的位置。在治疗中，最重要的时刻是儿童通过自发游戏使自己感到惊奇的时刻，而不是治疗师清晰解释的时刻。

四、弗朗索瓦兹·多尔多的儿童精神分析理论及贡献

多尔多（1908—1988）作为法国家喻户晓的精神分析学家、儿童教育家和儿科医生，一生致力于精神分析和儿童教育工作，在弗洛伊德和拉康（Lacan）理论的影响下，通过游戏治疗等临床实践，她提出了符号性生成阉割、身体的无意识形象等理论，极大地突破了传统精神分析理论的框架，深刻地影响了儿童精神分析和儿童教育理论的发展进程，把对儿童心理发展的理解扩展至了胎儿期。晚年，她创办了绿房子，接待0～3岁幼儿和他们的照料者，这是幼儿早期社会化的新经验，可以有效预防儿童心理疾病的发生，这些行为在很大程度上推动了精神分析在法国的推广与普及（陈劲骁，2015）。

多尔多的代表性理论观点与应用主要为以下几个方面。

（一）符号性生成阉割

符号性生成阉割是多尔多立足于临床，在对弗洛伊德阉割理论、性心理发展理论以及拉康镜像阶段理论进行整合和改造的基础上提出的全新理论，用以描述儿童心理发展过程中其欲望面临的种种限制，以及儿童因放弃原始的快乐满足方式而获得的促进性影响。

1. 脐带阉割

脐带阉割（Castration Ombilicale）是儿童出生时面临的第一次阉割，它发生于脐带被剪断、胎儿被迫与胎盘分离的那一刻，标志着主体生命的开端。婴儿开始直接与空气接触，并通过呼吸存活下来。父母会给他们一个名字，并且在户籍中登记这个名字，完成他们符号性及人性的登陆（达科特，2011/2015）。他们的进食模式也发生改变，不再通过胎盘获取营养，而改用嘴巴获取食物。这些变化使得婴儿的身体意象发生剧烈变动，迫使他走出母婴融合共生的状态，去探索完全未知的外部世界。

其符号性生成效应是：婴儿在没有胎盘的情况下存活下来。这也给他进入一个独立的二者关系带来了可能。虽然孩子还需要依靠母亲的照料，但是他已经出生了，并可以通过胎盘之外的方式获取营养。不适时的脐带阉割会使个体无法区分现实和幻想，也无法区分真实客体和其符号表征。

2. 口腔阉割

口腔阉割（Castration Orale）是第二个施加于主体的阉割，它对应于婴儿出生后3～9个月的断奶期。在这一阶段，儿童的第一批牙齿开始长出来了，这使他能够发现和接受新的食物、新的进食方式——用勺子吃饭，而不再吸吮母亲的乳房。这种嘴巴与母亲乳房的分离就是口腔阉割的具体表现。在婴儿走出与母亲乳房未分化的共生关系后，他的交流范围也从母亲扩展到周围其他人身上，如父亲、兄弟和姐妹等，将原始的吮吸欲望升华为一种更具动力的交流欲望。

其符号性生成效应是：它是对"同类相食"（Cannibalism）欲望的禁止。它使儿童在一定程度上获得与母亲身体分离的独立性，并逐渐将儿童引入语言之中。

不适时的口腔阉割会对个体日后的生活产生消极影响。如若骤然断奶，他就缺少足够的时间将原本贯注于乳房的力比多转移到奶瓶等其他客体上，从而固着在被动的口唇满足模式中。这种固着于口唇的被动满足模式不仅对个体日后人格的形成具有消极影响，还可

能因某些创伤事件而引发不同程度的心理疾病。

3. 肛门阉割

肛门阉割（Castration Anale）出现于儿童出生后第 18~24 个月，是一种与排便有关的阉割。在脐带阉割和口腔阉割期间，由于主体自主能力发展的匮乏，阉割对其而言只是一种被动的去势行为；而肛门阉割则发生于主体已有能力进行自我控制的时刻，因此是一种主动的阉割行为，是其获得自主性的开端。

其符号性生成效应是：一种新的禁忌和法则的引入过程。父母禁止儿童从事一切有害行为，比如禁止他伤害自己或他人的身体，禁止他对别人做那些他不希望别人对他做的事情，也禁止一切谋杀或破坏的行为。肛门阉割使孩子成为一个尊重他人、可能与他人共存的生命体，成为一个有用的、创造性和艺术性的个体。

不适时的肛门阉割会给儿童带来病理性的消极影响。比如，成人只是通过单一的语言行为来反复强调禁止儿童伤害他人，但自己却常常攻击和伤害他人；成人教导孩子当他人不在场时不要去拿他人的物品，但自己却又在没有征求儿童同意的情况下擅自扔掉和送走孩子的东西。这种言行不一致就会使儿童退回到原始的与想象中的内心母亲的私人化交流当中，以保存和展示排泄物为乐。

4. 镜像阶段

镜像阶段（Stade Du Miroir）在多尔多的符号性生成阉割理论中占据一个特殊的位置。这不仅因为它是从肛门阉割通往原初阉割的重要时期，还因为它是儿童第一次打破早期的原初自恋幻想，真正确立起主体性的关键阶段。

多尔多对镜像阶段的阐述直接来源于对拉康镜像理论的改造。拉康认为，人类的诞生是一种不折不扣的"早产"（Prematurity）。由于婴儿在出生后神经系统发育并不完善，因此无法随意支配四肢、控制和协调行动，无法把身体感知为一个统一的整体。但在 6~8 个月时，随着视觉器官发展到一定程度，婴儿就进入镜像阶段。他第一次从镜子中看见自己外表完整，行动协调，这让他兴奋不已。这也是婴儿第一次认识到自身的整体同一性，尽管此刻他还无法完全自如地控制身体活动，但他已经能把自己想象为一个连续的、能够自我控制的整体。

其符号性生成效应是：儿童将发现性别的不同，并在身体的生理现实当中去理解，并进入多尔多所称的"原初阉割"的过程当中。

5. 原初阉割

原初阉割有时也被称作非俄狄浦斯的生殖阉割，指的是儿童在 30 个月左右时发现男孩和女孩的性别差异，并对自己的性别进行认同的过程。

性征是儿童在这一阶段探索的主要主题，他们开始明白，性别从出生起就无法改变，每个个体都只能拥有一种性别，女孩不能拥有阴茎，男孩也无法拥有乳房。孩子在这个时刻实现了一种确定性的认同，并且为自己的性别感到自豪。

其符号性生成效应是：原初阉割是由自然给予的，是人类生理局限的必然结果，因而是一种必然施行的阉割。尽管性的发现将孩子限制在仅有的一个确定的性中，但是，这个时刻允许了一种确定的认同，只有正常地通过原初阉割的考验，才有可能顺利进入更广阔的两性交往的社会关系之中。

不适时的原初阉割会令儿童无法确定自己的性别。比如，一个男孩虽然有着男性的生殖器和特征，但从心里会认定自己是一个女孩。

6. 俄狄浦斯阉割

俄狄浦斯阉割对应于经典精神分析理论中的俄狄浦斯情结，是儿童成长过程中需面对的最后一个阉割。在这一阶段，儿童会把性的欲望集中到异性父母身上，并产生视同性父母为情敌的敌对冲动。作为父母，对儿童施行的俄狄浦斯阉割的主要内容就是对这种乱伦欲望进行禁止，同样，儿童与自己的兄弟姐妹之间也不允许有性的接触。

其符号性生成效应是：使孩子进入"人的繁衍序列"，允许他理解代际延续，理解他所处的位置，并帮助他去认同社会法则和人性法则，由此他才进入人类文明社会之中。他开始能够自主地面向外界，分辨并控制自己的欲望，并以一种合理的、现实的方式将其升华为促进性的、创造性的活动。

符号性生成阉割描述的是在儿童心理发展的不同关键阶段，如何对儿童施以合理的、适当的禁忌。与其说一次阉割是一次经历痛苦的时刻，毋宁说它是一次"让性欲获得人性化的变动过程"（Darcourt，2011）。因为阉割并非一种简单的挫折，它不仅承载着人性，还扮演着欲望的引导者和法则的启蒙者的角色。通过符号性生成阉割的施行和象征性规则的引入，主体就会体验到法则和禁忌感，从而学会升华其生物性的本能欲望，完成其人性化的建构。

（二）儿童临床治疗技术

多尔多在她与儿童的临床治疗工作中，凭借绘画疗法、胶泥游戏、鲜花娃娃等临床治疗技术进入了儿童无意识欲望的缺口，得以认识儿童的无意识，这一技术又促进了多尔多对于儿童的身体无意识形象理论的发展。

1. 绘画疗法

绘画疗法最早由摩根斯特恩（Morganstern）发明，多尔多在儿童精神病门诊的实习中，被这一发明所吸引。后来，绘画疗法渐渐被多尔多更多地运用在对儿童的临床治疗中，成为她所采用的主要技术之一。

多尔多认为绘画是除口头语言外的另一种创造性语言，相较于能够结构化、理智化地表达自己意识层面的欲望和情感的语言，这些艺术作品代表着儿童与世界的另一种结构化联结，他们在创作过程中往往投射了自己的无意识欲望和情感。其所起的功能主要有三个方面：第一，儿童通过绘画来表达自己与外部世界的联结，为自身欲望的表达提供一个全新的出口；第二，绘画是身体的无意识形象的表征，通过绘画，儿童将自身对外界的感知通过隐喻性的方式表达出来；第三，儿童在绘画中用具体的意象来表达自己的感受，比如，儿童常常用房屋来代表安全的意象，而门窗的大小和数量则通常意味着儿童对外部接受和容纳的程度。

下面是多尔多与一个小女孩临床工作的片段（达科特，2011/2015），我们可以看到绘画疗法的具体应用：

一个小女孩正在与多尔多进行分析工作，她一边说话，一边画了一只插满漂亮花朵的花瓶。之后多尔多让母亲进来，分析就在三个人之间进行。在这期间，孩子画了另外一幅图画：一只装了枯萎花朵的小花瓶。

多尔多认识到，如果说在分析的关系中，小女孩与多尔多在一起感觉到的是自由与舒展的话，那么在第二幅画给我们显示的是在她母亲在场的情况下，其身体形象的一个改变。在她与母亲的关系中，这个小女孩感觉到的是"枯萎"与受伤。这与儿童绘画中的某些东西有关，它们与儿童的身体、心理和无意识联系在一起，也与儿童与他人的关系联系在一起。这是儿童表达自我感受的方式，是儿童在"编织"与他人的无意识关系中的感知。

2. 胶泥游戏

胶泥游戏是多尔多发明的另一种与绘画疗法类似的探索儿童无意识的有效技术。与绘画类似，胶泥也是一种非口头言语形式的创造性语言，是身体意象的一种无意识表达。胶泥游戏是由于多尔多在临床中观察到有些儿童不擅长绘画而引入的，以此来替代单一的绘画形式。

（三）儿童心理问题早期预防——绿房子

多尔多从自己的临床实践当中认识到，很多学龄期儿童甚至是成人呈现出来的心理病理问题，其实在很早的时候就已经埋下了种子，她认为如果我们在孩子发生问题的时候给予适当的干预，也许就不会引起他们童年期或成年期的精神病理症状。在她看来，精神分析、教育、医学和社区服务等虽然关注的问题不同，却绝不是彼此孤立的。怀着这样的初衷，多尔多创立了绿房子（见图3-1）。

绿房子是由多尔多1979年在法国巴黎创立的，它向所有0～3岁的儿童及其父母或监护人开放。它既非托儿所，又非幼儿园，更不是儿童健康福利中心，而是接待父母、祖父母、保姆及孩子照料者的家园，也是他们的孩子与小伙伴交往的家园（Hall et al., 2009）。它也是一个接待和倾听幼儿及其父母心声的地方，在专业人员（精神分析工作者、心理咨询师、儿科医生、教育工作者）的观察和支持下，预防亲子关系可能产生的问题，促进儿童人格的健康成长。

绿房子的功能主要是：

（1）幼儿初步社会化功能。帮助0～3岁幼儿在进入幼儿园之前逐渐与父母进行"分离"，让幼儿能更好地适应幼儿园的生活。

（2）幼儿心理体检、预防功能。对亲子关系中可能出现的早期问题及障碍进行筛查及预防。在临床工作当中会发现一些孩子的问题其实很早就已经显现出来，但家长没有重视。比如有一些患有孤独症谱系障碍的孩子，他们是在很晚（三四岁）才被诊断出来。如果接待人员能够及早发现并干预的话，是可以帮助他们尽可能回到正常孩子的发展轨道上的。

（3）促进幼儿个性的发展。在绿房子中与其他幼儿及成人的交往，能够促进幼儿的表达能力、自发参与游戏的能力的发展，使幼儿学会如何坚持和妥协，逐步形成自己的个性。

（4）帮助及指导父母。对家长来说，在这里能够与孩子在一起，换一种眼光看孩子。相信父母有能力承担他们作为父母的角色，让他们意识到自己的能力并对该能力给予鼓励和赞赏，帮助他们形成自己的养育风格。

（5）社区交流促进及功能扩展。绿房子可以以社区为平台，增加居民之间的互动，改善邻里关系,搭建一个社区居民交流的平台,增加居民对社区的归属感和融入感。

从创办之日起,多尔多一直致力于绿房子的实践和发展,如今绿房子的理念已遍布世界各地。难能可贵的是,多尔多一直拒绝绿房子的创办理念"法国化"(Franchiser),在她看来,这一理念应该属于每一个人。值得一提的是,中国近年来也在武汉、长沙(见图3-2)、北京、烟台、南昌、厦门、南宁等地陆续成立了绿房子机构,秉承多尔多的理念与儿童及其家长进行工作。

图3-1 法国"绿房子"一角

图3-2 长沙"绿房子"一角

第三节 儿童精神分析经典案例

一、一则 2 岁 4 个月女孩焦虑问题的精神分析案例

这则案例节选自英国儿童精神分析学家温尼科特的《小猪猪的故事：一个小女孩的精神分析治疗过程记录》一书，书中详细记录了他对一个 2 岁 4 个月大的小女孩进行了近 3 年共 16 次的治疗，整个治疗过程被收录在内。下面我们将从这则案例的一些片段（温尼科特，1991/2015）来窥探温尼科特的儿童精神分析理论及临床技术。

（一）临床描述

小猪猪（昵称，实名为加布里埃尔）是一个 2 岁 4 个月的小女孩，她的妈妈写信求助于温尼科特，因为小猪猪总是感到焦虑和担心，以至于晚上睡眠不好，有时候焦虑和担心明显地影响了她的日常生活和与父母以及妹妹的关系。她被一些幻想所困扰，经常大哭大叫，其中一个与"黑妈妈""黑爸爸"有关。黑妈妈在晚上来找她，对她说："我的马铃薯（指的是乳房）在哪？"有时候黑妈妈会把她扔进厕所里。黑妈妈住在她的肚子里，可以通过电话与小猪猪通话。黑妈妈经常生病，而且每次生病很难好起来。另一个与"babacar"有关，每天晚上她都喊了又喊："告诉我关于 babacar 的事情，所有 babacar 的事情。"黑妈妈和黑爸爸经常一起坐在 babacar 里面，或者是某个人独自坐在 babacar 里面。只有偶尔的时候，有一个黑色的小猪猪很显眼。现在，每天晚上小猪猪都会用力抓伤自己的脸。玩游戏也无法集中注意力，甚至她几乎不能承认她自己的存在，她有时是爸爸，但更多的时候是妈妈。

（二）早期经验

妈妈描述她是一个很特别的人，很难说她是个幼儿，因为她会给人一种很强的内在能力和很高智力的感觉。她的喂养相对容易，9 个月断奶时也没表现出什么困难。她有很强的平衡能力——几乎没有摔倒过，她在学习走路的过程中跌倒时，也几乎没有哭过。她对爸爸表现出非常热烈的情感，对母亲有一些专制和霸道。她 21 个月大时，妹妹苏珊出生了。妹妹出生之后，她变得很沮丧，对人际关系非常敏感。她不再像以往一样对妈妈冷淡，而是表现出更多的热情，但也会表现更多的愤怒；她对爸爸的感情则变得非常冷漠。

（三）治疗方式

由于小猪猪与家人居住的地方远离伦敦，无法进行完整全面的分析，温尼科特采取"按需索取"的治疗模式，每次会谈都由孩子主动提出，在将近 3 年的时间里共见了小猪猪 16 次。这种模式会谈的时间及频率不固定，且间隔较长。不见面的时候，父母会把家中的观察记录寄给温尼科特，小猪猪也常常把她个人的信息及画作附在父母给温尼科特的信中，告诉他自己的感受。

（四）治疗过程

第一次会谈是小猪猪和父母一同来到咨询室中的等候室，当温尼科特尝试把小猪猪带

入工作室中时，她感觉到非常害羞。于是温尼科特让母亲陪伴小猪猪一同进入工作室中，并告诉妈妈不要给小猪猪任何帮助。温尼科特坐在地板上玩一些玩具，并通过给泰迪熊展示玩具的做法将小猪猪引入游戏之中。

  小猪猪开始独自玩玩具，把火车车厢从玩具堆中拣出来，同时持续不断地说着"我得到了……"诸如此类的话。然后她拿来一些玩具，并一遍又一遍地重复说一些事情："这里是另外一个……这里是另外一个……"温尼科特尝试与她沟通："另外一个小婴儿，是那个叫苏萨（小猪猪对她妹妹苏珊的称呼）的小孩子。"
  小猪猪："我是一个小婴儿，我躺在一张小床上。我睡着了。我只有奶瓶。"
  温："你是说你正在吃奶瓶吗？"
  小猪猪："不，我没有吃奶瓶。"
  温："那么，还是有另一个小婴儿。"

然后，小猪猪拿出一个圆形并带中心装饰的玩具，这曾经是火车车厢的车轮轴，她问道："这个东西是从哪里来的？"温尼科特如实回答了她，然后说："那么，那个小婴儿是从哪里来的？"她回答说："婴儿床。"这时她拿过一个小的男性玩偶，试图把它塞进一辆玩具汽车的司机座位里面。但是小人太大塞不进去，小猪猪尝试了各种方式，最后她找来一根小棍，把小棍伸进了车窗户，说："小棍儿进去了。"温尼科特说了一些关于男人把一些东西放进女人肚子里面造出了小婴儿的话。

这时候，小猪猪想去看看她的妈妈，温尼科特感觉到她的焦虑情绪，并试着用言语来表达："你感觉到害怕了，你做过令你感到害怕的梦吗？"她说："做过，是关于 babacar 的。"

温尼科特意识到 babacar 与小孩子有关系，这个小孩子就是小猪猪的妹妹苏萨，家庭新成员出生的相关变化带来了小猪猪的焦虑感和噩梦。

在第二次会谈时，她设计了一个新的游戏片段，在父亲腿上翻筋斗，当她把头从父亲的两腿之间伸出来，再落到地板上时，她说："我也是个小婴儿。"温尼科特认为这是表示从爸爸的身体里生出来，在此时爸爸的身体就像妈妈的身体。之后温尼科特扮演小猪猪，与她进行对话：

  温："我想成为唯一的小宝宝，我想要所有的玩具。"
  小猪猪："你已经得到所有的玩具了。"
  温："是的，可是我希望我是唯一的婴儿，我不想家里还有其他的小婴儿。"（她又一次爬上父亲的大腿，又表演了一次出生的情形。）
  小猪猪："我也是小婴儿。"
  温："我希望我是唯一的小婴儿（以不同的声调），我应该很生气吗？"
  小猪猪："是的。"

接着，温尼科特弄出很大的声音，打翻了所有的玩具，拍着自己的大腿说："我想成为唯一的小婴儿。"这时，小猪猪虽然看起来有点害怕，不过她很高兴看到温尼科特这个样子。她继续这个游戏："我也想成为一个小婴儿。"

在这次治疗中，温尼科特通过游戏，借由移情，帮助小猪猪解决了她的困扰：他扮演遭受丧失的小猪猪来解决问题，小猪猪自己成为新生的婴儿，并且不断地重复成为新生婴儿。

温尼科特是敏锐的，在前五次会谈中温尼科特都叫女孩为"小猪猪"，但从第六次会谈开始就叫她加布里埃尔，因为他感到必须以此来称呼她，接待她，不是小猪猪，也不是任何与她许多其他角色有关的名字。之后加布里埃尔母亲的来信证实了温尼科特直觉的准确性："对这次会面，她只说我要告诉温尼科特医生我的名字是加布里埃尔，可是他已经知道了。"她说话时带着满足的神情。

第九次会谈开始时，加布里埃尔已经3岁4个月了，距离第一次会谈已过去一年。

> 会谈中加布里埃尔谈到了黑妈妈，黑妈妈是和加布里埃尔竞争床铺的对手，是"邪恶"的存在。她说道："至于黑妈妈，她每天晚上都来。我什么都做不了。她非常麻烦，她上我的床，她不允许我摸她……""天哪，我被黑妈妈赶出了床……"黑妈妈作为妈妈的分裂版本，是一个不能理解孩子的妈妈，或者是一个应该能够很好理解孩子，但因她的缺席或丧失而使所有事情都变黑暗的妈妈。有一次她对妈妈说："当你生气的时候，你就变成了黑妈妈。"会谈的最后，加布里埃尔说："我梦到她死了，她已经不在了。"通过黑妈妈的死亡，加布里埃尔表达了对丧失妈妈的愤怒。

通过每一次会谈的游戏过程，温尼科特理解并接纳了加布里埃尔的焦虑，提供足够包容的条件巩固自然成熟的过程（郗浩丽，2012）。

在第十三次会谈中，温尼科特向加布里埃尔（4岁3个月）列举他所扮演的各种角色：

> 温：现在，修理东西的温尼科特和厨师温尼科特都走掉了，还有另外一个温尼科特，是老师温尼科特。还有一个是玩游戏的温尼科特。

通过回顾温尼科特在她的世界里扮演的各种角色，加布里埃尔学会了整合客体的不同方面。这在此次会谈之后的父母来信中得到了印证："加布里埃尔和苏珊（妹妹）走得很近，她非常细心地对待妹妹，甜言蜜语地哄她，常常担任我们和苏珊之间的调停人……虽然她有时也会表现出痛苦和无助，嫉妒苏珊并责怪她什么也做不对，但是最近发现有次当她们两个吵得很厉害时，她突然亲了苏珊一下，说：'不过我还是喜欢你。'"

在第十五次治疗时，加布里埃尔通过游戏提出了分离的主题。

> 我们把滚轴推来推去，然后玩捉迷藏，她先杀掉我，我再杀掉她，她再躲起来。然后我杀掉她躲起来，她来找。

温尼科特向她解释说她借此让自己知道，当他们分开或放假的时候，她忘了自己，自己也忘了她，但他们都知道会找到对方。虽然分离但是并不绝望。

> 她说自己一直就想见我，并接受这个治疗——在5岁之前，我也表示同样愿意结束与她的治疗关系。她用胶水做了个纪念碑，用来纪念已经被毁掉、死掉的温尼科特。听从她的指示我拿了张纸，在上面画了一个加布里埃尔……她要在各个层面、各个感官上把温尼科特解决掉。当我把这个想法说出来时，她说："对，把你解决掉。"最后她说："好，现在所有的胶水都用完了，现在该做什么呢？所有的温尼科特都变

成碎片了,这些都不见了以后,我们要做什么呢?如果温尼科特臭臭的又黏黏的,那我真高兴不用再见到他了。没有人要他。如果你来看我们,我会说:那个黏糊糊的人来了。"我们都会跑掉。

第十六次治疗,也就是最后一次,加布里埃尔5岁2个月了。治疗的结尾令人感到很温暖:

  温:"你很害羞,不敢告诉我你心里想的一些事。"
  她同意,但是似乎并未全然赞同。
  温:"我知道当你很害羞的时候,就是你很想告诉我你很爱我的时候。"

她露出了非常同意我说法的表情。

  已经到了该离开的时候,显然她已完全做好准备了。她很享受这次拜访,并没有一丝一毫的沮丧感,似乎她有什么打算,并已经释放掉了。她很自然地跟我道别,我感觉到她是一个真实自在、心理健康的5岁女孩。

罗德曼评价说:"这一记录是精神分析文献中深深打动人的记录之一。"(引自郗浩丽,2012)

多年以后加布里埃尔的父母给温尼科特写信告知他加布里埃尔的情况:

  加布里埃尔是个率真的女孩,在学校里很能融入团体中。8岁的时候,她遇到一些学习上的困难,但目前(14岁)在学业上的表现非常好,总能在当中找到乐趣。她现在的志愿是当一名生物老师。她的价值观、内在独立的判断力以及她待人处事的方式等,不得不让人猜想,某些深沉地被了解的好经验也许还在持续地发生作用。

(五)案例述评

纵观整个治疗过程,它鲜活地呈现了温尼科特的儿童精神分析理论与临床技术,我们能从中感受到温尼科特个人巨大的魅力。

第一,从案例中,温尼科特从头至尾提供给小猪猪一个促进性的环境,一个类似于过渡空间的地方,在分析中等待发生治疗的退行阶段,进行一种心理性的再养育,以促进小猪猪的人格得到发展。

第二,在整个治疗的过程中,游戏正是其核心所在。正如他认为的,这个年纪的孩子如果没有享受玩游戏的乐趣,就不可能从游戏中找到治疗性的意义。温尼科特通过观察与解释小猪猪的游戏内容,使她有机会把她的嫉妒、攻击幻想、焦虑及内疚感释放出来。他指出,这些随意的游戏是治疗中很重要的部分,分析师帮助孩子在混乱中找到具体的方向,孩子渐渐能借此沟通她真正的需要。

第三,在此案例中,他敏锐地发现按照常规设置每周一次的治疗方式是值得怀疑的,这是一种两头都落空的治疗方式,阻止了我们进行真正深入的工作。他创新式地运用了"按需索取"的治疗方式,抱有足够的耐心和信心等待小猪猪的咨询需要和需求,对于完成治疗性任务是极其重要的。

二、一则4岁男孩精神病的案例

这则案例节选自儿童精神分析学家克莱因的《爱、罪疚与修复》（克莱因，1998/2009）一书，书中详细描写了她对迪克的分析，我们能够通过这则案例看到克莱因的儿童精神分析理论观点及临床技术。克莱因用精神分析的方法治疗儿童精神病，为精神分析技术的创新及儿童精神病的研究做出了开创性贡献。

（一）临床描述

迪克是一个4岁大的小男孩，他的言语贫乏，智力落后，只有相当于15或18个月婴儿的智力程度。他几乎完全难以适应现实并缺乏与周围环境的情感联结。迪克大多数时间是缺乏表情的，对于母亲或保姆的出现或消失表现得漠不关心。他对什么事都毫无兴趣，也不做游戏，而且根本不接触他周围的环境。他大多数的时候会将一些无意义的声音串联起来，不断地制造某些噪声；又或者他会正确地重复那些字，但是会以一种持续不间断、机械式的方式重复它们，直到周围的人感到厌烦。他的对立与顺从的行为既缺乏情感，也无法被理解。当他伤害自己的时候，表现出对疼痛极度不敏感，并且丝毫没有被安抚与宠爱的渴望。他一直存在饮食和交往障碍。

（二）早期经验

迪克的哺乳期，是一段极度不顺利而混乱的时期，他的妈妈无论怎么喂他都徒劳无功，他几乎快被饿死了，后来只好尝试人工食品。当他的妈妈和之后的奶妈在哺乳他的时候，他总是面无表情，而她们两个也未曾给予他大量的爱，从一开始，他的妈妈对他的态度就过于焦虑。好在他的祖母和另一个奶妈在他两岁时开始细心地照料他，使他学会了走路，完成了如厕训练，学会了几个字，但是他仍然只吃面包和稀饭。迪克无法对食物或其他任何东西发生兴趣，似乎这样的兴趣会带来可怕的挫折和攻击。并且，他也切断了对周围环境的恐惧和兴趣，因此也失去了游戏和说话的冲动。他感兴趣的事物和活动只有火车和车站、门把手、门以及开关门。

（三）治疗方式

克莱因接待儿童也遵循经典精神分析的原则，与儿童建立标准的类似成人的分析情境，每周5次，每次55分钟。

（四）治疗过程

对于迪克的治疗，克莱因既无前人的经验可效仿，也不可能照搬自己已有的技术或她喜欢的方式。按照克莱因自己的说法，她一开始不得不更多地依据她自己的母性经验进行解释。与迪克进行第一次会谈时，克莱因记录如下：

> 迪克第一次来见我的时候，当他的保姆把他交给我时，他没有表现出任何情感。当我给他看我已准备好的玩具时，他看着它们但没有一点儿兴趣。我取出一个大火车，并把它放在一个稍小一些的旁边，并称它们为"火车爸爸"和"火车迪克"。随即，他拿起了那个被我称为"迪克"的火车，把它开进了窗户，并说"车站"。我向他解释："车站是妈妈，迪克正要进入妈妈里面去。"他扔下火车，跑进房间里内外两

扇门的空当处，把自己关在里面，接着又边说"黑黑"边跑了出来。这样进行了几次，我向他解释说："妈妈里面是黑的，迪克正在黑黑的妈妈里面。"同时他又拿起了火车，但是很快地跑进两扇门的空当中。当我说他正在进入黑暗的妈妈时，他以怀疑的口气问了两次："保姆？"我回答道："保姆很快就要来了。"他重复着这句话并且在后来很正确地使用这些词，他把它们记在了脑海里。

克莱因认为，这些代表了他的焦虑和他的逃避，想要重新进入妈妈身体的可怕欲望，就像进入一个房间或车站一样。在第一周内，迪克的进步是惊人的。第三次会谈结束时，他正在注视着那些玩具，当他的保姆来接他时，他迈着不寻常的步伐迎接她，看得出他有很明显的担忧。在第四次会谈开始前，保姆离开时他已经开始哭了——对他来说这是不寻常的，不过他很快安静下来了。在几次会谈后，他开始表现出焦虑，与之同时出现的是依恋的感觉，一开始是对克莱因，后来是对保姆，比如当保姆离开时他开始哭。他开始说话，并开始形成与周围人的联系。

在第三次分析中，迪克在其游戏中表现出施虐性的攻击，这反过来使他体验到强烈的焦虑。

> 他让我把一辆玩具卡车割成碎片，他也因此立即变得焦虑并把破坏掉的卡车及其"货物"（一些代表煤炭的木片）扔掉，嘴里说着"去"（gone）。接着他藏到了一个空碗柜里面。后来，当他偶然看到了那个被他毁掉的卡车及其货物时，他迅速地将它们扔到一边并用其他玩具将他们盖了起来。

通过他把玩具扔掉的动作，克莱因认识到：他的动作暗示着一种驱逐，既驱逐被毁坏的客体也驱逐他自己的施虐欲（或者施虐欲所借助的手段），正是通过这种方式，他的施虐欲被投射到了外部世界。

> 在之后的分析中，迪克还发现浴盆象征母亲的躯体，因而他对于被水弄湿表现出极度的恐惧。当我的手臂和他的手臂一起浸入水中之后，他焦虑地将他和我的手臂擦干。当他小便时也表现出同样的焦虑。有一次迪克拿起一个男人的人偶放到嘴里，咬牙切齿地说"吃爸爸"，然后他要求喝水。

克莱因认为，在迪克的幻想中，粪便、尿液和阴茎代表了用来攻击母亲身体的物体，因此也会被认为是会伤害自己的一个来源。这些幻想促使他对母亲身体的内容物感到恐惧，特别是父亲的阴茎——在他的幻想中，它存在于母亲体内，因此想要吃掉它、摧毁它。迪克害怕自己的施虐欲，他相信与母亲或保姆交往会对她们造成不可弥补的伤害。

经历了几个月的分析，克莱因发现伴随着兴趣的发展以及对她的移情，迪克在此之前缺乏的客体关系已经出现了。克莱因描写道：

> 这几个月当中他对妈妈和保姆的态度变得亲切而正常，现在他渴望她们的存在，想要她们注意他，而且在她们离开时会觉得痛苦；对他的爸爸也是一样，他的关系表现出正常的俄狄浦斯态度，并且与一般客体有了更稳固的关系。迪克现在期待自己能够被理解，这与之前的他很不一样，他努力学习词汇以便与他人进行交流，他正开始建立与现实的关系。

在迪克的案例中，克莱因揭示出他对母亲躯体的幻想性攻击导致了如此严重的焦虑，以至于他否认对母亲的任何兴趣，因此也不能在其他的对象或关系中象征性地表达这种兴趣。在他身上象征形成受到严重的阻碍，结果是他对于周围世界丝毫不感兴趣。当克莱因接触到迪克的攻击性幻想，并通过解释使其无意识的焦虑逐渐进入意识之中并趋于消失时，象征性过程被驱动，儿童的游戏也变得越来越丰富。

（五）案例述评

我们通过此案例得以看到克莱因具有开拓和革命性的儿童精神分析理论及游戏治疗技术是如何被运用到与儿童的临床工作中的。首先，此案例揭示了在俄狄浦斯期的早期阶段，儿童如何以施虐的幻想和焦虑来对待母亲，以及在这个阶段无意识幻想在儿童心理发展中的根本作用，也给了我们一种新的视角去理解儿童的生命早期。其次，通过游戏治疗，我们看到儿童内心深处的消极情感，如攻击性、嫉妒等。克莱因通过对儿童无意识焦虑的诠释帮助迪克开启一条发展自我的道路，重新建立与他人的联结。

本章要点

1. 安娜创建的心理发展线索是其发展观点最重要的体现之一，不同的心理发展线索揭示了儿童人格发展的不同方面。

2. 安娜创建的诊断剖面图是一种评价方法，为诊断的思考提供一个心理框架，它的目标是使诊断者快速地考虑儿童生活和发展的所有领域，从而对儿童的心理发展做出准确的诊断，为治疗提供建议。

3. 安娜于1965年提出了"精神分析的教育"的概念，她认为精神分析的教育若建立在临床分析实证数据的基础上，能够向各个年龄段的儿童提供适当的指导，帮助儿童整体的发展。

4. 克莱因从儿童与其外部客体、内部客体关系的角度来阐述儿童生命早期的心理发展，并由此提出了俄狄浦斯情结的早期阶段理论，她认为俄狄浦斯冲突在前生殖器期即已显现，而且是在儿童的施虐特质高峰期出现的，并由恨的冲动导致俄狄浦斯冲突。

5. 偏执-分裂样心位和抑郁心位等理论，不仅成功地组织起了儿童的内部世界，而且是焦虑、分裂和客体关系的集合，它们在整个发展过程中不断出现。

6. 克莱因发明了游戏治疗技术，解决了儿童分析治疗时的技术难题。

7. 温尼科特强调了环境在儿童心理发展中的决定性作用，恰好的母亲就是促进性的环境，可以提供一个儿童的自我自由发展的心理空间，促进儿童人格健康发展。

8. 真实自体与虚假自体均来自婴儿与环境的互动，真实自体的特征是自发性，虚假自体的特征是顺从。

9. 温尼科特认为游戏不仅是诊断的工具，其本身也是"心理治疗性咨询"。

10. 通过符号性生成阉割的施行和象征性规则的引入，主体就会体验到法则和禁忌感，从而学会升华其生物性的本能欲望，完成其人性化的建构。

11. 绘画是除口头语言外的另一种创造性语言，代表着儿童与世界的另一种结构化联结，他们在创作过程中往往投射了自己的无意识欲望和情感。

12. 多尔多创立的早期心理问题预防机构——绿房子，帮助儿童初步社会化，逐渐与父母进行分离，对亲子关系可能产生的问题进行干预，帮助儿童成长为一个完整而独立的个体。

拓展阅读

米切尔，布莱克. (2007). *弗洛伊德及其后继者——现代精神分析思想史*(陈祉妍等译). 北京：商务印书馆.
郭本禹（主编）. (2009). *精神分析发展心理学*. 福州：福建教育出版社.
达科特. (2015). *百分百多尔多*(姜余译). 桂林：漓江出版社.
温尼科特. (2015). *小猪猪的故事：一个小女孩的精神分析治疗过程记录*(赵丞智译). 北京：中国轻工业出版社.
克莱因. (2015). *儿童精神分析*(林玉华译). 北京：世界图书出版公司.
克莱因. (2014). *嫉羡和感恩*(姚峰，李新雨译). 北京：中国轻工业出版社.
弗洛伊德. (2015). *性学三论*(徐胤译). 杭州：浙江文艺出版社.
拉弗尔. (2015). *百分百温尼科特*(王剑译). 桂林：漓江出版社.
弗洛伊德. (2016). *小汉斯*(简意玲译). 北京：社会科学文献出版社.

思考与实践

1. 请以小组为单位，结合小组成员各自的经历和理解，对比几位儿童精神分析家的理论与临床技术，分享和交流各自对此的看法和理解。

2. 请从章节内容中选取一到两个自己最喜欢的儿童精神分析理论或技术，了解它在当今是如何运用到儿童心理治疗的实践中的。思考它们在儿童心理治疗中各自的优势以及不足。

3. 案例题：

萌萌（化名），女，7岁，小学二年级学生。最近写作业因无法达到书上印刷的标准，反复撕掉重写，并经常崩溃大哭。在学校，不爱与人沟通，总是埋怨老师和同学针对她。父亲因工作常年在外出差，母亲是全职妈妈。父亲个性强势、控制欲强，经常埋怨母亲不常带孩子出去与人交往，孩子胆小、不爱说话的个性都是因为母亲的缘故。母亲个性温和、懦弱，很难拒绝孩子的要求，对于孩子父亲的抱怨感到非常委屈，但是不敢反驳，有时会把情绪发泄到孩子身上。最近父母经常吵架，并开始协议离婚。

请你结合本章中的儿童精神分析理论，形成基本理论假设框架，并以小组为单位进行讨论和分享。

第四章
儿童行为治疗

儿童认知发展尚未成熟，难以意识到自身问题的存在；语言发展和抽象思维能力有限，想法和情绪很难通过语言来进行直接表达和沟通。而儿童行为是可以观察到的，并可以用客观的研究方法进行预测和控制。儿童行为既是儿童语言的象征，也是儿童自然的表达。因此，行为治疗一直以来是与儿童工作的最主要的方式之一。行为治疗已经被广泛地用来治疗儿童各种心理行为问题，包括儿童焦虑、抑郁、对立违抗行为、强迫、进食障碍、学业不良、社交技能缺陷、注意缺陷/多动障碍、恐惧症、品行障碍等。本章将从儿童行为治疗的概念、实施和应用等方面，对儿童行为治疗做简要介绍。

第一节 儿童行为治疗概述

一、儿童行为治疗的概念

（一）行为治疗

行为治疗的术语产生于 20 世纪 50 年代，由斯金纳（Skinner）与莱史利（Lindsley）在研究动物行为的条件化反应实验中首次应用，并促使人们对人类被试的有关行为进行研究。行为治疗强调以可观察到的行为作为治疗焦点，认为人类的绝大多数行为，不管是正常或良好行为，还是异常或不良行为，都是学习的结果。它主要将经典条件反射原理、操作性条件反射原理、社会学习理论三种行为学习理论的方法应用于治疗领域。

人格心理学家艾森克（Eysenck）提出，人的不适应行为可以分为两类：一类是行为表现的过剩或过度，如酗酒、过度吸烟、吸毒、赌博、性变态、强迫思维等；另一类是行为表现的不足或缺失，指需要补充和增加的行为，如缺乏社交技能、焦虑、恐惧等。艾森克认为，按照学习理论，行为治疗实质上是一个非常简单的过程，治疗要么是消退过剩或过度行为，要么是塑造不足或缺失行为。著名行为治疗家沃尔普（Wolpe）将行为治疗定义为：使用通过实验而确立的有关学习的原理和方法，克服不适应的行为习惯的过程。

简而言之，行为治疗就是通过运用学习原理，帮助个体摒弃习得的非适应性行为、消除不良行为习惯，或者建立某种行为、学会更多的适应反应模式。

（二）儿童行为治疗

以儿童为行为治疗的主体起源于行为主义理论流派最有影响的人物华生（Watson）。1913年至1919年间，华生应用研究动物行为的实验方法对婴儿进行实验研究，得出婴儿有恐惧、愤怒和爱三种基本情绪，每一种情绪都是身体对特定刺激所表现出的反应形式。1919年，华生进行了经典的小艾尔伯特实验，研究儿童如何在条件作用下形成恐惧反应。该实验得出了人类的情绪反应可以通过条件化的方式而习得，尽管因伦理问题备受争议，但它对行为矫正和心理学的发展起了重要影响，被称为心理学史上一项"不失为经典的实验"。1928年，华生在出版的《对婴幼儿的心理照料》一书中强调父母抚养技术的重要性，他提出不恰当的奖惩将导致儿童恐惧、愤怒情绪的产生及社会功能失调等。同时他进一步强调了环境的重要性，认为改变环境，才能改变儿童的行为和人格，从而使儿童形成新的行为习惯（侯志瑾，1996）。华生的行为主义理论可以直接用于对儿童行为失调的治疗。

在华生的指导下，临床心理学家琼斯对一位害怕有毛的物体（特别是小白兔）的3岁儿童进行了行为治疗的实验。后来，沃尔普等人对行为治疗进行了改良，并提出了行为治疗的两项基本原理：交互抑制原理和系统脱敏原理。这两项原理被广泛应用于儿童恐惧症和焦虑症等的治疗。后续越来越多的行为治疗学家将条件化原理应用于儿童的心理治疗，促进了各种行为技术在儿童领域的推广和使用。

二、儿童行为治疗的基本原理

儿童行为治疗就是运用学习原理帮助儿童消除不良行为，并学会更多的适应反应模式；它强调儿童正确的学习经验，包括让儿童做一些事情，如练习某个动作、记录某种行为或者用新的技巧去应对某一情境，从而使儿童能够获得应对问题的策略，提高沟通能力，并纠正不良习惯。其学习原理通常被划分为三种类型：经典条件反射原理、操作性条件反射原理以及社会学习理论。

（一）经典条件反射原理

经典条件反射原理基于俄国生理学家巴甫洛夫（Pavlov）对狗的唾液条件反射实验的发现。根据实验他提出环境中的不同刺激会自动地激发或引发反射行为，即经典条件反射学习。根据巴甫洛夫的思想，人的行为反应也可以通过条件反射而习得。

针对儿童的放松训练、系统脱敏、暴露疗法等都是基于巴甫洛夫提出的经典条件反射原理设计出来的行为治疗技术，对儿童非自主的、条件性的情绪反应（如惊恐不安、焦虑）治疗效果较好。这些技术基于一致的假设：儿童情绪、行为障碍是由于一个刺激的呈现，导致焦虑害怕及其他强烈的情绪反应和肌肉紧张；通过放松训练和适应导致焦虑的情境，最终用放松的、不带焦虑的情绪反应取代原有的紧张、焦虑的情绪反应（科里，2004）。

(二) 操作性条件反射原理

20世纪初，美国心理学家、新行为主义代表人物斯金纳提出了操作性条件反射原理。斯金纳认为儿童做出某一行为后，如果能受到环境的强化，那么当相同或类似的情境再次出现时，儿童很可能会做出同样的行为反应。生活中我们常看到，如果儿童哭泣时常常得到父母的特别关注，那么儿童的哭泣行为发生的频率就比较高。

斯金纳认为引起儿童行为的环境刺激不具有主导地位，重要的是一种反应之后伴随的强化物。任何一种作为强化的结果而习得的行为，都可以被看作操作性的行为。对这种行为，他主张一个操作性反应发生后，紧接着给一个能使儿童操作性反应增强的刺激，那么其强度（概率）就会增强。强化对于操作性行为的增加很重要。如果能有效地控制强化，行为控制就变得可能，同时立即强化要优于延迟强化。同时斯金纳提出不断地用奖惩来塑造儿童的行为，促使儿童做出适当行为，改变不恰当行为，奠定了儿童行为塑造和行为矫正的理论基础。奖惩的方式包括正强化、负强化、惩罚和消退。

(三) 社会学习理论

20世纪50年代，受行为主义和认知心理学双重影响的班杜拉（Bandura）提出著名的社会学习理论。社会学习理论中的一个重要概念是观察学习。儿童通过观察榜样而习得行为，这种行为是模仿学习的结果。习得新行为的儿童并没有受到行为出现后的结果的影响。例如，一个女孩在看到妈妈系鞋带后，学会了如何系鞋带，女孩系鞋带的行为，既不是条件反射过程，也不是强化的结果，而是模仿了母亲（榜样）的行为。观察学习是一种替代性强化，观察者发现榜样因某种行为而受到了强化，强化的结果会"扩展"到环境中的其他人身上。例如，当弟弟看到姐姐因为做家务受到了妈妈的表扬，那弟弟就会因这种替代性强化而增加做家务的次数（Kazdin，1980）。

早期的社会学习理论认为，儿童是环境影响的被动接受者，他们只能单方面地接受环境的影响，而不能对环境的影响做出反应。晚期的认知社会学习理论则强调，儿童是积极的、有头脑的人，他们不仅接受来自环境的影响，同时也对环境的影响做出反应。据此，班杜拉提出了社会学习是一个双向的过程，把个性与社会性发展看成儿童与环境之间连续的双向互动。儿童所处的环境毋庸置疑地影响着他们，他们的行为又反过来影响环境。这之中双向互动的意义在于，儿童积极地投入影响着他们成长和发展的环境中去。

大量研究表明，儿童大多数行为并非由某种学习方式而单独产生，而是几种学习机制——经典条件学习、操作性条件学习和社会学习共同作用的结果，儿童大多数问题行为是通过几种学习机制习得的。例如，学校恐惧症可以用上述三种学习观来解释：从经典条件学习来看，儿童通过学习获得恐惧反应。操作性条件学习则认为，学校恐惧症是儿童上学没有受到强化或受到了惩罚（如同伴嘲笑）而导致的。社会学习理论认为，儿童恐惧反应是儿童观察了其他儿童的恐惧反应所致。

三、儿童行为治疗的特点

儿童行为治疗不完全等同于成人行为治疗，具有其自身的特殊性，主要表现在以下几个方面。

（一）治疗动机

在大多数情况下，成人可以自己决定是否进行治疗。而儿童则不太可能主动接受治疗，儿童不会察觉自己的问题，儿童的问题带给他周围的环境和他周围的人（老师、父母）的困扰比带给他自己的要多，通常由周围的成人为其做出接受治疗的决定，因此，儿童对行为治疗的接受、顺从或抵触程度也有不同。儿童的非自愿特点可能导致其不愿与治疗者建立关系，甚至认为没有必要做出改变。因此，行为治疗的第一步就是与儿童建立关系并激发其动机，使其在需改变方面与治疗师达成一致意见。如果儿童连了解目前状况的动机都没有，要发生显著的改变是非常困难的。

（二）治疗目标

行为治疗的目标是帮助儿童寻找改变其生活中问题行为的方法，帮助儿童学会如何减少过度行为和克服行为缺失。行为治疗不把关注点放在过去，而是强调现在和将来。儿童的任何行为表现都可以分解，转化为可观察的行为改变的目标。治疗师要对目标行为的先前事件、行为反应、行为后果进行详细分析，然后运用学习原理制定行为改变计划。治疗目标需由治疗师与儿童来访者共同确定。治疗师扮演的角色是合作者，负责规划达成目标的步骤；来访者则需汇报每一步骤的行为变化。改变进程可视需要不断修改完善。

儿童对治疗目标缺乏认识，可能完全不明白治疗是怎么一回事，很难理解治疗目标和表达他们对治疗结果的期待。因此，治疗师需先向儿童简单介绍一下治疗是怎么一回事。如果儿童把治疗师当作一周一次的玩伴，则无法把注意力集中到所需完成的任务上，同时，在需要改变和达到的治疗目标方面也很难达成共识。对于年幼儿童，治疗目标不一定要向他们具体说明，只要治疗师自己清楚，并且获得儿童的父母的理解后，就可以进行。对于年龄大点的儿童，如果他们可以理解治疗师的说明与用意，就可以适当地提供说明，以便能获得较多的合作，事半功倍地进行治疗工作。

（三）治疗关系

儿童来到治疗室，能否与行为治疗师建立起良好的、积极的、合作的治疗关系，对行为治疗的进展有很大影响。儿童行为治疗需要治疗师与儿童共同配合、共同行动。治疗师的工作重点是与儿童建立良好的信任关系，提高儿童的积极性，介绍治疗计划，进行行为评估，修改计划，布置家庭作业，向儿童进行积极反馈。

治疗师要相信儿童及家长有足够能力去识别和理解儿童存在的问题行为，并针对当前问题行为，帮助儿童设计合适的解决方案，并与儿童讨论以确定双方都能够接受的治疗目标。治疗师在治疗过程中需要积极主动介入，并起指导作用。有时治疗师会充当教育者的角色。治疗师要求儿童来访者与治疗师共同制定治疗目标、尝试新行为、完成每次会谈后布置的作业以及自我监控。

（四）治疗过程

儿童处于独特的身心发展阶段，其心理结构发展尚未成熟，这对于儿童心理治疗师而言是一个特殊的挑战。首先，在治疗过程中，儿童可能难以理解治疗的过程，难以主动积极地参与治疗的程序，较难用语言表达经历和体验，因此治疗必须在与其语言表达和语言理解能力相适应的水平上进行，治疗师也很少运用内部强化系统和改变儿童的认知结构来矫正问题行为。其次，对儿童行为的治疗干预主要以儿童的行为表现为基础，所有用来界定儿童问题的术语要可操作，这样就可以准确地测量问题发生的频率和时间。干预技术应按实验范式来设计，这样就可以确定某一行为形成的原因及其结果。同时，治疗师应非常准确地控制外部环境中的刺激。

第二节 儿童行为治疗的实施

儿童行为治疗的最终目标是教会儿童成为自己的行为矫正专家，能够自我管理；学会监控自己的行为，练习应对技能并完成任务（如学校作业）；会针对自己的问题做出具体行动（亨德森，汤普森，2015）。在问题确认并对预期行为达成共识之后，治疗师则通过具体的治疗技术来帮助儿童获得预期行为以解决现有问题。

一、儿童行为治疗的实施步骤

儿童行为治疗的实施步骤分别是：行为评估、拟订治疗计划和实施治疗。

（一）儿童行为评估

行为评估也称行为功能分析或行为分析，指在进行行为治疗前对环境中和行为者本身的影响或控制问题行为有关的因素做系统分析。简而言之，行为评估是收集、测量和记录有关不适当行为的信息，了解该行为的发生条件或维持条件的过程。治疗师通过提问了解儿童行为的细节，从而识别并理解儿童的困扰。儿童行为评估应注意围绕问题行为展开，具体包括四个步骤。

1. 问题行为的初步评估

问题行为初步评估最重要的是明确影响儿童的问题行为表现的具体条件。儿童的行为问题是过剩（如经常发脾气、贪食），还是不足（如不与他人交往，不能完成作业），或是既表现出行为过剩，又表现出行为不足？治疗师的注意力应集中在其中的基本问题上，同时要考虑以下两个方面：

（1）问题行为出现的情境分析。要判断一个行为是否为问题行为，需要进行情境分析。情境分析包括了解问题行为的出现频率、表现强度、持续时间，以及什么因素导致它的出现。例如，如果儿童表现出强迫性洗手的仪式性行为，那么首先需要确定这种行为出现的条件。是否存在特殊的可见或不可见的刺激？在某种情境下，强迫洗手的次数是否会增多或减少？强迫行为一般有减轻儿童焦虑的作用，治疗师应留心该行为是否还受到了其他行为的强化，例如儿童生活中重要他人的关注等。治疗师可以通过行为观察记录表记录儿童问题行为及情境。例如，表4-1是某儿童一周的自伤行为的观察记录。

表4-1 某儿童自伤行为观察记录

观察项目	具体表现
行为的先行事件	上学期没有自伤行为，本学期换班主任之后自伤行为开始出现并越来越严重

续表

观察项目	具体表现
行为表现	双手掐面部或手臂，伴随哭叫
行为出现频率（次/周，学校）	32 次/周 上午（8—12 点），24 次 下午（12—20 点），8 次
表现强度	面部皮肤有划痕，严重时至破裂流血
持续时间	离开发生情境或无人再干涉其活动后，自伤行为自动停止

（2）儿童周围人对问题行为的态度。儿童周围人的态度对问题行为的维持起着重要的作用，包括儿童的家庭成员是否认可这种行为，儿童在学校中的问题行为表现是否受到老师、同学的排斥和隔离，这些影响在多大程度上助长或抑制了儿童的行为表现等。如果儿童同时在家庭和学校中表现出问题行为，那么最好父母和老师都加入治疗之中。同时，谁提议来参加治疗、如何达成寻求治疗的决定、对治疗是否有不同意见等问题也非常重要。

2. 明确靶行为

确定整个治疗过程或各个治疗阶段中需要加以改变的儿童问题行为中的具体目标行为，即靶行为，是行为治疗开展的关键。首先，目标行为的描述必须精准和具体，让不同的人在观察到该行为的时候都能确定该行为的发生；其次，目标行为须可操作化，便于客观观察和测量。例如，儿童课堂注意力不集中的治疗案例中，目标行为是"课堂注意力集中的行为"，并对其进行具体定义：坐在座位上；看着老师；举手回答问题；得到允许才讲话。可以观察和界定的行为，有助于提高行为评估的准确性，有助于建立行为改变目标。同时，目标行为要具有特定性，不能被进一步分解为更小的行为成分，即目标行为不能再划分为某一类更为具体的行为，不然就很难进行客观的观察和测量。例如与同伴友好相处，还能再划分为某一类更为具体的行为，就难以进行客观的观察和测量，所以不适合作为目标行为。

3. 对靶行为进行测量

这一步骤是为了确定儿童问题行为发生的频率、持续时间、强度等信息，从而收集获得与问题或目标行为有关的基线数据。这些是对行为改变进行测量时所需参照的基准线。例如，一个儿童的多动问题可以通过儿童在课堂里离开座位的次数来评价；一个焦虑的中学生可以用 0～10 的等级表报告自己在一天里不同时间段的焦虑程度；对于儿童习惯性抽动问题，治疗前每天或每小时抽动多少次，可选用每天同一时间观察（如上午 10—11 时）作为代表，此外抽动的部位、强度等，也应列表记录。对于行为问题的观察，能定量的（如次数等）尽量做到定量，以便于治疗前后对比，增强儿童的信心。同时要注意切忌仅仅记录一些空洞的、无法客观观察的内容，例如儿童怕动物，而应该具体分项记录害怕的具体表现，如怕狗——一见到狗就出现恐惧表情，全身发抖（有条件时可测肌电）、不敢前进、躲在大人身后哭叫、呼吸及脉搏变快（具体测量）、面色苍白（有条件时，可测皮肤电阻、皮肤温度等）、头发竖立等。儿童可能有多种行为问题，则应分别观察记录，再根据治疗的需要，每次重点解决一个行为问题。此外，治疗师还要评价儿童身边的哪种环境因素导致了问题的产生，以及学习机制是如何发挥作用的。表 4-2 是对目标行为进行观察记录的示例。

表 4-2 某儿童自我刺激行为观察

观察者：王静（化名）		个案信息：小敏（化名）；6岁；男孩；小学一年级	
目标行为：课间	☆ 玩生殖器	□ 玩手指	○ 转圈
日期及时间段	地点	情境	目标行为表现（持续时间及次数）
12月22日课间一	操场	课间操场无事可做	☆ 3分钟；1次
12月22日课间二	操场	课间操场无事可做	○ 2分钟；1次 □ 2分钟；1次
12月22日课间三	教室门口	遇到最喜欢的音乐老师	○ 1分钟；1次 □ 2分钟；1次
12月22日课间四	上洗手间路上	看到同学在前面	☆ 1分钟；1次

4. 对靶行为进行功能分析

对靶行为进行功能分析指的是明确与问题行为相联系的先行事件（A，Antecedent Events）和行为后果（C，Consequence），对行为反应（B，Behavior Respond）何时、何处、如何发生，以及何人、前因（A）及后果（C）做全面性的描述分析。行为分析又叫行为的 A-B-C 分析，包括目标行为的先行事件（A）、行为反应（B）和行为后果（C）。而分析行为的前因后果，有助于预测行为的发生、改变的方向以及改变程度。

儿童的靶行为有哪些具体表现？靶行为是内向性的还是外向性的？如果是外向性的，那么是谁对谁表现出此种行为？它是否与特定人密切相关？经常发生于何时、何地？又是谁在经常对此抱怨？该问题行为给儿童带来什么后果？对周围产生哪些影响？这些都应一一进行全面的观察和了解。在充分认识问题行为真实情况的基础上，才能找出解决问题的方法、策略。

行为反应指目标行为的具体表现，包括每种被关注行为的发生频率、持续时间、强度等，以及伴生于目标行为的各种行为。例如小天（化名）有咬自己的行为，具体行为表现有：每周咬自己1~2次，每次平均持续10秒直至手背有痕迹。与咬自己行为相伴而生的是咬别人、打别人、咬自己也咬别人、边咬自己边打人等。

行为后果包括目标行为发生后，儿童自己及周围人群出现什么样的结果反应，根据这一结果来判断它对儿童的影响。例如，小天（化名）咬自己，如果被老师发现，老师的处理有：严厉制止他、教训他；威胁剥夺他的某些权利。当事儿童面对老师的反应：慢慢平静下来；跪下或半蹲，一直哭闹；重复前面打人及咬人动作，有时可平静下来。周围人的反应：看着他，说他有病，说他乱咬人、打人。当事儿童面对周围人的反应：哭闹更厉害；站起来要攻击说他不好的人；若打或者咬不到，就开始在教室到处随便打人或咬人。

下面用案例 4-1 来进行行为的 A-B-C 分析。按照目标行为发生的过程，对其先行事件、行为表现以及行为后果进行描述记录，以便进一步确定目标行为的前因后果及其功能。

(二) 拟订治疗计划

该阶段需要根据上述分析拟订治疗计划，包括与患者协商确定治疗协议、确定治疗技

案例 4-1

小黄（化名），10岁，某小学四年级学生。最近经常出现课堂干扰行为。通过对小黄的观察和对身边重要他人的访谈，以及行为检核表的评估，发现小黄最大的课堂干扰行为有三种，并作为目标行为：制造噪声、离座行为、赖地行为。此三种行为分别定义如下：

（1）制造噪声：发出或敲打出与课堂教学无关的声音，持续时间6秒以上；
（2）离座行为：未经教师允许，课堂上离开座位走动或跑出教室；
（3）赖地行为：要求完成作业或相应任务时，坐到地上或直接躺在地上要赖不起。

接下来用 A-B-C 行为观察记录表对个案三种目标行为发生的先行事件、行为表现及行为后果进行一周的观察记录，观察记录具体见表4-3。

表4-3 某小学生课堂干扰行为的观察记录

观察者：李霞（化名）　　　个案信息：小黄（化名）；10岁；男孩；小学四年级

日期	地点	先行事件	行为表现	行为后果
周一	课堂	老师讲解时	用铅笔敲击文具盒	老师批评，小黄停止
周二	课堂	其他同学回答问题时	发出刺耳的喇叭声	同学哄笑，吹得更起劲
周三	课堂	课堂学生讨论时	移动桌子发出咯吱咯吱的声音	老师靠近，停止移动桌子
周四	课堂	老师背对学生板书时	离开座位做出打老师的动作	同学哄笑，小黄继续该动作
周五	课堂	老师布置作业要求同学们完成时	边发脾气边滑坐到地上	老师批评并不再要求写作业，小黄不再赖地

术、设定治疗目标、制定可量化的目标成效表，以便儿童（及父母）和治疗师都能核对目标是否已经达到，并适时对计划做合适的修订或进一步完善（江光荣，2005）。

行为治疗技术的选择要根据目标行为的性质和特点，备选技术的特点，以及实施条件综合考虑。治疗师要具体设计不同的干预行为来解决所面对的独特问题。例如，对多动的儿童实施强化干预，而对焦虑的青少年实施系统脱敏。

一般说来，在确定了目标行为后，有针对性地选择适合的技术并不是一件难事。但仅考虑这两方面是不够的，环境中影响治疗进行的因素在行为治疗中往往有举足轻重的作用。因此，在选择方法时要细致考虑儿童所处的环境中有哪些条件有助于这一治疗方案的实施，有哪些条件会妨碍其实施。尤其是儿童周围的重要人物，如家人、老师、亲友等，其中有谁可以帮助管理刺激的控制物或强化物，有谁可能妨碍这一计划的贯彻，都需要一一考虑。

(三) 实施治疗

1. 塑造新行为

在儿童行为治疗中，无论是要增加期待的行为，或是要减少不期待的行为，都是在塑造新的行为，不可一蹴而就，应该分步骤、分阶段、逐步完成。同时新行为必须在不同情境下都能维持，因此有必要在不同的情境实施治疗计划。

2. 固定行为

新行为要持续，必须有固定计划，包括更换增强物，逐步改为不定期增强，以及配合口头赞美、精神鼓励，由物质奖励转为社会奖励（大人的积极评价、赞赏、关注等社会性强化物）。实施治疗后，治疗师要按治疗方案的要求给予指示、示范、控制刺激、强化和信息反馈。治疗中要随时和定时评估儿童是否正发生满意的改变，如果出现异常，要查明是哪一环节出了问题，做出相应的调整，并进行新的尝试。

3. 评估治疗效果

行为治疗的任何一步骤，都要随时评估，随时修正。如果儿童没有发生变化，那么应及时检讨目标行为是否恰当，及时地改变行为治疗的策略，再细分步骤，增加奖励，甚至重新拟订计划，并评估治疗目标何时可以实现。

二、儿童行为治疗技术

行为治疗把重点放在对儿童缺失行为和过度行为的评估和干预上。如儿童社交恐惧症，表现在儿童社交行为上存在不足，需要加强；儿童攻击行为，表现在儿童存在某些社会所不需要的多余行为，需要加以消除。儿童行为问题干预主要针对以下两类行为：儿童缺失行为和过度行为。儿童行为干预中会运用到各种技术，下面主要介绍儿童缺失行为和过度行为的干预技术。

（一）缺失行为的干预技术

缺失行为是指需要补充和增加的行为，对于缺失行为，常规的治疗技术包括强化（正强化、负强化）、塑造、示范模仿法、代币法等。如果能清楚地确定某行为属于儿童的能力范围之内，其行为取决于他们自己时（例如，肥胖的儿童想减肥，节食和运动都是他们可以主动表现出的行为），那么强化（正强化、负强化）、代币法等都是有用的。如果儿童很少或者从不出现某种行为（例如，有严重分离焦虑的儿童，主要看护者离开后，不哭闹的行为几乎不会自主出现），那么塑造法、示范模仿法等则是很有效的。下面举例说明针对行为缺失的各种干预技术。

1. 正强化法

正强化法（Positive Reinforcement Procedures）又称阳性强化法或奖励强化法。它强调某种行为之所以延续或者改变，是被行为之后的直接结果所加强。儿童如果得到强化刺激，则反应频率会提高。例如，儿童早晨起床时自己穿衣服，爸爸就用糖果奖励他。这种强化刺激的给予会使儿童将来更多地表现出早晨起床自己穿衣服的行为。正强化法的原理是：每当儿童出现期待的良好行为后，采取奖励强化，这种行为出现的频率就会增强并且该行为稳定表现出来。正强化法主要适用于治疗儿童行为问题，如神经性厌食、学习困难、社交退缩行为等,以及新行为的塑造。

其操作方法具体如下:

(1) 了解儿童病史,确认目标行为,划出基准线。目标行为应该是具体可观察、可控制、可评价的行为,而且能够反复进行强化。

(2) 选择有效强化物。选择好强化的方法和类型,以及用于取代问题行为的良好行为。正强化物有:和儿童基本生活需求有关的原发性强化物,如儿童喜欢的食物、饮料;看电视、看绘本、骑车、游戏、过生日、郊游等活动性强化物;大人的积极评价、赞赏、关注等社会性强化物(社会奖励);小红花、奖状、好的分数、钱等一般性强化物。正强化物的选择,首先要考虑个体差异,必须针对儿童具体情况,是儿童所喜欢和感兴趣的;其次应注意,强化物应易用、能够立即呈现、多次使用不至于引起饱厌现象、不需要花费大量时间。

(3) 拟订矫正方案或塑造新行为方案。矫正方案包括被矫正或塑造的行为、采用的治疗形式和方法、强化物的类型等。

(4) 治疗过程中,目标行为一出现,应立即给予强化物,才能保证强化物的最佳效果;同时需要向儿童描述被强化的具体行为,使之明确今后该怎么做。

(5) 逐渐脱离强化程序。当所期望的目标行为逐渐建立后,则应逐渐减少可见的强化物,而以社会性强化物继续维持这个目标行为,以防止出现强化物的饱厌情况。

(6) 治疗程序结束之后,周期性地对该行为做出评价。

表 4-4 列举了利用食物强化物(橙汁)对偏食(不吃蔬菜)儿童的行为干预。

表 4-4 某儿童偏食行为矫正的正强化示范

序号	强化行为	强化物	出现频率
1	用筷子去翻动蔬菜	半杯橙汁	持续一周
2	翻动蔬菜之后舔干筷子上的菜汁	半杯橙汁	持续两周
3	吃下盘中一片最小的叶子	3/4 杯橙汁	持续两周
4	吃下一小匙蔬菜	一杯橙汁,但慢慢减为半杯	持续两周
5	吃下一小碟蔬菜	3/4 杯橙汁	持续一周
6	吃下一小盘蔬菜	一杯橙汁	持续两周
7	吃下一大盘蔬菜	一杯橙汁,但在两周内减为半杯	两周后,回到自然状态

接下来通过具体案例介绍正强化的具体应用(见案例 4-2)。

案例 4-2

某异食癖儿童的行为治疗

某男孩,5 岁,14 个月断奶时学会走路。最初,他只在走路时偶尔拾起纸屑或土块吃进肚里。后来,父母虽严厉喝止,但仍不能改变这一行为,严重时什么都会吞下去,如线头、棉球、纸屑、海绵、柴油等。近两年只吃纸屑、棉球，不再吃其他东西，也不爱吃青菜，但特别爱吃粉条、酸菜尤其是蛋黄。经详细检查，结果为：无智力障碍和精神病征象，血象正常，便常规未见虫卵。诊断为异食癖。

治疗前，向家长说明该问题可能产生的原因，包括患儿缺乏父母爱抚、教育，家贫而缺少食物和玩具等，孩子因好奇偶尔吃些不能吃的东西时父母未做正确引导而只是粗暴干涉，等等。要求父母改变以往的做法，配合治疗。

治疗采用正强化法。

首先挑选出能使患儿产生兴趣而又愿努力得到的东西作为奖品，首选奖品是蛋黄。治疗师简单而亲切地对患儿说，吃棉球、纸屑不好，会生病，如果不再吃纸屑、棉球，那么妈妈每天都会给你吃一个好吃的蛋黄。对此，患者反应并不积极，有怀疑治疗者的话能否真正兑现的情绪。

治疗时尽量让患儿少接触纸屑和棉球，若其偶尔捡起吃进肚里也不要公开责备，只做观察记录，作为判断效果的依据。重要的是，平时多关注患儿，只要他看到纸屑和棉球却没有立即吃进肚里，就马上表扬和奖励，同时按治疗者的承诺办。通过对异食行为的消退和良好行为的强化，一段时间后患儿异食行为的发生次数明显减少。

患儿再次就诊时，已不再拘谨不安，情绪显得很平稳，于是鼓励其进步并提出稍高要求：若1周内不吃纸屑可得5毛钱，积攒起来可买把小手枪等。患儿对此反应积极而主动。

接着要求父母按规定去做，同时有目的地让孩子接触纸屑，如做剪纸游戏，来观察其反应，其间还安排他与其他小朋友玩耍以忘掉异食的"乐趣"。经几次治疗，该患儿异食行为基本消除，饮食正常，可接受与同龄儿童一样的教育。4个月后复查，状况稳定、良好。

资料来源：岑国桢，2013。

2. 负强化法

负强化法（Negative Reinforcement Procedures）假设，对某良好行为给予奖励，可以促进该行为的发生；当某行为与减少或撤销原来所经受的惩罚、厌恶刺激相结合时，该行为也会增多。因此负强化是通过减少或撤销厌恶刺激来抑制不良行为，增强良好行为的出现率。负强化法主要适用于儿童多种行为障碍和情绪障碍。

实际操作中，当儿童一出现某种恰当行为，便立即减少或撤除其原来经受的痛苦、厌恶刺激、惩罚，即避免强化刺激，从而提高良好行为的出现率。例如，有自伤或毁物行为的儿童，经常打自己或破坏家里的物品。当儿童打自己时不给他喜欢的玩具或糖果（惩罚），不打自己时立即给予喜欢的玩具或糖果（正强化）；当他破坏家里物品时不给他喜欢的玩具或糖果（惩罚），当他把家里物品摆放整齐时则给予（正强化）。当他不打自己，不破坏物品时，就取消不给他玩具、糖果的厌恶刺激或惩罚（负强化）。

负强化与正强化都是用来增加良好行为发生率的强化过程，两者密切相关。接下来通过案例4-3介绍负强化的具体应用。

案例 4-3

某儿童自伤的行为治疗

某福利院中一名 7 岁男孩，智力迟滞，有习惯打头的行为。儿童的自伤行为常常必须予以及时而果断的处理，以免造成严重后果。工作人员只得让他待在小房间，带上头盔，并把手系在腰上。运用电击可以有效抑制其打头行为，但发现在日常生活情境中不能保持这一效果。为此，必须使男孩形成与其问题行为不相容的行为取代原来的打头行为。

卡尔和纽森决定使用负强化的方法，并做了如下安排：让男孩坐在椅子上，前面置一小桌，上面放一金属小卡车。与这玩具卡车连接的线路能记下男孩用手玩弄卡车的时间。如果没有用手触碰玩具卡车，线路里的蜂鸣器就会发出"嘟……"的叫声，叫声之后 3 秒钟内如果仍然不用手触碰卡车则男孩的小腿就受到电击。

开始时，男孩并不能把握玩具卡车与蜂鸣器叫声及遭到电击之间的关系，治疗者手把手地训练。经过多次训练后男孩开始能在受到电击后马上把手放到卡车上，这说明逃避反应开始形成，即玩弄卡车这一符合要求的行为可以使其立即逃避正面临的电击这一厌恶刺激。几次成功的逃避之后，男孩又开始懂得蜂鸣器的作业原理。为了防止蜂鸣器发出声音，他知道必须把手放在卡车上玩弄，这时回避反应就开始形成。即，玩弄卡车行为可以完全避免令人厌恶的电击的发生。

回避反应形成以后，男孩已能持续地用手触摸玩弄卡车长达数小时，而不再发生打头行为。接着以老虎玩具代替卡车，之后陆续用其他玩具代替，男孩仍能玩和抱、吻它们。然后，先后撤去电击和蜂鸣器。训练结束时，玩玩具行为已经完全取代了原来的问题行为。一年后的随访表明，小男孩的打头行为没有再发生，而且变得不再依赖玩具了。

资料来源：岑国桢，1996。

3. 示范模仿法

示范模仿法主要有现场示范法、参与模仿、象征性（录像或电影）示范等，它主要适应于儿童恐惧症、社会退缩、精神发育迟滞与孤独症谱系障碍儿童的行为问题等。示范法的使用中，要注意根据儿童的能力来确定目标行为。示范过程中，儿童若能集中注意力，可以增加示范行为的呈现时间，让他有较多的时间观看示范行为。在模仿行为产生之后，立即记录其进步情况，确保强化效果。

班杜拉对儿童怕狗的行为进行行为治疗，怕狗的儿童在示范者的表率作用下能逐渐与狗接近相处。实验中，班杜拉做了三种示范：（1）现场示范。让儿童在现实生活中，观看其他儿童如何与狗玩耍、相处。该方法的有效率达 50%~67%。（2）参与模仿。让儿童观看示范儿童与狗玩耍的过程，并让儿童在治疗师的指导下逐步参与与狗玩耍的活动。有效率高达 80%~92%。（3）象征性（录像或电影）示范。让儿童观看示范者与狗相处的有关电影、电视，然后让他逐渐模仿示范者的行为举止，消除对狗的恐惧。有效率为 20%~30%。

4. 代币法

代币法是将强化与惩罚相结合，在儿童出现目标行为时，立刻给予代币作为强化物，然后将代币进行交换，换取其他福利的一种行为管理方法。它应用于指导性的治疗环境中，能够系统地管理该环境中的个体行为，适用于儿童多种行为障碍、情绪障碍、神经性厌食等的治疗。

代币，是一种在特定范围内流通的可以兑换物品的制约强化物，如小红花、小红旗、卡片等。代币法有许多优点。例如：代币能在所要求的行为发生后立即发放；适当时候兑换；可在反应与强化物之间建立一个长时间的延缓桥梁；可在任何场合根据行为质量好坏，对代币进行增减；还可以避免初级强化物引起的饱厌现象。不过，代币法也有一定的不足之处，如施行时，在代币上花费的时间与精力较多，大多自然环境下不能为所需要的良好行为提供代币，限制了代币制的使用。

案例4-4列举了家长通过代币法引导儿童逐步养成积极独立行为的过程。

案例 4-4

某儿童行为养成的代币强化训练

姓名：小木（化名）

时间：一周（七天，每天坚持）

说明：确定四个（或更少）希望小木每天努力完成的目标行为。小木每完成一个行为，家长就在空格内贴上一个笑脸；如果没有完成，家长就贴上一个哭脸。每次小木得到笑脸时，都要赞美他。每天结束前统计笑脸和哭脸数量，然后按照情况在24小时内给予奖励或者轻度惩罚，共有两种不同程度的奖励和一种轻度惩罚。表4-5为小木一周内的行为记录。

表4-5 小木行为养成的代币强化记录

行为	星期一	星期二	星期三	星期四	星期五	星期六	星期日
早上七点前起床并穿好衣服	哭脸	笑脸	哭脸	笑脸	笑脸	笑脸	笑脸
晚饭前将家庭作业写完	哭脸	笑脸	哭脸	笑脸	笑脸	笑脸	笑脸
跳绳半小时	哭脸	哭脸	笑脸	笑脸	笑脸	笑脸	笑脸
晚上九点半准时上床睡觉	哭脸	笑脸	笑脸	笑脸	笑脸	笑脸	笑脸
笑脸统计	0	3	2	4	4	4	4
哭脸统计	4	1	2	0	0	0	0

注：每日奖赏：1~2个笑脸=精致的睡前点心；3~4个笑脸=让父母做特别的活动。
轻度惩罚：4个哭脸=一天不能看电视。

(二) 过度行为的干预技术

对于过度行为,行为治疗的目标就是使之尽量减少;对于完全不良的行为,则最好是消除。这时候需要用到降低行为发生率的技术,包括系统脱敏法、惩罚、隔离、反应代价、消退等。下面举几个常用的技术为例。

1. 系统脱敏法

系统脱敏法(Systematic Desensitization)是一种逐步去除不良条件性情绪反应的技术。创始人沃尔普(Wolpe)认为恐惧(或焦虑,下同)不可能与松弛同时并存,它们相互抑制或排斥,而克制恐惧最有效的反应是肌肉松弛,所以可以通过逐步的肌肉松弛作为刺激,用于对抗恐惧情绪。

系统脱敏技术是指,在舒适的环境中,让儿童充分地放松自己,然后系统地让儿童逐渐接近其所恐惧的事物或是逐渐提高儿童所恐惧的刺激物的强度,从而让儿童对于恐惧事物的敏感性逐渐减轻,直至完全消失。

系统脱敏法对矫治儿童的某些条件性情绪反应和行为问题效果较好,可用于怕洗澡、怕黑、怕狗、怕上医院、怕上学等各种恐惧心理和行为,分离性焦虑、强迫症、神经性厌食等其他以焦虑为主要症状的行为障碍。

系统脱敏法由三个部分组成——放松训练;确定恐惧事件的等级;将松弛训练与恐惧等级结合,要求来访者在放松的情况下,按等级中列出的项目进行想象和实地脱敏。具体说明如下。

(1) 放松训练。让儿童学会放松技术,以抑制恐惧。常用的放松训练法有:渐进性肌肉松弛法、深呼吸或放松呼吸法、注意集中训练法。

渐进性肌肉松弛法要求儿童跟着音乐,或者跟着治疗师,学会控制肌肉的紧张度。使用暗示语,让暗示语与肌肉的紧张形成联系。

注意集中训练法是指把注意指向一个中性的或愉快的刺激,而离开了他对产生焦虑、恐惧刺激的注意。如让练习者注视一个物体,把注意力集中在重复的指令或他自己的呼吸上。

(2) 确定恐惧事件的等级。首先找出引发恐惧的各种事件,其次确定不同事件所产生的恐惧程度,然后按照儿童对事件评定的数值,由低到高对事件进行排列。

同时,在治疗师和父母的指导下,让儿童依据自己感到恐惧的程度,对各种刺激情景排序,产生一份恐惧等级表,最小的等级排在最下面,最大的等级排在最上面。例如儿童恐惧黑房间的等级可确定如下(见表4-6):

表4-6 某儿童恐惧黑房间等级

等级	情景体验
8	黑房间里有1个人
7	黑房间里有2个人
6	黑房间里有4个人
5	黑房间里有很多人
4	打开黑房间门

续表

等级	情景体验
3	走到黑房间门口
2	走到黑房间外数米
1	走向黑暗的房间

（3）将松弛训练与恐惧等级结合，实施脱敏。首先让儿童进行放松训练，能够进行全身放松之后，就可以进行系统脱敏了。系统脱敏时要使恐惧刺激与放松活动交替出现，其具体步骤如下：第一步，放松练习。让儿童坐在椅子上进行放松活动。第二步，脱敏想象。完全放松后，从恐惧等级表中最低的一个恐惧事件开始，要儿童想象引起他恐惧的第一个情景。如果儿童体验到恐惧，就停止想象，进行放松；然后再想象同一刺激情景，直到不再感到恐惧为止。进行30～40秒的放松活动后，就可想象恐惧等级表中的下一个情景。如果1个恐惧情景在"放松-想象"的脱敏过程中连续3次不能通过，则中止本次练习，下次再进行。这样，想象一个恐惧情景，然后停止，再放松。如此循环训练，直到通过等级表上的全部刺激情景。这样的练习每次15～30分钟，每周做2～3次，每次完成2～3个恐惧情景为宜。当儿童完成了等级表中最后一个情景时，他基本能够对实际的恐惧情景不再感到害怕。

年幼的儿童可能无法学会自我放松，也很难对自己的恐惧情景进行想象，因此可以采用一些游戏、音乐以及实物来进行脱敏治疗。例如，一个儿童非常害怕毛绒玩具，可以让他在信任的家人的陪同下，先看毛绒玩具的照片，一起谈论兔子。随后与家人一起一边讲故事，一边做喜欢的游戏，一边吃喜欢的食物，同时让他远远地观看放在沙发上的毛绒玩具。然后让他逐渐靠近沙发上的玩具。如果儿童没有表现出恐惧反应，就鼓励他拿玩具玩；若出现恐惧反应，则将玩具放到较远处，再重复进行。最后让他摸玩具、抱玩具，从而消除对毛绒玩具的恐惧反应。

某儿童恐惧症的脱敏治疗情况见案例4-5。

案例4-5

某儿童恐惧症的脱敏治疗

某男孩，8岁，有多种恐惧，主要可概括为三方面：怕血，怕在高处，怕考试。此儿童发病前有一定的精神诱因。当他2岁半时，他的父亲曾用利器割开他手上的脓疮，他看到血和脓从伤口流出而感到十分恐惧。另一次是在8岁半时，他看了一部有关健康与安全的影片，影片中描述出血伤口的场面，使他感到头晕与恶心。

在治疗开始前，先了解他以上三方面恐惧的基础水平，此期共约三个月。治疗时，先分四个阶段教会他进行肌肉的放松训练，并要求他每日在家自行训练2次。一直到肯定该男孩能自如地进行自我松弛，此期共约4个月。在松弛训练完全成功之后，就对上述的三种恐惧，分别依轻重次序排列为12～15个阶段。以后，当男孩在松弛时，由轻至重逐一呈现各阶段的场景，使松弛情绪在对抗焦虑、害怕情绪中渐渐取胜。此患儿首先对高空恐惧进行脱敏，耗时约 4 个月；此后对流血恐惧脱敏，耗时约 3 个月；最后对考试恐惧脱敏，耗时约 5 个月。

治疗后，该患儿由恐惧引起的行为及认识方面的病态均有明显改善。而且，行为与认识的改善仅在对该种恐惧进行系统治疗时才开始出现。也就是说，首先出现对高空恐惧的脱敏，然后为对流血恐惧及对考试恐惧的脱敏。本治疗从准备阶段到治疗结束共用了 19.5 个月。治疗结束后，定期追踪半年，疗效仍较稳固。

资料来源：李雪荣，1987。

2. 惩罚

惩罚基于操作性条件作用原理，即当儿童出现某项不恰当行为时，附加一个令他厌恶的刺激，或减弱、消除其正在享用的强化物，从而减少该行为的发生，如治疗师的摇头反对、批评谴责、终止强化物、暂时隔离等，都是试图在儿童出现不良行为后，让其经受不愉快的体验，从而消除此种不良行为的发生。惩罚法适应于儿童多种行为障碍和情绪障碍，如攻击性行为、违纪、脾气暴发、伤人自伤等。常用的惩罚方法有反应代价和隔离法。

反应代价是指当儿童出现不恰当的目标行为时，他就会失去某样目前拥有的部分强化物。反应代价认为，儿童认为自己持有所拥有的强化物，一旦在某种情境中因某种特定行为而使自己失去了这样的强化物，儿童以后会尽可能不在这样的情境中再表现出这样的行为，以免付出自己不愿付出的代价，此后此类行为发生的可能性自然就会下降。在现实生活中，有很多行为都属于反应代价，如有儿童违纪，就不允许其下午放学后参加兴趣活动小组；儿童吃饭拖延、偏食不吃蔬菜，就当天不允许打篮球（每天晚饭后固定的篮球时间），或不允许吃任何零食等。反应代价易于实施，所花时间不多，对情境中其他人同时进行的活动也几乎不产生干扰；同时适用面广，能针对儿童多种不良行为，并能较快地产生抑制效果。

隔离法是指当儿童出现某种不恰当行为时，去除一切可能的强化因素一段时间，以达到减少或消退不恰当行为的目的。例如当儿童出现某种不良行为时，及时撤除其正在享用的强化物，并将其暂时转移到另一缺乏强化刺激的情境中去。隔离法的实施步骤为：确定目标行为；每次目标行为出现时，将儿童带离问题环境；强化恰当的替代行为。隔离法的实施应始终和恰当的替代行为的强化结合起来，使恰当的替代行为逐渐增加，最终替代不恰当的行为。隔离法尤其适用于无法辨别或针对性去除不恰当行为的特异强化因素时，一般用于对儿童自己或他人有危险的冲动行为，而又无其他去除强化因素的有效治疗方法。接下来通过案例 4-6 介绍惩罚法的应用。

3. 消退

消退（Extinction）是通过削弱或撤除某不良行为的强化因素来减少不良行为的发生率。通过消退，停止强化，可以使某种反应的频率降低，从而减少或者消除儿童已建立的不恰当行为。消退适用于儿童注意缺陷/多动障碍、神经性呕吐、偏食等问题行为。消退法的操作程序具体如下。

> **案例4-6**
>
> **精神发育迟滞儿童打人行为的矫治**
>
> 本本(化名),7岁,男,具有严重骚乱行为,经检查后确定为精神发育迟滞。送入特殊学校读书后,经常打架,尤其喜欢挑衅或殴打其他儿童。工作人员经过约三个星期的观察记录,发现他平均每天打人约30次。老师和工作人员采取了一些积极措施,如教育、说服、奖励其不打人行为等,都无效果。最后只好采用惩罚法来矫治本本的打人行为。
>
> 老师和行为治疗师经过慎重的考虑,在不伤害本本健康的前提下,设计了一个惩罚程序,并征得了父母的同意和协助。整个治疗程序如下:每当本本打人时,在他旁边的工作人员便说:"本本不许打人。由于你打了人,现在罚你做10次起立和坐下的动作。"一边说一边便拉住他的手要他站起来,接着按他的肩膀要他坐下去,嘴里同时喊"起立""坐下",共做10次。本本对此惩罚最初表现为言语上的反抗,但工作人员仍要求其坚持。刚开始做动作时,需要用手帮助本本,促使他按要求做;以后慢慢地可按照指令自己做。
>
> 治疗开始以前,本本的打人次数平均每天约30次;治疗开始以后,第一天打人次数就下降到11次,第二天为10次,第三天只有1次,以后基本维持在0次或1次的水平上。两星期后,工作人员停止施行惩罚。前4天本本的打人频率还保持在低水平上,之后的4天频率开始逐步上升。8天后,工作人员再次引进惩罚程序,本本的打人频率立刻又下降,几乎接近0次。与此同时,强化本本安静地坐着玩玩具的行为。这样的治疗方法持续两个月,本本的打人次数平均为每3天发生1次,其打人恶习已被控制住。于是工作人员便允许他跑动并和别的儿童玩。跟踪观察表明,本本那种令人苦恼的挑衅行为以后再未曾出现。
>
> 资料来源:吕静,1992。

(1) 记录不良行为在消退之前的发生频率,即建立一个行为基线。

(2) 观察和确定要消退的行为。查清不良行为的强化历史,找到对儿童不良行为起强化作用的因素。例如,一个儿童有哭闹的问题,只要他一哭,妈妈便靠近,对他表现出关心。显然,妈妈的靠近和关心作为强化物强化了这名儿童的哭闹行为。

(3) 对找到的强化因素进行消退。如前所述,儿童哭闹的强化物是妈妈的靠近和关心,因此针对哭闹行为,可以用"不予理睬"进行消退。当这种强化(靠近和关心)不再出现后,儿童就会知道哭闹是不管用的,他的哭闹行为便自然消失。

需要注意的是,在消退治疗过程中,靶行为即不良行为不会立刻消失,而是会维持一段时间;同时,在行为减少之前,靶行为强度可能会出现暂时性的增高,变得更坏,有时还会产生情感抵触或攻击性行为。此时若坚持下去,将会消除不良行为,若不能坚持,则只会增加不良行为的严重性。因而环境的控制和坚持尤为重要,要严格执行消退的程序。

对某儿童呕吐行为的消退治疗见案例4-7。

> **案例 4-7**
>
> **某儿童呕吐行为的治疗**
>
> 女孩，9 岁，心智发展迟滞，其问题行为是几乎每天都要在教室里呕吐。曾试图用药物解决她的问题行为，但没有效果。
>
> 治疗师了解到这样的事实：每当女孩呕吐弄脏衣服时，老师总是让她离开教室，送她回宿舍，宿舍的管理人员则帮她弄干净衣服，还让她待在宿舍里，她能惬意自在地活动。研究者的分析是，女孩的呕吐是由于宿舍里的强化远比教室里的多得多，故可以把呕吐看作试图离开教室去宿舍以求获得强化而表现出来的一种操作性行为。
>
> 基于这样的分析，治疗师决定用消退来处理该女孩的问题行为，要求老师以后无视女孩的呕吐行为，即使呕吐得相当狼狈也必须设法让女孩继续待在教室里。
>
> 实施这样的消退后，在最初的 29 天内女孩呕吐了 78 次，其中有一天多达 21 次。但是此后减少，从第 30 天开始呕吐的行为则完全停止了，其后的随访表明在以后的 50 天时间内保持了这一良好的效果。
>
> 资料来源：Ullmann & Krasner Eds.，1965。

第三节　儿童行为治疗的应用

行为治疗对儿童常见发展性障碍有一定的疗效，包括智力障碍、孤独症谱系障碍、注意缺陷/多动障碍等。患有发展性障碍的儿童通常都有严重的行为不足、行为过度或行为不当的情况，比如缺乏各种自理能力，重复各种无意义动作，各种自伤和破坏行为等。行为治疗的原理和方法可以应用于对发展性障碍儿童的教育训练和管理，可以为其提供理论和技术支持。例如强化已经形成的良好行为，对干扰接受教育训练、影响社会交往和危害自身的异常行为予以矫正，提高对社会的适应等。下面主要介绍孤独症谱系障碍儿童和轻度智力障碍儿童的行为与发展干预。

一、孤独症谱系障碍儿童的行为治疗干预

孤独症谱系障碍是发展性障碍中的典型类型，以社会交往及交流障碍、兴趣狭窄、刻板与重复行为为主要特点，同时存在各种情绪及行为方面的异常，如发脾气、自伤行为、攻击行为、自我刺激行为等（Ospina et al.，2008）。这些情绪及行为方面的异常严重影响患儿的社会适应，也使教育训练更难以实施（具体见第十一章"儿童常见心理障碍与干预"相关内容）。目前，行为治疗是孤独症谱系障碍治疗中运用最为普遍的一种方法。常用于孤独症谱系障碍儿童情绪行为异常的行为治疗方法包括正强化法、负强化法、隔离法、消退法、系统脱敏法等。

需要注意的是，对孤独症谱系障碍儿童的行为干预有其特殊性。孤独症谱系障碍儿童会有社交障碍、兴趣狭窄、刻板与重复行为的表现，这些表现很少能引发父母的强化行为，会降低强化物的效果。由于没有这样的行为，也就减少了父母对他们进行强化的数量和种类。同时孤独症谱系障碍儿童的语言发育迟缓或缺失使语言交流和强化的可能性几乎为零。所以治疗师制定干预目标时要考虑孤独症谱系障碍儿童的特点，如，针对孤独症谱系障碍儿童的注意过于集中和狭窄，目标可定为扩大儿童的注意范围，并使他们对环境中的特定刺激变得更加敏感。在治疗时，要根据儿童的具体情况正确选择操作技术。但实际上治疗师可以使用的强化物非常有限，而且强化物的作用会很快达到饱和而使作用减弱或消失。

（一）孤独症谱系障碍儿童目标行为功能分析

孤独症谱系障碍儿童的异常情绪和行为主要具有以下四种功能：寻求注意、自我刺激、逃避或回避、寻求帮助（Elizabeth et al.，2014）。但这四种功能并不能完全涵盖孤独症谱系障碍儿童情绪行为异常的所有可能功能。

以孤独症谱系障碍儿童琳琳（化名）最常出现的自我刺激行为作为目标行为，进行功能性评估和干预为例（曾纯静，曾纯洁，2019）。首先对目标行为（自我刺激行为）进行一周的观察记录，得出琳琳的目标问题行为主要有以下六项：自言自语、吐口水及玩口水、抠手指或脚趾、离开座位旋转、脱鞋子袜子、脱衣服。然后对琳琳的自我刺激行为进行具体的分析，由行为的前因、结果及结果之间的联系，得出行为背后所蕴含的功能（见表4-7）。

表4-7 某孤独症儿童行为问题分析表

学生姓名：琳琳（化名）				性别：女							年龄：5岁		
障碍类型及程度：中度孤独症谱系障碍				评估者：张静（化名）							评估日期：10月20日		

功能分析	①要求别人的注意	②要求别人协助上厕所	③要求自己喜欢的食物、东西、活动	④拒绝食物、东西、活动	⑤要求休息一会儿	⑥表示身体不舒服（头痛、生病）	⑦对别人表示不满或抗议	⑧表示很困惑	⑨表示很无聊	⑩表示不耐烦	⑪表示悲伤	⑫表示生气	⑬表示害怕	⑭其他（寻求感官刺激）
自言自语	✓					✓	✓					✓	✓	
吐口水、玩口水						✓							✓	
抠手指或抠脚趾						✓							✓	
离开座位旋转						✓							✓	
脱鞋子、袜子			✓			✓						✓		
脱衣服			✓			✓						✓		

表4-7中，琳琳的自我刺激行为都有其特定的功能。比如自言自语行为的功能：要求别人的注意；表示身体不舒服；等等。可以看出当琳琳有情感表达或需求时，都会出现

自言自语的行为，而吐口水行为是在表达无聊等情绪。

（二）孤独症谱系障碍儿童行为干预和介入

对孤独症谱系障碍儿童的行为干预的主要目标是帮助控制患儿的行为，发展儿童的语言和适应性行为，加强儿童交往技能的训练。当他们逐渐学会以适当的方式与他人进行交往后，那些不适当的行为也会逐渐消失。

孤独症谱系障碍儿童的行为干预过程：首先，界定儿童的恰当和不恰当行为。恰当的行为包括用句子和词组进行表达、运用宾语遵从要求和命令。不恰当的行为包括自我刺激行为，如击打、拍打、随便说话、退缩和发脾气。治疗师在一段时间里记录这些行为，以确定一个合适的基线。其次，确定强化物。在第一个强化阶段，治疗师运用许多强化物，并从中找出最有效的强化物。再次，治疗师要决定哪些行为是儿童有能力模仿的，并强化儿童表现出来的所有适当的模仿行为（如模仿别人的声音和姿势）。为判断强化是否有效，治疗师要撤销强化物，看能否引起反应的消退。最后，进行全长 20～30 次的第二次强化（Dawson et al.，2012）。

案例 4-8 说明了对孤独症谱系障碍儿童撞头行为的干预。

案例 4-8

孤独症谱系障碍儿童撞头行为的干预

小丁（化名），男，1999 年 8 月出生，于 2004 年 7 月被诊断为孤独症谱系障碍。小丁身体发育正常，体重、身高甚至超过同龄儿童的平均水平，无肢体障碍，无重大身体疾病。常出现撞头等自我刺激行为。

原因分析：对于撞头等自我刺激行为进行功能分析发现，小丁撞头只是为了享受头撞墙时的那种感觉刺激。

干预目标：撞头行为一周发生的次数下降为 8 次以内。

干预周期：为期 8 周，每周 5 天，共计 40 天。

干预策略：

（1）消除撞头行为之后的快感，如给儿童戴上安全帽，使儿童得不到他所希望得到的感受。

（2）提供可替代的感官刺激行为。利用类似且具有相同功能的行为来代替自我刺激行为。比如在小丁撞头行为出现前，将他带到操场跑步或散步、荡秋千等，替代其撞头得到的感官刺激。

（3）帮助培养新的兴趣爱好，帮助学会他人能够接受的、有意义的消遣娱乐活动，为其制定一个接一个的结构化活动安排，尽可能用其他各种有意义的活动填充小丁的时间，将其自我刺激行为从一天的活动中排挤掉。

（4）有效运用强化与消退矫正儿童的自我刺激行为。当小丁表现出新习得的恰当行为时,选择小丁喜欢的巧克力和玩具作为奖励,用以强化这一恰当行为。同时,可以找出维持小丁自我刺激行为发生的强化物,停止这一持续的强化而使小丁减少自发的自我刺激行为,如小丁的撞头行为同样得到了家长的关注,那么当小丁撞头行为出现时,忽视对待,久而久之就会使这一行为的强化物失效,从而达到消退的效果。

二、一则智力障碍儿童行为问题的干预案例

(一) 案例介绍

吉姆,13岁,在儿童诊断中心做了全面的行为、医学、心理和教育评估后,接受了行为治疗。吉姆的智商在轻微智力障碍中处于较高水平,或属于可教育的智力障碍范围内(智商60)。同时,他已经接受过特殊教育课程。在接受治疗的时候,他在初中智障班学习。尽管吉姆的学业相对来讲还不错,但他由于存在着很严重的行为困难而无法融入主流教育或正常的班级活动中去。

他的问题包括极度的冲动、社会适应不良和不服从,学校和家庭在谈到这些问题时都比较一致,尽管"不服从"在家中要表现得更为突出一些。这些问题行为由来已久,当吉姆6岁时,父母就发现吉姆存在着一系列的心理健康问题。吉姆的父母试过了药物治疗(根据报告,吉姆已试过8种不同的药物)、结构式父母咨询和个体游戏治疗等多种疗法,但都未见到显著的变化。

最初的评估表明吉姆出现这么多行为问题的原因在于他非常焦虑。尽管有一些冲动是吉姆自身的特点,但其总体的焦虑性反应又加重了吉姆的冲动程度,并使其出现了不适当的行为反应和不服从等问题。评估还发现,吉姆的父母,尤其是母亲,在教育吉姆的过程中表现出了极强的紧张和挫折感。

(二) 行为评价

在治疗前,先进行了2个星期的行为评价,以确定治疗目标和关注点。在对父母和老师进行访谈的基础上,治疗师设计了一个《个人行为等级量表》。这个表格要求父母和老师按照吉姆日常的表现,评定各种行为的严重程度。同时,要求父母和老师用A-B-C的格式(如原因-行为-结果),报告他们在家庭和学校中观察到的吉姆所出现的受欢迎和不受欢迎的行为。治疗师在学校中观察了吉姆两次,并对他进行了访谈以确定他出现焦虑的一般性和特殊性情况。通过观察和评价,治疗师发现吉姆没有特定的焦虑,也没有一天两次完成放松练习。

(三) 行为治疗方案

1. 教会吉姆放松练习

针对吉姆没有每天完成放松练习的行为,治疗师将放松指导语录在录音带上,这样吉姆就可以在家中听录音。放松训练的最后一个步骤是告诉吉姆如何将放松技术运用到各种令他焦虑的情景中。治疗师教给吉姆运用一些关键性的语句(如"冷静下来"),或教给他肌肉群放松的方法以应对压力。一段时间后,治疗报告表明,吉姆能够在不同的时刻运

用这些技术。

2. 个别治疗讨论吉姆的困惑

个别治疗着重于与吉姆讨论令他感到很困惑的各种情景。吉姆在治疗者面前呈现了他的反应方式，这些方式可能会导致吉姆与他人的人际关系不良。咨询过程还关注其他的反应方法，并对这些方法进行行为演练。例如，吉姆抱怨说学校里的一些男孩总说他是"南瓜脸"，吉姆的典型反应是感到很羞愧，然后他对对方做出言语攻击，并大声尖叫，而这更使那些男孩感到有趣。在治疗之初，治疗师告诉吉姆，男孩们的嘲笑就是要引发他的羞愧感。治疗师对这种强化做了简单的解释，并告诉吉姆他的羞愧感是如何强化了其他男孩的嘲笑。有意思的是，这个例子非常有效地使吉姆意识到，他的行为是如何使父母出现了羞愧感。在此基础上，治疗师应用消退技术教给吉姆忽视这些嘲笑。在行为演练时，治疗师扮演一个经常对吉姆进行嘲笑的人，并指导吉姆怎样忽视别人的嘲笑，或不对嘲笑做出反应。吉姆的"新"反应是不对嘲笑做出言语反应，而是保持冷静。如果嘲笑不停止，则安静地离开这个情景。一段时间后，老师的报告表明，吉姆能在以前嘲笑的情景中运用新学的行为，而更重要的是，其他男孩也不再嘲笑他了。

3. 父母咨询和家庭行为治疗方案

除了对吉姆进行个别治疗，父母咨询和家庭行为治疗方案也同时进行。治疗之初，治疗师要求父母阅读一本帕特森（Patterson, 1976）所著的书：《与儿童一起生活》（这本书是写给父母的系列书之一，书中解释了基本的行为概念以及这些方法如何运用到儿童身上）。这本书使吉姆的父母意识到，他们对吉姆行为所做的反应实际上强化了吉姆的问题行为。特别是吉姆的母亲认识到她的大喊大叫行为不会使吉姆的行为发生改变，反而会维持吉姆的问题行为。治疗师要求，在一小段日子里，吉姆的母亲还可以像往常一样喊叫。但之后，吉姆的母亲在两周之内不能对他喊叫，她应该用冷静的语调和积极的态度做出正确的反馈。这一变化使吉姆这两周的问题行为逐渐减少。而在个体咨询时，吉姆也做了积极的报告："妈妈的行为发生了变化。"在这一阶段，还实施代币法来治疗不服从行为，吉姆的进步记录都贴在他卧室墙上的进步表中。如果吉姆能听话地完成家务活动和日常事务（如洗碗、打扫房间、做家庭作业等），则进行相应的分值奖励，并每天获得一些小奖励。如果吉姆在周末达到了一周的目标，则给予一个大的奖励，如去看电影、吃比萨饼等。

4. 社会技能训练团体活动

吉姆参加了由另一个社区机构指导的社会技能训练，其中包括一系列小团体活动。团体中的其他人与吉姆同龄，也是特殊教育班级中的学生。这些活动包括讨论各种相同的社会情境，以及如何在这些情境中建立起适当的行为。团体成员轮流排练这些适当的行为，并相互间给予反馈。典型的角色扮演活动包括介绍自己、寻求帮助和对同伴说"不"等。

（四）治疗效果评价

与治疗之初相比，吉姆所有的方面都得到了改善。治疗中收集的其他数据（如不服从行为）也表明，其行为发生了积极的变化。总之，尽管吉姆有时还会出现问题行为，但这些行为都下降到了更易管理和更可容忍的水平。从情感角度来看，吉姆对自己的状况也很满意、很高兴。他的父母也不再像以前那样有强烈的挫败感，并更坚信自己有能力解决吉姆的问题。

本章要点

1. 儿童行为治疗就是运用学习原理帮助儿童消除不良行为，并学会更多的适应反应模式；其学习原理包括：经典条件反射原理、操作性条件反射原理以及社会学习理论。
2. 儿童行为治疗在治疗动机、治疗目标、治疗关系、治疗过程上都有其自身的特殊性。
3. 儿童的非自愿治疗使行为治疗的第一步是与儿童建立关系并激发其动机，使其在需改变方面与治疗师达成一致意见。
4. 儿童行为治疗的实施步骤包括行为评估、拟订治疗计划、实施治疗。
5. 行为评估也称行为功能分析或行为分析，是指收集、测量和记录有关不适当行为的信息，了解该行为的发生条件或维持条件的过程。
6. 行为评估的核心是 A-B-C 行为分析，即从行为的先行事件（A）、行为表现（B）、及行为后果（C）三个方面进行观察记录，然后再进一步确定行为治疗的目标。
7. 行为治疗广泛应用于与儿童有关的各种领域，包括儿童发育障碍、儿童行为问题等。
8. 儿童行为干预技术包括两个大方面：缺失行为干预技术和过度行为干预技术。缺失行为干预技术包括强化（正强化、负强化）、塑造、示范模仿法、代币法等。过度行为干预技术包括系统脱敏法、惩罚、隔离、反应代价、消退等。

拓展阅读

岑国桢．(2013)．*行为矫正：原理、方法与应用*．上海：上海教育出版社．
林正文．(1998)．*儿童行为的塑造与矫正*．北京：北京师范大学出版社．
米尔滕伯格．(2015)．*行为矫正：原理与方法*(石林等译)．北京：中国轻工业出版社．
傅宏（主编）．(2015)．*儿童心理咨询与治疗*(第 2 版)．南京：南京师范大学出版社．
韩力争．(2015)．*儿童行为治疗*．南京：江苏教育出版社．
伍新春，胡佩诚．(2005)．*行为矫正*．北京：高等教育出版社．

思考与实践

1. 请结合教材内容与相关文献资料，分析行为治疗更加适用于儿童的哪些问题。
2. 请针对你所观察到的或教材描述的儿童案例中儿童的某一具体行为问题进行 A-B-C 行为分析。
3. 案例题：

小洋（化名），男生，5 岁。父母反映小洋最近对两岁的弟弟表现出明显的、不友好的、负面的攻击行为：如不愿意和弟弟一起玩；不愿意和弟弟分享玩具；当弟弟去拿玩具时，小洋就会把玩具朝弟弟扔过去，将弟弟推倒；尤其是当父母要求他带弟弟玩，和弟弟分享玩具，对弟弟好一点时，小洋会特别生气地拒绝、大发脾气、推倒弟弟、大哭大闹、冲向房间。父母多次教育无果。

请以小组为单位，针对小洋的行为问题，共同研讨并设计一套完整的行为治疗方案。

4. 请比较儿童行为问题干预的几种治疗技术，区别其运用情境，并比较其优势和不足。

第五章
人本主义儿童心理咨询

人本主义哲学观认为，人是自主的存在，人有能力解决自己的问题，充分发挥自身潜能，并在生活中做出积极的改变。人本主义心理咨询师为儿童工作时，会提供安全的氛围，倾听儿童，向儿童传递共情、尊重、坦诚、真诚、信任等情感，帮助儿童将自己内心的情感和想法自由地表达出来，尊重儿童的自我世界，相信儿童有内在成长的力量，给予儿童无条件的积极关注，并帮助儿童提高自我指导的能力，最终促进儿童疗愈和成长。本章将较为系统地介绍人本主义儿童心理咨询的概念、特点、实施及应用领域。

第一节 人本主义儿童心理咨询概述

人本主义疗法是20世纪60年代兴起的一种新型心理疗法，人本主义疗法不是由某个学派的杰出领袖所创的，而是由一些具有相同观点的人实践得来的，其中有来访者中心疗法、存在主义疗法、完形疗法等流派。在各派人本主义疗法中，以罗杰斯开创的来访者中心疗法影响最大，是人本主义疗法中的一个主要代表。本章中人本主义心理咨询基于罗杰斯的来访者中心疗法。在人本主义治疗中，"咨询"和"治疗"是没有区别的，人本主义疗法的理论和方法同样适用于人本主义的心理咨询。

一、人本主义儿童心理咨询的概念

印度演员阿米尔·汗主演的电影《地球上的星星》中有一句著名台词：每个儿童都有某一方面的天赋，如果没有，那只是暂时没有找到打开它的开关。这道出了人本主义儿童心理咨询的内涵。

人本主义儿童心理咨询是建立在罗杰斯的来访者中心疗法理论基础上的以儿童为中心的心理咨询。以儿童为中心的咨询总是着眼于儿童发现其自身潜能，比如尊重儿童的游戏天性、尊重每个儿童独特的发展轨迹、倾听儿童的内在感受和想法等。

以儿童为中心的心理咨询的假设是：一种宽容的关系能降低儿童自我防卫的需要，并使他们敢于探索新的方法来感受事物及做出行动（Rogers，1961）。基于假设，咨询师不要尝试去影响治疗的步骤和方向，跟随儿童而不是引导儿童。咨询师的目的是要透过儿童的眼睛来观察一些东西，为的是充分弄清楚儿童表达的感情。然而，当儿童拒绝别人涉足其私人情感领域的时候，咨询师要接受这种拒绝而不是强迫进行探究。不要尝试去改变儿童，而只是让儿童在他们愿意的时候进行自我改变。在咨询过程中，咨询师要以这样或那样的方法来尝试传达其对儿童的一种含蓄的尊敬。儿童领悟到了咨询师的这种态度，似乎便能帮助他们以一种较少的焦虑感来应用这种关系。这样便有利于儿童既表现出其人格中接受他人的一面，又表现出断然拒绝的另一面，从而在其间形成某种整合。

二、人本主义儿童心理咨询的特点

（一）关注儿童的自我

以儿童为中心的心理咨询师关注儿童的自我，并坚信每个个体都有能力达到稳定的成长与健康状态。自我是人的主观世界，但在与他人的互动过程中被确认成为客观的"我"。这一分化导致了对于自我、外部世界和世界中的自己的认识发展（罗杰斯，1989/2006）。罗杰斯认为，儿童感知到的全部就是儿童的自我（Rogers，1957）。也就是说，即使是婴儿也能确定"我饿了"或者"我不喜欢"，尽管还没有语言与他们的体验相匹配。儿童对那些被视为有利于自我增强的事物会欣赏亲近，同时对那些带来威胁或对自我产生负面影响的经验则会贬损排斥，这是一种自然的过程。儿童全部经验的所有组成部分逐渐形成了他们心中的自我。

以儿童为中心的心理咨询要求咨询师为儿童创造一个能让他们进行自我发现和探索的环境。咨询师把焦点集中在与儿童之间的关系上，并深知伙伴关系对咨询成败的重要性。咨询师关注的是儿童本身而非问题，现在而非过去，感受而非思想和行为，理解而非解释，接纳而非矫正，儿童的而非咨询师的智慧和方向。

（二）相信儿童具有自我成长的力量

在以儿童为中心的咨询中，咨询师应该去理解儿童，而非诊断、治疗或试图改变儿童。咨询师不能以长辈、教育者或专家自居，而要以跟随、感知和陪同儿童探索自我为主。咨询师相信改变的力量只可能来自儿童本身，主导咨询进程的是儿童。咨询师不用，或者极少用引导、建议、解释和分析。咨询师要为儿童营造一个无威胁、安全、温暖的环境。

在以儿童为中心的咨询中，咨询师会积极地看待儿童，重视和接受儿童本来的自己，并假设每个儿童都有能力解决自己的问题。咨询师将注意力放在优势和成功事件上，并鼓励儿童更好地发展。咨询师的接纳、尊重、理解和重视推动了儿童的自我探索。

（三）给予儿童无条件的积极关注

以儿童为中心的心理咨询强调在咨询过程中给予儿童无条件的积极关注。无条件积极关注就是肯定、接受和理解每个儿童作为一个独立的个体，有他独特的价值和特点。儿童能将自我跟所接受或否定的积极关注的程度联系起来。有的评价和批评信息体现了价值的条件性，比如，只有自己的想法、情感和行为都符合他人的要求时，自己才是可爱的。儿童一旦接受了这样的标准，他们对自己的接纳就会受到伤害。儿童会内化这种批评，并贬低那些自己认为没有价值的方面，这将导致儿童内心的冲突和不一致，并影响其自然的发展过程。如果儿童受到无条件的积极关注，那么"他们是特别的"，"他们就是他们"，他们将更有可能全面完善地发展。但这并不意味着儿童的错误行为应被忽略和原谅，而是在纠正这些行为的同时还要让儿童相信你仍然是接纳他的。例如，父母可以对愤怒的儿童说："我爱你，我也知道你不高兴是因为我让你去爷爷奶奶那里，但是，你必须停止冲我大吼大叫。"（亨德森，汤普森，2015）

（四）遵循对儿童的非指导原则

相对于儿童来说，咨询师是成人，具有天然的权威和权力；咨询师不能以权威自居，而要视儿童为一个正常人，有其内在成长的规律和节奏，咨询师不要去评价、解释、强迫儿童，要逐渐让儿童体验到这是一种无须防御的关系——"我可以成为真正的我，不用伪装。"在儿童咨询过程中，咨询师要扮演好非指导性的角色，不要给儿童建议、提问和解释，否则会导致咨询进程从以儿童为中心演变成以咨询师为中心。当来访者向咨询师强烈要求建议时，罗杰斯式的回答一般是："我也想知道你想从我这里得到的建议。"（引自牛勇编著，2012）

（五）咨询目标是发展儿童的自主性

儿童中心咨询的主要目标是帮助儿童发展得更加具有自主性、自发性和自信心。以儿童为中心的咨询总体预期包括：从不成熟到成熟的行为改变，防御性行为的减少，对挫折的忍耐力增强，以及日常生活机能的改善。兰德雷斯等（Landreth et al.，2005）认为儿童对于外部世界和他人本应是更加开放的，并解释说，儿童应很少感到无助或威胁，并拥有更加现实和客观的期望。儿童理应更加自信和自主。

第二节 人本主义儿童心理咨询的实施

人本主义儿童心理咨询是在以儿童为中心的基础上践行的一系列心理咨询技术，这就涉及儿童咨询时应该遵循的原则、咨询关系的建立和咨询的实施过程。

一、人本主义儿童心理咨询的基本原则

（一）咨询师传达对儿童的尊重

咨询师要向儿童传达一种尊重的态度，以使儿童能感受到咨询室就是一个他能以其本人的身份真正出现的场合。儿童的这种认识部分是出自咨询师的直言相告。案例5-1对此有较为清晰的展示。

在这段咨询中，咨询师试图让晨晨明白，他想获得独立感的需要以及以自己的方式使用时间的权利都得到了尊重。

> **案例 5-1**
>
> 晨晨（化名）：我想要画点什么东西。应该画什么好呢？
>
> 咨询师：你要我告诉你画什么吗？（咨询师没有对晨晨所说的前一句话做出反应，并不易察觉地将注意力转向第二句话。）
>
> 晨晨：是的，你想要我画什么？告诉我。
>
> 咨询师：晨晨，我知道你想要我为你出主意，但我的确不能，因为我不想要你画任何特别的东西。
>
> 晨晨：为什么不呢？难道你不关心我要做的事吗？
>
> 咨询师：我当然关心，晨晨。但我认为你喜欢画什么应真正取决于你。（暂停）有时，要拿主意真不容易。
>
> 晨晨：画架飞机吧。
>
> 咨询师：你要画架飞机？
>
> 晨晨：（点头，并安静地画了几分钟。接着，他突然抬头问）你要放多少人？
>
> 咨询师：多少人？（茫然）
>
> 晨晨：是的，我们可以坐多少人在上面？
>
> 咨询师：哦，大约 20 个吧。
>
> 晨晨：天啊！你怎么能受得了 20 个人？（以一种很吃惊的语调说）
>
> 咨询师：（笑了起来，然后停下来说）你认为太多了吗？
>
> 晨晨：怎么放啊！（又埋头到他的画中）

咨询师的这种尊重态度也可通过一些更为细微或许也更为重要的行为传达给儿童。当一个儿童到达咨询室的时候，咨询师总是为其做好工作的准备。不管先前的咨询把咨询室弄得多么乱，一旦新的咨询开始时，咨询室总保持干净整洁。如果儿童的时间被耽搁，咨询师应该像对待一个成人来访者一样进行道歉。预约时间应该得到认真遵守，如果有必要变换预约时间的话，应事先通知儿童；如果咨询师无法让儿童事先知道时间已经更改，则应尽可能快地进行道歉。若儿童有阅读能力的话，可采用个人信件的方式进行解释。收到这样一封信的儿童总会感觉很有意义，因为他们很少得到这样的体贴和尊重。时常会有一些接受咨询的儿童把他们收到的这样一封信在下次咨询时带到咨询室并饶有兴致地大声读给咨询师听。儿童获得并保持自信心的方式同成人是完全一样的，应该以各种各样的形式告诉他们，他们是值得别人尊重的人（罗杰斯，1951/2004）。

（二）与儿童建立信任的咨询关系

以儿童为中心的心理咨询实则是一种关系治疗，咨询师应尽量尝试与儿童建立一种温暖、关怀及尊重的相互关系，以期在这样的关系中，儿童能有足够的安全感，以使他能长时间地放松其心理防御体系，让他认识到拆除自己的心理防线来与别人相处时是什么样的感觉。咨询时的那种心理安全感在于压力的完全解除。咨询师应完全接受一个在此时此刻真实展现在他面前的儿童，而不要尝试将其塑造为某种被社会所认可的形式。作为咨询师，也不应受到同儿童上次接触的影响，而应将自己的注意力局限于儿童当前所表达的一些情绪。通过这样的方式，就可能使儿童进一步意识到此时此刻的他的真实自我。

人本主义心理学家亚瑟兰（Axline）认为咨询师只需要为儿童提供安全的游戏环境及玩具，并与儿童建立安全的关系，这样，儿童自然会朝着积极的方向成长。她认为，儿童心理咨询效果的好坏取决于咨询师与儿童关系的好坏，而不是特定的治疗技术的结果（Axline，1947）。例如在玩游戏时，儿童可能单独进行游戏，他们不邀请咨询师参与。咨询师只是在旁边观看，或者在儿童的要求下，帮助儿童拿一些他需要的玩具。咨询师在旁边观看的过程就需要咨询师的无条件积极关注或者说抱持。

（三）咨询师以儿童的语言体系与其交流

咨询师在心理咨询中要为儿童提供一种他能体会到的温暖、理解、有人陪伴的感觉。咨询师要愿意接受由儿童所选择的交流步骤，不要试图去加快或延缓治疗过程中的任何特定方面。

以儿童为中心疗法认为，在平等和谐的交流关系中，儿童的心理认同感决定了他以什么样的节奏方式来提供一些有意义和价值的材料。在咨询过程中，咨询师应尊重儿童的交流意愿和交流范围。比如说，咨询师已经知道来访儿童家庭中存在严重的兄弟姐妹间的不友好情绪。咨询过程中，来访儿童把一个玩具娃娃放到一个玩具马桶里，并高兴地大声说：有个"家伙"要冲马桶了。咨询师至多只应这样问："他会把娃娃拿开吗？"这里的潜台词是：如果儿童准备认同那个"家伙"的话，那个"家伙"就会把玩具娃娃拿开。而如果咨询师代替儿童做出是否拿开玩具娃娃的决定，治疗就不会那么容易。如果儿童的活动涉及一些象征性符号，情况也是如此，即咨询师同样要接受这种形式的交流，即使符号的含义本身已相当明显。

案例 5-2 是关于一个 13 岁男孩的咨询，这个男孩接受治疗超过一年。本段咨询引用的是第一个疗程中的对话，这个男孩此前刚接受了一次令其恐惧的疝气手术。

案例 5-2

小溪（化名）：（安静而漫无目的地玩弄着几小块泥土，过了大约 10 分钟，他拿了较大的一块泥土，将其搓卷成一个圆柱体，与此同时，他开始说话。）这是一根腊肠。

咨询师：一根腊肠？

小溪：对。（他又继续搓滚这根泥条，使其大小更像一根腊肠，接着他拿了一根用作模型的小棍，在泥条上划了一道纵向的口。）要对它动手术了。（他在上面又划了几道平行的口。）

咨询师：要划开腊肠动手术？

小溪：嗯。（他又在那些纵向切口上划出一系列横道。）要缝针了。

> 咨询师：要把它缝起来？
> 小溪：对。不久就要把线拆掉。再过后就没事了。
> 咨询师：这样，一切就都好了吗？
> 小溪：（同意地点点头，从那时起，谈话转向小溪的家庭。）

很显然，小溪是在谈他自己的经历，他先前的咨询接触是在坦率和睦的环境下进行的，他使用"腊肠"来代表他自己不是在进行一种漫无目的的逃避。使用"腊肠"这一做法起到了降低焦虑的作用。因为它从外形上易于操作、切割以及"缝合"，并能使其情感具体表现出来。这就是为什么儿童在画了一些可怕的图之后，往往会显得很放松。这种通过其具体行为表现来抵消恐惧感的做法是儿童心理咨询的一个基本方面。

（四）咨询时间完全属于儿童

儿童有可能会一直安静地坐着，咨询师要秉持治疗的时间属于儿童的信念，不去劝告儿童做游戏或交谈。咨询中最复杂的是沉默的来访者。儿童来了，就只是坐在那儿，并且一直那样。咨询师告诉他，他可以玩任何他喜欢的玩具，也可以谈论任何事情，或者坐在那儿直到咨询结束。这种全然沉默安静的状态，可能会持续1小时或20分钟，其中没有任何明显释放情感的言行，没有对于情感的反应，没有借助语言的深入观察，没有自我探索的过程。然而，即使是这样，有些来访者也获得了很多的成长与改变（见案例5-3）。

案例5-3

一个14岁的男孩，他拦截并抢劫比他小的儿童，无缘无故地袭击陌生成年人，将别人家的栅栏连根拔起，在学校成绩一塌糊涂，还经常虐待动物，将猫吊死。

在咨询中，这个男孩断然拒绝同咨询师讨论任何事情，在他15次的咨询里，大部分时间都用来看连环画，煞有介事地研究马桶和桌子，不断把窗帘拉上拉下，并沉默不语地看着窗外。在这些表面上看来毫无收获的接触过程后，他的老师却报告说，他自发表现了一次慷慨的行为，这是其在校8年间，第一次表现出这样的行为。老师告诉咨询师说，他用他家的打印机印了一些班级聚会的宣传单，并把这些单子分发给他的同班同学。他是在没有人给他任何建议的情况下这样做的。老师指出："这是他的第一次社会行为。"

之后，大家第一次注意到他对学校功课产生了兴趣。老师还说："他已经和我们融为一体，我们现在甚至都不能注意到他的与众不同之处了。"

案例5-4是一个与9岁男孩进行心理咨询的例子，这个男孩在整个咨询时间内都一言不发地画画，咨询快结束时，他向咨询师打听起了时间。

案例 5-4

军军（化名）：我还剩多少时间？

咨询师：还有 7 分钟就到了，军军。

军军：我最好还是坐一下摇椅去。（他走过去坐在了摇椅上，并闭上眼睛安静地摇着。）我现在还有多少时间？

咨询师：还有 5 分多钟，军军。

军军：（深深叹口气）喔，5 分多钟都属于我自己。

咨询师：（轻声地说）5 分多钟都属于你自己，是吗？军军。

军军：对！（深有感触地说。在余下时间，他安静地摇着，双眼紧闭，显然是在享受这一片宁静。）

咨询师：只要能坐在这里摇就感觉棒极了，对吗？

军军：（点点头）

咨询师：我们今天的时间到了，军军。

军军：好吧。（他很快站了起来，并和咨询师一起走到了门口。道别后，他走了出去。几分钟后，他又敲响了门。）我想我还是帮你弄点儿干净水来。

咨询师：你来帮我吗，军军？

军军：对，我来帮你弄。（他取来了水，咨询师对他表示了感谢，然后他离开了，蹦跳着出了大厅。这是他第一次在画完画后，尝试来做些清理工作。）

这个咨询片段中，军军肯定地表明了他自己在治疗中享有了真正可称得上属于自己的时间。咨询师愿意让军军独自安静地去做他的事，使军军感受到这是一个既能保存心理隐私，又可避免孤独感的有利环境。

以儿童为中心的心理咨询师的一项重要个人素质是：必须有能力忍受沉默而无任何不适感。当儿童没有将自己的问题向咨询师吐露时，如果咨询师表现出受到拒绝的感受，那么他的这种表现只会增加儿童的焦虑感。

咨询师要让儿童体会到，这个成年人不会对他所做的事情而感到吃惊，并会允许他表达每一种情感，以及会以一种尊重的态度来对待他所说的话，没有别的成年人能够像他那样做。如果儿童感到他被理解的话，就容易表达出其心里更深的内容。儿童的表达是由他们自己的需求所决定的，而并不取决于咨询师的劝说。咨询师要对儿童表达出的所有态度和情绪同样重视，而不表现出赞许或责备的态度。

（五）设置一定的咨询限制

咨询师对于儿童通过语言来表达其情感的做法不需设立什么限制。咨询师对儿童用一些动作方式来表达情感要进行限制。比如说，不能通过砸碎玻璃或毁坏咨询室的做法来释放愤怒的情绪。对这类情绪的释放，有某些渠道可以使用。比如，儿童可以通过不断用力捶打地面、攻击泥巴模型、大喊大叫、乱扔防摔玩具等诸如此类的做法来释放情绪。儿童在咨询中要学会的一件事情是没有必要去否认自己的情绪，因为针对这些情绪，有一些可被认可的宣泄方式。

儿童可以对咨询师表达他希望表达的任何情绪，而这些情绪会像任何别的表达内容一样，被接受并得到反应。但是，对咨询师进行身体攻击的行为是不被允许的。其理由是，这样可以使处于温和弱势地位的咨询师免受身体上的攻击。从儿童的立场出发，有两个理由：首先，通过咨询师对儿童的宽容，儿童可以慢慢地接受自我；其次，伤害咨询师可能会激起儿童对咨询师深深的负疚感以及忧虑感。害怕报复，尤其是害怕丧失那种成为真正自我的感觉，有可能会导致咨询脱落。比克斯勒（Bixler，1949）指出，限制儿童对咨询师进行攻击的措施是具有实用价值的，这样做能同时给予儿童和咨询师更大的安全感。

总体上，在以儿童为中心的咨询中，咨询师提供给儿童这样一个机会：儿童以自己的方式来使用一个特定的时间段，他们仅受制于几条清楚明白的限制性规定；咨询室内有游戏的工具材料（这些材料本身又作为一种表达儿童需求的媒介），如果儿童愿意的话，他们也可以拒绝使用这些游戏工具。咨询师始终尊重儿童，始终相信儿童要做或不做一件特定事情的决定。

二、人本主义儿童心理咨询中咨询关系的建立

咨询关系也常称为"治疗关系"，它是存在于来访儿童与咨询师之间的一种独特的人际关系，有助于来访儿童的良性改变。罗杰斯提出，要使人格发生建设性的改变，须具备六个条件。这六个条件中的核心部分，由其学生杜亚士和卡库夫等人整理归纳，总结为无条件积极关注、共情和真诚一致，他们称之为"助人关系中核心的治疗成分"（江光荣，2012）。

（一）对儿童无条件积极关注

无条件积极关注（Unconditional Positive Regard）属于咨询态度。默恩斯（Mearns）和索恩（Thorne）认为，无条件积极关注是以人为中心的心理咨询师对来访者所持的基本态度（默恩斯等，2013/2015）。

咨询师要将自己的无条件的关注、接纳和温暖传递给儿童。咨询师可以用自己的方式表达这种态度。如，走到门口迎接儿童，用温和的语气和来访儿童说话，当来访儿童讲了一件趣事的时候发自内心地大笑，对来访儿童的每个表情或动作表现出真正的兴趣。

受价值条件压制成长的儿童，常常有很强的防御性，不允许别人靠近自己，担心别人了解了真实的自己后，就会不喜欢自己，无条件地接纳可以降低来访儿童的防御，让儿童感到安全，从而可以深入探索自己的体验。那么，在儿童心理咨询过程中如何做到无条件积极关注呢？

1. 在内心里珍视、尊重和信任每个儿童

这是人本主义心理咨询的核心，也是每个人本主义咨询师最基础的哲学观，没有这一基础，人本主义治疗就很容易变为一种纯形式、纯方法的技术。要做到这一点，咨询师需要在咨询中或者个人的经历中体验到这种珍视、尊重以及信任的感觉。

2. 从生命角度去体会儿童生命的展现方式

在咨询中，要学会放下儿童的外在角色，从生命的角度去体会儿童，体会他的生命展现的方式，这样就不太容易纠结于对儿童行为的评价，在生命的层次，咨询师会更容易与儿童建立联结。

3. 了解儿童的行为语言

每个儿童都有自己的方式来表达自我，默恩斯称其为个人语言（默恩斯等，2013/2015）。咨询师在咨询的最初阶段一个重要任务就是通过共感的方式去了解儿童的这种语言传递的真正含义，咨询师可能需要经常问自己的一个问题：这一行为对该儿童意味着什么？比如，一个来访儿童在咨询中指着一个娃娃跟咨询师说："她是妈妈。"然后指着一个玩具狗说："这是爸爸。"此时咨询师不要纠正儿童说这是狗，不是人，要继续按照他的逻辑说下去，看看为什么儿童会把这个狗说成是一个人，或者问问他：那你自己呢？或者问：他有其他的朋友吗？你是他的朋友吗？慢慢等待，儿童会把你想要的答案告诉你。

另外，儿童认知水平和语言能力处在发展中，不像成人一样可以用语言表达自己的想法或感受；与儿童建立咨询关系时，可以使用语言交流，但不限于语言，比如可以用绘画、音乐、游戏（沙盘及各种玩具）等来交流。和成人咨询相比，一次咨询中语言的使用可能会非常少，咨询师要专注地观察、陪同儿童绘画、游戏等。

4. 理解儿童的防御方式

成长于不同家庭背景的儿童有着不同的防御方式，他们通过这样的防御方式让别人无法靠近自己。有时候，咨询师产生退缩感觉，恰好让这种防御方式发挥了对儿童的作用。比如，有的儿童会沉默，有的儿童会破坏、攻击玩具，有的儿童会讨好，有的儿童会冷漠，有的儿童会哭闹，这些方式都是为了满足儿童自己的安全需要，保护自己不受伤害。如果咨询师能够意识到这一点，就会自然而然对来访儿童产生好奇，这种好奇会帮助咨询师将注意力从自身转移到儿童身上。

5. 觉察咨询师自身的评价体系

一般情况下，当咨询师在某个咨询阶段停滞不前或者厌倦想逃离的时候，需要咨询师内在的评价系统自发地开始运转。比如来访儿童长时间沉默或破坏咨询室内的玩具等，这时咨询师会感觉束手无策，感觉自己没有能力接待这个来访儿童，想要放弃他。咨询师需要去探究自身的这种评价，最好是能够在督导或者其他咨询师的陪伴下去探究，和自身的评价系统进行对话，这是咨询师需要用一生去做的功课。在咨询中，除非咨询师自身能够接纳，否则他不可能帮助当事人去接纳。

（二）对儿童共情

共情（Empathy），也有人翻译为同感、共感、移情、同理心、投情、神入等。罗杰斯是这样解释共情的：感受当事人的个人世界，就仿佛是你自己的，但是却不丧失仿佛的性质。在儿童心理咨询中，共情则是感受来访儿童的愤怒、恐惧或困惑，就仿佛它是你自己的，但你自己却不感到愤怒、恐惧或困惑。那么，在儿童心理咨询中如何做到共情呢？

1. 安静的倾听

很多儿童在现实生活中缺乏倾听者，比如，有个来访儿童在咨询过程中发出一种感叹:"你(咨询师)是唯一个能听我说话的人。"安静的倾听允许儿童以自己的节奏和方式来表达,咨询师带着耐心,以儿童的视角、听觉、触觉等去感受儿童的表达。专心而又耐心的倾听,对儿童既是一种照顾或服务,也是一种包容和接纳。

2. 共情式的理解

咨询师试图领会来访儿童想要传达的基本信息,并且用适合儿童的语言表达方式与儿童沟通。咨询师能够像镜子一样准确反映出儿童的情感、思想和话语想表达的意思。当然,共情式理解的重点是感受,通俗点说,就是"紧贴着儿童走",既不超前,也不落后,减少儿童的孤独感和疏远感。

(三)对儿童真诚一致

罗杰斯曾说:"在(咨询)关系中,治疗者越是他自己,越是不戴专业面具或个人面具,来访者就越有可能发生建设性的改变和成长。真诚意味着治疗者对当时当地流过自己心头的情感和态度保持开放。"(牛勇编著,2012)

按照罗杰斯的观点,在咨询关系中咨询师处于一种和谐、整合的状态,在这种状态中,咨询师对儿童的外在反应和他对儿童的内部体验保持一致,这就需要咨询师保有童心童真。一致性包含两部分内容:一部分是咨询师对其经验的觉知,另一部分是咨询师对其经验的交流。一致性是一种即时性的状态,两部分相同就是一致的,两部分不同就是不一致的。换句话说,就是咨询师在咨询中对儿童此时此刻的感受能够真实地反馈给儿童。这是两种不同的能力,咨询师既要学习对自我经验的觉察,又要学习如何去表达自己的这种觉察。

值得注意的是,与儿童建立咨询关系时,咨询师对儿童既要有充分的尊重,给儿童足够的控制权,又要有更多的耐心和等待。在成人咨询中,来访者会因为难以忍受自己的痛苦而向咨询师倾诉,但儿童不会。原因一方面是儿童的语言表达能力有限,另一方面是儿童并不认为咨询师是一个可以值得信任的人。实际上有的儿童是被家长"半威胁"来进行咨询的,这个时候阻抗就会很大,还有的家长用"看医生"这个概念去吓唬儿童,常导致儿童对心理咨询的恐惧,他们更倾向于相信自己的父母,或者过度自我封闭。

三、人本主义儿童心理咨询的实施过程

(一)评估

人本主义儿童心理咨询师几乎不使用诊断或测评工具,因为这些工具会对咨访关系造成影响。人本主义儿童心理咨询师认为,儿童的情绪失调或心理行为症状实质上是儿童对有条件的爱的反应。儿童所有的适应不良都是来自其实际体验与自我概念的不一致。无论什么时候,只要儿童歪曲或是否认了对一段经验的知觉,从某种程度上说,自我与经验之间就出现了不一致。儿童具有体验心理不适应因素的能力,他们会倾向于从一种适应不良的状态转移到一种心理健康的状态(Landreth et al.,2009)。因此,咨询师不需要去界定儿童的某种问题或症状,而只需要应用所有的策略和技术去促进咨访关系和提高来访者的自我意识。

（二）咨询目标

人本主义心理咨询中没有明确在某一阶段必须要达到的目标，如在第一次会面要搜集资料，在开始的阶段要建立关系，和来访者协商等，这是一般的心理咨询所采用的方式。人本主义心理咨询的阶段性治疗目标就是离最终目标越来越近，特点是用来访儿童对自己感受的接纳程度来判断与最终目标的距离，具体可以用以下一些观点来描述（牛勇编著，2012）。

（1）来访儿童通过言语或行动表达其感受时越来越自由。

（2）来访儿童表达出的感受越来越多地提到了自我，而不是非自我。

（3）来访儿童越来越能分辨出他的感受与知觉的客体，包括其所处环境、他人、自身、自我经验以及它们彼此间的关系。他的知觉变得更放松更具外延性，换言之，其经验有了更准确的象征性。

（4）来访儿童表达的感受越来越多地提及某个经验与自我概念的失调。

（5）来访儿童逐渐在意识中体验到这种失调的威胁，这是因为咨询师对来访儿童不断地无条件积极关注，既有对失调和焦虑的关注，也有对协调的关注。

（6）在意识里来访者完全体会到了过去被意识否定或歪曲的感受。

（7）来访儿童的自我能被重新组合，来吸收和包括以前被意识所歪曲或否定的那些经验。

（8）当进行这种自我结构重整时，自我概念越来越与他的经验一致；现在的自我包括了以前极具威胁性而不在意识中的那些经验。

（9）来访儿童能够更多地体验到咨询师的无条件积极关注而没有威胁感。

（10）来访儿童越来越感受到一种无条件的积极的自我关注。

（11）来访儿童越来越体验到自己是评价的核心。

（12）来访儿童越来越少从价值条件的角度对经验做出反应，而是越来越多地从机体评价过程的角度做出反应。

上面的任何一条都可以作为人本主义儿童心理咨询在发挥作用的证据，了解到人本主义儿童心理咨询过程中来访者的变化，咨询师在咨询过程中就不会迷路，并且能够提高对自己咨询水平的信心。

（三）咨询过程

罗杰斯将咨询过程概括为12个步骤，后来卡克夫（Carkhuff）修订了罗杰斯的咨询模式，认为来访者在咨询中需要经历三个基本阶段。第一阶段，来访者通过自我提问的方式，对自身在实际生活中的境况进行探索。第二阶段，个体开始探究现实自我与理想自我之间的关系，即个体从对自我的探索到对自我的理解。第三阶段，行动，这种行动具有明确的目标性，通过一些问题或任务使来访者知道自己内心的理想自我（Truax & Carkhuff，1988）。

在儿童心理咨询中，以上三个阶段的逻辑顺序需要调整为行动、理解、自我探索，原因是先具体再逻辑对儿童来说解决问题会更有效果（亨德森，汤普森，2015）。在罗杰斯系统中，来访者对自我的探索是最抽象的部分。

第三节　人本主义儿童心理咨询的应用

以人为中心的理念被运用到各个领域，包括儿童心理咨询、儿童心理健康教育和儿童教育等。儿童心理咨询中，游戏的运用必不可少，以儿童为中心的游戏治疗也自成体系，占据着重要的位置；而人本主义理念的普及，使尊重儿童的观点渗透到了儿童心理健康教育领域。

一、以儿童为中心的游戏治疗

以儿童为中心的游戏治疗是阿克斯莱恩（Axline）在游戏治疗中运用罗杰斯的来访者中心治疗理论发展而成的，是非指导性的游戏治疗。后来该治疗方法得到当代许多学者的不断修正，包括兰德雷斯、格尔妮和佩里（Landreth，Guerney & Perry）等。20世纪末的相关研究显示，以游戏治疗为工作模式的工作者大多数采用以儿童为中心的游戏治疗（Lin & Bratton，2015）。临床应用证明以儿童为中心的游戏治疗方法能够有效地治疗3~7岁儿童的各种情绪问题和轻度行为问题（万国斌等，2014）。

（一）以儿童为中心的游戏治疗的助长性条件

以儿童为中心的游戏治疗相信儿童有自己走出困境、治愈创伤的能力，有自我整合和发展的趋向。咨询师的重点不是去引领儿童，而是给儿童创设一个可以自由、安全地表达内心感受的被接纳的环境。

1. 真实与坦诚

以儿童为中心的治疗师特别重视"真诚"的力量。认为真诚是最基础和根本的态度，是一种存在的方式，而不是一种做事情的方法。做到真诚或真实，就需要治疗师有很高的自我觉知和自我接纳程度。治疗师需要充分地觉知和洞悉自己的个人情感，例如在游戏室里，治疗师有可能对孩子的行为产生排斥的情绪，这是他必须马上察觉到的；治疗师的固有经验和价值体系有可能会使他们对那些不讲卫生、操控欲望强烈或者对治疗师出言不逊的孩子产生排斥甚至是厌恶的感觉，这也需要治疗师有自我觉知。

治疗师的真实，就是要时刻意识并接纳自己的感受和反应，并对伴随着这些感受和反应的内在动机进行体会和觉察，然后欣然地表现出真实的自己，并在机会合适的时候把自己的感受和反应坦诚地表达出来。如儿童让治疗师做的某些事情让他感到不舒服时，他就应该把自己不舒服的感受表达出来，只有这样，他才是真实的。

2. 温暖的关怀和接纳

温暖的关怀和接纳的特点是给予儿童积极的尊重，并把他们视为有价值的个体。治疗师表现出的关怀和接纳应该是无条件的。治疗师要关心和珍视每一个来访儿童，而不要带着评判的眼光去看待来访儿童。

治疗师对来访儿童要有深入持久的信任和欣赏。不管儿童是目中无人、喜怒无常、暴躁、不配合，还是合作、愉悦、乐于与治疗师接触，治疗师都要尊重且珍视这个儿童。

温暖的关怀和接纳赋予了儿童自由与宽容，使他能在游戏治疗关系所营造的氛围中完整地表现出最真实的自己。治疗师不会要求孩子变成别的样子，他会一贯地表示出无条件的态度："我接纳你的全部"，而不是"如果你……的话，我就接纳你"。

3. 敏感的理解

以儿童为中心的游戏治疗允许来访儿童去探索规则的边界。在治疗中，只要儿童感到自己得到了治疗师的理解，他们就会受到鼓舞，并且会把更多真实的自己表露出来。这样的理解对于儿童来说有很大的吸引力。当感到被理解时，他们会觉得自己处在一个很安全的环境中，于是就能继续向前进行勇敢的探索，然后他们对自己的经验世界的知觉就会随之不断发生改变。

治疗师不要想着用安慰的话语去尝试消除儿童的痛苦感受。例如，在面对一名被惊吓到的儿童时，不要说"一切都会好的"；也不要用"但是你妈妈真的很爱你"去安抚一位心灵受到伤害的儿童。如果治疗师那么做的话，他就排斥了儿童在那一刻的感受，而类似的反馈话语就好像是在向儿童传递一条信息，即体验到伤痛是不被允许的。不论儿童产生了什么样的感受，治疗师都应该认为这些感受是合理的。如果来访儿童因为丢失了心爱的蜡笔而感到非常难过的话，治疗师也要体会到那种难过，虽然难过的程度不一定和来访儿童所感受到的一样，但是治疗师至少要有那种"好像"丢失了重要物品的感觉。尽管治疗师可能永远也不会有被酗酒父亲虐待的经历，但是在面对有过如此经历的来访儿童时，治疗师也要依靠自己的直觉去体会来访儿童的感受，就"好像"自己也有过这样惨痛的遭遇一样，并像来访儿童一样产生恐惧和愤怒。治疗师一定不要让自己的生活经验侵入和干扰到自己对儿童的感受的理解。

（二）以儿童为中心的游戏治疗中儿童的获益

1. 儿童学会了解自己和了解世界

游戏治疗可以帮助儿童学习了解世界。前来咨询的儿童，一般成长于容易紧张焦虑、父母离异的家庭，他们或者是与同龄人相处困难，或者总是难以很好地完成学业。儿童利用上课或休息时间接受游戏治疗，本质上跟受教育相同，即有助于儿童了解自己，了解世界。

2. 儿童学会自我控制和负责任地自由表达

以儿童为中心的游戏治疗所创造的接纳和安全的环境中，儿童可以将自己内心最深处的情绪表达出来，儿童可以表现出真实的面貌，而无须取悦他人。儿童在游戏治疗室的行为或表达不是肆意妄为的，而是包容气氛、容许自我表露的安全环境以及谨慎设定的治疗限制中的行为或表达，这能帮助儿童渐渐学会自我控制，并且负责任地自由表达。

3. 儿童的自尊感得到提升

在游戏治疗中，儿童有权利自己做决定、可以自己解决问题和独自完成任务，儿童的创造力得到了释放和发展。随着自主行为次数的增加，儿童渐渐能处理自己的问题，并通过自力更生来获得满足感。这个过程使儿童学会了面对看似恐怖的问题，并带着自己的想法和创意把问题解决掉。这种经历使儿童的自尊感大大提升。

（三）以儿童为中心的游戏治疗案例

案例5-5展示了一个4岁女孩的案例，治疗师对她采用了以儿童为中心的游戏治疗，帮助她有效改善了吮吸拇指、扯头发并吃头发等行为问题,逐步恢复了健康状态。

案例 5-5

从秃头到卷发

一、背景资料

茜茜(化名),4岁,同父母和4个月大的妹妹丽丽(化名)住在一起。茜茜的父母说,茜茜3岁的时候有着金黄色卷曲的头发,但是在过去的1年中,她开始吮吸拇指、扯头发并吃头发。茜茜的父母确定她需要去做心理咨询。

茜茜在刚出生几天后被收养。她的妹妹是父母的亲生女儿。她的父母都是大学毕业,爸爸是一家大公司的技术员,妈妈是一名家庭主妇。

茜茜和父母在她2岁前与她的外祖父母生活在一起。之后他们搬到了自己家中。妈妈对新生的妹妹过度保护,几乎不与孩子分开。而茜茜几乎见不到她的妈妈。在茜茜看来,这或许意味着自己不再是被关注的焦点。

茜茜爸爸上一段婚姻的儿子和他们在一起居住过一段时间,之后又回到了生母身边。这种情况让茜茜确认在她生命中缺少永恒的东西。茜茜的妈妈生病导致每隔几天就要去医院住院治疗,这更增加了茜茜的恐惧。后来,她的妈妈必须在家里接受注射。

茜茜的妈妈和外祖母几乎严格限制她所有的行为,包括整洁、礼仪、学习等。茜茜妈妈努力使自己成为一个好妈妈,为茜茜设置了很多的限制。结果表明,茜茜的恐惧来自与妈妈分开、和妹妹竞争、反抗那些压制在她身上大量的不可抗拒的限制和命令。

二、游戏治疗中的茜茜

(1) 开始的谨慎变为混乱。第1次治疗前,茜茜在等候室里吮吸着手指并要求她妈妈来接她。当茜茜的妈妈照顾她的妹妹丽丽时,茜茜站在一边,吮吸着手指使自己安心下来,并警惕地看着游戏治疗师。茜茜一家沿着走廊被带进游戏室。在门口,丽丽和妈妈被要求回到等候室,而茜茜开始了她游戏治疗的过程。她慢慢地环顾四周的玩具,在用眼睛小心地探索了这间屋子后,茜茜试探性地触摸并检查房间里的玩具,开始摆弄她喜欢的玩具。

第2次治疗进行到一半,茜茜脱掉鞋子,小心地将沙子撒在指缝间。水龙头也吸引了她的目光。沙子和水的旅程成为她每次治疗要做的事,而且每次都伴随着撒落一地的水和沙子。游戏治疗师说:"沙盘可以装下2杯水,茜茜,而水槽可以装下20杯水。"她大笑,并选择不加水继续玩沙子。游戏治疗师感觉到茜茜在这次会面中获得了解放,并增加了信任感和被接受感。

(2) 拥有自由并被接受。在第3次治疗中,茜茜铲起2个洋娃娃扔进火炉里并用水浸泡她们。之后,她坐在洋娃娃原来的床上并吮吸她们的奶瓶。

在接下来的3次治疗中,与婴儿游戏仍然被作为初级行为继续沿用。这是茜茜第1次自由地反抗由妈妈和祖母制定的限制性规定。游戏治疗师总是在茜茜边和其他婴儿玩边偷偷吮吸奶瓶的时候,在她的膝头放上1~2个婴儿。她爬上玩具房和冰箱,花费更多的时间去吮吸她的奶瓶。

她进一步通过弄坏橡皮泥并在上面走、弄洒油漆来释放自己的情绪。当她弄洒油漆的时候,她说,"我要是告诉妈妈了,她会很生气的",逐字说出她所知道的界限。尽管她以前的画都是直线和结构,但是她现在的画变得自由、流畅且有表现力。这也更多地体现在橡皮泥上。起初,她仅仅是摸它们,现在她很乐意用手指头捣弄它们。

游戏治疗师接受茜茜所做或所想的一切,而不做任何评价。茜茜感觉到她自己的行为是会被支持的。在游戏中,游戏治疗师对茜茜的想法和决定传达着接纳。这种无条件接纳对于茜茜来说是一种解放并帮助她信任自己。

在第5次治疗中,茜茜扔泥,并小心地将外祖母买的名牌鞋扔进装满水的水槽里。在这场突然爆发的愤怒之后,她把婴儿从床上扔下来,并走过去躺到床上,吮吸着奶瓶,说:"当我哭的时候你过来。"游戏治疗师回答说:"你想要被抱住和被爱。"茜茜从婴儿床上下来,走过来,拿着奶瓶爬到治疗师的膝上。他们边唱边舞了大概3分钟。茜茜的眼神变得呆滞,就好像她回到了婴儿床上并扮演婴儿的角色一样。

那天,茜茜或多或少对她的行为感到吃惊。她无法明显地分辨自己作为婴儿的角色。她生气地说"不",这显然是她妈妈对她的命令。

即使茜茜在游戏治疗的过程中从来没有企图拉扯自己的头发,但这是第1次在有她妈妈在场的时候茜茜没有拉扯自己的头发。游戏治疗师注意到茜茜头上一缕缕可爱的卷发。

即使她在以后的会面中也会偶尔短暂地吮吸奶瓶,但茜茜再也没有回到之前所展示出来的强烈婴儿角色。做这些婴儿的妈妈对于茜茜来说是一个全新的且有好处的尝试。画画、切橡皮泥、用手在油漆里搅、用胶水和纸开发了她的初级行为活动。婴儿是过去式了。

(3) 有卷发的茜茜。当茜茜第7次治疗的时候,她的头上覆着短且自然的金色卷发。她继续和各种各样的玩具玩,特别是美术和手工材料。她开始和游戏治疗师玩"妈妈和茜茜"。茜茜扮演妈妈,说:"不,不,不,这是我的。你不能拿它。去玩你自己的玩具。"治疗师被要求扮演茜茜的角色,治疗师低声地问:"告诉我当妈妈说'不','不','不'的时候,茜茜会做什么?"茜茜说:"你吮吸你的指头,扯你的头发并且吃了它。"治疗师试探性地问:"是现在这个样子吗?"茜茜用妈妈的声音说"不许那样做",然后大笑。其实,她完全清楚自己的习惯。

在等候室中,她的外祖母试着去掌控茜茜让她穿上大衣。茜茜用"不"代替了她以前躲到一边吮吸手指、拉扯头发的行为,但这种抵抗的能力是很短暂的。外祖母企图让茜茜去背一首诗。茜茜一边吮吸她的手指并拉扯头发,一边发呆地盯着空地。当她们出门后,外祖母从茜茜嘴里拿出手指说:"手指在冷的时候很容易裂开,别吸手指了。"即使茜茜偶尔会屈服于这种命令带来的压力,但她的头发依旧在长。

在第8次治疗中，茜茜意识到这是最后一次会面。她嘴上没说什么，只是开始往常的游戏，不外乎钻洞、吮吸水瓶、扮演婴儿或是叫治疗师抱住婴儿。在最后的3次治疗中，茜茜通过自己扮演"妈妈"这个角色已经分清了妈妈和婴儿的特点。通过油漆、橡皮泥、沙子，她玩游戏很自由但不凌乱。知道这是最后一次见面，茜茜的日常道别增加了尺度：她拿了一小瓶水往她最喜欢的玩具上分别洒了点。她又笑了笑，慢慢地走出游戏室。

在等候室中，治疗师与茜茜进行了最后一次对话，治疗师邀请茜茜随时回来，而她的反应是沉默和基本拒绝。但是，她不再愤怒、吮吸手指和拉扯头发了。

（4）父母会诊。对父母的心理咨询和儿童游戏治疗搭配，促进在家里的交流，可以提高治疗效果。当给父母咨询时，游戏治疗师必须向父母解释游戏治疗的疗程是保密的。因此，会诊不会围绕孩子游戏治疗的细节。在茜茜的案例中，游戏治疗师和她的父母每隔一周见半个小时，有两次持续了整整1个小时。在两次会诊的过程中，治疗师的目的是给茜茜的父母提供尊重茜茜情感和感知的洞察力以及发展交流技巧，这可以改善茜茜和父母的亲子关系，以及父母的养育技巧，如果建议被采纳会对茜茜和父母都很有益处。

（5）治疗效果及分析。以儿童为中心的游戏治疗的经历给茜茜提供了一个理顺经历、表达情感和探索关系的机会。她和治疗师的关系从小心谨慎发展为信任和接受。她从来没有经历过一个她可以做决定、没有恐惧和责难、可以做她想做的事情的氛围。这个氛围是由以儿童为中心的治疗师创造的，一个简单而重要的因素使茜茜能体会到从前没有的感觉：自由地表达自己。游戏治疗师不对茜茜产生预期也不对她的游戏进行指导。茜茜不久就认识到治疗师相信她可以自己做决定。茜茜新建立的自己做决定的勇气在游戏治疗中同时也在游戏室外的世界中显露出来。

茜茜在游戏室中从来没有吮吸手指或拉扯头发，只有一次她对游戏室中洋娃娃的假发产生兴趣。在游戏室之外的等候室，当她感受到父母命令的压力时，偶尔会吮吸手指，有过一两次的拉扯头发。茜茜能够运用她在游戏治疗中获得的经验去适应自己的世界。这种进步只可能发生在孩子觉得被无条件接受、鼓励做决定并且情绪安全的氛围中。茜茜再次长出的头发似乎成为这些条件产生了戏剧性变化的见证。

资料来源：兰德雷斯，2013。并经适当处理。

二、人本主义在学校心理健康教育中的应用

（一）人本主义在学校心理健康教育课程中的应用

人本主义理念已广泛应用于学生班级教育中。人本主义认为，教师是促进者而不是一个专家或权威者，学生本人是最好的选择者和判断者，教师如果给学生提供一种自由、无威胁的环境，学生就可以自我学习和成长。持人本主义观念的教师，旨在为学生创设更民主的学习氛围，以促进个体自我成长和自我实现，并强调应尊重学生独特的感知、价值观、情感和思想，相信学生有能力自己做决定和为自己的行为负责，由此来帮助儿童和青少年发展积极的自我概念。

人本主义理念对中小学心理健康教育课程的影响涉及以下三个方面（Prout & Brown，2007）：

（1）鼓励教师利用日常学校中的时间，设计有目的的活动或利用日常教学机会分析学生的情感、思想、价值观和态度。

（2）在日常活动的基础上，召开班级指导性活动。

（3）帮助教师召开班级会议，学生可以在会上坦诚、开放地相互交谈，并培养起个人责任感。

持人本主义取向的中小学心理健康教育工作者，主要通过开展各种主题的活动以及日常的咨询和指导性活动，直接参与到心理健康教育课程中。人本主义心理健康教育课程的常见主题包括：如何与他人交往、提高自尊、问题解决和做决定、处理家庭问题、生气情绪的管理、外表形象管理、合作与分享、责任感的建立等，同时也包括帮助学生解决药物滥用、暴力、自杀、抑郁、悲伤和失败等问题。

例如，学校心理辅导老师在开展"儿童自尊的提升"的活动时，遵循三个步骤，并用以下说法开场：

第一步："每个人都是特别的，都是有价值的，因为他们是独一无二的。"讨论这一观点旨在教给他们这样一个概念，即人的价值是无条件的，仅仅因为他们是人。尤其对于幼儿园到小学四年级阶段的儿童，"特别的"和"与众不同"这两个词非常有意义。"无论你做什么，你总是特别的，因为你是一个人。"对于五到八年级的儿童，"独一无二"和"有价值"这类词也是有意义的。"如果每个人都是相同的，那将是单调乏味的。""一个人不可能比另一个人更好，因为每个人都是独一无二的。"换言之，"我是最好的存在"。

第二步："因为人是特别的且是独一无二的，他们就有责任去帮助而不是去伤害自己。人们以自己的行为选择来体现自己是否已经牢记自己的重要性。如果人们选择伤害自己或是他人，那就说明他们正在忘记自己是特别的。同样，如果人们选择去帮助自己或是他人，这就证明他们记住了自己是特别的。你特别的地方是什么？你将怎样对待它？你会帮助还是伤害你认为特别的东西？对你来说，你的玩具和电脑游戏是不是比人更加重要？玩具和游戏是可以被取代的，但人是与众不同的，无法被取代。如果你记得自己与玩具一样特别，你将会帮助自己还是伤害自己？当一个人在帮助他人的时候，也同样是在帮助自己。当一个人忘记了人是特别和独一无二的而去伤害他人时，他们也是在伤害自己。人们所付出的通常也是自己所获得的。我们想要说的是，如果我们喜欢我们自己，我们就不会伤害自己和他人。"

第三步："人们有责任'检视'自己的行为，以此来检查是否记住了自己是特别的这一真理。人们总是与自己一起，因此有责任牢牢记住要把自己当作重要人物来对待。当人们责怪他人的行为时，他们就已经忘记了自己对他人应负的责任。谁整天与你在一起？谁将与你共度一生？谁会决定你将发生什么？谁是你唯一能改变的那个人？"

（二）人本主义在学校心理咨询工作中的应用

案例5-6以一名厌学儿童的心理咨询案例为范例，来介绍人本主义心理咨询方式在学校心理辅导工作中的应用。

案例 5-6

不愿上学的东东

东东（化名），男，9岁，上小学三年级。东东最近不愿上学。早晨上学时，总是磨磨蹭蹭，情绪低落。在班上他有点儿自卑，班上选值日生，他也挺想被选上的，可当最后的结果不能如愿时，他就特别地失望，而且像大人似的唉声叹气："我肯定选不上的，反正我也不想当。"最近，东东的脾气也变得非常暴躁，稍不顺心就摔东西，甚至和同学打架，被同学告状。

东东的班主任发现他不对劲，因此把他介绍到学校心理中心的咨询师那里。

问题识别：不愿上学，易激惹，自卑。

家庭背景：东东母亲在他4岁时就出国进修，他被交由奶奶照顾，东东父亲平时也忙于工作，很少关注他。最近东东父母的关系发生了一些状况，要离婚。

辅导方法：对本案主采用"以儿童为中心"心理咨询方法，心理咨询师先营造一个温暖的咨访关系，帮助东东澄清自己的想法与感受。心理咨询师积极倾听东东，共情其情绪低落及烦躁不安的心理状态，从而使他可以自我接纳，并逐渐有能力解决自己的问题。

咨询片段：

咨询师：你好，东东。我是心理老师××。你的班主任告诉我你想与我谈谈。

东东：是的。

咨询师：你知道咨询师的工作是什么吗？

东东：是的，老师告诉我你可以帮助人们解决他们的问题。

咨询师：你说得对，我可以教给人们怎样去解决他们的问题。你心里有什么事情想要和我谈谈吗？

东东：我不想上学，在学校表现不好。

咨询师：你的老师告诉我你是个不错的学生。听起来你妈妈是因为你不愿上学才生气的。

东东：是的，很生气。（东东看上去要哭了。）

咨询师：因为你在学校表现得没有以前那么好，所以她很失望，你自己也因此心情低落。

东东：我觉得是这样，妈妈或许也在责怪自己，这样使她更加难过。

咨询师：你的意思是，她觉得你的成绩下降有她的责任？

东东：或许吧，家里发生了一些事情。爸爸妈妈最近分居，可能要离婚。最近妈妈没有时间陪我，我想她一直很担心吧。

咨询师：家里发生的这些问题让你心里很难过，你很担心这些事情，所以你在学校的表现不好。

东东：是的，我想了很多。担心这些事情的时候，我根本就学不进去。

咨询师：如果是我，我也会这样的。对你来说，这的确是个很难解决的问题。

东东：就是的，谁都会头痛的。我妈妈总是突然发脾气，骂我。

咨询师：所以你的家人都处在悲伤的情绪里。

东东：我猜应该是这样的。我爸爸好像不这样，但是为什么他不难过呢？这些都是他的错，他只是想得到他想要得到的。

咨询师：我想他是想要离婚的一方，这对你们都不公平。

东东：是的，他有了一个新女朋友。直到我爸爸说想要离婚的时候我妈妈才知道一切，我恨他！（东东开始哭泣。）我知道不应该恨爸爸，这让我感觉更糟。真想让他去死！

咨询师：（递给他一张纸巾）所以你很困惑自己应不应该为他的所作所为而恨他。

东东：是的，我很难把事情弄清楚。如果我恨我的父亲，你觉得我就不是个好人了吗？

咨询师：我认为你是个不知道如何处理自己感受的好人。我在想，你是否认为自己是个坏人呢？

东东：我当然不这么认为。我想，大多数跟我一样处境的朋友都会这样的。

咨询师：是的，这的确是个很棘手的问题。

东东：我也觉得他们不是坏人。谢谢您，××老师！很高兴能跟您聊天，我现在感觉好多了。

咨询师：东东，我也很高兴。看起来你已经开始解决你的问题了。那你还会来找我谈话吗？

东东：嗯。我下周课余时间可以来找您吗？

咨询师：没问题。当你想跟我谈谈的时候随时都可以来。

东东：再见，××老师，谢谢您！

咨询师：不客气。

本章要点

1. 人本主义儿童心理咨询是建立在罗杰斯的来访者中心疗法理论基础上的以儿童为中心的心理咨询。

2. 人本主义儿童心理咨询的特点是：关注儿童的自我，相信儿童具有自我成长的力量，给予儿童无条件的积极关注，遵循对儿童的非指导原则，咨询目标是发展儿童的自主性。它通过尊重、无条件积极关注、共情、真诚激发儿童的自我成长力量。

3. 人本主义儿童心理咨询的基本原则是：咨询师要传达对儿童的尊重，与儿童建立信任的咨询关系，以儿童的语言体系与其交流，咨询时间完全属于儿童，设置一定的咨询限制。

4. 咨询关系的建立非常重要，强调要为儿童创造宽容、信任、安全的咨询环境，强调咨询师的人本态度高于技术的运用。

5. 无条件积极关注是以人为中心的心理咨询师对来访者所持的基本态度，咨询师要做到对儿童无条件积极关注，就要在内心里珍视、尊重和信任每个儿童，从生命角度去体会儿童生命的展现方式，了解儿童的行为语言，理解儿童的防御方式，觉察咨询师自身的评价体系。

6. 共情也叫同感、共感、移情、同理心、投情、神入等，咨询师要对儿童共感理解，就要专心而又耐心地倾听儿童，领会来访儿童想要传达的基本信息，并且用适合儿童的语言表达与儿童沟通。

7. 咨询师对儿童真诚一致是指咨询师在咨询中对儿童此时此刻的感受能够真实地反馈给儿童；咨询师不仅要对儿童的心理行为反应保持觉知，还要对自身的心理经验觉知，并与儿童交流。

8. 人本主义儿童心理咨询可以应用于以儿童为中心的游戏治疗和儿童心理健康教育领域。

拓展阅读

罗杰斯．（2004）．当事人中心治疗：实践、运用和理论(李孟潮，李迎潮译)．北京：中国人民大学出版社．

牛勇（编著）．（2012）．人本主义疗法．北京：开明出版社．

兰德雷斯．（2013）．游戏治疗(第4版，雷秀雅，葛高飞译)．重庆：重庆大学出版社．

亨德森，汤普森．（2015）．儿童心理咨询(第8版，张玉川等译)．北京：中国人民大学出版社．

默恩斯等．（2015）．以人为中心心理咨询实践(第4版，刘毅译)．重庆：重庆大学出版社．

思考与实践

1. 试举例说明人本主义儿童心理咨询可以应用于哪些方面及如何运用。

2. 你认为自己在与儿童建立咨询关系过程中最大的困难是什么？分析原因并找出改进措施。

3. 人本主义取向的儿童心理咨询师应具备哪些理念和素养？如何塑造和形成？

4. 在家中、幼儿园或儿童心理辅导中心观察儿童的行为，并尝试与儿童单独相处，之后写下与儿童相处的感受及反思。

5. 案例分析题：

睿睿在小班是一个很调皮的男孩，平时他的表现就很"突出"，非常好动。如果老师批评他，他偶尔会停下动作，但过一会老毛病就又犯了。经常有孩子来告他的状，因此有一些幼儿不喜欢跟他一起玩。

事件一：在学习新早操的时候，其他孩子都在模仿老师的动作，只有睿睿一个人满教室到处跑，一会儿滚地，一会儿玩音乐室里的乐器。

事件二：吃饭的时候，小朋友们都在喝汤，唯独他一个人拿着调羹在敲饭碗，最后调羹也掉在地上。

事件三：睿睿在家里由爷爷奶奶照顾，家里的药箱都放到高柜子上。他曾经爬上柜子拿爷爷的降压药吃了十几粒，导致被送到医院洗胃。

事件四：有位小朋友准备坐凳子，被睿睿拉开了凳子却不知道，屁股摔了一块淤青。睿睿被家长投诉，但却完全没有悔意，只是站着没有表情。

请结合本章知识对本案例的当事人进行心理行为分析，并设计一套人本主义心理咨询方案。

第六章
儿童游戏治疗

儿童的成长过程离不开游戏的参与。儿童在游戏中自由而舒展，肆意释放天性，享受身心的愉悦。不仅如此，心理学家们在上百年前就已经发现了游戏是理解儿童、进入儿童内心世界的一个重要途径，因而将游戏带入儿童的心理治疗也成为非常自然的事情。儿童心理咨询和治疗专家们通过大量临床实践证实，在游戏中儿童可以以玩具为符号、以游戏为工具表达自己的心理需求或困境，并可以通过游戏的方式来满足需要或走出困境。儿童游戏治疗也因此在与各主流心理治疗学派相融合的基础上，逐渐发展成为一门独立、专业的心理治疗技术，并拥有其规范的操作程序及独特优势。本章将介绍游戏治疗概述、要素、常见类型及应用。

第一节 儿童游戏治疗概述

一、儿童与游戏

（一）游戏的定义

如美国心理学家谢菲尔（Schaefer，1993）所形容的，游戏就像爱情、快乐及其他心理学概念一样，比较容易辨识却不容易下定义。游戏是一种繁复的、多层面的行为，会随着儿童的成长而发生巨大变化。心理学家尝试从多个角度为游戏下定义，比如游戏是一种没有目的与生俱来的倾向（Jennings，1999）；游戏是一种行为过程（Schaefer，1993）；游戏是一种情境（Erikson，1974）；游戏是儿童的一种自主行为等。还有一些心理学家做出了描述性的解释，比如游戏过程充满了欢乐；游戏活动中儿童能感受到控制感；游戏没有时间上的控制；游戏没有特别明确的学习目标。我国心理学家刘焜辉指出，游戏是形式上不严肃的、有乐趣的、非强迫性的、自发的、无宣传性学习目的的活动，它使游戏者无时间上的觉察感，全神贯注，无输赢负担，过程中让游戏者充满了主宰感。可以看到，对游戏的定义至今仍然没有一个确切的定论，但可能正是游戏这样广泛而特殊的特征给心理治疗师提供了无限的空间去发展游戏治疗技术。

（二）游戏的功能

受精神分析学派的影响，20世纪50年代人们比较注重游戏的情感发展价值；受以皮亚杰为代表的认知学派的影响，20世纪70年代人们比较重视游戏的认知发展价值；从20世纪80年代以后，人们则开始关注游戏对于儿童身心各方面的发展价值。实践证明，游戏可以促进儿童身心多方面的发展（迪伊，2011/2017）。

1. 游戏可促进儿童的身体发展

在游戏中儿童需要动用自己全身的肌肉，跑跳玩耍中会运用运动能力和平衡能力，精细操作中需要运用手眼协调能力，游戏中感官刺激也可以促进儿童的神经系统发展。比如活动性的游戏中，孩子不知疲倦地奔跑、跳跃、相互嬉戏，可以锻炼奔、走、跑、跳、攀、爬多种基本动作，逐渐掌握基本的运动技能。

2. 游戏可促进儿童的认知发展

在游戏中，儿童会运用自己的想象力创设不同的场景和规则，对周围的环境进行探索性的活动，利用身边的各种物品完成自己的游戏目标，这些过程中儿童都需要不断地运用自己的认知能力。随着游戏内容不断更新升级，儿童的认知能力也在得到提升。最常见的捉迷藏、过家家、玩沙子、玩黏土这些活动中，都需要触觉、动觉、机体觉、平衡觉等感觉系统的参与，这些感觉系统的能力在游戏中自然地被促进。

3. 游戏可促进儿童的语言发展

儿童在对同伴感兴趣之后会开始共同游戏。共同游戏中，儿童会不断试图和同伴进行沟通与交流，这促使儿童更有兴趣和动力去掌握更多的语言，来获得更多的游戏乐趣。在互动沟通中，儿童的语言也得到了丰富和发展。

4. 游戏可促进儿童的社会性发展

儿童的集体性游戏会帮助他们建立社会认知，比如人与人关系的认知。集体性游戏还会帮助儿童发展社会交往技能，他们需要进行合作、分工、制定规则、调节关系。这些都是他们进入社会的预备技能。比如在过家家游戏中，儿童扮演不同的社会角色，这些社会角色也是源自现实生活，儿童设置"商店""医院"等场景，可以练习不同的角色定位，开展社会交往，掌握各种社会技能（崔丽霞编著，2012）。

5. 游戏可促进儿童心理健康发展

儿童的成长中会不断面临困难和经历挫折，他们的情绪情感在游戏中往往能够得到释放和修复。游戏带来的轻松愉悦氛围可以带给儿童很多的快乐，并且通过想象的方式使儿童得到掌控感，让他们修复在现实生活中的挫败感。游戏中儿童最为放松，会非常自然地呈现一些心理状况。例如儿童的游戏中出现了大量的冲突和斗争的元素，意味着儿童目前生活中可能出现了一些让他恐惧或焦虑的东西，儿童通过游戏去试图掌控这些无法预料的情况，消除自己的恐惧或焦虑。因此，治疗师通过观察儿童的游戏就可以及时了解儿童的心理健康情况并及时进行干预。

二、儿童游戏治疗的概念与特征

(一) 儿童游戏治疗的概念

美国的游戏治疗协会（Association for Play Therapy）对游戏治疗的定义是：游戏治疗是一种特殊人际交往过程，该过程通过理论系统模型的使用而建立起来，过程中，接受过训练的游戏治疗师通过游戏治疗方法帮助来访者，使他们获得成长和发展。

从定义中可以看到游戏治疗和游戏有着明显的区别，游戏通常是儿童主动发起、无目的、自由的一种活动，而游戏治疗通常是在游戏治疗师的治疗框架下进行的，是被动的、有目的、有限制的一种活动。

(二) 儿童游戏治疗的特征

1. 游戏治疗是一种特殊的人际交往过程

一般的人际交往过程以语言为主，而游戏治疗则主要为非语言性的交流。儿童通过游戏来展示自己，游戏治疗师通过游戏来发现儿童的问题，针对这些问题，通过一定的方式干预游戏达到治疗目的。这要求儿童游戏治疗师对各个阶段儿童的游戏非常熟悉，同时能够自然地融入儿童的游戏中去，将游戏变成两个人之间的互动关系（蔡丹，沈勇强，2019）。

2. 游戏治疗基于理论系统模型

游戏治疗师实施的治疗必须建立在一种理论基础之上。目前心理治疗主流流派是人本主义、心理动力学和认知行为治疗，在这三大理论基础之上衍生出了各式游戏治疗方法，比如以人为中心的游戏治疗、心理动力学游戏治疗、认知行为游戏治疗。基于不同的理论模型，游戏治疗师在游戏室中的表现有很大的区别，以人为中心的游戏治疗更多建议治疗师保持积极关注、安静的观察；使用认知行为游戏疗法的治疗师会使用更结构化和指导化的游戏策略。

3. 游戏治疗由接受过训练的游戏治疗师开展

游戏治疗师需要经过专门的理论和技能培训及认证，同时游戏治疗师的基本素质也有一定的要求，游戏治疗师的个性和人格特质是治疗的关键性要素。一个合格的游戏治疗师应该尊重和喜爱儿童；足够耐心和细心，能够察觉到游戏治疗中儿童传递的细微的非言语信号；具有自我察觉能力和不断成长的意愿。

4. 游戏治疗通过游戏开展

儿童的语言发展水平有限，通过语言来表达自己的生活时，会丢失很多真实生动的信息，在游戏中儿童更有可能将生活中的事件呈现出来。游戏使儿童有机会表达出自己内心最深处的想法和感受，以及他所处的世界（Froebel，1903）。因此游戏一直是治疗中的主题活动，治疗师在了解儿童的基本情况以后，需要有针对性地制定游戏方案，通过游戏的方法来达到治疗目的。

5. 游戏治疗使儿童获得成长和发展

通常来说，游戏治疗会从几个方面来制定治疗目标：认知、情绪、行为和社交能力。同其他的治疗方法一样，游戏治疗只是形式不同，目的都是一致的，即改善问题行为，让儿童成长以及能力得到发展。比如，在游戏治疗经常用到的角色扮演游戏中，儿童可以通过扮演不同的角色，对社会身份形成更清楚的认识；通过与他人的互动，儿童对自己的描述也不再局限于身体特征、年龄、性别等，还会涉及内部心境、个人评价等；儿童根据治疗师的反馈还可以体验自我情绪，发展自控能力。

三、儿童游戏治疗的历史与发展

（一）儿童游戏治疗的历史

游戏最早被精神分析学派所关注，20世纪早期便被纳入治疗手段中。精神分析游戏治疗有两位代表人物：安娜·弗洛伊德和克莱因。安娜·弗洛伊德将游戏作为治疗的一种媒介，用于儿童精神分析的准备阶段，跟儿童建立正向的联结，其重点在于对潜意识的解说。克莱因认为游戏本身就有治疗的效果，在游戏中能够观察到儿童潜意识的意义，因此重点在于协助儿童将潜意识意识化。两种游戏方法都与精神分析的核心相关，重视潜意识的工作。

20世纪40年代，在罗杰斯的当事人中心治疗理论发展之后，亚瑟兰成功将其应用到儿童游戏治疗中，形成了以儿童为中心的游戏治疗。这种游戏治疗方法强调游戏治疗的非指导性，不控制或改变儿童，而是为儿童创造一个无条件接纳的环境，治疗师关注儿童的感受，听从儿童的指引，相信儿童具有自己成长改变的潜力。20世纪90年代，在融合了认知治疗理论、行为塑造、情绪发展理论、精神病理学等理论的基础上形成了认知行为游戏治疗。它是一种结构性、指导性和目标导向的治疗方法，强调儿童必须在游戏中发挥主动性和承担改变自己行为的责任。它的主要目标在于改变个体的行为或想法，通过游戏的方式调整与儿童症状有关的偏差想法。不同于非指导性治疗，认知行为游戏治疗会在过程中以游戏的方式教授一些知识和技能，并且让儿童对这些知识和技能进行练习，直至儿童能够熟练掌握以便应用到实际生活中去。

（二）儿童游戏治疗的发展

近代随着各种新的心理治疗理论出现，心理学家不断地做出尝试和革新，游戏治疗方法有了新的发展趋势，如系统化和动态化。比较典型的有：家庭游戏治疗（Family Play Therapy）和团体游戏治疗（Group Play Therapy）。家庭游戏治疗关注的不仅仅是儿童这一个体，而是将目光移向了儿童生活的整个家庭，通过将儿童的亲密关系人纳入治疗系统，可以调整儿童整个生活状态，其治疗效果更为深远。在家庭游戏治疗中会采用多种方法将家庭成员纳入进来，比如家庭绘画、家庭木偶对话、家庭雕塑等。团体游戏治疗则更多关注人际互动的动态关系，游戏治疗师兰德雷斯（Landreth，1991）认为：团体游戏治疗，是儿童与儿童、治疗师间的一种动力性人际关系，游戏治疗师提供精心选择的游戏素材，营造出安全的团体氛围，儿童借由游戏，完全表达和揭露自我（感情、行为、观念和经验）。团体游戏提供了在其他游戏中不可能存在的东西，即团体的安全感与归属感，如果在团体中，儿童观察到其他人与他有类似的情况，会显著降低自身的孤独感。

从儿童游戏治疗近百年的发展历史可以看到，儿童游戏治疗方法是丰富且有生命力的，与不同的心理治疗理论结合可以实现再创造，呈现新的内涵。

第二节 儿童游戏治疗的要素

一、游戏治疗室的设置

儿童需要有一个适合进行游戏的空间,最理想的方式是治疗师拥有一个独立的房间专门用以游戏治疗。美国游戏治疗师兰德雷斯(Landreth,2002)建议游戏治疗室大小为16平方米左右,这个空间既不会限制住儿童的活动也不会超出心理治疗师可观察的范围。游戏治疗室可以依照以下的原则进行布置。

(一)安全性

对于儿童来说,安全性永远放在第一位,它一方面是指心理上的安全,也就是这个空间需要有隐私性,可以不被打扰,可以让儿童自由地表达自己的想法;另一方面是指能够保证儿童生理上的安全。房间的窗户必须安装好合适的防护栏或防护网,并保证其有效性。房间的电源接口如果在儿童可触及的范围内,必须安装电源防护装置。家具如果有倾翻可能,需要在墙上加装固定装置。家具的尖角以及墙壁的尖角需要用防撞条防护。房间内没有过于细小易被吞咽的玩具,没有尖锐的会割伤或刺伤儿童的器具。房间的取暖装置如温度过高需要在周围设置防护栏,风扇需要购买防止手指插入型和不易倾翻的类型。如果有儿童可攀爬的东西,必须是结实可靠并且有足够防护的设备(王晓萍,2010)。

(二)色彩、声音和光线

游戏治疗室的整体墙面色调需要比较柔和的,避免对比度非常强烈的颜色。有些儿童来访者可能对颜色非常敏感,色彩过多也会带给儿童过多的刺激。墙面上的装饰画需谨慎选择,尽量避免杂乱。如果有条件可以选择可擦涂的墙漆,在受到污染之后方便清除。

游戏治疗室的噪声应该控制在一个让人舒适的范围内,不会干扰在其中游戏的儿童。尽量设置在人员流动比较少的地方,既不被打扰也不易打扰到他人。游戏治疗室的门窗应该具有足够的隔音效果,在门窗外的人不能听到里面的说话声音。

游戏治疗室的光线一般来说要保持明亮,避免设置在直接刺激眼睛的位置,如果是灯泡和灯管,需要在灯泡和灯管外设置保护罩,以免有东西砸到时碎裂。治疗室中的灯光最好可以调节强度,有一些儿童来访者对光线特别敏感,需要调整到适合他们的光线强度(Carmichael,2007)。

(三)陈列方式

游戏治疗室中有多种类型的玩具,不用所有的玩具都陈列在外面,可以设置一些陈列架,放置部分玩具,这些陈列架需要适合儿童的身高。其他玩具可以用收纳箱收起来,收纳箱上有透明的盖子,可以从外部观察到里面有什么玩具,方便儿童取用(见图6-1)。还需要一套适合儿童使用的桌椅,方便进行一些桌面手工或游戏。治疗师也可以放置一个成人的椅子,方便自己使用。

图 6-1 玩具陈列

（四）可选设施

有一些游戏治疗涉及家庭参与或者家庭教学，可以在治疗室中设置单向玻璃或者录像设备，在游戏治疗师进行工作时，家长可以在外观察学习，不用打扰治疗的进程。此过程需要告知儿童，以儿童的实际情况和治疗效果来评估是否有必要。

如果游戏治疗师没有一个独立的空间可以用做游戏治疗室，或者需要去学校或其他机构进行治疗，那么也可以在办公室的角落设置一个游戏区域，或者设计一个移动便携的游戏治疗包，以便于外出治疗。若游戏治疗区域设置在办公室一角，平时不使用时，应找到合适的遮盖物等将其安置好，以免打扰到其他类型的治疗。移动便携的游戏治疗包内的玩具可以视实际情况选用。

二、玩具的选择

（一）玩具选择原则

如果说游戏是儿童自然的语言，那么玩具便是儿童语言中的字词。在游戏治疗中，选用的玩具需要符合儿童游戏的需要，在不同的游戏治疗方法中所需的玩具有一定的差异，但是对于游戏治疗师来说，他们的游戏包中通常都有一些基本的玩具，这些玩具是根据一些原则挑选出来的。兰德雷斯提供了一些基本的原则用以判断玩具是否具有治疗意义（Landreth，1991）。

(1) 能够帮助儿童表达各种想法和情感；
(2) 能够发挥儿童的创造性；

(3) 能够引起儿童的兴趣；
(4) 能够在游戏中促进表达和想象；
(5) 能够实现非言语沟通；
(6) 在实施上不受固定规则或传统的限制；
(7) 可以是不具有确定含义的游戏材料；
(8) 可以以各种形式持续地使用。

除此之外，还有一些玩具选择的日常标准。玩具不能是声光电类型或电子玩具，这些玩具会给儿童过多的刺激，严重吸引儿童的注意力。机械类或固定拼装模式的积木，会将游戏的主要目标变成正确地操作或拼装玩具。这些玩具都无法帮助儿童通过游戏来表达或者沟通。

至于玩具的材质，毛绒玩具非常容易存积灰尘或者被污染，需要定期清洁。金属类玩具的使用也需要慎重，金属玩具有一定的重量并且非常坚硬，如果使用不当容易造成较大的伤害。因此，应该以塑料、木质、布制和棉质玩具为主。

玩具对环境的破坏性也需要考虑进去，例如手绘颜料、无法清除的黏土带来的破坏性。如果玩具对于游戏环境造成的破坏性太大，在游戏时就必须设置很多限制，并且让治疗师也处于精神比较紧张的状态，不利于治疗的进行。

在使用破损的玩具上也要慎重，一般情况下最好不要使用破损的玩具，一些儿童来访者可能会因为玩具的破损产生失落感，或者去试图修复好这些玩具、寻找丢失的部分，如果无法修补对于儿童的内心会造成一定的冲击，使其产生挫败感。

（二）玩具清单

许多游戏治疗师和研究者都整理了自己的玩具清单，有些玩具清单中甚至每一个玩具都有其特定的存在意义，表6-1展示了一个基本的类别清单，游戏治疗师可以根据自己的需要或者儿童来访者的情况增加一些玩具。

表6-1 儿童游戏治疗室玩具清单

玩具类别	玩具举例
常规玩具	球、飞机模型、汽车模型、望远镜、积木、放大镜。
生活类玩具	清扫工具、玩具橱柜、玩具脸盆、玩具厨具套装、玩具食品套装、玩具医疗套装、玩具电话、游戏用的纸币、购物篮、娃娃屋、奶瓶、婴儿车、娃娃服装、娃娃床、钥匙。
扮演类玩具	玩具眼镜、玩具假发、手偶、玩具剑、魔法棒、皇冠、玩具首饰、披风、面具、帽子、宝箱、玩具枪。
动物和人物模型玩具	农场动物、动物园动物、恐龙、玩偶（目前流行的）、娃娃一家人（爸爸、妈妈、爷爷、奶奶、宝宝、哥哥、姐姐等）。
手工类玩具	彩纸、橡皮泥、黏土、水彩笔、蜡笔、白纸、硬纸板、毛线、胶水、剪刀、亮片、双面胶、透明胶、贴纸、玩具宝石。
益智类玩具	拼图、扑克、简单棋类、绘本、故事书。

这些玩具并不需要全部展示在外面，过多的选择会让孩子无所适从，一些游戏治疗师需要在一些移动的场所进行游戏治疗，这时候可以选择一些玩具放到便携装备里，可以是旅行箱或大的布包，并不是玩具越多越能得到好的效果。

（三）玩具的功能

在游戏治疗中，有一些疗法是由儿童来访者主导，他们自主选择玩具进行游戏，一些指导性的疗法是由治疗师选择合适的玩具进行游戏治疗，在这种情况下，要根据儿童的年龄来选择适宜类型的玩具，更重要的是要根据治疗目标选择相应的玩具来进行游戏（兰德雷斯，2013）。

1. 情绪情感的调节

绘画、黏土、沙都是非常好的情绪释放的媒介，儿童来访者可以通过绘画表达自己的内心感受和想法；对于学龄前的儿童还可以采用绘本故事的方法，有很多情绪和情感类的绘本可以帮助孩子去理解、表达和调节自己的情绪。

2. 获得力量感和掌控感

儿童来访者如果在自己的生活中经常遭遇挫折或感觉自己弱小，在游戏中可以通过一些扮演道具来武装自己，让自己变得强大，通过和治疗师的游戏互动来获得掌控感；绘画创作中儿童来访者可以完全掌控画面的呈现，可以赋予自己有力量的角色去解决问题；绘本和故事书中的故事可以进行改编，由儿童来访者来制作符合内心愿望的故事；随意摆弄和操控一些动物和人物玩偶、进行一些成功的手工创作也可以增强儿童来访者的掌控感。

3. 问题解决

由治疗师创设一个问题解决场景，通过扮演不同的角色来进行问题解决的演练，角色扮演可以使用扮演类道具，也可以使用玩偶类道具；通过绘本或故事书可以提供不同的问题解决思路。比如儿童在学校无法遵守规则，可以请他用不同颜色的笔将学校的规则记录下来，红色代表不喜欢的规则，黄色代表破坏过的规则，蓝色代表喜欢的规则，绿色代表不理解的规则。明确了这些规则以后，治疗师可以和儿童讨论他所经历的事情，并且寻找解决方案。

4. 发展社交技能和建立联结

社交技能可以在多种游戏过程中增强，无论儿童来访者进行什么游戏，治疗师都可以寻找到互动的方法，在互动中进行社交技能的练习，并且增强治疗师与儿童来访者的联结；人偶类、扮演类玩具可以演练实际的社交场景，增强社交技能。比如儿童无法顺利结交朋友，那么可以采用模拟现实的方法，请儿童在纸上画一个人，这个人代表他非常想要结交的朋友，确保这个人是真实存在的，然后请他想一想可以与这个人互动的方式，并且记录下来，再由咨询师与他练习清单上的互动方式。

5. 增强自尊自信

手工类的玩具可以帮助儿童来访者从无到有创作出一些东西；益智类游戏中儿童可以与治疗师互动，并且获得正面的鼓励和评价；角色扮演游戏中儿童来访者可以扮演一些施予帮助的人或者领导者、指挥者，以获得日常生活中少有的一些体验，看到自己的力量。

第三节　儿童游戏治疗的常见类型及应用

一、儿童游戏治疗的常见类型

(一) 儿童精神分析游戏治疗

1. 精神分析游戏治疗简介

精神分析游戏治疗重视治疗中的治疗同盟、移情、解释和阻抗，协助儿童将其潜意识意识化。只是这些内容在游戏治疗中所呈现的方式与成人的治疗有所不同。儿童更多地会使用游戏本身来表达自己的无意识冲突，这就需要治疗师创设一个可以让儿童自由游戏的空间。让儿童能够自由游戏的前提是，治疗师能够让儿童在这样的环境中放松下来，并且信任治疗师。在这样的环境下，儿童可以将过往无法表达的内容呈现出来，治疗师能够敏锐地觉察到在游戏中儿童想要表达的内容，并且加以干预。

2. 精神分析游戏治疗师的任务

在儿童精神分析游戏治疗中，治疗师并不会给出很多指导性的游戏建议，更多的是跟随儿童进行游戏，观察他们的游戏，并且在适当的时刻进行干预。治疗师需要做的是：

（1）为儿童来访者创造一个安全的空间，使他们可以敞开自己最深处的思想和情感（Bromfield，2003）。

（2）当儿童来访者游戏受到阻碍时引导和帮助儿童。治疗师在游戏中获得信息，要本着对儿童最有利的原则坦率地回应，并且向儿童解释其中的含义（Weininger，1989）。治疗师的解释可以指出儿童自知力以外的信息（Bromfield，2003），因为儿童来访者不能改变他们没有意识到的东西，所以治疗师需要帮助儿童认清事实，并做出相应的改变。

（3）治疗师通过游戏、绘画、模型及言语了解儿童内心面临的冲突、幻想以及担忧的问题，这些媒介能够让治疗师有机会探及儿童的潜意识。治疗师还可以为儿童的父母提供教育指导，协助他们养育儿童，使儿童能够得到充分的照顾（Chethik，2000）。

（4）治疗师要有共情能力，并给予儿童及时的反馈，以耐心、尊重和诚实的态度对儿童。

3. 精神分析游戏治疗的实施

精神分析游戏治疗的工作方式是与儿童一起游戏，治疗师在游戏中观察儿童。治疗中的移情、阻抗是需要工作的地方，它们通过游戏的方式呈现在治疗师的面前。治疗师要懂得儿童的游戏，并且听懂游戏中的言语和非言语信息，并做出澄清和解释。

（1）治疗同盟的建立。在所有的工作开始之前，治疗师需要与儿童来访者以及其监护人达成一致。儿童来访者知道自己将要进行怎样的工作，达成什么目标。在与儿童的工作之外，治疗师不能忽略与父母的工作，除了与父母达成对治疗频率、时间的约定，缺席或迟到等情况的处理外，还需要与父母形成治疗同盟，使他们在家庭中也给孩子足够的支持。与父母的工作中要注意父母对孩子的潜在影响，让父母明白自己的行为是如何影响孩子的。也可以提供一定的指导或者建议，让父母配合治疗更有效地进行。

（2）负向反应阶段。此阶段移情和阻抗会纷纷呈现出来。移情是指儿童有时会将对自己生命中重要他人的情感和愿望投射在治疗师身上。在游戏治疗中，可以从儿童与治疗师的互动游戏中感受到移情和阻抗，比如儿童频繁地与治疗师进行攻击类的游戏，可能隐含着对父母的攻击和愤怒，或者在试图消除自己的恐惧心理。

（3）面质、澄清、解释和修通。在精神分析游戏治疗中，对于儿童来访者的干预类型有面质、澄清、解释和修通。面质是让儿童来访者能够看清现象，不再否认。澄清是对现象进行描述和定义。解释是让儿童能在意识层面了解到现象的潜在意义。修通是儿童能够将所获得的认识运用到生活的各个方面，产生影响。

（4）结束阶段。在儿童来访者的行为问题不再严重后，可以考虑结束治疗，治疗师需要与儿童来访者商定结束治疗的日期，一些治疗师会向儿童来访者赠送一个具有特殊含义的小礼物，作为这段治疗关系的象征，将治疗的益处保持下去。

案例 6-1 展示了儿童精神分析游戏治疗的实施过程。

案例 6-1

小明在第一次来到游戏治疗室时，治疗师从他的父母那里了解到，小明上一年级已经三个月了，但是对于上学这件事情似乎充满恐惧，早上起床的时候会声称身体各种不舒服，但是检查不出实际的病痛，晚上有时还会被噩梦惊醒。学校的班主任最初要立规则，显得比较严厉。治疗师对小明说："我听你的爸爸妈妈说你现在上学好像遇到了一些困难，他们希望我来帮助你一起解决这个问题，这里是我的游戏室，我们可以在这里玩各种各样的游戏，也许会对你有帮助，你愿意在这里和我一起玩吗？"在和儿童达成一致性目标以后就可以开始工作了。

小明在游戏治疗中有时会显得非常依赖治疗师，希望治疗师帮助他完成一些他完全可以自己做的事情，此时呈现的就是小明和他母亲的关系，小明希望在治疗师这里获得同样的满足，但是治疗师会提供修正性体验，鼓励小明自己去尝试，这就是针对移情的工作。在对小明的治疗中，治疗师还向母亲建议可以多关注自己的生活，从事一些有意义的活动，将自己的注意力从孩子身上转移一部分出去，并且多鼓励小明独立从事一些活动。

在工作了一段时间以后，小明开始拒绝来治疗室。他对学校的恐惧已经慢慢减少，但是他仍然不想和母亲分离，因为去上学意味着会离开妈妈。这个时候阻抗开始呈现，阻抗是儿童来访者拒绝改变而形成的僵局。一次咨询开始前，小明在治疗室外不愿意进去，治疗师对小明说："看上去你非常不舍得和妈妈分开，不过你看治疗室里有那么多你喜欢的玩具，想要去玩一会吗？50 分钟以后你又可以再见到妈妈了，她会一直在这里等你，不会离开的。"小明内心的恐惧由治疗师用非常明确的语言说了出来，小明的内心会获得确定感，帮助他实现在心理上与母亲的分离。

> 当小明可以逐渐在心理上与母亲分离，症状基本消失时，治疗就可以进入结束阶段了。这个阶段小明已经能够感受到，除了妈妈之外，还有很多新奇的东西等着他去探索，当他探索完以后，妈妈也总是会在。于是，治疗师开始处理与小明的分离，治疗师送给小明一张漂亮的卡片，上面有治疗师的联系方式以及简短的祝福。治疗师告诉小明，他们的关系并没有就此结束，如果有需要的话，随时可以通过卡片上的联系方式找他。

（二）以儿童为中心的游戏治疗

1. 以儿童为中心的游戏治疗简介

以儿童为中心的游戏治疗（Children-Centered Play Therapy，CCPT）是一种非指导性游戏治疗，创始人是维吉尼亚·亚瑟兰，她将罗杰斯的人本主义心理治疗理论与游戏结合在一起，应用到了儿童心理治疗中。以儿童为中心的游戏治疗是治疗师以游戏为媒介，向儿童传达真诚、无条件积极关注和共情的态度，促使儿童自然地产生正向自我成长的力量。

以儿童为中心的游戏治疗建立的前提是人本主义的基本理念：每个人心中都有一种为自我实现而努力的强大力量。在以儿童为中心的游戏治疗中，治疗师需要做的事情就是通过游戏这种方式，为儿童创造一个合适的环境，使儿童重新焕发这种力量。以儿童为中心的游戏治疗对于绝大多数的儿童心理行为问题都有很好的疗效，不同于其他游戏治疗方法有非常详细的技术和程序，它是一种整体性的心理治疗方法。正如兰德雷斯（Landreth，2002）所说："以儿童为中心的游戏治疗是对生命的一种态度、一种哲学和一种方式。"以儿童为中心的游戏治疗认为儿童在治疗过程中的发展和进步来自从治疗师身上获得的无条件积极关注、支持和耐心。它是一种参与性、非指导性和非侵入性的治疗，治疗师通过跟随儿童，获得对儿童的全面了解，关注儿童的情感，而不仅仅是行为和认知。

2. 以儿童为中心的游戏治疗师的任务

以儿童为中心的游戏治疗师需要为儿童来访者创造出一种安全的氛围，拥有这种内在的安全感之后，儿童的发展才有可能呈现出来。在治疗过程中，以儿童为中心的游戏治疗师的任务有以下五项：

（1）非指导性地参与游戏。在游戏治疗过程中，要确保是由儿童引导着游戏的进行，儿童是游戏中的导演和演员，他们可以自由选择玩具和玩伴，可以邀请治疗师加入自己的游戏，也可以安排治疗师做其他工作，游戏的方向和内容都由儿童自己决定。治疗师甚至不会帮助儿童命名游戏室中的玩具，由儿童自己决定将它们看作什么东西，充分尊重儿童自己的想法和感受。

（2）无条件积极关注和接纳。以儿童为中心的游戏治疗师不指导游戏并不代表在治疗室中无所事事，其最重要的工作之一就是无条件积极关注，观察儿童正在进行的游戏，想要表达的想法和情感，并且做出积极的回应。对于儿童做出的种种行为不加以评判，而是试图去了解这些行为背后的原因，让儿童感受到并不会因为展现不好的行为而被拒绝或贬低。在这样的氛围里，儿童会内化治疗师的态度，体会到自身的尊严和价值。

（3）建立真实的关系。治疗师要了解到与儿童来访者建立的关系是真实的，在以儿童为中心的游戏治疗中，治疗师并不是去实施一个治疗，而是以某种方式存在于这段关系中。这段关系需要诚恳一致，在治疗室内外都保持一致。

（4）进行共情式的倾听和敏锐的理解。共情式的倾听是指治疗师能够将自己感受到的东西以一种合适的方式反馈给儿童，但不带批判和侵入的意味。比如儿童来访者在治疗室里玩过家家游戏时，突然用小锤子砸"父亲玩偶"，治疗师可以询问儿童："看上去你有些情绪，发生什么事情了？"这样的方式有助于儿童澄清那些被误解的行为和感受。敏锐的理解是指治疗师需要放弃自己对世界的理解框架，并试图从儿童的主观世界去理解儿童的感受和行为，这样才能做到真正意义上的共情。

（5）设置必要的限制。设置限制的目的在于提醒治疗室也有它的现实性，儿童对治疗室和治疗师都负有责任。这些限制要尽量简洁并且是必要的，在治疗开始之前就应当明确地向儿童宣布。制定限制是为了保护儿童、治疗师的安全，保护治疗室中的玩具和财产设备。如果儿童违反了这些规则，治疗师首先要重申这些规则，予以言语警告，并说明再犯的后果，如果再犯则坚决采取措施。

3. 以儿童为中心的游戏治疗的实施

格恩尼（Guerney）指出，多数情况下以儿童为中心的游戏治疗安排12次即可，儿童期的发展问题和童年期的多种困扰，比如学习障碍、行为问题、情绪问题、适应问题和自尊低等都可以在短期以儿童为中心的游戏治疗中获益。兰德雷斯建议有长期痛苦经历或者严重情绪情感问题的儿童接受超过12次的长期心理治疗。一般来说以儿童为中心的游戏治疗会经历以下四个阶段。

（1）预热阶段。预热阶段最主要的任务是增强儿童对治疗师的信任感，在这个阶段儿童会试探性地进行一些游戏，通过治疗师的反应来确定接下来的活动。预热阶段还包括儿童对周围环境的熟悉，在这个环境中感到舒适和放松。治疗师在预热阶段，向儿童言明治疗室的一些基本规则，一般可以叫作不伤害原则，即不伤害自己和治疗师以及治疗室中的物品；告诉儿童自己自由选择想要进行的游戏，而治疗师会在治疗室中陪伴他。

（2）探索性阶段。儿童来访者在治疗室中开始感到信任和放松之后，进行的游戏会逐渐展现出自己内心的冲突和问题。这个阶段最重要的是治疗师能够敏锐捕捉到这些信号，并且给予及时的共情和接纳。在这个阶段儿童通常会有一些攻击性的表现，对这些行为的接纳对于儿童来说有着非凡的意义。

（3）巩固阶段。在这个阶段可以清楚地看到儿童身上发生了一些持久性的变化，他们会通过自己的方式处理之前面对的痛苦和矛盾，在游戏中治疗师也能观察到这样的变化。比如攻击性和破坏性的游戏开始减少。这个阶段治疗师最重要的职责是帮助儿童稳固自己的这些感受、情绪，帮助他们察觉和命名自己的情绪和情感，把新的体验和感受进行融合和整理，促进自我的成熟和发展。

（4）结束阶段。随着负性情绪的表达和宣泄，儿童通常会逐渐转向积极正向的情感。以儿童为中心的游戏治疗师可以通过一些指征来判断是否到了可以结束的时候。比如：儿童来访者的依赖性是否减弱；儿童来访者能否自我接纳；儿童来访者能否表达需求、恰当地寻求帮助；儿童来访者能否以合适的形式表达思想和情感；儿童来访者是否变得更快乐，能够自我引导，并且有胜任力；儿童来访者来访的问题是否已经得到解决，变为可控的。

这个阶段最重要的任务是帮助儿童来访者处理分离的焦虑，使儿童对结束咨询有心理准备。

案例6-2展示了以儿童为中心的游戏治疗实施过程。

案例6-2

芳芳是一个五岁的女孩，三岁之前由于母亲过于焦虑，很少带她外出与别人交流玩耍，她看到陌生人会非常紧张，不愿意打招呼或者一起玩。上幼儿园之后，最初还可以和老师小声说话，后来幼儿园的老师频繁地更换，她在幼儿园里就无法说话了，总是一个人躲在一边。发展到现在，芳芳没有办法对除了父母以外的任何人说话了。在家中她可以很好地与父母交流，非常放松，可以与父母玩耍或者独自玩耍，智力方面没有异常。

芳芳初次见到治疗师时，显得非常拘谨，低着头不说话。治疗师非常平和地邀请她参观了游戏室，询问她愿不愿意在这里跟自己玩一会儿游戏，芳芳点头表示了同意。在初次治疗中，治疗师发现芳芳游戏的意愿很强，自己尝试了好几个游戏，当治疗师表示好奇时，芳芳愿意用行动表达她的意思，也愿意用肢体语言和治疗师互动，只是完全不会用语言表达。治疗师并没有催促或者引导芳芳用语言交流，而是非常自然地陪伴在芳芳身边，用自己的语言进行一些简单的沟通和说明，芳芳看到治疗师对她的行动非常关注，也很好奇，开始邀请治疗师一起进行游戏。

治疗进行了三四次之后，芳芳与治疗师的关系越来越融洽，每次来到游戏室中就会主动拉起治疗师的手，让她陪自己玩游戏。一次拍气球的过程中，芳芳非常兴奋，大声喊了一声："给我！"芳芳说出这句话之后，显得有些害羞，治疗师继续着游戏并且说："给你啦，接住！这么大声说话是不是有点害羞呀？"芳芳点点头并继续投入游戏中。之后游戏还是照常进行，治疗师并没有试图讨论她说话了这个事情，而是继续耐心地陪伴和关注。随后的治疗，芳芳在放松的氛围中，语言开始慢慢增多。

治疗进行了十多次以后，芳芳的母亲反馈说芳芳在幼儿园开始和小朋友互动，并且可以说话了。这时候持久性的变化已经开始发生，巩固了一段时间之后，治疗改成两周一次，后又变成一个月一次，此时芳芳的症状在生活中已经基本消失了。芳芳在游戏室与治疗师玩游戏时会提到在学校发生的一些事情，和好朋友的一些交往。此时咨询就可以进入结束阶段了。

（三）认知行为游戏治疗

1. 认知行为游戏治疗简介

认知行为游戏治疗（Cognitive-Behavioral Play Therapy，CBPT）是一种以目标为导向的治疗方法，以认知行为治疗理论框架以及儿童心理发展理论为基础，通过游戏的方法对儿童的认知和行为进行干预，促进儿童的积极行为，消除负性思维带来的消极情绪和情感。由于儿童的心智在发展过程中，同时缺少生活经验，很难全面看待和正确解释问题，因此对儿童来访者进行认知行为游戏治疗干预的前提条件就是，儿童的思想影响着儿童对事件的反应，儿童对事件的认识和解释基于自己的信念且存在逻辑上的错误。比如："父母经常吵架是因为我不乖。"

认知行为游戏治疗与其他游戏治疗方法共通的地方是都注重治疗关系的发展，创造安全的氛围，与儿童建立信任关系，并且通过游戏实施治疗。但它也有自己非常独特的地方（Knell，1993）：

（1）必须建立治疗目标，沿着治疗目标发展；
（2）儿童来访者和治疗师都需要挑选游戏治疗的材料和活动；
（3）游戏是一种教授儿童技能和行为的方式；
（4）治疗师需要向儿童来访者用言语描述出冲突和非理性逻辑；
（5）表扬是非常关键的因素，可让来访者合适的行为得到强化。

2. 认知行为游戏治疗师的任务

认知行为游戏治疗师有以下任务：

（1）首要任务就是全面测评，确定问题。这要求治疗师对发展心理学有足够的了解，可以与正常的发展情况进行比对。在测评过程中最需要注意的地方是"自我陈述、归因、信念、假设"，了解儿童认知出现歪曲和缺损的地方。

（2）测评结束之后需要确定治疗的目标，即改善儿童的适应能力，改变儿童的思维和行为。干预过程中要善用鼓励和表扬，重视儿童的优势。涉及干预手段时，需要考虑到儿童的心智发展水平，不要采用过于复杂的游戏及大量的言语教育。

（3）治疗师需设计符合治疗目标的结构化干预方式，并且采用合适的测量方法评估治疗效果。在治疗过程中，治疗师的指导性非常强，儿童需要在治疗师设计的框架下进行游戏，有计划、有针对性地进行练习。

（4）治疗师需要熟练认知行为治疗方法，将其融入游戏过程中。比如行为管理是行为治疗中常用的方法，通过控制行为结果矫正行为，一般用到的技术或方法有正强化、观察学习和改变认知策略等。正强化是认知行为游戏治疗师最常用的一种方式，在儿童习得新的行为模式时，不断鼓励和适当奖励能够让这种行为模式稳固下来。观察学习是指通过观察别人（榜样）的行为学会某种行为的过程。观察学习在游戏治疗中非常重要，新的技能很多时候需要由治疗师示范给儿童，比如儿童在融入集体时非常紧张，治疗师需要示范一些具体的人际交往技巧，由儿童观察学习，并且反复练习直至掌握。而在儿童有明显的认知偏差和缺失时，改变认知策略是最有效的方法，通常有四个步骤：说出问题情境；识别自己的情绪；寻找其他可能和证据，形成新的想法；观察自己的情绪是否有好转。这种方法一般对学龄期的儿童效果较好。

除了这些之外，系统脱敏法、积极的自我陈述等也是常见的治疗方法，治疗师在工作过程中，还可以发展出自己独创性的方式帮助儿童运用这些技术，可以使用玩偶、棋牌、绘本、扮演道具等具体的东西来实施这些方法，以便儿童理解和接受。

3. 认知行为游戏治疗的实施

认知行为游戏治疗的实施一般分为四个阶段，每个阶段的任务都非常明确：

（1）初始诊断阶段。治疗师采用一些量表或测评技术，对儿童进行评估，收集儿童目前的情况，比如认知发展水平、功能水平、存在的主要问题、儿童对问题的基本信念、父母的看法等。一般常用的量表有阿肯巴克儿童行为量表，适用于4～16岁的儿童；明尼苏达儿童发展量表（Minnesota Child Development Inventory，MCDI）适用于1～6岁的儿童。一些在认知行为游戏治疗基础上发展起来的综合类游戏治疗方法，会采用自己特有的一些量表进行评估，如社交、情感联结等方面的量表。

（2）介绍和导入阶段。首先是针对儿童来访者父母的工作，分为两个方面。第一个方面是根据初始诊断的结果向父母反映儿童目前的情况，确定治疗目标并制订治疗计划，告知父母治疗是怎样进行的；第二个方面是明确父母在治疗中扮演的角色，父母的支持与配合在儿童心理治疗中是非常重要的因素，同时可能还需要父母在家中进行指导配合。当父母对治疗有了整体概念以后，由父母/治疗师向儿童来访者描述治疗的进程。通常这个阶段需要1～2次咨询时间。

（3）中期阶段。治疗师按照制定的咨询计划，选择合适的认知行为游戏治疗策略，比如针对在社交上存在障碍、对人际交流的信息存在错误认知的儿童来访者，可以利用玩偶游戏，练习各种社交场景，这种社交场景可以是虚构的，也可以是根据儿童来访者现实生活中的社交困境设计。治疗策略可以由治疗师对儿童实施，也可以请父母或老师实施。最重要的是，要帮助儿童来访者将这些练习的策略迁移到现实生活中去，当习得一个技能以后，需要鼓励儿童在生活中尝试后再回来进行反馈，反复调整和练习直至掌握。

（4）结束阶段。根据对治疗目标以及治疗进程的监控，如果儿童来访者达到了设定的治疗目标，就可以进入结束阶段。同其他治疗方法一样，在认知行为游戏治疗的结束阶段可以逐渐拉长治疗间隔，治疗师和儿童总结治疗的成果，商讨对后续问题的处理计划，稳固儿童的认知行为改变。

案例6-3展示了认知行为游戏治疗的实施过程。

案例6-3

豆豆是一个9岁的男孩，被诊断为高功能孤独症谱系障碍，目前上普通小学。对豆豆来说最困难的是，他无法理解社交语言和遵守一定的社交规则，在小学中受到很多排挤和歧视，无法和同学进行正常的交往。采用《孤独症行为评定量表》测试后，发现豆豆的社会交往因子存在明显异常。

在与父母初次会谈以后，治疗师与父母达成协议，针对豆豆社会交往的问题进行咨询，详细了解到豆豆经常出现的一些不太合适的社会交往方式，比如：经常不经过别人的允许，直接拿别人的东西；公共的物品始终认为是自己的，别人不可以触碰；当别人刺激到他时，他会出现打人、尖叫的反应等。针对这些问题，治疗师制订了游戏治疗的方案，并请父母一同学习，在家也和豆豆进行练习。

> 第一次治疗师和豆豆进行了自由游戏，互相熟悉建立关系，然后约定下一次进行特别的游戏。治疗师了解到豆豆非常喜欢吹泡泡，第二次的咨询使用了轮流吹泡泡的游戏方法。治疗师吹一次，然后豆豆需要说出："我想玩吹泡泡，可以给我玩吗？"治疗师说："可以。"再递给豆豆，豆豆需要说："谢谢。"治疗师说："不用谢。"豆豆吹完一次泡泡以后，治疗师需要用同样的方式从豆豆那里要过泡泡器。这样进行反复的练习。每次咨询完以后，治疗师会根据咨询的效果，制订下一次的治疗计划，并且阶段性地告知豆豆父母进度，请他们在实际生活中做类似的练习。
>
> 经过六个月的咨询，豆豆已经能够熟练掌握一些社交规则，在学校与同学相处的矛盾明显变少，最初设定的目标基本达成。

（四）沙盘游戏治疗

1. 沙盘游戏治疗简介

沙盘游戏治疗是指儿童来访者在治疗师的陪伴下，从沙盘玩具架上自由挑选沙具，在装有细沙的沙盘里进行自我表达的一种心理治疗方法。沙盘游戏起源于19世纪初，1929年，洛温菲尔德在《地板上的游戏》的启发下，发明了"游戏王国技术"，1966年，卡尔夫（Kalff）结合了"游戏王国技术"和荣格的心理分析技术，借鉴了中国传统文化的思想，创造出了现在的沙盘游戏治疗。沙盘游戏治疗是贯通儿童意识和无意识的桥梁。无意识水平的工作、象征性的分析原理和感应性的治愈机制，是沙盘游戏治疗的三项基本原理。

（1）无意识水平的工作。精神分析认为心理症状的根源在于意识与无意识的冲突与分裂。与无意识的对话和沟通是心理治疗的关键。沙盘游戏是通往无意识的一条重要途径，当儿童在固定的治疗时间中构建"世界"的时候，就可以观察到无意识引导下的一种过程的运作。不同于精神分析的谈话疗法，沙盘游戏是通过一种非言语的方式，在前言语层面的无意识水平上工作，沙盘用来帮助儿童来访者表达那些无法用语言说出的感受和愿望。沙盘游戏治疗师需要将沙盘看作儿童的精神象征，同时还要为儿童创造"安全、保护和自由"的治疗环境，只有这样儿童的无意识才能自发、自由地呈现出来。在游戏中，治疗师需要跟随儿童的游戏，而不是试图指导游戏或者控制游戏的发展方向。

（2）象征性的分析原理。沙盘游戏中充满了象征性的语言，儿童对于沙具的取用，这些物件如何在沙盘中摆放，整个沙盘呈现的造型，沙盘在不同时期的变化都是象征性的表达。沙具的类型都经过精心挑选，一般包括不同种族、不同职业、不同身份的人群，各种动物，各类交通工具，各种建筑物，以及宗教、文化的造型，这些也都是象征化的载体，这要求沙盘游戏治疗师理解沙盘游戏中的象征。但这并不是说沙盘游戏治疗师用物体的名称、象征意义、原型象征或者理论来解释儿童来访者的沙盘，而是需要以儿童赋予沙盘的意义来解释作品本身。比如儿童选择鳄鱼代表的也许不是攻击性，而只是因为前几天去动物园看见了池塘里的鳄鱼。通过儿童自己的讲解，可以帮助我们去理解儿童的最终作品。

（3）感应性的治愈机制。沙盘的底部是天蓝色的，象征着天空或者大海，沙子与我们的陆地对应。当儿童接触到沙子和水的时候，会感受到在大自然中的宁静和放松。创造一个画面本身也具有疗愈的作用，创造与治愈是一体的；创伤会使人失去对自己的信心，抑制创造性；而人的创造性一旦被激活，就能够给生命注入无限的活力，为生命赋予意义。治疗师在咨询室中的状态也是重要的影响因素，共情性的态度，设身处地、感同身受的能力，可以转化为一种安全和治愈的氛围，激发儿童的创造性。

2. 沙盘游戏的构成要素

沙盘游戏的基本构成要素有沙盘、沙、水源、沙具以及治疗师。

（1）沙盘。卡尔夫说：想象只有被限制在确定的形式中，才会富有成效。因此沙盘游戏中的沙盘都有一定的规格标准，常见的形状是长方体，长72厘米、宽57厘米、深7厘米，沙盘的高度可以根据儿童的身高来调整，一般设置为75厘米，方便儿童站着或者坐着进行创作。沙盘外侧一般是土黄色，象征着土地，内侧和沙盘底部都是天蓝色，象征着天空或大海（见图6-2）。

图6-2 沙盘示例

沙盘可以分为干沙盘和湿沙盘，湿沙盘通常会使用防水材质，湿沙盘中的沙子更适合儿童进行沙子的造型。

（2）沙。沙盘中的沙子最好呈浅黄色，没有其他颜色掺杂。沙子必须是干净的，定期进行消毒，以防儿童玩沙时相互传染细菌和病毒。沙子的颗粒要均匀细腻，不会划伤儿童的手，触摸时会感到舒适。

（3）水源。沙盘游戏室中可以引入一个水源，如果没有条件引入水源，可以事先准备好一盆水放在旁边备用，水可以用来与沙子混合做造型，也可以灌溉沙盘中的植物，喂给动物等，让儿童的创作更有创造性。

（4）沙具。沙具一般放在沙盘旁的开放式架子上（见图6-3），适合儿童的身高，方便儿童取用。沙具需要分类摆放，一目了然，这样儿童可以找到自己喜欢的类型，并且迅速在每个类型中找到自己想要的沙具。这些沙具的造型要清晰明了，充满乐趣，同时又有其象征意义。

（5）治疗师。治疗师的重要职责是给儿童提供一个安全的、受保护的环境氛围。治疗师在游戏过程中要鼓励儿童自由表达、给予儿童完全的决定权，比如选择什么样的沙具、怎样摆放、什么时候开始摆放。治疗师在游戏过程中更像是一个见证者，观察和了解儿童

图 6-3 沙具陈列

的内在世界，看到儿童如何去创造和改变。解说在治疗中没有必要性，最重要的是以尊重的态度观察，儿童最终创作出的沙图由儿童来表达它的含义，治疗师不用急着做出联结或者解释，可以利用以人为中心的治疗学派的技术，比如重述、共情，来确认和澄清儿童在沙图中想要表达的含义。

3. 沙盘游戏治疗的实施

在沙盘游戏治疗的过程中，一般会出现混乱、挣扎和冲突解决三个阶段，这三个阶段可能会在过程中循环或者重复出现。

（1）混乱阶段。儿童最开始构建的沙盘往往看上去比较混乱，表现得与现实的问题比较贴近。比如儿童会在架子上随机选一些沙具，随意放到沙盘里，用沙具来玩沙子，沙盘里的画面没有什么特别的秩序。这个时期的沙盘反映出儿童情绪上的混乱和困扰，这个时候儿童来访者被自我的困扰情绪控制。这种情况通常会持续两三次的治疗时间。

（2）挣扎阶段。在混乱期之后，紧接着会进入挣扎期。这一阶段常见的主题是各种类型的战争，如妖怪对抗魔鬼，军队与机器人大战，部队、士兵一次又一次相互打杀，战争中任何会动的、有生命力的物体都会被砍杀、被打击或被毁灭。这个时期儿童来访者的内心冲突会通过各种象征性的方式展现出来。

（3）冲突解决阶段。在这个阶段，沙画的生活画面似乎重新回到了可控制的状态，在自然界与人类之间诞生了一种新的平衡，沙盘图案呈现出惯常的生命力，动物都表现出它们正常的习惯：牛群、羊群、马群在它们该在的地方，其他家畜、猫、狗安详地生活在农场和庭院里，篱笆也安置好，以免小动物们受到野兽的侵袭，农作物在生长着，果树也开始结出各类果实。这时，治疗师会明显地感受到儿童的一些问题已经得到处理，来访儿童似乎已经在这个外在的世界里找到了一个可以接受自己的地方。在儿童的沙的世界里有一种秩序感的存在，来访儿童会变得非常有创造力，为自己的能量寻找新的方向。来访者在现实生活中也会变得更加有活力，更加热衷于外界的活动。

在最后的阶段，儿童有时会对治疗师说"我不需要再来了"，而他的这种说法常可以从父母、老师那里得到证实，因为该儿童在家里和学校中有了明显的进步，比以前更安静、快乐了，在情绪上也比较放松，还常常表现出幽默感，对父母和家长所制定的规范能产生反应且能够遵守，对学校的功课也比较投入，在现实的情境中也能够表现出符合外部规范的行为方式。

案例 6-4 展示了沙盘游戏治疗的实施过程。

案例 6-4

飞飞（化名）是一个活泼的 7 岁男孩，因为总是好动无法控制自己，成绩非常差，在班上受到全班同学的排挤，经常无故被取笑或者被欺负。飞飞的情绪出现了很大的问题，在家非常容易暴躁发怒，有时候又显得退缩惊恐，非常抗拒去学校。

在初次进行沙盘游戏治疗时，飞飞并不按照治疗师的指示，进行沙盘的摆放，而是摆弄沙架上的各种沙具，放了很多水在沙盘里，把各种各样的沙具埋进湿沙子里面。治疗师并没有阻止飞飞，而是参与了飞飞的游戏，飞飞开始用各种飞机模型攻击治疗师。前面三次咨询都在游戏中度过了，飞飞显得非常开心，对治疗师也开始表现出喜爱和信任。第三次咨询结束的时候，治疗师向飞飞建议，下次可以来试试另一种游戏，用这些沙具为自己创造出一个小小的世界，飞飞非常好奇并且同意了。

第四次咨询开始，飞飞一边游戏一边摆放沙盘，使用了大量的飞机、士兵、坦克和堡垒，总是在发生战争，最初的战争总是有一边会获得压倒性的胜利。随着咨询的进行，沙盘中的两方实力越来越均等，并不总是有胜利的一方，当有一方快要胜利时，飞飞会给另一方及时补充一些士兵。

进入咨询后期时，飞飞的沙盘主题明显发生了变化，在战场周围出现了一些民居和花草，最后还出现了湖泊和小桥。此时飞飞的情绪问题已经得到了很大的改善，父母也寻求了老师的帮助，飞飞在学校的处境也好转了很多。

二、儿童游戏治疗的新发展

（一）家庭游戏治疗

1. 家庭游戏治疗简介

家庭游戏治疗中，治疗师教给成人基本的问题解决技巧（计划、执行、评估、应用），经由游戏，帮助父母与儿童建立良好的沟通关系，同时帮助儿童发展一种建设性的工作关系，并发展游戏兴趣。将游戏治疗与家庭治疗相结合有着非常独特的优势，研究发现，游戏对于成人有很好的治疗价值，包括提供想象思考、角色扮演等机会，游戏可以让成人放下防备心理，加深家庭成员之间的相互联系。在进行游戏的时候，治疗室中的气氛往往非常活跃，可以有效减少来访者对治疗环境的焦虑（Terr，1999）。

家庭游戏治疗的目的是帮助父母为他们的孩子营造出一种可接受的、安全的环境，在这种环境里，儿童可以充分地表达自己的感受，获得对周围世界的理解、解决问题并建立对自己和父母的信心。家庭在游戏的状态下气氛会变得轻松和自由，这样的气氛能够让家庭中被隐藏和压抑的情感得到宣泄。在治疗过程中，治疗师帮助父母增强对孩子的情感和需要的感应，变得更善于解决家庭和孩子的问题，促进父母的成熟。

2. 家庭游戏治疗的原则

在家庭游戏治疗中，具体应用的游戏治疗技术，必须与家庭系统治疗中运用的技能和要遵守的原则结合起来。

（1）系统性看待的原则。治疗师应当将焦点集中在整个家庭系统上，通过家庭来审视个人以及成员之间的交互作用，而不是关注每个家庭成员单独的症状。治疗师需要接纳家庭成员中的每一员，这种接纳性也会直接影响家庭成员之间的态度。

（2）设立清晰的规则和限制的原则。治疗师制定的规则，家庭中的每个成员都必须遵守，家庭成员在治疗过程中经常会产生焦虑或者恐惧的情绪，家庭成员需要做好心理准备，在这种情况下仍然可以坚持治疗。另外是对孩子的保护，孩子有时会出乎意料地说出一些家庭中的秘密，父母不能够为此惩罚孩子，而应该将此作为治疗的主题进行探讨。

（3）所有成员都需要参与治疗的原则。每个成员都是家庭和谐的重要因子，这是一个通过家庭成员来平衡其内部力量的过程，目标是使家庭成为可运作并且家庭成员之间能互相影响的系统。

（4）指导训练强调积极与正面的原则。父母对于自己的养育技能是非常敏感的，批评并不能使他们学会什么。如果父母犯了错，治疗师应该指导父母该做些什么，而不是告诉他们犯了什么错。此外，当父母正确运用技能时，或者表现出其他治疗性的行为，例如表现得温暖、真诚或者生动有趣时，治疗师应立即对父母进行表扬。在纠正错误时，指导训练也应该有选择地进行。频繁提出纠正建议可能会使治疗过程充满紧张压力，父母会感觉受到过多批评，从而破坏良好的治疗关系，因此治疗师最好适当忽略一些小错误。

此外在整个治疗过程中，治疗师需要给家庭创造安全氛围，对家庭成员予以及时反馈与支持，帮助父母寻找同类支持团体，帮助他们组织好自己的生活，这样他们就可以拥有属于自己的时间，并在自己休息时有其他人来照顾他们的孩子。如果父母本身呈现的问题比较严重，那么治疗师应该建议他们接受专门的婚姻治疗或个人治疗。

3. 家庭游戏治疗的实施

（1）家庭游戏治疗前的父母会谈。在实施家庭游戏治疗之前，需要与父母单独会谈，如果有必要的话，还应该纳入主要的养育者。这次会谈的主要目的是搜集儿童的成长历程资料、当前问题和它的历史、尝试过的解决办法。孩子不在场的情况下，父母可以更自由地说出自己的看法和担忧，治疗师要尽量鼓励父母说出更多的信息，帮助自己来了解这个家庭的情况。在这次会谈中，治疗师能够获得对家庭的初步认识，并且与父母建立联结，在接下来的会谈中，可以将更多的精力放在儿童身上，而父母也不会感觉自己被冷落。

（2）进行家庭游戏治疗。家庭游戏治疗正式开始以后，初次会谈中家庭的所有成员都必须到场，第二次以后可以按照不同组合进行治疗。初次家庭会谈中，治疗师需要向家庭成员声明治疗中的规则，比如在游戏治疗室中不需要有秘密，儿童可以不受限制地表达自己而不用担心受到惩罚。

家庭游戏治疗中，治疗师必须要比在个别游戏治疗中更具有指导性，治疗师必须决定何时玩、谁来玩、玩什么、怎么玩。常用的家庭游戏技术有家庭玩偶会谈、家庭布偶评估、家庭互说故事等。这些游戏技术都有着完善的框架结构，面对这么多的家庭成员以及他们呈现出来的问题,如果没有一个框架,过于自由,会使得冲突型的家庭有更多冲突,压抑型的家庭更加僵硬。每次治疗的时间大概是一个小时,可以用半个小时进行游戏,再用半个小时和父母进行反馈和讨论,这个时候可以让儿童拿着玩具在一旁自己玩耍。

进行几次家庭游戏治疗之后,如果儿童对此感到很愉悦,就可以对儿童进行个别治疗。个别治疗的主要焦点在于儿童自己的问题,评估儿童的内心冲突、不适应的防御机制、幻想等,以及儿童对家庭成员的看法和互动模式。可以采用一些扮演类的游戏,呈现出亲子之间的互动关系,获得信息。当了解到儿童关注的议题之后,治疗师需要与父母一起探索儿童的这些问题与家庭议题之间的关系。

(3)家庭游戏治疗的结束和反馈。在家庭的问题一一呈现之后,与父母充分讨论,并且父母获得了新的理解之后,就可以开始讨论议题的结束。通常在这个时候,父母可以主动、坦率地向治疗师谈论自己的困难,与他人的关系,这样整个家庭的建设性改变就开始了。治疗师可以感谢家庭中所有成员的参与和努力,肯定他们取得的成果,让他们分享各自的经验和体会,治疗师也应当反馈自己观察到的情况,给出清晰的指导建议。

案例6-5介绍了家庭玩偶会谈的具体应用。

案例6-5

家庭玩偶会谈是家庭游戏治疗中常用的一个技术,它可以促进沟通,并且向一个家庭示范如何朝一个目标前进。家庭玩偶会谈通常有以下几个步骤。

(1)热身:治疗师将玩偶拿出,请儿童为他们的故事挑选"人物"并且观察儿童的反应。治疗师可以这样为家庭介绍游戏:"我想要我们大家尽快熟悉起来,所以我带了一些玩偶,我们可以一起进行一个游戏,接下来我会请你们挑选一些你们想要的玩偶,然后用这些玩偶编一个完整的有内容的故事。有两个规则,一是不能讲现成的故事,二是故事中一定要用上你们挑选的玩偶,并且用它们演出来。你们有30分钟左右的时间准备,准备好了就可以开始表演了。"

玩偶建议提供15～20个,玩偶必须能够代表一种感情,包括攻击的、友善的和中性的玩偶,比如警察、鳄鱼、兔子等,还有真实和幻想的玩偶,比如王子、公主、巫婆等。

(2)玩偶表演:家庭独自发展剧情,治疗师在这个时候会退到一边,观察家庭如何组织完成一项工作,比如玩偶怎么分配、谁制定主题、谁领导、家庭中是否有同盟等。这些情况都需要记录下来。

(3)与玩偶的会谈:玩偶表演组织好以后,就可以开始表演了,治疗师可以用一些提问,比如"什么""为什么"来推动整个表演的进行。

(4)游戏后的讨论:游戏完成以后,家庭成员被邀请一起来讨论这个故事。治疗师的评估内容主要包括故事标题、环境、任务、情节和主题,并形成不同维度,如创意、一致性、可理解的程度、冲突型、非口语的沟通以及自我控制。家庭成员被邀请来谈论自己对这个故事的想法，比如主题、寓意、最喜欢或最讨厌哪一个玩偶。这种家庭会谈提供了一个机会，让家庭成员用故事的象征形式呈现家庭互动的缩影，儿童会把自己或者父母想象成某个玩偶，比如用一个帮不上忙的笨猪代表总是不在家的父亲。

家庭玩偶会谈提供了许多机会来观察家庭成员之间显而易见和隐藏的互动方式，这对了解家庭以及他们所面对的问题提供了很好的线索。

（二）团体游戏治疗

1. 团体游戏治疗简介

团体游戏治疗是团体治疗与游戏治疗的结合，通过团体游戏的方式达到心理治疗的目的。与一般的团体游戏相区别的地方在于，团体游戏治疗的关注点更多放在团体成员之间的关系、人际互动、人际交流分享、团体的力量，以及团体成员的内心体验和经验的升华上。团体游戏治疗一般由1～2名带领人主持，团体成员可以根据问题的相似性进行选择，团体成员在主持人的带领下进行有针对性的游戏活动，游戏过程中的体验和交流可以促进团体成员的自我成长，解决团体成员的心理困扰。

随着我国各个层次的学校对心理健康教育重视的提高，团体游戏治疗发展得非常迅速，非常适合在学校中开展，与其他游戏治疗方法相比，它具有如下优势和特点：

（1）团体成员可以通过成员之间的互动得到启发，相互鼓励。在多个儿童参与的情况下，儿童的内在自发性也会被促进，增加其游戏参与度。

（2）在团体中涉及多维度互动。儿童既可以获得同辈交流的互动经验，也可以习得与成人之间的互动经验，并且得到多个角度的交流反馈，儿童有获得自我洞察和反省的机会，学会评价与自我评价。

（3）真实性。在团体游戏治疗中，治疗师更有可能从儿童的互动中观察到他们真实生活中的人际交往情况、暴露的问题。着手解决这些问题之后，可以更快地迁移到儿童的日常生活中去。

（4）治疗效率高是团体游戏治疗推广应用非常迅速的重要原因，它对人际关系以及社会适应性的问题，疗效尤其显著。通过对儿童存在的问题进行筛选，将有同类问题的儿童聚集在一起，儿童可以观察到在别人身上有同样的情况，可以增强他们自我接纳和积极改变的动力。

2. 团体游戏治疗的设置

团体游戏治疗中的团体成员的筛选，以及进行团体游戏治疗时间、频率与次数可以参照儿童团体治疗中的方法。

团体游戏治疗室比一般的个体游戏治疗室所需的空间要大一些，可以根据人数确定，一般建议25～35平方米，太小的空间容易导致成员间的相互侵犯，并且会限制儿童的活动，太大的房间可能会造成失控的状态，也可能让比较退缩的儿童回避与其他人的互动。儿童的活动量非常大，带领人需要照看数个儿童，因此确保治疗室的安全性非常重要，要避免有重量的、尖锐的玩具，防止儿童之间相互误伤。

由于治疗一般在进行之前就设定了主题，在团体游戏治疗室中不应该存放大量其他类型的玩具，或者其他玩具应被妥善保存，否则很容易分散儿童的注意力。游戏器材应该比较简单又安全，如果需要治疗师花费大量时间指导儿童使用，可能会让儿童有挫败感，让原本无助、自我效能较低的孩子更倾向于依赖他人。

3. 团体游戏治疗的实施

团体游戏治疗有多种理论模型，比较经典的有体验式学习模型的五阶段理论（Kolb & Fry, 1975）、三阶段模型和四阶段模型。下面介绍三阶段模型的具体实施情况。

（1）初始阶段。初始阶段时，成员刚进入团体，互相不熟悉，关系十分松散。团体成员的情绪体验多样化，一些团体成员可能非常好奇和感到新鲜，一些可能会感到胆怯和焦虑。团体的共同目标也未形成，此时团体成员的注意力更多为自我占据。因此在初始阶段最重要的任务是建立信任感、明确目标和过程、形成团体规范。建立信任感，第一步需要团体成员建立对于带领者的信心和亲近感，治疗师可以通过自我介绍与成员认识，介绍需要热情、有亲和力。团体成员之间的信任感可以通过一些"破冰"游戏获得，在游戏中迅速拉近成员之间的距离。团体游戏治疗的目标在初期需要以非常明确的方式向团体成员澄清，目标需要切合成员自身、真实且明确。治疗师需要告知成员团体游戏治疗的内容和过程，使得成员明确自己的职责，帮助团体运作起来。

（2）工作阶段。在这个阶段治疗师会明显感到团体的凝聚力增加了，同伴之间的互动和交流增多，成员对团体的信心增强，成员之间更愿意自我表露和倾听，如果成员对团体充满了信任感，那么在这个阶段会敢于去尝试改变以往的行为方式，突破自我。这个阶段中治疗师的任务是，通过选择和带领合适的游戏促进团体成员之间关系的进展，协助团体成员发现行为中的矛盾点，鼓励团体成员体验自我并转化为行动。

（3）结束阶段。团体游戏治疗快结束时，成员会有即将要分离的伤感情绪，也会担心在团体中得到的体验是否能够在现实生活中存在。这个时候首先是帮助成员处理好离别的情绪，将伤感转化为对彼此的祝福；其次是帮助团体成员整理在治疗期间获得的成果，鼓励他们将这些成果用语言表达出来，增强他们将其应用于现实生活的信心；最后是同团体成员一起评估整个团体治疗的效果，自己的情况是否有所改善，是否达到了最初的目标，接下来还有什么样的计划。

案例 6-6 展示了团体游戏治疗的实施过程。

案例 6-6

在某小学一年级中，有部分同学在人际交往方面存在一定问题，在班上独来独往，很少与其他同学互动，有时候还会因为争抢东西而打斗。学校将 6 名存在类似问题的同学聚集在一起，组成一个咨询团体。

在咨询开始的时候，儿童团体游戏治疗师分给同学纸和笔，两位同学一组，其中一位同学在纸上随意画一个图形，另一个同学在这个图形基础上加工，把它变成一幅画，最后请两位同学都在这幅画上签上名字，并且一起对其他四位同学介绍这幅画和自己的名字。这个游戏完成之后，有几位同学开始比较活跃，并且同学之间都有了一个基本的认识。

观察到这个情况后，治疗师开始工作阶段，拿出了《彩虹色的花》这个绘本，这个绘本的内容是一朵美丽的彩虹色的花将自己的花瓣分别用来帮助不同小动物。讲完故事以后，治疗师拿出彩纸，请每个同学做出一朵彩虹色的花。同学完成以后，治疗师请每个同学上前依次扮演小动物，请求花朵帮忙。

在游戏过程中，一些同学最初舍不得损坏自己的彩虹色的花，不愿意分享，但是在看到其他同学热情地帮助了自己之后，也开始帮助其他的同学。游戏结束之后，同学们都非常开心，治疗师请每个同学都说说自己的感受，并且肯定了最初不愿意分享的同学内心的感受："想要留住自己亲手做出的美丽花朵是非常正常的，我们都很珍惜自己的东西。后来在你自己做好准备分享了以后是什么感受呢？"

最后，治疗师总结了每个同学的表现，并且予以肯定和鼓励，告诉他们在生活中也可以享受分享和帮助别人的快乐。

本章要点

1. 游戏在儿童的生命中扮演着不可或缺的角色，儿童游戏治疗结合游戏与心理治疗的方法，非常适用于儿童心理咨询工作。
2. 儿童游戏治疗师可以根据游戏治疗室的设置以及玩具的选择原则，为自己布置出合适的工作场所。
3. 儿童游戏治疗常见的类型有儿童精神分析游戏治疗、以儿童为中心的游戏治疗、认知行为游戏治疗、沙盘游戏治疗。目前蓬勃发展的家庭游戏治疗和团体游戏治疗也有其独特的优势。
4. 儿童精神分析游戏治疗侧重于解决儿童的无意识冲突。
5. 以儿童为中心的游戏治疗相信儿童的自我成长能力，重点在于向儿童传达真诚、无条件积极关注和共情的态度，给儿童创造安全的空间。
6. 认知行为游戏治疗主要对儿童的认知和行为进行干预，促进儿童的积极行为，消除负性思维带来的消极情绪和情感。
7. 沙盘游戏治疗由儿童精神分析游戏治疗发展而出，目前在学校中应用十分广泛。
8. 家庭游戏治疗将整个家庭系统纳入工作范围，改善亲子关系，增进家庭交流，可从多方面促进儿童心理健康。
9. 团体游戏治疗在治疗效率上有极大优势，在人际互动方面治疗效果显著，非常适用于学校中的心理咨询工作。

拓展阅读

迪伊．（2017）．*高级游戏治疗*（雷秀雅，李璐译）．重庆：重庆大学出版社．

斯卡夫，卡吉洛西．（编著）．（2007）．*游戏治疗技巧*．（何长珠译）．成都：四川大学出版社．

Schaefer，C. E. & Cangelosi，D. *游戏的力量：58种经典儿童游戏治疗技术*（张琦云，吴晨骏译）．北京：中国轻工业出版社．

Szigethy，E. et al．（2014）．*儿童与青少年认知行为疗法*（王建平等译）．北京：中国轻工业出版社．

尼克尔斯，戴维斯．（2018）．*家庭治疗：概念与方法*（第11版，方晓义婚姻家庭治疗课题组译）．北京：北京师范大学出版社．

思考与实践

1. 请构思如何建造一个自己的游戏治疗室，包括空间布置、环境选择、玩具选择和注意事项等。

2. 请比较本书中介绍的六种不同的游戏治疗方法，并思考它们各自的优势及不足。

3. 案例题：

小益（化名），男，5岁半，幼儿园大班。小益一岁时由于母亲工作原因被送回老家由爷爷奶奶抚养了一年，刚上幼儿园的时候与母亲分离十分困难，早上经常需要哄半小时以上才能将情绪平复下来，通常都是老师对他进行耐心的陪伴和引导。经过大半个学期的努力，小益逐渐可以融入班级，小益与老师关系非常好，做活动时经常会跟在老师身边，但是大班开学时小益的老师在毫无预兆的情况下被更换了，小益出现了明显的抵触上学情绪，每天早上哭闹，有时会说自己肚子疼、头疼，需要请假。

请你依据一种游戏治疗的理念，谈谈小益行为发生的原因，并依据该游戏治疗方法列出治疗各阶段的要点。

第七章
儿童家庭治疗

家庭是儿童成长的土壤,家庭是儿童的第一所学校,家庭也是儿童的社会化基础。每个儿童在学习成长的第一阶段,与家庭接触最多,这一阶段奠定儿童一生健康发展的基础,其影响甚至可以延续到下一代。家庭治疗是以家庭为对象实施的心理治疗模式,其目标是协助家庭消除异常、病态情况,以执行健康的家庭功能。在儿童家庭治疗中,我们常说"儿童吃药,家庭生病",就是讲儿童问题并不是儿童个人的问题,而是家庭系统出了问题。家庭治疗的系统观,对于儿童发展研究乃至心理学研究具有十分重要的意义,对儿童心理发展的理论建构、深入认识儿童行为问题发生的本质、预防和治疗儿童心理问题等有着深远影响。本章将从儿童家庭治疗概述、家庭治疗的主要流派及代表性观点、常用儿童家庭治疗技术的实施等方面对儿童家庭治疗进行具体介绍。

第一节 儿童家庭治疗概述

一、儿童与家庭

家庭对一个人的成长非常重要,家庭的影响关系到一个人的一生。我们认为,家庭除了是一个社会共同体外,更是一个随着时间不断变化的系统。在本书中,我们将家庭定义为:两个或两个以上的人,由于婚姻、血缘或收养关系所组成的常年居住在一起的一个团体。在这个团体里,个体与其他成员被强有力的、持久而互惠的情感依恋和忠诚联结在一起。

(一)家庭对儿童心理健康的影响

儿童成长的第一个社会是家庭,父母是儿童的第一任老师。研究表明亲子依恋关系、亲子沟通方式、父母教养方式等对儿童心理有着重要的影响,除此之外家庭经济地位(Brooks-Gunn & Duncan, 1997)、家庭收入、家庭规模、家庭结构、父母职业、父母受教育程度(Shavers, 2007)等也会对儿童产生影响。以下从三个主要方面简要阐述家庭对儿童心理健康的影响。

1. 亲子依恋关系对儿童心理健康的影响

父母是儿童的重要依恋对象，亲子依恋关系在对儿童心理健康成长的影响因素中占据非常重要的地位。研究表明，当儿童与父亲的依恋关系出现障碍时，儿童容易产生情绪、品行等问题，而当与母亲的依恋关系出现问题时，儿童容易出现注意障碍。父母与儿童增进沟通、增加相处时间，以及父母为儿童树立良好的榜样，都可促进良好依恋关系的形成。

2. 亲子沟通方式对儿童心理健康的影响

亲子沟通方式在影响儿童心理健康的因素中十分重要。研究发现，亲子沟通与儿童情绪和行为问题存在显著负相关；良好沟通与儿童的心理健康（Liu et al.，2012）、自尊和学业成就存在显著正相关。儿童行为与亲子沟通的质量、方式以及沟通频率一般来说都存在显著正相关的关系，比如父母与孩子沟通频率越高，儿童的行为越健康，社会能力越强。

3. 父母教养方式对儿童心理健康的影响

已有多项研究显示，不同的教养方式对儿童心理健康产生的影响是不同的。一般认为积极教养方式可促进儿童心理健康，消极教养方式则可能损害儿童心理健康（Lucassen et al.，2015）。儿童在接纳、温情、理解等积极的教养方式下成长，心理健康水平比较高；儿童在过度保护的环境下成长，大多自私且不独立；儿童在经常被否认的家庭中成长，则常常表现出顾虑、退缩、没主见，心理健康水平相对偏低。

（二）家庭治疗对儿童心理治疗的意义

儿童家庭治疗可以帮助家庭澄清问题，找到可以达成的解决方案，帮助儿童及其家庭成员处理困难，学会共同生活和成长，并为每个家庭成员提供最有利于健康发展的生活环境。

1. 家庭治疗系统观深刻揭示了儿童心理问题的本质

家庭治疗理论认为儿童的问题是家庭成员交互作用的结果，不能仅从儿童个人着手治疗，而应以整个家庭系统为对象。治疗师要对家庭进行心理协调，建立良好的家庭心理气氛与家庭成员之间的心理相容，促进家庭做出适应性的改变，从而帮助儿童更好地适应家庭生活（Minuchin & Fishman，1974/1999）。

根据这一理论，儿童的任何症状都不仅仅是儿童自身的问题，而是整个家庭系统的问题。在一个系统中，儿童的言行不断影响着周围的人，也受到其他家庭成员的影响。因此，在儿童心理治疗中，除了要了解儿童的症状外，还要了解儿童情绪和行为问题的整个背景环境，以及这些环境与儿童之间的相互作用。治疗应针对整个家庭。

2. 家庭治疗系统观能有效促进儿童心理干预的效果

家庭治疗系统观对于制定促进儿童心理健康发展的预防或干预措施具有重要的启示价值。就事前预防而言，以系统发展观为指导的儿童心理干预，将所有影响发展的因素纳入一个广泛的系统，最终塑造儿童身心健康成长的家庭环境。就事后干预而言，它为儿童症状的产生原因提供更系统的观点，即认为儿童的问题源于家庭互动模式出现了问题，把儿童及其社会支持系统纳入治疗中，把着眼点放到家庭上来。

家庭治疗系统观对于儿童心理咨询和治疗具有十分重要的意义，它对儿童心理发展的理论建构、深入认识儿童心理问题发生的本质、革新治疗方法等方面产生了深远影响。

二、儿童家庭治疗的概念与理念

本部分将以家庭治疗的概念为基础，简要解释在儿童家庭治疗工作中的一些基本概念与理念。

（一）家庭治疗的概念

家庭治疗（Family Therapy）是一种治疗模式，是以整个家庭为单位而施行的心理治疗方法。焦点是协调家庭各成员间的互动和沟通，是处理人际关系系统的一种方法。它通过沟通交流、家庭雕塑、扮演角色、建立联盟、一致认同等技术和方法，运用家庭各成员之间的个性、行为模式相互影响、互为连锁的效应，改进家庭心理功能，促进家庭成员的心理健康。

（二）儿童家庭治疗的基本概念

儿童家庭治疗是家庭治疗的一种特殊模式，是以儿童家庭为单位实施的儿童心理治疗方法，目的在于通过改善儿童家庭心理环境，促进儿童心理问题的改善或解决。其中一些基本的概念如下。

1. 人际背景

个体的行为或者问题行为都是发生在某种特定的背景或情境之中，要寻找儿童问题产生的根源，就必须深入了解其所处的社会和家庭环境，了解家庭成员之间的相互关系和交往方式。这种人际背景（Interpersonal Context）是我们理解儿童问题或症状得以存在和发展的基础。现代家庭治疗已不再强调家庭是儿童问题的源头，而更看重家庭在解决问题中不可替代的作用（Lee，2002）。

2. 互补性

互补性（Complementarity）指的是在系统中一个人的行为改变，会导致另一个人的行为变化，强调家庭成员所处的人际网络的动态性和相互影响（Jackson，1957）。例如儿童在家庭来客人时，总表现出喜欢插话、吵闹等行为，这可能是父母平时给孩子关注太少的一种补偿表现："你越忽略他，他越吵闹。"

3. 循环因果

循环因果（Circular Causality）是指最初的行动会引发一系列的行为，这些行为形成一个序列，而这个序列又反过来继续影响下一个行为，在家庭系统中儿童问题的发生也是如此。案例 7-1 较好地解释了循环因果。

案例 7-1

石头与狗

贝蒂森（Bateson）曾用男人踢狗的例子来说明，踢狗的后果难以精准预测，不同的狗会引发不一样的结果,同一只狗在不同情境下反应也会不一样。男人要通过狗的反应来调整自己的行动。假设狗大叫咬人,男人会逃跑,狗会追男人,男人可能被吓到或被咬。这就是一个循环因果,其中每一环节的改变都可能导致不同结果。

4. 三角关系

当家庭中两个人发生冲突时,会拉进来一位其他的重要家庭成员组成一个人际互动的三角关系(Triangle Relationship),用来保持关系的稳定性(见案例7-2)。

案例7-2

麻烦的孩子

一对年轻的父母把他们4岁的女儿带到治疗室,母亲不断抱怨女孩从不听她的,父亲点头表示同意。孩子在房间里跑来跑去,无视母亲让她安静下来的命令和要求。家长想知道如何处理这个问题。但经验告诉我们,一个有不良行为的孩子常常是站在父母一方的肩膀上。当孩子持续不听话,常常意味着父母在家庭规则的制定上存在冲突。当一个孩子制造"麻烦"时,父亲责骂并管教,而母亲训斥父亲。因此,母亲成为女儿的盟友,而不是能够有效教育女儿的母亲。如此循环往复,孩子的问题只是父母和孩子三角关系中的一环。

5. 家庭结构

家庭结构(Family Structure)是对家庭治疗有着重要指导作用的一个概念,一个家庭的结构是一套结构性元素,相互协调一致又互有区别,组成了家庭成员彼此之间相互作用的方式(Minuchin & Fishman, 1974/1999)。家庭结构由次系统组成,包括个人次系统、夫妻次系统、亲子次系统、手足次系统、祖孙次系统。家庭结构取决于代际、性别、功能,是在互动中形成的,结构一旦形成又可以相互影响,很多的儿童问题就是由在家庭中责任分工不明确、权力分配未达到一致或彼此之间界限不明确等导致的(见案例7-3)。

案例7-3

不停颤抖的康康

康康(化名),10岁,男孩,一心情波动就会浑身发抖,引起不良肢体反应。康康说:"我妈妈一个人带我很不容易……"小男孩三句话不离母亲,身体又开始发抖。原来康康母亲放弃了自己在老家的工作,为了孩子接受更好的教育,陪着儿子在大城市读书生活。这样的家庭结构,名义上是支持儿子在异乡就读,实际上,母亲在陌生环境里

> 会出现很多问题，到头来，需要支持的反而是母亲自己。在成长中的孩子感受到了母亲的寂寞无依，而孝顺的子女，就往往会产生各种奇怪的心理问题，发出令人费解的求助信号。

6. 过程/内容

从问题取向来说，家庭治疗师在治疗过程中关注三个问题：（1）问题是什么？（2）问题是如何形成以及如何得以维持的？（3）谁最关心问题，或者对谁来说，问题才是真正的问题？第一个问题涉及问题的内容，第二个问题涉及问题的形成和维持过程，第三个问题涉及家庭内部的人际关系。

7. 症状的功能或意义

症状的功能或意义（Function or Meaning of Symptoms）是指家庭成员呈现出的症状是维系家庭系统平衡的固有模式，能保护家庭的完整性（Jackson，1957）。

例如，父母婚姻出现问题，关系紧张，这时孩子产生了厌学心理，家长的冲突就会转移到孩子身上，暂时维系家庭的平衡。从家庭角度来看，厌学在这里有一定的功能意义，一方面可以减轻孩子自己的焦虑，另一方面也会转移家长的注意力，避免了他们之间的冲突。这是症状的关系功能。

8. 家庭生命周期

家庭的形成、发展、稳定和解体也有一个生命周期（见表7-1）。家庭生命周期（Family Life Cycle）的概念使我们对个人发展有不同的理解。

表7-1 家庭生命周期

家庭生命周期	情绪发展转变原则	发展过程带来的家庭变化
单身年轻人离家	接纳心理和经济上的责任	1. 区分原生家庭的自我； 2. 发展亲密朋辈关系； 3. 在工作与经济上取得独立。
结婚建立家庭：一对新夫妻	为新的系统投入情感	1. 建立婚姻系统； 2. 重新组织家庭和朋友的关系，以接纳配偶。
有婴儿的家庭	接纳新成员进入系统	1. 调整婚姻系统，给孩子留出空间； 2. 增加了养育孩子、财务以及家务的任务； 3. 重组家庭关系，包括接纳父母亲和祖父母的角色。
有青少年的家庭	增加家庭界限的灵活性以便适应孩子的独立和祖父母的身体虚弱	1. 转变亲子关系，允许青少年在系统内自由出入； 2. 重新关注中年人的婚姻和职业发展； 3. 开始照顾老人。
孩子离开	接受现实，并进入家庭系统	1. 重新认识作为二元的婚姻系统； 2. 发展成年人之间的关系； 3. 重组和公公、婆婆、岳父、岳母，以及孙子辈的关系。

续表

家庭生命周期	情绪发展转变原则	发展过程带来的家庭变化
晚年家庭生活	接受改变的辈分、角色	1. 面对心理上的失落，保持对自己、夫妻的功能的兴趣； 2. 寻求新的家庭和社会角色的支持； 3. 支持中年下一辈； 4. 给晚年的自己及经验留出空间，在力所能及的范围内支持更老的长辈处理失去配偶、兄弟姐妹和其他同辈人的伤痛，准备迎接死亡。

资料来源：徐汉明，盛晓春，2010。

9. 阻抗

在治疗初期出现的阻抗（Resistance），表现为刻意隐瞒或拒绝提供真实资料或拒绝发生改变。儿童家庭治疗师应该认识到阻抗的保护作用，努力为所有家庭成员创造一个温暖而不苛刻的环境，试图让家庭感到安全，自发地去除阻抗盔甲，给他们治愈的希望。

10. 家庭叙事

每个家庭成员都是自己生活中的一个行动者，同时也是一个讲故事的人。家庭叙事（Family Narratives）是家庭成员通过将生活事件重建为连贯的叙事而赋予其经历以意义的方式。换句话说，家庭生活不仅仅是由行动和互动塑造的，也是由家庭成员构建和讲述的故事塑造的。

11. 性别

在儿童家庭治疗中，认识到性别（Gender）的差异很重要，特别是要认识到在传统的中国文化氛围下男女不同的教养方式的影响。与同性父母之间产生的认同和与异性父母之间的关系对子女成年后的行为、思想影响较大。

12. 文化

文化（Culture）是影响家庭行为模式的最有力的一个因素，指人们在共同生活中所形成的行为模式和经验。家庭治疗过程要充分考虑来自不同文化背景下的人们所呈现的差异。处理来自不同文化背景的儿童家庭时，要保持文化多样性的敏感度，避免认为所有人的价值观都是一样的（Lee，2005）。

三、儿童家庭治疗的历史与发展

（一）儿童家庭治疗的历史

在1900年以前，关于儿童心理治疗的研究相对较少。20世纪初，以儿童权利和法律地位为重点，一些专家发起了儿童治疗运动。希利（Healy）建立了青少年犯罪的心理学体系，为儿童精神病学和儿童心理学奠定了基础。他于1909年和1917年分别在芝加哥和波士顿成立了青少年精神病研究所和儿童指导中心，成为研究儿童心理问题的先驱。弗洛伊德在对一个5岁男孩小汉斯恐惧症的精神分析中指出了他的行为与家庭的关系，有学者认为这是历史上第一个儿童家庭治疗的例子（徐汉明，盛晓春，2010）。

系统地将家庭系统纳入精神病理学始于20世纪50年代，以米德尔福特（Midelfort）

和阿克曼（Ackerman）出版的《心理治疗中的家庭》和《家庭生活的心理动力学》为标志。第二次世界大战以后，儿童指导或治疗诊所已经在很多城市中出现，为治疗儿童的心理问题及社会与家庭问题打下了基础。在工作中，一些研究者和治疗师发现，儿童的症状不是真正的问题，父母张力才是症状的来源。

20 世纪 70 年代到 80 年代是家庭系统治疗各著名流派的繁荣时期，动力学取向、行为取向和人本取向开始融入家庭治疗，成为家庭治疗的主要理论取向。由米纽秦（Minuchin，又译作米纽庆）指导的费城儿童咨询中心成为世界家庭治疗运动的中心，吸引了来自世界各地的人。他创立了结构化家庭治疗，在这十年里主导了治疗趋势。1974年，米纽秦出版了《家庭与家庭治疗》一书，详细阐述了结构化家庭治疗理论。

从 20 世纪 80 年代末至今，家庭的复杂性和多样性变得越来越明显，人们开始认识到儿童的发展是一个复杂和多元的过程，儿童家庭治疗领域出现了整合的趋势。

（二）儿童家庭治疗的发展

随着社会变迁，儿童家庭的形式和格局也在不断变化。一方面，各个家庭治疗的流派已经形成并逐渐成熟；另一方面，随着应用范围的扩大，针对心理咨询和治疗的不同应用领域，儿童家庭治疗也在进一步走向专业化和科学化。

近年来各国系统式儿童家庭治疗的应用范围越来越广，在儿童和青少年专科医院，综合医院的儿科，公立或私立的夫妻、家庭、儿童和青少年咨询机构，以及儿童青少年救助、物质依赖的矫治等机构中，都得到了较为广泛的应用。

我国专业人员的主要工作是引进和接受专业培训，在更大范围内推广儿童家庭治疗，甚至包括在社区的推广。研究者认为，在中国这样一个国家来研究儿童家庭问题和从事儿童家庭治疗，无论是从人口和家庭的绝对数量，还是从反思和探索家庭文化传统的角度，都显得十分必要。在目前社会经济发生深刻变化的特殊时期，许多家庭矛盾和问题日渐突出，学习、研究和从事儿童家庭治疗，更是有着特殊的意义。

第二节　儿童家庭治疗的主要流派及代表性观点

在儿童家庭治疗的理论发展和实践研究中，治疗师们受到不同理论的影响，构建了自身的知识体系，形成了各自对家庭互动模式的看法及家庭功能不良的理论假设及家庭治疗干预的策略等，核心理论观点有所差别，治疗模式上逐渐形成各自风格，进而衍生出不同的特色流派。本节将集中介绍儿童家庭治疗领域的四种具有代表性的流派。

一、鲍文家庭治疗

（一）鲍文家庭治疗概述

美国心理学家鲍文（Bowen）是系统家庭理论的创始人，他最初从事精神病学的临床工作，20 世纪 50 年代，他完善了属于自己的家庭治疗理念，形成了鲍文家庭治疗（Bowen Family Therapy）理论。他认为个人要成为成熟的个体，必须澄清与原生家庭的关系。

个体出现问题主要是因为家庭成员之间的互动方式或家庭构成的规则出现了问题。家庭的主要问题是情感融合,主要任务是自我分化(Self-differentiation),一方面促成家庭成员的自我区隔化;另一方面重新开启与大家庭已切断的关系。减少焦虑、减轻症状、增加个体的自我区隔化和家庭系统的改变是家庭成员健康成长的目标。

(二)鲍文家庭治疗的基本概念

1. 自我分化

自我分化集中在有思考和反思能力的个体身上,这是鲍文家庭治疗最重要的概念。对于儿童而言,他们处在不同分化水平的家庭里面,呈现出不一样的成长状态。在分化程度较高的家庭里,孩子能较好地平衡情感和理智的关系,其自我概念的形成来自自己的理智,与家庭彼此之间达到一致,能作为家庭成员正常地成长(Rosenberg,1982)。与此相反,在分化程度较低的家庭里面,孩子的自我概念来自家人的信念、价值观等,按家人期待的模式自发形成,很大程度上"自我"是迫切地为了得到赞许或认可,仅仅是对他人需要做出的反应,缺乏理智的思考,容易情绪化而失去控制。

鲍文(Bowen,1966)提出了一个评估个体分化水平的理论量表(不是一个真正的心理测验工具),如图7-1所示。

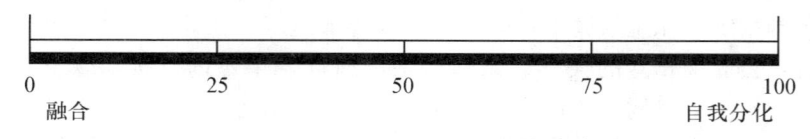

```
0        25        50        75       100
融合                                  自我分化
```

图7-1 评估个体分化水平的理论量表

依照鲍文的概念,该量表根据人们的情绪和理智功能的融合或分化的程度来区分个体。具体分数段区别如下:

(1)低于50(低分化):努力取悦他人,支持他人和寻求他人支持;依赖;缺乏自主能力;基本需要是安全需要;回避冲突;独立决定或解决问题的能力很弱。

(2)51~75(中间分化):有明确的信念和价值观,但倾向于过分关注他人的观点;可能基于情绪反应做出决定,尤其是基于其决定是否受到重要他人的反对来做出决定。

(3)76~100(高分化):清晰的价值观和信念;以目标为导向;灵活;有安全感;自主,能忍受冲突和压力,定义良好的自我感。

2. 三角关系

三角关系是鲍文的家庭治疗理论中又一重要概念。他认为夫妻之间产生了冲突,其中一方或是双方会产生焦虑,随着另一个家庭成员的卷入,会将焦虑分散在三角关系中,从而达到缓解的目的。焦虑使人们更加确定需要彼此的情感。三角关系是情感系统中最小而又稳定的关系单位(Bowen,1966)。一般情况下,家庭的分化程度越高,三角关系就越隐蔽,在分化程度很低的家庭里,自我分化最差的家庭成员很有可能会受到伤害。为了减轻焦虑,解除不愉快,家庭会依赖三角关系维持成员的亲密关系,保证最佳的相处距离。

关系三角化(见图7-2)能缓解冲突,有时也会增加冲突。例如和谐的婚姻在孩子出生后出现矛盾；孩子离家念书，父母婚姻的不和谐增加等。

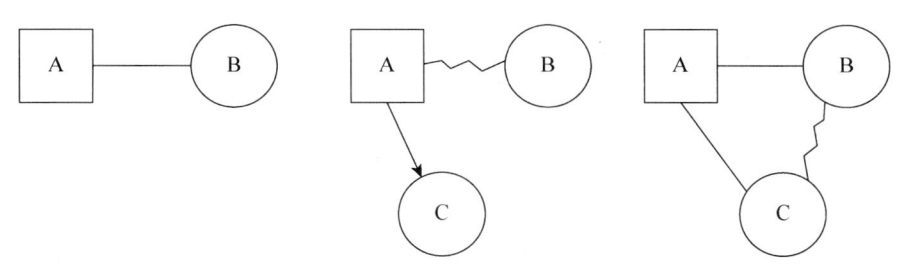

图 7-2　关系三角化

注：图中正方形 A 代表父亲，圆形 B 代表母亲，圆形 C 代表孩子，直线代表和谐关系，曲线代表冲突关系，箭头代表作用于第三个人。

在图 7-2 中，左图显示的是一种平静的关系；两个人都不足以把第三个人三角化。中间的图显示了关系中的冲突，以及更不舒服的父亲（A）将第三个人（C）三角化。右图三角化的结果是，A 和 B 的冲突转移到了 B 和 C 的关系之中，A 和 B 之间的紧张程度降低了。

案例 7-4 展示了关系三角化带来的后果。

案例 7-4

家庭连锁冲突

一个烦恼的母亲在应对儿子无理要求时请求丈夫的帮助，但遭到了丈夫的冷遇。随着母子冲突的升级，她向她的另外一个儿子诉苦，结果她的另一个儿子会因为他的兄弟让母亲不安而与其产生冲突。开始的母子冲突发展为连锁冲突：母子之间、兄弟之间、母亲与父亲之间。

3. 核心家庭情感过程

核心家庭是指由父母与未婚子女所组成的家庭。鲍文认为人们在选择伴侣时，通常会选择和自己有着同等分化程度的人。这就是核心家庭情感过程（Nuclear Family Emotional Process）所带来的情感力量及其影响。这种力量反复出现在家庭系统中并持续发生作用。核心家庭的融合程度越高，焦虑不稳定的潜在危险就越大，家庭成员之间也就越倾向于用争夺、保持距离或某个成员妥协，甚至是过度关心子女的方式来解决他们之间的问题（Bowen，1966）。

4. 多代传递过程

多代传递过程（Multigenerational Transmission Process）指家庭焦虑代代相传的过程。鲍文认为家庭功能的严重失调是家庭情感系统世代相传的结果（Bowen，1966）。在这个过程中，人们在寻找配偶时往往选择具有相似的自我分化能力的人，并将父母所投射的情感投射到下一代（第三代），从而创造出一个更低的自我分化能力的个体。

5. 家庭投射过程

家庭投射过程（Family Projection Process）指父母将他们不良的分化传递给子女的过程，主要与父母的成熟度和自我分化程度，以及家庭成熟的压力或焦虑程度相关（Bowen，1966）。父母对待每个孩子的态度和方式是有差别的，一般情况下，他们对那些与家庭融合度高的孩子关注度要更高（Bowen，1966）。

6. 同胞位置

同胞位置（Sibling Position）对家庭情感系统有一定影响力，儿童的人格特征与他们在原生家庭中的同胞关系有关，因为出生顺序可以预测一个人在家庭情感系统中的作用和功能，需要处在这个位置的人扮演相应的角色，从而塑造他们的行为与期望（Berg，1989）。

7. 情感隔离

在家庭系统中，那些情感卷入较深的孩子，为了寻求独立，会尝试各种策略来抗拒融合。他们可能会离开家庭所在地到另外的地方生活，与家庭保持空间距离，或者不与父母交流，认为自己已经脱离家庭的束缚。鲍文将这种想象中的自由叫作情感隔离（Emotional Cutoff）（Berg，1989）。

8. 社会情感过程

鲍文认为在长期的压力下，焦虑的社会也会形成。他认为如果产生了想团结和想独立的两股力量，可能会导致更大的焦虑和不舒适，并需要在理性和情感之间做好分化，以做出更加理性的决定（Bowen，1966），这就是社会情感过程（Social Emotional Process）（见图7-3）。家庭治疗师要了解和尊重来访者及其家庭拥有的文化规范与价值，从而使治疗更加有效。

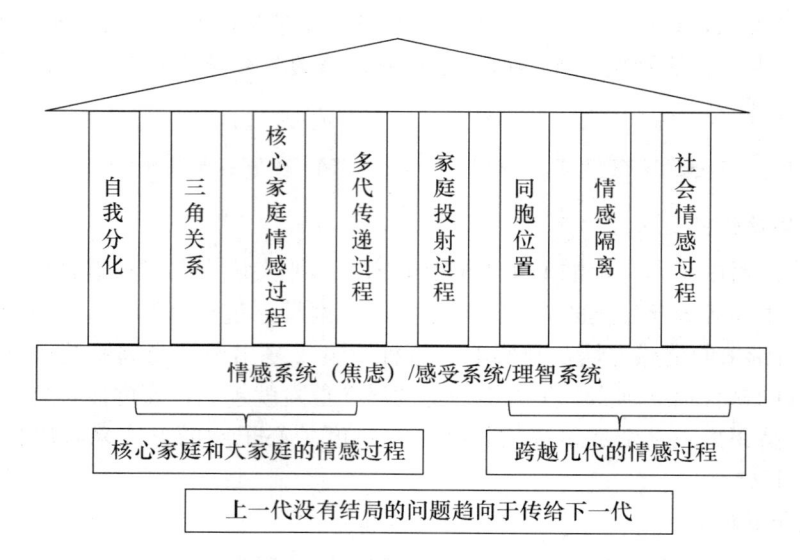

图7-3 社会情感过程

二、结构派家庭治疗

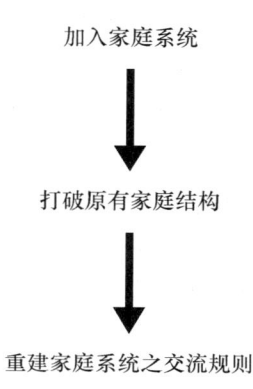

(一) 结构派家庭治疗概述

结构派家庭治疗（Structural Family Therapy）是继鲍文家庭治疗之后该领域最具影响力、应用最广泛的一个流派。20 世纪 60 年代，米纽秦及其同事在家庭沟通模式和系统思想的基础上形成结构派家庭治疗理论。结构派家庭治疗理论以系统论为基础，强调家庭单元的主动性、组织的整体性以及由沟通模式形成的组织方式（Minuchin，2018）。结构派家庭治疗密切关注家庭结构、组织、角色和关系。治疗的重点是纠正家庭结构中的问题。治疗师只加入一个家庭，就可以体验成员的现状，并干预家庭结构，以便自己成为改变的媒介，从而产生一种不同但更具建设性的生活方式（Minuchin，2018）。结构派家庭治疗过程大致如图 7-4 所示。

加入家庭系统
↓
打破原有家庭结构
↓
重建家庭系统之交流规则

图 7-4 结构派家庭治疗过程

(二) 结构派家庭治疗的基本概念

1. 情景

情景（Context）是指事件发生的环境及其相互之间错综复杂的联系。结构派家庭治疗往往以情景为焦点，强调儿童与环境的互动和相互影响，认为儿童的症状必须在家庭互动模式的情景中才看得清楚。

2. 家庭系统

家庭系统是指家庭内部更小的单元。在一个核心家庭内部，主要存在父母、父子（女）、母子（女）等子系统。但是，最持久的子系统是配偶、父母、兄弟姐妹子系统。夫妻子系统是基础，该子系统的任何功能失调都必定反映到整个家庭中（Minuchin et al.，1975）。

3. 家庭结构与规则

家庭结构是一套无形或隐蔽的功能性需求或代码，以整合和组织家庭成员彼此互动的方式为主（Minuchin，2018）。案例 7-5 呈现了隔代亲家庭的结构问题。

案例 7-5

隔代亲的家庭

咨询师：你的学习成绩什么时候开始下降的呢？

小强（化名）：……

外婆：小强是在读小学五年级的时候学习开始不好的，这两年更加不好。以前可不是这样，记得小学一二年级的时候，我们小强的学习成绩在班里一直排在第一第二名。

小强：不知为什么，现在上课时思想不能集中。

外婆：是啦，他（指小强）白天不能集中精神，而晚上又睡不着。

咨询师：那么，采取过什么改善措施呢？

小强：……

外婆：哎，怎么没有采取过任何措施？同学也帮了，老师也请了，父母也打骂过了，什么方法都用了，就是没有效果。

以上对话过程无疑表明，小强的外婆经常代表小强回答问题和延续话题。如果这是祖孙两人之间常用的沟通方式，并且保持不变，咨询师便可以假设祖孙子系统非常强大，这可能会影响到亲子系统（因为小强的妈妈会认为儿子跟外婆比跟自己更亲近），也会影响到兄弟姐妹的子系统等。

资料来源：米纽秦，尼克，2010。有适当改编。

4. 界限

界限（Boundary）是系统内各部分或系统之间抽象的分解，通常通过谁可以加入以及如何加入的规则来加以界定，其作用在于定义儿童及其个别成员的自主性，区分各个次系统，保证次系统的完整，并维持所有家庭次系统的互相依赖。图 7-5 展示了不同类型界限的家庭认同模式。

个别感		个别感
疏离型 （界限过于僵化）	清楚界限	纠缠型 （界限过于松散）

图 7-5　家庭认同模式

5. 适应家庭发展周期的转折

完整的家庭发展周期为彼此承诺到建立家庭、生育子女、养育教育、子女独立离开家庭，直到夫妻相继离世，家庭衰亡。其间也会有意外的转折，如夫妻离异、再婚、疾病或死亡等。每一个时期都有相应的发展议题，都要去面对和适应。每个家庭都处于不断改变的情景中（Minuchin et al.，2006）。家庭能否适当处理各个阶段的转变，对儿童能否成功完成下一个阶段的任务有着重大影响。

6. 家庭的恒定性

家庭最大的特点就是情感忠诚、关系持久。家庭恒定是指不管是否陷于混乱，家庭成员都将会重建安定的环境。功能良好的家庭往往在面对改变时，会调整旧有的运作模式，达到新的平衡。因此，一个家庭是一个动态恒定的系统，其结果是稳定的，过程却不是静态的。家庭有自身的运作规则、角色功能、权力分配、沟通模式，有共同的目标、历史、认同感，每个家庭都有其固有的模式。

7. 联盟与权力

联盟是由家庭成员在进行家庭活动时以共同参与或彼此反对的方式来定义的，是指家庭成员间产生的情感或家庭联结。联盟功能失调，米纽秦称之为"三角化"。当"问题"不能在父母之间解决时，第三方（通常是孩子）就会被卷进去。在这种情况下，父母双方都要求孩子与他或她结成联盟来对抗另一方。无论孩子支持哪一方，另一方都会将联盟视为攻击。在这种失调的家庭结构中，孩子永远不会赢。孩子的一举一动都会引起家长的警惕，让另一方感到被共同攻击。

三、心理动力学家庭治疗

（一）心理动力学家庭治疗概述

20世纪80年代中期，家庭治疗师对心理动力学的兴趣发生了融合，将心理动力学，特别是将客体关系理论和自我心理学应用于家庭治疗，用来处理儿童问题，成为心理动力学取向家庭治疗的主流模式。心理动力学家庭治疗师对群体及其沟通方式的关注较少，而更多地关注儿童个体及其感受，并借助以探索这些感受为目的的心理动力学理论理解儿童家庭挣扎背后的基本问题。

心理动力学家庭治疗以经典心理分析理论、系统理论和客体关系理论为基础。它将儿童的精神生活视为"动力"与"阻力"之间的相互作用，二者之间冲突的不断解决导致了儿童个体人格的不断发展。心理动力学家庭治疗在很大程度上建立在客体关系上，强调早期的亲子关系。

阿克曼是家庭治疗领域心理动力学的主要倡导者之一。他整合了心理动力学与系统论的观点，认为儿童家庭是一个互动的系统，家庭中的每个个体都是一个重要的子系统；儿童的问题源于家庭成员之间角色互补的失败，同时也是家庭内部和儿童个体受到不公平待遇和长期未解决的冲突的产物。

（二）心理动力学家庭治疗的基本概念

1. 移情

儿童家庭治疗中的移情是指家庭成员之间的移情以及儿童或家庭成员和治疗师的情绪反应。家庭成员间的移情反应代表了家庭内早期动力性互动的一种自然发展。

2. 反移情

反移情意味着治疗师身上的潜意识感受，这种感受由儿童在治疗中言语或非言语的交流所引发。反移情一部分是基于儿童家庭的客观现实，另一部分则是来源于治疗师自己幻想的投射。

3. 阻抗

阻抗指儿童在治疗情境中那些阻碍进程的反作用力。阻抗可以是有意识的、前意识的和潜意识的。任何行为都可以被用来作为治疗的一种阻抗，阻抗通常是家庭的共谋性行为。

4. 投射性认同

投射性认同可以被视为一种人际防御机制，被两个或者更多个体所分享使用。在儿童家庭治疗中，治疗师很容易被卷入一种投射性认同中，他会被推送到"战争"中的某一方，并反对另一方。

四、认知行为家庭治疗

（一）认知行为家庭治疗概述

20世纪70年代认知行为治疗进入家庭，指导夫妻沟通的技巧，并被实践证实对特定的行为问题和高动机的个体有效。它关注的重点不是家庭成员的不受欢迎的行为是如何被塑造的，而是怎样最大限度地使用相互强化的原理来交换积极的行为。此外，认知行为治疗师开始意识到认知因素是家庭互动的中介，家庭症状被看作习得的反应、无意识的获取和强化的结果。治疗通常是有时间限制和以症状为中心的。可观察到的家庭成员间的行为表现是认知行为治疗师进行家庭治疗的着眼点，治疗通常会建立具体的行为改善目标与进度，充分运用学习的原则，给予适当的奖赏和惩罚，促进家庭行为的改善。

认知行为家庭治疗（Cognitive Behavioral Family Therapy）还通过改变父母对儿童的反应方式来改变儿童的行为，如父母管理训练技术。近年来，家庭心理治疗又加入了新的认知观点，如强调家庭的归因、态度、期望和情绪等。总之，认知行为家庭治疗是治疗师根据认知行为理论设计出的相应治疗程序和技术，并被用于实践。

（二）认知行为家庭治疗的基本概念

1. 自动思维

自动思维是指在意识层面下（前意识）出现的大量想法、适应不良，能导致痛苦的情绪反应和行为失调。其主要特点包括：

（1）具有私密性、没有说出口、快速出现；

（2）与具体的情景相关；

（3）重要线索——强烈的情绪反应（抑郁时自动思维主题有无望、低自尊、失败等；焦虑时自动思维主题有预见危险、伤害、无法控制、无法应对威胁等。自动思维举例见表7-2）。

表7-2 自动思维举例

情景	情绪	伴随的想法或想象
妈妈打电话问我为什么忘了妹妹的生日	悲伤、愤怒	我又搞砸了。我没办法讨她欢心。我什么事也做不好。我有什么用？

续表

情景	情绪	伴随的想法或想象
这次考试没有考好	害怕、焦虑	回家要被爸妈狠狠批评了，每次都考不好，我真的是差生。
家里人已经一个星期没给我打电话了	不安、担心	他们一点也不关心我，是不是不爱我了？

2. 认知歪曲/错误

在认知上存在错误、非理性、片面性或偏执的因素。常见于情绪障碍患者。主要类别有：

（1）主观推断（Arbitrary Inference）：在缺乏证据的情况下得出结论。

（2）选择性概括（也称忽略证据或心理过滤器）：得到小部分信息后就得出结论。

（3）过度概括：就一项或更多孤立的事件得出一项结论，然后再把这项结论不合逻辑地推广到很多领域的活动中。

（4）两极思维（非此即彼，绝对化）：都是好的或坏的，没有完美的。以分裂为主要防御机制者多见。

（5）个人化：在基本没有根据的情况下，认为外部事件与自己有关。对消极事件过分地承担责任或感到自责。

（6）过分夸大或过分缩小：一种特征、一件事情或一种感觉被夸大或缩小。而且需要注意的是，不同类别的认知错误之间存在着大量重叠。

3. 图式/核心信念

图式/核心信念是用于信息加工的模板和规则，是相对持久的认知结构。它在早年发展中获得并被很多生活经验所影响，主张逻辑错误导致个体体验到情绪问题，主要包括以下三个类型。

（1）简单图式。包括与环境的物理性质有关的规则、日常活动的实际管理、对病理心理无影响的规则。如"如果有暴风雨，就需要找个地方躲起来"。

（2）中介信念和假设。属于条件性规则，影响自尊和情感调节。如"如果……就……"的陈述："我必须完美才能被别人接受""如果我努力学习，我就能成功"等。

（3）自我的核心信念。与自尊有关的，用于解释环境信息的整体或绝对的规则。如"我是个失败者""没人会喜欢我"。

其中图式可分为适应性图式与非适应性图式，详见表7-3。

表7-3 适应性图式与非适应性图式

适应性图式	非适应性图式
无论发生什么事，我都能处理。	如果我选择做一件事，我必须成功。
如果我学一门课程，我就能够掌握它。	我是一个愚蠢的人。
我是一个幸存者。	我是一个骗子。
别人能够信任我。	在别人周围，我从不会感到舒服。
我是讨人喜欢的。	没有朋友，我就什么都没有。
人们尊敬我。	我必须完美，才能被人接受。
如果我提前准备，我会做得更好。	无论我做什么，我都不会成功。
没有那么多事情会让我害怕。	这个世界对我来说太恐怖了。

认知行为治疗师很少对整个家庭进行治疗，如行为取向的婚姻治疗、行为取向的家长训练、功能性家庭治疗、联合性家庭治疗及认知行为家庭治疗都只关注目标行为所在的子系统。但是认知行为治疗师往往不考虑把整个家庭纳入治疗可能会带来的一些负面后果。而且，如果改变不是涉及整个家庭，新行为就不可能强化和维持下去。尽管存在这些缺点，认知行为家庭疗法仍然为儿童问题和有问题的婚姻提供了有效的治疗技术。

第三节　常用儿童家庭治疗技术的实施

一、鲍文家庭治疗的应用

鲍文家庭治疗理论认为减轻压力并缓解症状，提高家庭成员的自我分化程度，以改善他们的适应能力是治疗的目标。鲍文在进行儿童家庭治疗中主要是帮助家庭成员客观地看待他们的功能，承认有症状的孩子并不是问题的根源，家庭有自己的情绪系统，治疗师需要做的是澄清家庭成员彼此间的情绪责任。

（一）鲍文家庭治疗的实施

在治疗过程中，治疗师鼓励每个家庭成员都能努力为自己家庭的改变负责，成员之间要相互倾听、思考并学会控制情绪，表达立场。在治疗过程中，非常重要的是处理好家庭中的三角关系，这是产生情感冲突的必然形式。治疗师通过家庭成员自身对其家庭情感系统与传递过程的了解，促进他们的自我分化，以期达到最基本的治疗目标。治疗师在治疗中，特别关注原生家庭的影响，并将很多的精力放在处理大家庭的问题上；不仅关注症状本身，更注重家庭系统的内部动力。治疗师通过程序对家庭成员进行提问，帮助其认清在家庭中的角色，促进其进行自我反思和自我探索，从而改变家庭关系。

（二）鲍文家庭治疗的常用策略与技术

1. 程序提问

程序提问（Asking Process Questions）是鲍文家庭治疗中最常用的技术，通过提出一系列程序化的问题，使家庭成员思考自己在关系中的角色以及与其他家庭成员之间的关系，以达到调和情感关系，解决情感融合，提高自我分化程度的目的（Bowen，1966）。

（1）循环式提问。简单来说，就是同一个问题对每个成员问一遍。目的是制造信息和换位思考，同时治疗师保持中立。如："你猜一下，父母是怎么看你的？""如果你妈妈在这儿，她会怎么做？"

（2）澄清式提问。目的是正本清源，使事情更加具体、清晰化。如："你说你们的亲子关系很糟糕，如果10分是最高分，0分为最低分，你为你们的亲子关系打几分？""你说你对自己很不满意，如果10分是最高分，0分为最低分，你为自己打几分？"

（3）差异性提问。目的是明确差异，并使差异显现出来。如："如果孩子有问题，谁会最着急？""孩子平时和谁最好？"

（4）例外式提问。目的是使问题软化，并发现平时忽略的闪光点。如："你说你丈夫总是不关心孩子，真是这样吗？是否有过例外，他曾经关心过孩子一次？""你说你爸爸对你不好，想一想，是不是他也曾经做过一件对你好的事？"

（5）奇迹式提问。奇迹式提问就是说假设某种奇迹会发生。用一种假设的问题去询问孩子，让他们给出假设性的解决方法。如："如果奶奶活过来，她会怎么看待这件事？""如果你的病现在好了，你想做的第一件事是什么？"

（6）责任回归式提问。目的是促使家庭成员反思在症状形成过程中主动参与的程度和自己应该担负的责任。如："如果说孩子的问题与你们有关系，你们将怎么对待这件事？""为什么有矛盾的家庭很多，但你们孩子的反应和别人的不一样？"

（7）前馈式提问。用未来的某种可能性来刺激家庭构想未来的人、事、行为、关系等的计划。如："如果你们夫妻关系不改变，半年后或者一年后你们的孩子会变成什么样子？""如果你们一直这样吵下去，三个月或者半年以后，孩子的性格会有什么变化？"

（8）改善/恶化/悖论式提问。通过提出与现实情况不一致的问题，帮助家庭思考可行的行为方式。如："你们怎么做，亲子关系会更好？""你们怎么做，亲子关系会更糟？"

（9）资源取向式提问。资源取向式提问可以帮助家庭调整对家庭和儿童问题出现的整体看法，改变以往总是看问题的消极面的僵化的模式。如："你说你们的家庭关系很糟糕，但是是什么使你们没有分开？""你说你爸妈不关心你，你在困境中一路走来，靠的是什么？"

（10）假设式提问。治疗师从多个角度提出关于家庭的疑问，并在治疗中不断验证、修正，逐步接近现实。如："假若你的邻居知道你们孩子的情况，他们会怎么说？""如果你的同学/朋友在这儿，他们会怎么看这个问题？"

2. 去三角化

家庭成员之间存在冲突，治疗师在治疗过程中，可能被家庭拉入三角关系之中，如果能时刻保持中立，置身于家庭关系之外，帮助家庭成员解决面临的困难，那么家庭的情感反应就会减轻。如果被三角化，则丧失了治疗的主动权，影响治疗的效果。

为了达到这个目的，治疗师必须创建一个新的治疗三角。如果治疗师保持情感中立，持续与这对夫妻联系，他们就可以开始去三角化（Detriangulation）的过程，发展出自我分化，这将会深入持久地改变整个家庭系统（Liddle，1987）。

与去三角化紧密相连的临床方法有两点：第一是提高家长应对焦虑的能力，进而学会更好地处理孩子的行为问题；第二是通过加强双方合作，减少来自原生家庭的焦虑，增强夫妻之间的情感功能。见案例 7-6。

案例 7-6

三角化的家庭

一对夫妻，有个天天惹母亲生气的小女孩。7 岁的孩子，在父母形容下，是个"无可救药"的问题儿童：不专心、不听讲、不可理喻……父母不断地在她身上加罪名，但是在与家庭工作的两个小时内，她却乖乖地坐在一旁自己玩耍，只是她十分留心父母的

> 一举一动，尤其注意他们的谈话。父母谈话平和，孩子也平和地玩耍；父母谈话不安，孩子也明显地紧张起来。这种不停观察父母的孩子，治疗者称之为"父母观察者"，最容易被卷入父母的矛盾中，成为三角位置的一角。

在三角化的过程中，情绪会"泛滥"到第三个人身上，如果此人不能解决父母焦虑，那么会被贴上"病"的标签成为替罪羊。上述案例中的儿童，自我分化能力低而且不能解决父母的问题，所以最容易被牵扯进三角关系中并扮演替罪羊的角色。

3. 关系实验

治疗师给家庭成员安排一些家庭作业来帮助其觉察家庭系统的过程就是关系实验（Relationship Experiments）。这种实验的目的是改变家庭系统中的功能失常，让他们认清自己在关系中的角色，鼓励家庭中情感疏离者去接近其他成员并交流自己的想法与感受，去避免逃避，或者对他人的要求做出一定的让步。福加尔蒂（Fogarty）运用"追逐者-逃离者"（Pursuer-Distancer）来描述亲子之间的动力，一方越追逐——要求更多的沟通和归属感，另一方就会逃得越远——谈恋爱、上网或者和朋友出去玩。

4. 家谱图

用规定的符号将家庭三代内的成员的关系绘成一个家谱图（Genograms）（见图7-6），并用文字重点描述家庭的变化与重要时间点，以探索家庭成员间的互动模式，便于了解家庭冲突、情感隔离和三角关系产生的缘由（Nichols & Schwartz, 1996/2005）。

5. 我的位置

我的位置（I-Positions）就是用不带评价性的语句阐述自己的意见和观点，使用第一人称表达自己的想法与感受。在治疗中，当家庭成员情绪化时，用第一人称的方式说出自己的感受和想法，能使焦虑和矛盾减少。在处理孩子的问题时，家长经常容易带进自己的情绪，治疗师更要鼓励家庭成员站在自己的位置以第一人称来表达，如"你这样做会惯坏孩子"改为第一人称"我们应该对孩子严格一些"。

6. 训练

训练（Coaching）是指治疗师不直接干预家庭的互动，而是通过提出一些设计好的问题帮助家庭成员找出家庭情感过程和他们在家庭中的角色；帮助儿童独立，增强他们的自信和勇气，提高他们的情绪表达技能，以期获得良好的效果。

7. 置换故事

用书籍或电影里的故事为家庭成员提供一系列解决问题的方式就是置换故事（Displacement Stories）。这些故事的内容与家庭目前存在的情感过程及三角关系相关联，可以降低他们的防御性，改善家庭的互动关系。

盖伦（Guerin）推荐采用置换故事的办法来帮助家庭成员抽离出去看待自己在家庭系统中的角色。置换故事通常是关于有类似问题的其他家庭。例如，一个妈妈忙于攻击孩子，根本不听孩子究竟说了什么。这时，治疗师说道："不能让孩子听自己的，这种感觉一定很让人沮丧。去年我看到一个家庭，不停地争吵，根本不能停下来听对方究竟说了什么。最后，我只好将他们分开，单独会面，让他们各自花上好几次会面的时间去发泄心中

男：□　　女：○　　死亡：⊠　　有问题的人：◎

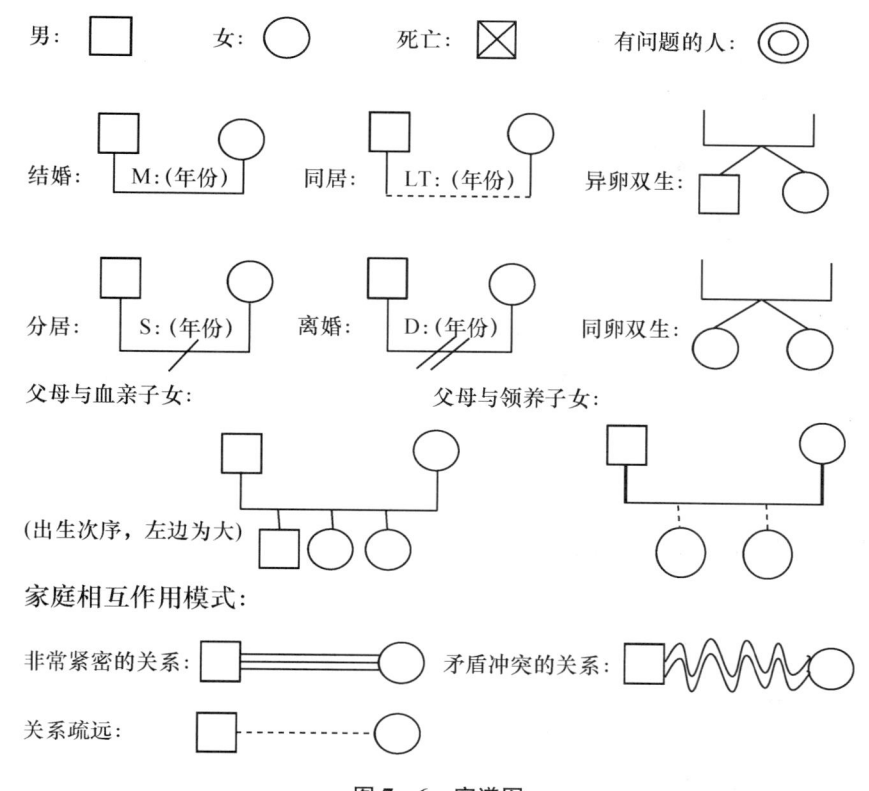

结婚：□—M:(年份)—○　　同居：□┄LT:(年份)┄○　　异卵双生：

分居：□—S:(年份)—○　　离婚：□—D:(年份)—○　　同卵双生：

父母与血亲子女：　　　　　　　　　　父母与领养子女：

(出生次序，左边为大)

家庭相互作用模式：

非常紧密的关系：□═══○　　矛盾冲突的关系：□∿∿∿○

关系疏远：□┈┈┈○

图 7-6　家谱图

资料来源：戈登堡，1991/2005。

的不满，然后，这对母子似乎才能去听对方在说什么。"

鲍文家庭治疗工作片段见案例 7-7。

案例 7-7

鲍文家庭治疗工作片段

奇奇，11 岁男孩，每天洗手三四十次，双手发白，皮肤浮肿，被诊断为强迫症。母子之间的谈话都是关于是否洗手，父亲很少参与其中，夫妻关系不好。

咨询师：你什么时候最想洗手？

奇奇（化名）：每当我觉得焦虑的时候。我妈妈很关心我，什么事都要照顾我，她不知道，事实上，她需要更多的照顾，有时候她都会忘记吃饭……

咨询师：你是否什么事都得让母亲知道？

奇奇：（点点头）我什么事都会告诉妈妈。

咨询师：你已经 11 岁了，你可以想洗多少次手就洗多少次，只要你做得对，但是

> 你能否不让母亲知道？
>
> 奇奇焦急地望着他的母亲，母亲和孩子都吃了一惊。
>
> 孩子是为母亲洗手，母子二人已经成了连体婴儿。父亲变成了一个陌生人，他和妻子、儿子之间的界限明确。妻子的注意力都集中在儿子身上。
>
> 当一个家庭面临瓦解的危险时，孩子奇怪的行为为家庭重组创造了一个机会。
>
> 奇奇强迫式洗手，不仅减轻了自己的焦虑，而且转移了家长的注意力，避免了家长之间的矛盾。这是症状的功能。
>
> 咨询师把仍然依附母体的大男孩分离出来，让父亲有机会重新学习接近儿子（重塑父子关系，改变僵化的界限），让夫妻可以再次合作（重塑夫妻系统，改变僵化的状态）。
>
> 资料来源：郑爱明，2011。有适当改编。

二、结构派家庭治疗的实施

结构派家庭治疗认为，儿童的症状必须在家庭互动模式中得到充分理解，治疗师需要融入家庭，在家庭系统中扮演领导者的角色，以改变僵化的家庭系统，重组家庭结构。在治疗过程中，核心家庭成员必须在场，当治疗师加入患者家庭，家庭会以固有的行为模式来对待治疗师，这会引起他们对自身僵化的家庭结构的注意。

（一）结构派家庭治疗的目标

结构派家庭治疗认为，儿童症状的产生和维持是由于家庭结构不适应正在改变的环境或者发展要求，所以结构派家庭治疗的目标是重建家庭结构，即改变家庭成员的互动方式，以改善症状，并帮助整个家庭系统成长，让成员能自由地、以非病理的模式彼此联系。

（二）结构派家庭治疗技术的实施过程

1. 加入家庭

治疗师加入家庭首先应该消除家庭成员的防御并减轻焦虑，要对家庭成员共情、倾听、理解，并认可每个人对家庭出现问题的解释。治疗师要与家庭建立一种共情关系。治疗师需要顺应（Accommodating）家庭，即为了成功地加入家庭并实现家庭目标而进行自我调整工作。同时治疗师需考虑不同子系统表现出的不同的互动模式，包括态度、思维模式及语言等，通过支持某一家庭成员的优点来支持其在家庭中的地位。治疗师与家庭的最初谈话要表达尊重，首先可以让父母来描述儿童的问题，以显示对父母的尊重。也要注意与家庭中的权威人物建立关系。同时，儿童对治疗也有特别的作用，治疗师应该温暖地接待他们，并且向他们提一些简单而具体的问题，避免问一些将来的问题。

2. 引起家庭互动

家庭成员并不一定会向治疗师给出儿童情况的真实反馈。有时为了弄清家庭结构关系，治疗师必须引导家庭成员通过会谈产生互动，在互动中观察成员的固有模式。治疗师对成员的交流要显示出兴趣，如通过表情或手势表达，并鼓励他们继续。治疗师经常通过改变家庭成员之间的互动方式来改变整个家庭的人际交往模式（Dattilio & Jongsma, 2000/2005）。

3. 勾画结构

勾画结构（Structural Mapping）一般出现在评估家庭互动的早期，通过勾画一幅加入家庭的路线图，反映家庭出现的问题。治疗师可以根据收集到的资料，用绘制家谱图的方式将家庭的亲子功能模式显现出来。用这种方式可以将家庭成员的关系、界限、冲突等用图解的方式表达出来（见案例7-8）。

案例7-8

家庭结构的重演

在治疗师进入家庭和成员面谈时，张女士总是代她的丈夫王先生说话，并告诉治疗师丈夫如何抑郁及毫无用处。王先生则在旁一言不发。

14岁的小儿子叹息不已并忧愁地望着母亲，谈话中常给她补充提示。

大儿子于三年前去世，二儿子现年18岁，他坐得离其他人很远。

这个家庭中，母亲和小儿子关系密切，父子的关系恶劣，二儿子显得疏离。

针对这种情形，治疗师想试一试家人可否改变相处的方式：

第一，阻止妻子代丈夫发言，请王先生自己说，但他只是木讷地说几个字。

第二，治疗师转到二儿子身上，试试指导二儿子令父亲发表意见，二儿子很关切地慰问父亲，王先生也很高兴地大声说话。经询问，原来他们在家几乎是没有谈话的。

第三，治疗师再尝试邀请小儿子与父亲谈话，只见小儿子说话含糊不清，父亲也支吾以对。

第四，请二儿子和小儿子商量怎样使父亲按时吃药，谁知他俩表情僵硬，怎么也谈不拢，而母亲又在旁边开始诉说他们父亲的不是。

从这次重演中，可假设家人的关系：父亲疏离二儿子，母亲与小儿子过度亲密。

经过重演，可假设病态的结构是母亲与小儿子关系过于密切，小儿子闯进父母的次系统；二儿子和父亲比较疏离，但他们可以互相交往及支持。

资料来源：郑爱明，2011。有适当改编。

4. 强调和修饰互动

强调和修饰互动（Highlighting and Modifying Interaction）有两种主要的方式。一是治疗过程的说明，治疗师会告诉家人该怎么说，怎么做，该对谁说，该对谁做；二是布置家庭作业，治疗师根据访谈结果要求家人在治疗室外完成特定的家庭作业，以改变家庭结构，解决问题。

5. 明晰界限

明晰界限（Boundary Making）指治疗师根据家庭成员的不同角色和权利义务，帮助家庭成员区分他们相互作用的界限，充分发挥每个成员的自主性，同时保持家庭的完整性（见案例 7-9）。治疗师可以根据患者家庭的具体情况制定一些规则，供家庭成员遵循。

> **案例 7-9**
>
> **界限不清的母子**
>
> 母亲带着安安（化名）来到咨询室，寻求治疗师帮助。
>
> 　　母亲：安安，你有什么想说的快跟老师说。
> 　　（治疗师看着安安，安安低头不语）
> 　　母亲：他有个问题就是一直喜欢咬手指，你看他手指已经露出肉了，平时也不爱说话，不知道这孩子想啥，我太操心了。
> 　　治疗师：安安，可以告诉我咬手指的原因吗？
> 　　安安：老师，我……
> 　　母亲：他做不出题目咬手指、没考好的时候咬手指、挨批评的时候咬手指、争吵的时候也咬手指……
> 　　治疗师：（打断母亲）安安，你觉得呢？
> 　　（安安望向治疗师，欲言又止）
> 　　母亲：唉，这孩子，我来说……
> 　　治疗师：您请稍等，我们先听听安安的想法。
>
> 　　如果母子关系过于纠缠，会在对话中表现出来，当孩子说话时，母亲急忙为他回答及解释。母亲习惯于替孩子回答问题，为他辩护。在这种情况下，治疗师可以让母亲等待，防止母亲打断孩子说话，并打断母子的眼神交流，分开双方，使他们不能使用言语和非言语的方式保持过度的接触。另外，给孩子更多表达意见的机会，鼓励孩子发展独立的自我。

6. 去平衡

去平衡（Unbalancing）是指打破原有的家庭平衡，使家庭成员互动方式改变。米纽秦认为，为了转化家庭系统，必须先动摇整个系统的平衡状态，特别是在处理过度纠缠型的家庭时，治疗师尤其需要与家庭中某一个成员建立临时联盟，建立、加强或削弱界限，对抗或支持各种互动模式，从而动摇原先的家庭结构。

7. 指导家庭结构方向

治疗师通常指出家庭互动模式的改变方向，建议家庭以新的方式互动，最终达到对患者的治疗效果（见案例 7-10）。治疗师可以建立一个家庭环境，与其他家庭成员一起执行这些模式，同时监控和指导，最终让家庭成员实际执行，以确定这些模式在家庭中是适合的（Dattilio & Jongsma，2000/2005）。

案例 7-10

网瘾少女的转变

一个重度网瘾的 10 岁女孩，与母亲之间有着过度纠缠的关系。在家庭中，得到母亲唯一肯定的地方是她与女儿的关系，这种过度涉入的关系成为母亲的寄托，并使得女儿成了病人。

要改善这个家庭，唯一可能的方法是建立母亲与女儿间的距离，矫正母亲的偏差位置，并界定配偶次系统的界限，使女儿能够自由。

依照这个目标，治疗师悄悄地鼓励女儿公开表达对母亲的攻击，把自己的症状怪罪于母亲的照顾不周。治疗师的介入扭转了家庭中的原有平衡：一直视女儿为情感寄托的母亲，如今被剥夺女儿这个出口，加上受到治疗师批评的压力，只好转而寻求丈夫的支持。而一旦夫妻间的距离拉近，就可能隔开母女，矫正他们原来的偏差位置，使得家庭的注意力从女儿身上转移开来。

三、心理动力学家庭治疗技术的应用

（一）心理动力学家庭治疗的目标

心理动力学家庭治疗将精神结构和精神活动视为个体早期生活人际关系的最终产物，其视角能够同时应用在个体、伴侣或者家庭访谈中。心理动力学家庭治疗的目标在于帮助每一位家庭成员寻找来自原生家庭的、可能被投射到当前家庭中的问题或事件，关注个体内心感受的同时也关注家庭成员的关系及其交往模式，使家庭恢复正常的状态与功能，使家庭成员之间重新建立联结。它主要包括建立一种信任的气氛、寻找并解释问题的根源、保持中立，以改善家庭关系。阿克曼（Ackerman，1970）认为治疗师的工作类似于催化剂，对家庭实施积极的、挑战性的干预治疗。治疗师积极主动地参与到此时此刻的家庭当中，并成功地让家庭成员意识到他的存在，在家庭能够更建设性地处理问题时撤出家庭。

（二）心理动力学家庭治疗的一般技术

1. 治疗情境

治疗情境（Therapeutic Context）是心理动力学家庭治疗的一个中心点。治疗师处在相对中立的位置，家庭成员对治疗师有所反应，表达他们的期望、幻想以及记忆。治疗情境是治疗过程实施的工具，帮助家庭成员检验被重新激活的问题儿童与家庭的关系。家庭成员学会认同治疗师的观察和接纳功能，并由此获得更强的觉知力、判断力，并理解行为的现实意义。

2. 治疗联盟

治疗联盟（Therapeutic Alliance）是治疗过程中现实的合作或协作，既是家庭中问题儿童对治疗师的一种积极移情关系，也是基于两人间的一种真实关系。治疗师在治疗过程中要努力使其保持在平衡的位置上，与儿童建立一种积极的信任和信赖，共同分享一些目标。

3. 家庭历史的探询

家庭成员的个体发展历史是心理动力学家庭治疗师的重要工具，历史能够展现儿童与这个家庭在过去存在的平行模式，治疗师因此认识到儿童问题的产生在多大程度来自父母的过去或以往的互动模式。如一个父亲早年丧父，在其成长过程中没有得到父亲的支持，尽管他很爱他的儿子，但依然缺席他儿子的成长过程。

4. 共情

格林森（Greenson）将共情（Empathy）定义为一种情感的知觉，这是一种对他人感受的体验。在儿童家庭治疗中共情需要考虑不同家庭成员的观点，家庭成员自身也很难共情，他们很难理解孩子的想法，也不想听孩子的解释。治疗师可以这样提问儿童："没有人理解你的意思，对吗？"从而创造出一种诚实的干预，挑战父母的权威，带领他们去理解儿童的想法。

5. 阐释

阐释（Illuminate）是心理动力学家庭治疗的主要干预方式。在这个过程中治疗师解释他对儿童的理解，这种理解是基于儿童对其记忆、幻想、愿望、恐惧等其他精神冲突元素的描述，这通常是潜意识的。阐释有两种形式，第一种是病源性阐释，即将儿童当前的感受、冲突、行为和过去相联结，通常会追溯到婴儿期；第二种是重构，包括将早期经验中有意义的碎片信息结合起来。

6. 修通

修通（Working Through）意味着对儿童由于之前创伤性经验而形成的冲突性表达在不同形式和不同情境下重复阐释的过程。修通的目标是使领悟更加有效果，通过改变儿童的冲突模式，带来持续和有意义的变化。在家庭中，修通的过程相对容易，因为不同的家庭成员能使阐释在会谈中有生命力。

7. 终止

终止（Terminates）对于心理动力学家庭治疗十分重要，因为它相对有更长的疗程，更深层次的原因是终止阶段会增加儿童退行趋势：儿童会与其他家庭成员一起试图回到早期的模式当中，来抵御可能会失去治疗师和治疗联盟的恐惧。对这些材料的有效阐释能够增强和巩固家庭成员对治疗师治疗目标的认同，也使儿童以及家庭能够在终止后开始正常的互动模式。

心理动力学家庭治疗工作片段见案例 7-11。

案例 7-11

心理动力学家庭治疗工作片段

李先生和太太互相不满，互相抱怨。儿子在一旁自顾自地玩耍。

李太太：生病的时候你不关心我，也从不听我说什么！

李先生：我对你如此理解和支持，但你呢？

咨询师：谁能和我说一下具体的例子吗？

李太太的抱怨很典型：我先说。昨天真是一场噩梦，孩子发烧，很难照顾，我也严重感冒。所有的事情堆积如山，我必须努力去应付。一整天我就盼望他回家。可他回来之后，好像一点也不关心我的感受，只听我讲了几句，就开始谈他办公室无聊的事情。

咨询师：那李先生你呢？

李先生：快别提了，昨天简直糟透了，工作一团乱麻，整个办公室乌烟瘴气。好不容易盼到回家，希望休息一下，结果反而被拖着听各种鸡毛蒜皮的抱怨。

儿子在一旁躲得远远的，眼神闪躲，不时望向父母。李太太望向儿子："牛牛（化名），爸妈不想在一起了，你跟谁走？"儿子哇哇大哭起来。

李先生：你什么意思？你又拿儿子说事，儿子变得这么胆小、不合群都是你吓唬的。

咨询师：好，停，你们刚说离婚，你们考虑过交换彼此的想法吗？

夫妻双方惊愕地看了对方一眼，摇头沉默。

咨询师：那我们暂且不提，先说下你们与各自母亲关系如何吧。

李先生：我母亲是位沉默寡言的女人，把自立、自我牺牲和不懈的努力视为美德。她爱孩子，但不容忍放任，她抑制感情，以免宠坏了孩子。然而，我渴望母亲的关注，并且不断地寻求。自然，我经常遭到拒绝。一个特别痛苦的记忆是，有一次我在学校被人欺负，哭着回家，结果不但没有得到期望的安慰，反而被母亲指责为"像个婴儿"！

咨询师：李太太，你与你母亲关系如何？

李太太：我父母很纵容我，而且感情外露。当我还是一个小孩子的时候，小小的磕磕碰碰他们都会关心我。而现在结婚了，丈夫好像一点都不关心我的感受，整天只知道他办公室那点事。

咨询师：现在我先来分析一下你们两位的情况。

咨询师（对李先生）：多年来，你学会保护自己不受拒绝的伤害，也从中发展出独立和力量。对你生命中的第二个重要的女性——妻子，你就保持了防御。你一直渴望富有同情心的理解，而抱怨妻子不能让你说心里话。你寻求支持，又不敢承受被拒绝的危险，这被认为是一个自我实现的预言。

咨询师（对李太太）：你是父母唯一的孩子，父母通过表达对你的关心传递他们的爱。结婚之后你习惯性地谈论自己的问题。最初，李先生对你着迷，觉得你是一个真正关心他感受的人。但当他发现你从不让他谈论他所关心的事之后，他开始抱怨，渐渐少了共情。这又使你确信，他真的"不关心我"！

当前家庭冲突的根源找到后，治疗师就能做出解释，解释的根据来自对治疗师或其他家庭成员的移情反应，也来自童年的记忆。治疗师较少处理对过去的回忆，而是更加关注现在重演的影响。儿子的问题其实来源于夫妻之间不和谐的关系，当夫妻关系明了后，儿子所谓的问题也迎刃而解。

四、认知行为家庭治疗的实施

认知行为家庭治疗的关键是处理包括儿童在内的家庭中每个成员的个体化思维。认知行为理论并不认为认知过程影响所有的家庭行为,但强调认知评价对家庭成员间的行为互动和相互间的情感反应存在明显的影响。儿童个体会建立有关其原生家庭特征的图式。所以,治疗师不仅要高度注意对每个家庭成员认知的检查,而且要注意存在什么样的家庭图式。

(一) 认知行为家庭治疗的基本方法

在治疗中,认知行为家庭治疗师大多倾向于注重与认知过程有关的情绪。当孩子生气时,治疗师要探讨与之有关的认知以便更全面地理解家庭互动中的情绪源。例如,一个女孩因父母不允许她参加一个聚会而生气。当治疗师问及此事时可能会暴露出愤怒下面所藏的情绪,即被同龄人抛弃的恐惧。由此可知,这种情绪背后的认知可能是"我会因为不去感到很窘迫,并可能遭到嘲笑和拒绝"。这样一种认知可能与这位孩子过去类似的情景与经历有关。在那种情景中,她以同样的原因被同龄人抛弃过。

在认知行为家庭治疗中,治疗师要帮助儿童以及家庭其他成员去探讨负性情感。在上述案例中,治疗师要帮助这个女孩再次分析参加聚会的重要性和想法,减轻其愤怒。因此,帮助那些心烦的家庭成员减轻情绪反应,有利于促进他们更深入地思考家庭问题,认识家庭图式与需要处理的强烈情绪之间的关联,并能够重视鉴别和修改涉及图式的观念 (Salin, 1984)。

(二) 认知行为家庭治疗的实施过程

在认知行为家庭治疗师讲述家庭图式时,以下一系列的步骤是很重要的,也是认知行为家庭治疗重构认知的实施关键。

1. 识别和揭示共有的家庭图式

突出由图式导致的认知和行为失调。治疗师通过与儿童及其家庭成员探讨自动思维来揭示图式。一旦图式被识别,就应该从家庭成员那里获得某种一致来查证核实。

2. 探索原生家庭图式

了解图式在家庭发展过程中如何演化成一种根深蒂固的结构。治疗师要探索儿童及其父母的背景,及他们在儿童成长过程中所使用的养育方式。

3. 指出改变的必要性

治疗师说明重构图式可以促进更合适、更和谐的家庭互动。在这个阶段,有必要向家庭指出,修正图式可以缓解儿童症状、降低家庭冲突水平。

4. 取得整个家庭的认可并鼓励家庭成员合作

改变或者修正现存的功能失调的图式。这对于促进家庭产生事实上的改变是必要的,也是为治疗师和家庭成员之间的合作奠定基础。对于那些持有不同的治疗目标的家庭成员来说,帮助他们找到相互间的共同点就成为治疗师的主要目标。

5. 评估促进家庭改变和制定策略的能力

此时,治疗师最重要的是要确定儿童所在的家庭有多大的能力使他们的基本观念发生有意义的改变。例如，如果家庭的功能处于一个较低的水平，治疗师的应对技能就要更完善，干预需要更具体，这个过程可能比较缓慢。同样，有必要对家庭中存在的阻抗大小进行评估，使家庭能够保持在一个动态平衡的水平上。

6. 实现改变

家庭治疗师的工作就是促进改变。鼓励儿童及其家庭成员思考修改后的基本观念。改变过程的关键就是要弄清楚，如果家庭成员依据改变的图式生活，他们会怎样真实地表现出彼此不同的行为。

7. 练习新的行为

这个阶段包括尝试变化和感受适应。在使用行动促进持久变化的过程中，安排家庭练习家庭作业是很有必要的。例如，可以建议每个家庭成员选择另外一种与新图式一致的行为，并以实际行动表现出来，然后记录它对家庭所产生的影响。这个过程是巩固新思维方式的关键。

8. 巩固变化

在这个阶段，治疗师的任务就是通过反复练习，在家庭中建立新的图式及相关的、持久的家庭行为类型，此时，家庭成员对未来的变化同样保持着可塑性。

重建家庭图式的过程需要付出很多努力，特别是在治疗师应对多套个人信念及面对一些根深蒂固的、僵化的家庭图式时。儿童的父母特别不愿意发生改变，尤其是有打破家庭总体平衡状态的危险时。此外，重构家庭成员图式的干预方法很有可能对家庭的安宁具有重要的影响。所以，治疗师在重建家庭图式时要保持耐心，保存对先前观点的认识，让包括儿童在内的家庭成员逐渐进入认知重构的过程中。

本章要点

1. 鲍文家庭治疗强调家庭治疗的原理，把治疗看作人们去更多了解自我以及相互关系的机会。

2. 结构派家庭治疗是家庭治疗领域最具影响力的流派之一，认为来访者的症状是由不良的家庭组织结构所维持的，因而，治疗师根据结构理念来改变家庭中功能不良的结构，有助于儿童的发展。

3. 心理动力学家庭治疗强调早期的亲子关系，认为儿童的问题源于家庭成员之间角色互补的失败，同时也是家庭内部和儿童个体受到不公平待遇和长期未解决的冲突的产物。

4. 认知行为家庭治疗把家庭症状看作习得的反应、无意识的获取和强化的结果，治疗通常是有时间限制和以症状为中心的。

5. 在整个儿童家庭治疗过程中，治疗师需要运用家谱图、提问、扰动等技术促进家庭发生改变，进一步与儿童及家庭沟通。

6. 任何一次儿童家庭治疗，治疗师都有责任超越家庭本身的功能障碍，以更宽阔的视角去看包括社区在内的社会系统。治疗必须建立在良好的治疗关系和家庭参与的基础上，制订详细的治疗计划，才能更好地为儿童及其家庭提供服务，效果才能更全面持久。

拓展阅读

米纽庆等.（2010）.掌握家庭治疗：家庭的成长与转变之路（第2版，高隽译）.北京：世界图书出版公司.

纳皮尔，惠特克.（2015）.热锅上的家庭（李瑞玲译）.北京：北京联合出版公司.

米纽庆等.（2016）.大师的手艺与绝活（曾林译）.上海：华东师范大学出版社.

费舍尔.（2017）.青少年家庭治疗：发展与叙事的方法（姚玉红，魏珊丽等译）.上海：华东师范大学出版社.

思考与实践

1. 请比较本章中介绍的儿童家庭治疗几个流派的治疗理论，并思考它们对症状产生的原因的不同看法。

2. 小组讨论你所了解到的其他儿童家庭治疗技术，重点介绍该技术的理论观点和实施流程，并找出可以推荐使用的理由。

3. 案例题：

小洋（化名），男，10岁，四年级，成绩中等，活泼好动。父亲整天拼命工作，母亲是全职妈妈，家里还有个妹妹。老师反映小洋坐不住，经常开小差，偶尔情绪化。小洋经常晚回家也不告知家长去向，近来由于贪玩与母亲有激烈冲突，又因好动出现扰乱课堂纪律的问题，班主任反映多次教育无果，便建议家庭寻求家庭治疗解决方案。

请你依据家庭治疗理论的观点，谈谈小洋行为的发生原因，并制定一套家庭治疗方案。

第八章
儿童艺术治疗

艺术与人类的精神世界紧密相连。早在言语能够承载意义之前，人类就已经使用动作、音乐、绘画进行沟通了，这些从远古人类就具有的交流形式，存在于我们每个人的体内。艺术的创造性本质具有治疗价值，这是所有艺术治疗的临床基础。艺术以游戏般轻松的形式契合于儿童的心智，它使儿童在艺术活动的开放中形塑自己、发展自己。可以说，艺术是艺术治疗师的工具，也是儿童处理自我问题的有效工具。本章主要介绍由绘画、音乐和舞动这几种最古老的艺术形式发展而成的心理疗法，涉及它们的概念、历史以及在图形象征、声音象征、动作象征等方面各自独具的语言、体验和治疗性应用。

第一节　儿童艺术治疗概述

一、艺术治疗的概念与基本形式

艺术治疗（Arts Therapies）也叫艺术疗法。关于艺术治疗的界定，因为文化的差异、理论背景或治疗取向的不同，至今难以统一，不同国家和职业机构对艺术治疗的界定不尽相同。一般来说，艺术治疗有广义和狭义之分。广义的艺术治疗试图囊括各种艺术形式，给出跨文化的综合性解释。狭义的艺术治疗则是针对某个具体情境，满足各种特定领域的需要。美国艺术治疗学会（American Art Therapy Association，AATA）给出的定义相对比较全面，它的定义是：在专业关系中，面对疾病、创伤和生活挑战而寻求自我成长的人对艺术进行的治疗性运用。通过艺术品的创造以及对艺术品和整个创作过程的反思，人们可以提高对自我觉察力和对别人的觉察力，缓解症状、压力与创伤体验；提高认知能力；享受制造艺术品对生活带来的快乐体验。

艺术治疗主要有四种基本形式：绘画治疗、音乐治疗、舞动治疗、戏剧治疗。在艺术治疗中，并不需要来访者拥有艺术技能或艺术天赋，也不以来访者艺术作品的美好作为唯一目标，艺术治疗的美学意义往往与不和谐、混乱有关。艺术治疗更倾向于尼采的哲学观——视艺术为在苦难面前仍可坚信生命的工具，将悲剧的艺术表达理解为对生命的混乱与苦难说"是"。这也正是艺术本身具有回应人类痛苦的能力和涵容性的本质，以及艺术的创造性力量相对于摧毁性力量的非凡性。这一过程在艺术治疗师的把握中徐徐推进。

二、艺术治疗的发展

20世纪初，精神分析学说的诞生以及传播，对艺术治疗产生了深刻的影响，精神分析学说为艺术治疗提供了基础理论模型。弗洛伊德的无意识、自由联想、梦的解析和荣格的"积极想象"直接影响了艺术治疗早期的方法，成为艺术治疗工作中倾听信息、意义与故事的根基。这个时期，因为社会政治文化变革、儿童教育观的发展和人们普遍而深刻的情感表达的需要等一系列因素的推动，艺术治疗开始在欧洲和美国萌芽。20世纪40—50年代，玛格丽特·南姆伯格（Margaret Naumberg）和伊迪斯·克莱默（Edith Kramer）是最早实践和推动艺术治疗的先驱人物。因南姆伯格的推动，艺术治疗正式在医疗领域中成为一个专有名词，也正式成为一门职业，艺术治疗进入蓬勃发展期。此后，欧洲和美国各地的艺术治疗专业协会和专业培训机构相继成立，逐步建立起专业理论体系以及专业人才培养模式。至今，专业化艺术治疗的历史只有百年，艺术治疗无论在国内还是国外都是一个全新的、尚在摸索中的行业。

三、儿童艺术治疗的功能

对于儿童来说，他们的需求和障碍不尽相同。总体上讲，儿童很难把自己的感情说出来和写出来，相比之下，艺术过程能够为他们提供一个更自发的交流手段（凯斯，达利，1992/2006）。

（一）高唤起介质

儿童因其纯真烂漫的天性，更容易直接用行为来表达内在情绪。儿童的身体会动、听、看以及说，这些感官机制都天然符合艺术活动的本质特征。艺术活动如同一项游戏的邀请，容易被儿童接受。艺术治疗不仅提供治疗的空间，激活儿童来访者看、闻、听、触、动的感知整合，还能唤醒和连接儿童自己生命能量的"内在创造者"，它使儿童在一种安全、稳定的节奏中，富有创造性地发展自己。

（二）安全容器

在艺术治疗中，"艺术作为一个安全的容器"强大而灵活，它能为儿童提供一个安全的、有序的和连贯的空间。在这个空间里，儿童可以与某些情绪和体验保持一种安全对话的距离，因此儿童能够耐受一定量的负性情绪的冲击，从而有能力存在于此时此地，让治疗性的整合得以发生。在安全容器的缓冲下，儿童跌宕起伏的心境和混乱情绪得到平稳着陆，并开始建立起秩序。例如，敲打黏土能够宣泄愤怒；一段流畅的音乐能表达爱意（拉帕波特，2009/2019）。儿童在艺术活动中，被允许通过创建和勾画出空间、自体及他人的概念，重新建立意义。这些具有慈悲和信任的表达，使儿童再度向他人和世界敞开自己。

（三）评估工具

在艺术活动的过程中，儿童的身体和作品传递出大量非语言信息，治疗师通过仔细观察，敏锐捕捉这些信息，可以不断认识到儿童来访者如何看待自己、看待世界、看待出现的问题，如何表达情感，需求在当下如何被满足；治疗师如何回应以及应当采取哪些干预措施等。收集这些信息有助于治疗师选择适合的媒介和方法，来面对个案真实的需要。

（四）治疗工具

儿童在艺术创作中，往往流露出他们日常生活的实际体验，当一个孩子无法使用艺术媒介提供的方式去玩，呈现出受限、阻滞，不能自发表达时，往往预示着与某些创伤经验相关。糟糕的经验会通过主观意识的转化而变形，但艺术可以象征化地将那些未修复、未整合的经验和强烈的情绪释放到一个艺术净化的过程中，内在体验象征化地从身体转移到外在的媒介上，治疗便开始自然发生了。

（五）内在观察者

对于治疗师来说，通过观察儿童的创作过程，能够了解他们的心理成长情况，阶段性的变化都会在艺术作品中真实地反映出来。对于儿童来说，艺术治疗会激活内在自我的部分，它能使人站在一个感觉、体验和观念之外，拉开距离去观察自身的复杂和矛盾的部分，带领儿童去看见自己正在做什么，发生了什么，可以改变什么。这一过程的充分体验，可以让儿童感知到自己的存在要大于那些感受。

第二节 儿童绘画治疗

一、儿童绘画治疗概述

（一）绘画治疗的定义

绘画治疗（Painting Therapy）也被称为绘画艺术治疗。美国艺术治疗协会（American Art Therapy Association）对绘画治疗的定义是：绘画治疗是指经历疾病、心理创伤或面临生存挑战以及寻求自我成长的个体在治疗师的陪伴下，通过绘画创作及创作过程的思考，对自我与周围人的认识有所增加，对各种症状、压力和创伤经历有所应对，对自我的认识能力提升的过程。

英国艺术治疗师协会（British Association of Art Therapists）的定义是：绘画治疗是指在治疗师的陪伴下，让来访者运用绘画材料进行自我表达和投射的过程。其目的是发展一种可以进入被压抑的情感的象征性语言，并创造性地将它们与人格相整合，从而促发治疗性变化的产生。

上述定义都明确了绘画治疗是不同于美术活动、美术教育的一种心理疗法。绘画治疗是来访者、作品和治疗师三者相互作用的过程。治疗师为来访者提供创作环境与材料，尤其是向来访者提供专业的设置框架。治疗师的主要关注点是在整个治疗的过程中来访者的参与度、感受，以及与治疗师分享各种体验的可能性。

（二）儿童绘画治疗的发展

儿童绘画受到关注，最初与教育密切相关。19世纪末20世纪初，教育家们观察到在儿童绘画中普遍呈现的模式，与人的身体、情绪和认知的发展阶段一致。艺术教育家洛温菲尔德（Lowenfeld，1947）提出了著名的儿童绘画发展阶段学说。其后，格罗姆（Golomb）、维纳（Winner）和加德纳（Gardner）分别结合儿童发展心理学、艺术学和人类学理论，进一步完善了儿童绘画发展阶段理论，开创了艺术教育治疗的模式。20世纪初，心理测量运动和心理学对个体差异的研究中，产生了大量的绘画测试工具。研究者们利用儿童画的图形元素和象征意义来评定儿童心智发展水平和人格特质。而真正推动绘画成为一门治疗专业的是20世纪40年代的美国精神分析家玛格丽特·南姆伯格。南姆伯格认为绘画是患者在治疗中使用符号与心理医生进行交流的一种方式，治疗师应该去理解那些作品本身的意义，以及创作过程和结果。另一位推动绘画治疗发展的先驱人物是英国艺术家兼美术教师伊迪斯·克莱默。她提出了绘画治疗的"创造性""升华"等重要概念，强调绘画创作本身具有治疗效果。克莱默对心理治疗师如何像"支架"一样在儿童绘画时给予支持和干预等许多重要问题进行探索，为儿童绘画治疗做出了很多重要贡献（Malchiodi，1998/2005）。

20世纪60年代被称为绘画治疗发展的黄金期。人们从多角度、多学科研究儿童的绘画和表现。心理学家鲁道夫·阿恩海姆（Arnheim，1969，1972，1974）提出视觉形式所表达的观念的发展与载体之间相互影响、相互作用的儿童绘画艺术观（引自Golomb，1990）。凯洛格（Kellogg，1969）收集了近20万张儿童画，将儿童发展和人类学联系起来进行研究。斯尔文（Silver，1978）20年来致力于艺术对智力和情感的发展作用的研究，创造了斯尔文图画测验。罗宾（Rubin，1984）将艺术治疗、创作型游戏、艺术教育和心理治疗结合起来，促进儿童能力的发展。还有另一些研究者，针对特殊儿童的发展、被虐待儿童的创伤影响等方面开展了研究。众多心理学家、教育家和艺术家的大量实践与研究，推动了绘画治疗在欧洲和美国等各地区蓬勃发展（孟沛欣，2012）。

二、儿童绘画治疗的要素

（一）绘画治疗室

绘画治疗室的环境需要有安全感、稳定感和隐私性，是可以让儿童自由表达自己的想法而不被打扰的空间。室内应该干净、舒适，光线明亮柔和，容易获得水源。需要有陈列作品的架子和放置材料的柜子，还要有一张适合团体治疗和聚会、讨论的大桌子。此外，如果条件允许，还可以搭建一个一桌两椅的单独"小空间"，满足儿童个体的需要。治疗空间是治疗师单独与儿童工作的地方，既允许儿童来回走动，又需要有一定的界限，清晰的界限对来访者的"自我"整合具有促进作用。

（二）儿童绘画治疗中的关系

1. 儿童与作品

通常，儿童绘画的源泉主要是想象、记忆和真实生活。儿童在画中会表达出很多个人的信息。他们是自己艺术表现的主要见证人，他们体验了自身对自我创作过程的觉知和关注。因此，是儿童创作者本人触及了主体的意义，而不是治疗师（Betensky，1995）。另外，儿童的绘画语言具有复杂性，其内容和方式并不全然是儿童自己的愿望、需要或恐惧等内容的简单反映，还会受到其他重要因素的影响，比如个体发展阶段、社会文化、情感内容、家庭环境、身体与精神等。

2. 儿童与治疗师

儿童因受自身经验和文化的影响，容易把治疗师看成权威人物，而不是分享他们的情感和思想、帮助他们的人。治疗师需要在治疗框架下，建立起放松的氛围，创造一个以共情为交流基础的容纳性环境。治疗师接纳孩子的意志，聆听孩子内在的声音和需要，这样的关系本身就具有治疗性。莫斯塔卡斯（Moustakas，1959）对一个更容易被儿童接受的治疗师形象进行了这样的描述：一位不与自己争抢任何东西、合作的、体贴而有礼的成人。与这样的治疗师在一起，儿童能够以各种方法感觉自己的情感，表达自己的思想。因为他知道自己是被接纳的，是无条件受到尊重的。除了上述共情与抱持，治疗师还是有规则和边界的客体，从而使关系更具有治疗意义。

3. 治疗中的三元关系

在绘画治疗的不同阶段，治疗师、儿童来访者以及作品之间的三元互动有着不同形式的体现。儿童从最初进入治疗空间到熟悉绘画材料，再到投入创作，治疗师的位置也从引导、直接参与变成了象征性在场。到作品完成之后的分享和探索阶段，治疗师、儿童和作品又构成新的三元关系。其中包含了儿童通过绘画的创作来表达的意义；儿童来访者对自己作品的看法和感受；治疗师对于儿童作品的期待；治疗师对于作品的印象和感受；儿童和治疗师是如何以作品为媒介交流的；儿童和治疗师相互之间的感知（语言、动作、表情）是怎样的。三元关系中的这些维度是治疗师需要关注的。

（三）儿童绘画治疗的材料

在绘画治疗中，材料的意义远远超出了它们作为简单物质工具的本质，材料和儿童之间存在紧密的心理联结，有时候儿童会把它们视为自己的一部分。因为每种材料都隐含了特殊的表达能力，在投入创作时，材料能对人的内部表达做出呼应，能够促进自我功能的诸多方面。在有些情况下，考虑所选材料的特性与儿童相匹配，会成为治疗中的关键。

儿童绘画治疗所需的基本材料见表 8-1。

表 8-1 儿童绘画治疗的基本材料

基本品类	常用材料
笔	铅笔（HB、2B）、彩色铅笔、油画棒、粗和细的记号笔、水彩笔
笔刷	大中小号的水彩笔刷、中号和大号的排刷
颜料	水彩颜料、水粉颜料
纸	卡纸、水彩纸、各色彩纸、复印纸
黏土	雕塑黏土、陶土、软陶
拼贴画材料	图画杂志、干花、纽扣、羽毛等
自然材料	树枝、木棍、石头、各式各样的壳等
胶带	遮护胶带、透明胶带
线和布	各种颜色的纱线、彩色毛线、软布、毛毡布
盒子	鞋盒、不同形状和尺寸的各种盒子
其他	面具纸模、儿童剪刀、工作服、胶棒、乳白胶等

三、儿童绘画治疗的实施

（一）初始会谈

一般来说，治疗之初并不会直接让儿童进行绘画创作，而是先建立关系。治疗师与儿童来访者之间安全、信任、稳定的关系是治疗的基础。治疗师可以先向儿童做自我介绍，告知儿童关于心理治疗的保密原则、知情同意等。对于某些困境中的儿童，他们可能表现得对周围事物毫无兴致的样子，或者不知道自己要选择什么样的创作材料，也没有创作意愿。这时，治疗师要以真诚的态度接纳儿童，向儿童介绍绘画材料，营造安全放松的氛围。通常可以从一些没有压力的游戏活动和暖身练习开始。

（二）评估与治疗

实施治疗之前，治疗师需要对儿童来访者的心理发展做认真评估。并不是每一个儿童来访者都会呈现出完全的症候学特征，对于儿童来访者的评估与诊断是一个正在进行和不断修正的过程。因为发展性问题始终贯穿于治疗关系中，评估与儿童的发展性问题紧密相连。治疗师在对言语和非言语信息材料进行组织评估时，应考虑多层面的儿童自我功能，包括防御机制组织、情感状态以及自我-他人的相关表征。每个层面的移情、阻抗、防御姿势都为评估儿童的人格结构水平及相应的干预手段提供了线索。

（三）创作过程

治疗关系一旦确立，就需要设置明确的工作框架和边界，需要与儿童达成一些必要的一致性约定，例如，不伤害自己、不伤害治疗师、不随意破坏治疗室内的物品，还有工作时长的设定等。当治疗关系受到了儿童突破规则的挑战，治疗师应温和地坚守规则，这也是与儿童展开工作的契机。

在治疗过程中，治疗师需要将绘画引入工作中。鼓励儿童画出来，无论是一次性的草图、随意的涂抹、还是偶然留下的记号，不论问题是情感的、行为的还是情境的，儿童绘画治疗的重点都是让儿童通过绘画表达自我。画出一些内容，可以让儿童了解自己正在经历和感受的东西。这一过程就像弗洛伊德提出的自由联想。以安全的、可接受的方式释放被压抑的情感时，儿童就会喜欢上这个非语言的表达方式。治疗师如何开启与儿童来访者的对话，并且将儿童的作品和语言结合起来形成多维度的理解，是一种很重要的临床技能。

（四）治疗的结束

当治疗达到了预期目标，就意味着可以告一段落了。为了让儿童对分离有所准备，治疗师可以提前一次或几次告诉儿童即将结束，以及开展一些与结束有关的活动。治疗师有必要让儿童知道，当他需要时还可以再次回来。

在治疗结束时要与儿童商量关于他们作品的保存，有的儿童会主动要求治疗师替他们保存绘画作品，治疗师要慎重地对待并且承诺为儿童保密。因为有些经受过严重危机和创伤的儿童，不愿意带着那些描述痛苦情感体验和记忆的作品。通过治疗师来保存它们，会让儿童有种解脱感。对于儿童艺术品的处理要考虑伦理规范的问题，包括：艺术作品的展示与保密、人物形象的拥有权和保存权、艺术作品的收藏与处置权。儿童的艺术作品也是工作记录的一部分，应当被安全地保存起来。

四、儿童绘画治疗的应用

（一）绘画导入

当治疗师给儿童白纸和绘画材料，对他们说"想画什么就画什么"时，有些儿童会不知所措并感到焦虑，有些儿童一脸沮丧，不知道从什么地方下手。这些看似对绘画有抵触情绪，特别容易感到紧张、焦虑、恐惧，对自己没有信心的孩子，一开始是难以进入自发的绘画创作的。这时候，治疗师帮助儿童了解美术材料，帮助儿童建立信任和信心，获得安全感后再进入绘画是必要的。将绘画引入个案治疗或者团体治疗的方法有很多，可以从有具体指导语的绘画测评开始，也可以结合游戏、音乐和舞动的方式来开展。案例8-1是将绘画引入治疗工作的热身小练习。

案例8-1

绘画治疗热身练习

可以从线条、形状和色彩开始。先提供两三种适合儿童使用的绘画工具，油画棒、水彩笔、记号笔等。从画一条线开始，然后鼓励再多画一些线，或者左右手交替画波浪线。治疗师要注意观察儿童们落在纸上的第一笔线条是怎样的，之后发生了什么变化，但不要做任何评价或建议。

随后，请儿童画一些参差不齐的线条、由点组成的线条、深浅不同的线条等等，中间可以变换颜色。要根据儿童的节奏留心观察，在恰当时，引导儿童来访者与那些线条、圆点对话，例如：你对哪个线条/形状/色彩最有感觉呢？哪一个是最没感觉的？现在请你用最有感觉（最喜欢）的线条、形状或色彩画一个东西。

案例8-2通过绘画材料为遭受家庭暴力的儿童提供控制感和安全感的技巧。

案例8-2

触碰放开的技巧

首先，让儿童来访者了解并自己选择绘画材料。为儿童提供他们喜欢的媒介能为他们带来控制感和安全感。治疗师提供材料时询问儿童："你想给它起个名字吗？""你想摸摸它吗？"治疗师温和地给儿童一些指示意味着一个人接受另一个人的语言，遵从另一个人的指示。治疗师为儿童提供了某种界限，这个界限就是安全边界。

> 然后使用触碰放开的技巧。过程十分简单，但非常重要。因为遭受家庭暴力的儿童对于触碰怀有否定的看法，当儿童触碰到物体的时候，治疗师积极认同儿童："太棒了""做得太好了"。之后，治疗师可以继续询问，例如："你现在想放下这个东西吗？"这时儿童会张开手，放开东西，这也是儿童在遵从另一个人的指示和要求。这时治疗师继续表达认同"太棒了""太好了"。即便只是简单的触碰放开，也能够让儿童产生积极的情绪。当儿童意识到这种积极的情绪，治疗师可以让儿童触碰其他的物品，这样重复下去。在家庭暴力环境下，儿童无法从父母那里获得认同，如果向他们表达一些认同的话语，会给儿童带来积极的影响。通过这些活动，可以让儿童意识到自己能够按照自己的想法完成一些事情。
>
> 但治疗的过程并不是简单地触碰放开，也不是问几个问题。随后，治疗师拿出准备的剪贴画、彩色黏土等材料，让儿童试着创作，或一起制作。完成后可以和儿童谈谈有什么感受。两人一起工作，就一件东西和另一个人交流，是一件能让儿童感到舒适幸福的事情。
>
> 遭受家庭暴力的儿童很难向别人打开心扉，一般都无法从其他人身上找到安全感，也无法和父母建立安全的关系。所以和治疗师之间也需要较长时间去形成信赖关系。

（二）绘画心理测查和评估

绘画心理测查和评估，简称绘画心理测评（Painting Psychological Test）。它要求受测者按照一定要求作画或者对评定者呈现的视觉刺激做出言语反应，评定者根据受测者的绘画作品或言语反应内容进行分析，以此推测受测者的心理特征或心理障碍（孟沛欣，2012）。

绘画心理测评工具种类繁多，测评范围涵盖人格评定、认知发展评定以及对机能损伤和心理障碍的诊断等。例如，绘画投射测验类型中有罗夏墨迹测验和斯尔文绘画测验。其他类型有"房-树-人"动力画测验（Kinetic House-Tree-Person，KHTP）；家庭动力画测验（Kinetic Family Drawing，KFD）（从儿童的角度了解家庭互动情况和呈现个人在家庭中的自我概念，见案例8-3）；（斯尔文）画一个故事测验（Draw-A-Story，DAS）（应用于识别处于抑郁和应激反应风险下的儿童）；等等。对儿童画的分析需要从多个维度进行，比如构图策略的使用、图形的分化程度、绘画系统的类型、图画空间和颜色的使用、人物大小所起的作用以及非常规或者奇异要素出现的比例等等。治疗师需要仔细观察被测者对于绘画的反应、情感、行动和过程，充分了解被测对象的个人因素，通过不同工具、多种测试结果进行综合性解析。同时，治疗师还要警觉自身对儿童画的投射。在完成绘画之后，治疗师与儿童的语言性工作也是评估环节中的重点。

把儿童绘画作为评估工具时，必须注意使用绘画进行诊断本身的局限性（Goodenough，1926）。治疗师切不可仅凭某些分析标准或固定模式去对应症状并下结论。仅凭一张画、一贯性的方式下结论是非常危险的事情，也是绝对不可以的。将绘画活动作为治疗方案的一部分，将这些活动作为儿童解决问题、表达情感和想法的途径是更合适的治疗方向（Malchiodi，1998/2005）。

案例 8-3

家庭动力画测试

准备两到三张 A4 纸、一支 4B 铅笔、一块橡皮。A4 纸要横着放在被测者面前,而不是竖着。如果来访者把纸张旋转了一下,那么这个动作是有意义的。

指导语如下:"请画一幅家庭人物画。不要画火柴人或漫画人,也不要是立定不动的人,而是在做些什么事的人,包括你。请心里想着他们的某个动作去画这幅画。"给出指导语后,再次提醒"不要忘记画自己"。然后治疗师离开一会儿,等待被试画完再回来。家庭动力画测试一般用于一对一的个案测查,作画时间没有限制。

画完后与儿童进行会谈:你是按照什么顺序画了图中的人物?图中的人物分别是谁?人物的年龄是多大?他们在做什么?图中有没有遗漏的家庭成员?有没有家庭成员以外的人?治疗师要按照顺序细致地向儿童来访者提问并准确记录。不可以把问题直接给儿童去填空。

家庭动力画测试是投射测查法中最常应用的技术,以精神分析、场理论、知觉选择理论为基础。主要目的是了解个人在家庭内部的欲望、家庭环境下个人的压力以及家庭成员之间的关系。家庭动力画测试可以广泛运用于各年龄层的来访者,对于家庭治疗也具有积极意义。

儿童绘画与行为观察、自我报告等方法结合起来使用,可以起到评估儿童来访者的功能水平、形成个案概念化、推进治疗进程、检验治疗效果等作用。但是儿童画并不是用来做诊断的,而是用来进行绘画治疗的可视化技术(见案例 8-4)。

案例 8-4

绘画治疗中的可视化技术

12 岁男孩小米(化名)常常感到身体有些地方不舒服,但又说不清具体位置和缘由。在与治疗师的会谈过程中,小米对于一些过往事情也常遗忘,总是茫然地说"不记得了""记不清了"。于是,治疗师在第三次工作中使用"空白身体模板",鼓励并引导小米将身体不舒服的地方涂画出来。随后,小米用红色和黑色笔在模板上分别涂出了自己感到"痛"和"不舒服"的几个部位,画面上清晰地呈现出两种躯体感觉的具体位置以及程度。随着交流的展开,治疗师继续提问和鼓励小米使用涂色的方式探索自己的情绪,有些"羞愧"的感觉在头部,"害怕"的感觉在胸口,"生气"的感觉在四肢等。渐渐地,小米能够说出一些他想到的事情片段。或许这些零星片段正是去往他无意识制造的自己身体的不适和"遗忘"的心理机制的坐标。

借助空白身体模板，让儿童来访者涂色，可以使儿童受困的那些模糊不明、未经整理的情绪和感受变得具体可见，由此打开儿童的语言之门。儿童通过言说，可以看到自己的情绪和身体之间可能存在的关联，这一体验增加了儿童的自我确定性和控制感，这一体验本身就是一个疗愈转化的过程。

（三）家庭绘画治疗

家庭绘画治疗需要在充分了解来访者的情况后，根据具体情况运用相应的理论来制订治疗方案。一般来说，家庭治疗的核心是孩子与父母或养育者之间的关系，这个关系涉及早期的母婴依恋关系。案例8-5中的治疗方法是根据依恋理论来设计和实施的。

案例8-5

增进亲子关系的家庭绘画治疗

一位7岁男孩，内心惧怕父母，是在缺乏亲密感的家庭中长大的孩子。

治疗师先使用绘画心理测评方法对男孩及其父母进行评估。治疗师请孩子画家庭动力画，治疗师的口令是画人，但男孩以几只动物来代表自己的家庭。其中牙齿锋利长得像大鳄鱼的动物象征自己，下面依次是妈妈、爸爸、弟弟。接着，治疗师请男孩与父母共画，即孩子一笔妈妈一笔，孩子一笔，妈妈再一笔……这个男孩选择画鱼，妈妈在一旁也跟着画鱼。画了一会儿，孩子开始用黑色笔乱涂乱画，孩子的突发行为使得在一旁的妈妈顿时不知所措、很茫然。其原因是，在与父母共处时，孩子会感觉烦闷和焦躁不安，并将这种情绪用黑色涂鸦表现出来。这反映了父母与孩子的关系并不是很亲密，或者说不是能相互理解的关系。针对这样的儿童，治疗师拟定了父母共同参与的家庭绘画治疗。下面是其中一次主题为"我们的家园"的治疗实施过程。

活动前，治疗师请父母搂着孩子或者抱着孩子，然后和孩子讲述他们曾经一起度过的美好时光。接下来，妈妈将陶泥揪下一些给孩子，这个动作表达的是"孩子你是安全的，信任我，跟着我来"。在孩子自己寻找之前，父母能及时看到他的需要，并敏锐地进行反应，这是一种建立依恋关系的行为。然后母子一起投掷陶泥，游戏规则是，只能将陶泥投掷在一个白框内。孩子可以尽情地全力投掷，这意味着他可以在安全空间里释放他的能量。然后将投掷的泥土收集起来，做成"美丽家园"，准备一些花草、彩纸、画笔和剪刀等工具，让孩子和母亲一起完成创作。

完成上面的活动后洗手，像小时候妈妈帮孩子洗小手一样，然后妈妈为孩子涂抹护手霜，还可以让妈妈给孩子吃点心和牛奶，然后结束。

在案例8-5中，妈妈和孩子很多的接触行为是养育性的。参与和引导是养育行为的两种形式。案例中，参与的行为有：牵手、一起尽情玩耍、一起选择材料、母亲为孩子洗手、抹护手霜、喂食等。这些参与性的养育行为可以弥补缺失的养育关系。引导的行为有：父母给出建议、制定规则、限定区域等。这些传达给孩子的信息是"你相信我，跟随我"。但活动过程不是父母主导，而是父母与孩子共同进行。在艺术创作中，所使用的也是能唤起依恋及心理联结的材料。增进依恋关系，有爱及养育的心理层面意义的材料主要有大米、大豆、大麦、面粉等谷物，代表着与喂食有关的养育行为。这些能使儿童重新找回安全感，学会依靠父母。这种依靠不是依赖，而是和妈妈或养育者在一起时的踏实感和幸福感。

有些父母其实不知道自己应该怎么和孩子互动，治疗师必要时需要加入对父母的教育及示范指导的部分，帮助父母去理解并接纳自己的孩子。

（四）团体绘画治疗

团体绘画治疗通过探索和提高社会化和沟通技术来使团体成员受益。团体成员可以获得自己如何与他人互动，以及他人如何与自己互动的体验。在团体治疗中，个体的角色往往与其在家庭和其他社会关系中的角色有关。治疗性团体可以增进成员的社会化程度和凝聚力，提高问题解决技能和个体的自尊水平。

以下介绍儿童绘画治疗团体（见案例 8-6）和适用于团体的帮助青少年探索自我的绘画治疗（见案例 8-7）。

案例 8-6

儿童绘画治疗团体

某小学，由 10～12 岁儿童组成了一个绘画治疗团体，人数为 8～10 人。这些儿童的父亲或父母双方常年忙于事业，无暇顾及家庭，儿童大多由母亲一人或老人抚养，具有以下特点：在学校有破坏性行为、冲动违抗行为，注意力不集中，对挫折承受力小，多动、紧张、易自我陶醉，在美术活动中滥用材料，缺乏规则意识，过于以结果为导向，总想马上做出非凡的作品。

团体组建的第一阶段，治疗师通过暖身活动和绘画测评，评估依恋关系和家庭动力。治疗师在活动中给予孩子大量正面的鼓励和积极回应，与儿童建立安全关系并制定团体规则。下面是后续几次治疗活动的具体实施内容。

活动一：黏土传递

需要提前准备黏土，选择不会太快变干，也不会在手上留下残余物或颜色的、柔软润滑的软泥。大致程序是团体中每人依次（1～2 分钟）感受黏土，然后对整个团体讲述黏土给自己的感觉（使用感觉词汇，如柔软、冰凉等）以及引起的情绪情感。再进行一轮传递，将黏土塑造成抽象或写实的形象。可以引导开展讨论的目标有情绪、爱好等。如果一开始团体要花很多的精力维持成员纪律，就需要设置简洁明确的指导语。要控制好时间和把握好节奏。类似的活动还有"团体比萨饼"等，可以设计成为升级版。主要讨论自尊，个体的差异与共性。

活动二：手的涂鸦

需要准备材料：油画棒、8～10 张 A4 画纸、一张大纸。

活动目标：增加成员之间的接触，消除隔阂。建立手与绘画的联系，通过对手的描画，提高成员对触觉感官的体验。治疗师在过程中关注不同色彩、线条对于每位成员的不同意义以及他们自发的语言，并记录下来。

先进行暖身活动，然后进行触觉体验：全体成员围成圈，闭上眼睛深呼吸两次。然后闭上眼睛（蒙上眼罩会增加活动的趣味性，但要根据团体成员的情况而定）每人把左手伸出来，去触摸身边组员的手，体验触碰的感觉。你是碰到了拒绝的手，还是友好的手？是柔软的手，还是有力的手？注意：过程中不要说话，不能睁开眼睛。要把触碰到的感觉直接以颜色和形状的形式在脑海中呈现出来。接下来进入主题环节"手的涂鸦"，指导语是："（1）请每位成员把自己的左手平放在A4纸上，五指张开，右手用笔把手的轮廓勾画在纸上。（2）在触摸的过程中你遇到了怎样的手？有什么感觉？请将这些感觉用绘画的方式画在你手的轮廓里。（3）画完以后，为你的作品命名。然后用剪刀把手的轮廓剪下来，拼贴在大纸上成为一张有各种各样手的大画。最后，组织团体成员分享，鼓励儿童表达情绪情感，也可以让儿童发散一些话题。治疗师要注意强调团体分享原则的重要性：在分享时不评价，不比较，不指责他人，只说自己的感受。这个原则是团体设置的一部分，具有积极的治疗意义。

活动三：共画

根据团体人数，选择全开的绘画纸。画纸可以贴墙上也可以放置于桌面或地上。如果是人数较多的团体，需要将成员分成若干小组。选择一个主题，决定绘画的方式（是一人一笔轮流画，还是几个人一起画等等）。创作过程中可使用描线、涂色或粘贴等方式。每个成员都参与绘制，然后讲述自己的创作想法。从两方面对艺术作品进行探讨：个人表达和个人对于整幅画的贡献。

团体画中经常出现的主题有：画出动物园（把自己画成某种动物）；画出你的怪物（引发团体对于恐惧和未知焦虑等问题的探讨）；画出"现在"的感受；画出幻想和期望；画自己最喜欢和最不喜欢的；画出爱、恨、快乐、邪恶等。

资料来源：部分引自杨甫德，崔勇主编，2015。

案例 8-7

帮助青少年探索自我的绘画治疗

这是一个关于探索自我的绘画治疗方案，既可用于青少年个案，也可用于团体。需要准备的材料有：水彩笔、彩铅、油画棒、水彩纸。先给每个人准备6张白纸，然后按照治疗师的口令分别画六张画。

基本流程和指导语：请先拿出一张白纸，随意地涂画，没有任何限定，时间1分钟。

完成后标记①。再拿出一张白纸，任意地涂画，时间 1 分钟，完成后标记②。再拿出一张白纸，任意地涂画，没有任何限定，时间 30 秒，完成后标记③。再拿出一张白纸，任意地涂画，这次时间是 15 秒，完成后标记④。再拿出一张白纸，随意地涂画，时间 2 分钟，完成后标记⑤。再拿出一张白纸，任意地涂画，时间 1 分钟，完成后标记⑥。完成后，请将自己的六幅画铺开，以便能看得到每一幅。哪一幅特别引起你的注意，或者让你有一种冲动，觉得这就是你想找的一幅？或者哪一幅最能引起你的情绪反应？请选出来，记住这幅画的编号。再从剩下的五幅中选出一幅对你最有吸引力、最能引起你的情绪反应的画，这个情绪可以是正向的也可以是负向的。拿着选出来的两幅画回到桌子旁，将选出来的第一幅画撕成你身体的形状（你觉得怎么代表自己就怎么撕），然后将这个撕出来的"人"粘贴在选出来的第二幅画上的任意位置。

注意指导语中间所需停留的时间，观察成员的动力。完成以上步骤后，进行分享讨论。如果是团体，可以分小组讨论。治疗师可以用以下提问引导大家思考：如果有对自己要求完美、苛求的倾向，现在就有一个练习，使你对自己不那么要求完美。有的人会舍不得撕，你花了多长时间画的？1 分钟还是 30 秒？是否发现你选出的第一幅与第二幅画此刻天衣无缝地结合在一起？通过小组分享，觉察自己。

在个案中使用时，可以从发展、认知、行为等多层面去看这个作品，创作者的陈述、画面的线条、颜色、特殊的形状、非常规的想法等等，都可以成为探索的切入点。

第三节　儿童音乐治疗

一、儿童音乐治疗概述

（一）儿童与音乐

人类具有内在的音乐性，已经被现代儿童心理学家和生物心理学家研究证实。新生儿是个主动的倾听者（Bayless & Ramsey，1982），全世界所有的婴儿对于照顾者轻柔的摇篮曲，或者是有节奏性的童谣都会产生反应。从出生起，婴儿就会发出哭声、咿呀声，这种依靠直觉操纵音乐性声音的方式被称为"交流性音乐"（Communicative Musicality，Trevarthen & Malloch，2000），也是婴儿第一个声学展现。六个月后，婴儿对音乐来源开始有选择性的注意，会对赞美的、悦耳的以及照顾者的声音更感兴趣。一岁半后，幼儿开始逐步形成区分音调与音节的能力（Moog，1976），这为之后发展更复杂的语言和歌谣做好准备。到两三岁时，音乐成为儿童的游戏，儿童走、跑、跳和跟随音乐节奏摆动自己的身体或自发拍手，这个时期，身体与空间意识在发展。到四五岁，儿童能更准确地模仿音高和发声，喜欢假扮、演戏、故事歌曲等，但还在自我中心阶段，与人合作也比较少。直到六岁，儿童才会表现出对社会互动的愉悦感，会在音乐活动上主动遵从指导，会与他人合作。这个时期，采用一些儿童音乐游戏、音乐剧等方式，能够为儿童提供很好的练习和发展社交技巧的机会。大约到七岁，儿童需要发展更多的社会性。合唱团与乐团这类音乐性的团体，为儿童提供了合作和参与的特别机会。正常发展的七岁儿童，经过训练，能够精熟掌握一些舞蹈动作、管弦类乐器和社会性乐器（吉他、多功能和弦琴等）。音乐治疗对于这个年龄阶段的儿童来说，重点在于能够促进团体中的社会性互动与合作。

大约从十一岁开始，儿童逐渐迈入青少年期，开始汲取更宽广的音乐经验，例如，青少年比较喜欢听音乐录制品。这个时期，音乐通常是青少年混乱与叛逆迷惘情绪的出口，也是一个强而有力的治疗工具。可以说，音乐性声音以各种方式成为人的生命的部分，并且贯穿人的一生。

（二）音乐治疗的定义

音乐治疗（Music Therapy）又称"音乐治疗学"，它是音乐学、心理学、人类学和医学等学科交叉融合的新兴边缘学科。关于音乐治疗的内涵和定义，著名的音乐治疗学者，美国音乐治疗协会前主席布鲁夏教授（Brusica，1989）给出了精辟的定义：音乐治疗是一个系统的干预过程，在这个过程中，音乐治疗师通过运用各种形式的音乐体验，以及在治疗过程中发展起来的，作为治疗动力的治疗关系，来帮助被治疗者达到健康的目的。

中央音乐学院的高天教授对布鲁夏的定义进行了更具体的诠释，他强调音乐治疗是一个科学的系统治疗过程，这一过程包括各种不同方法和理论流派的应用；音乐治疗的过程包括了评估、治疗计划等一系列严密和科学的系统干预过程；音乐治疗以一切与音乐有关的活动形式，如听、唱、器乐演奏、音乐创作、即兴演奏、舞蹈、美术等作为手段，而不是简单地听听音乐、放松放松；治疗的过程必须包括音乐、被治疗者和经过专门训练的音乐治疗师这三个因素，才能被称为音乐治疗（高天编著，2008）。

（三）音乐治疗的发展

在人类文明的早期，音乐就已经作为治疗手段而存在（West，2000）。古代的巫医用歌曲和节奏帮人驱除疾病和痛苦，音乐被赋予超自然的力量，可以直接治愈疾病，人们也可以借由音乐向神祈求帮助（Gfeller，1990）。

在西方，音乐的疗愈能力可追溯到古希腊哲学家毕达哥拉斯，他认为歌曲对人类的灵魂及心灵有平衡作用。柏拉图和亚里士多德视音乐为遍及思想、情绪与身体的特别力量。在古老的东方，中国的圣贤哲人将音乐视为人生必修科目，将"乐"纳入"六艺"（礼、乐、射、御、书、数），强调学习音乐的重要性。中医典著《黄帝内经》记载"五音疗疾"理论，运用宫、商、角、徵、羽不同调式的音乐，采取"对症配乐"的治疗方法。以音乐来疗愈身心起源久远，但音乐治疗却是一门还很年轻的学科。直到18、19世纪，音乐疗法才开始萌芽。

音乐治疗作为一门独立的学科最早在美国建立，美国至今仍然是音乐治疗最发达的国家。音乐治疗最早的文献是1789年发表在美国《哥伦比亚杂志》上的一篇未署名的文章，标题是《音乐的生理思考》（Music Physically Considered），阐述了一直到今天还在使用的音乐治疗原则（高天，2007）。到第二次世界大战期间，医护人员发现，音乐能帮助士兵缓解焦虑和稳定情绪，在身体康复、降低术后感染率和死亡率上发挥了有效作用。战后，许多音乐家参与医院的治疗工作，并开始系统地研究音乐对健康的作用。1944 年，美国堪萨斯大学建立了专门的音乐治疗课程用来训练专业音乐治疗师。1950 年，第一个音乐治疗协会——国家音乐治疗协会（National Association for Music Therapy，NAMT）在美国成立，标志着音乐治疗被确立为一门正式学科。

音乐治疗在国外发展相对比较成熟，已有 40 多个国家 150 余所大学开设了音乐治疗专业课程。在我国，以 1989 年中国音乐治疗学会的成立为标志，音乐治疗的研究和实践才短短 30 余年历史，能把音乐治疗全面运用在临床上的治疗师，目前还非常稀少。

二、儿童音乐治疗的主要流派

在世界范围内存在着许多音乐治疗流派，深具影响力的大约有十个流派。本部分主要介绍几种与儿童治疗尤其是与特殊儿童治疗有关的音乐疗法。

（一）鲁道夫-罗宾斯音乐疗法

鲁道夫-罗宾斯音乐疗法也称创造性即兴音乐治疗，是世界音乐治疗范围内最受重视的流派之一。其创建者是美国的钢琴家、作曲家保罗·鲁道夫（Paul Nordoff）和英国的特殊儿童教育家克莱夫·罗宾斯（Clive Robbins）。鲁道夫和罗宾斯认为，音乐触及儿童的感情生活，所有儿童与生俱来内置单独的音乐特质，能够创造声音和节奏，组合其关系，并对别人的音乐做出反应。鲁道夫和罗宾斯将这种特质定义为"音乐性儿童"。鲁道夫和罗宾斯认同人本心理学派马斯洛的理论，认为创造性音乐治疗中"成长动力"的观点和目标与人本主义"自我实现"的核心理念相一致。他们十分重视儿童对自我实现的渴求，以及对爱、安全感、尊重的需要，始终将人本主义的精神贯穿于音乐治疗当中。

（二）临床奥尔夫音乐治疗

著名的奥尔夫音乐教学法由音乐家、教育家卡尔·奥尔夫（Carl Orff）于 1926 年在德国创立。其思想体系的核心是"整体的艺术"，即把音乐、舞蹈、语言、节奏融合在一起的音乐行为教育法。创编是奥尔夫音乐教学法的精髓，这一即兴创作法被运用在音乐治疗中，成为"临床奥尔夫音乐治疗"。奥尔夫的观点是"所有儿童都有能力在各自的发展水平上进行创造和表达他们自己"。他的"整体艺术"与"原本音乐"的教育思想结合奥尔夫乐器训练、节奏训练、动作训练、即兴演奏等方法，在儿童教育和特殊儿童的治疗或康复领域中被普遍使用。奥尔夫教学法一般以团体活动为主，它让每个儿童在团体中不同位置上发挥着各自的作用（李姐娜等，2002）。

（三）柯达伊理念的音乐疗法

柯达伊音乐教学法是世界音乐教育体系中具有影响力的教法之一，由匈牙利音乐教育家、作曲家、民族音乐理论家柯达伊·佐尔坦（匈牙利语：Kodály Zoltán）创立。柯达伊认为，音乐是人类的生存发展所必需的。音乐语言，包括世界上最好的音乐，应该像话语一样让所有的儿童接受和适合它们，并可以用音乐的语汇进行创造。他把声音作为儿童学习音乐的基本乐器，以自体声音去体验音乐，以此来培养儿童自然歌唱。他擅长用多声部合唱的方式锻炼儿童,使他们互相衬托、支持。他重视通过大量的音乐读写、听唱来训练儿童的整体(内、外)听觉能力,训练儿童大脑和内心对绝对音高的听辨、记忆能力。柯达伊认为唱的过程可以使儿童产生愉悦和满足感,完整地演唱歌曲可以使儿童产生高成就感和自信心,对儿童语言基础的奠定有特殊作用(杨立梅,1994)。

三、儿童音乐治疗的要素及实施

(一)音乐治疗室

音乐治疗室最好有里外套间,治疗室在里,观察室在外,中间用单向玻璃做成隔断,便于进行行为观察。此外,场地要较为宽敞,采光柔和充足,温湿度适宜,有通风换气、隔音吸音设施等。音乐治疗室的建设一般分为初级音乐治疗室和高级音乐治疗室。例如在学校,可以利用一间教室设计一个初级治疗室。初级音乐治疗室的一般配置和音乐治疗室场景分别见表8-2和图8-1、图8-2。

表8-2 初级音乐治疗室的一般配置

项目	条件
场地	30~60平方米、1~2个房间
常规设备	书柜、电视柜、凳子、小型乐器架等
视听设备	电视机、DVD机、功率放大器、音箱等
治疗乐器	电钢琴、吉他、打击乐器等
音像设备	录音设备、摄像设备、数码照相机、电脑等
图书、资料	书籍、音像资料等

图8-1 音乐治疗室(1)

图 8-2 音乐治疗室（2）

（二）音乐治疗师

音乐治疗工作要求音乐治疗师熟悉音乐理论知识、有作曲和改编能力，能够较好地应用主要乐器和键盘乐器，能够较好地演奏中等水平作品，能够演奏多种旋律性和敲打性非管弦乐器，能够用键盘乐器或吉他很好地改变旋律或伴奏指挥，能够指挥小组进行演唱或简单乐器合奏，能够通过自己的动作或舞蹈表现自己，等等。在临床方面，音乐治疗师需要具备生理学、心理学及治疗的相关知识，包括掌握各种心理行为障碍的原因和症状，了解变态心理的理论，以及把握治疗动态技术。治疗师平时还需要自己动手搜集、整理、研制、创新、制作各种音乐治疗的资源和教育资源，建立系统的、充分的音乐资料库。关于音乐治疗师的培养，可以参考美国音乐治疗协会（American Music Therapy Association，AMTA）制定的音乐治疗教学大纲，还可以参考普凯元所著的《音乐治疗》一书。

（三）儿童来访者

从轻微的症状到严重的疾病，从一般情绪问题到特殊儿童的心理与行为问题都在音乐治疗之列，尤其是对于特殊儿童的治疗。这里的特殊儿童是指在身心特质方面显著低于常规或平均水准，需要提供特殊教育方案及其他相关服务才能符合其需要的儿童。美国音乐治疗协会调查发现，音乐治疗师可以对下列常见的儿童群体提供治疗：发展障碍、行为障碍、情绪困扰、肢体障碍、多重障碍、语言障碍、孤独症谱系障碍、视觉损伤、神经损伤、听觉损伤、药物滥用、受虐儿童、幼龄儿童、脑伤儿童等（胡世红编著，2011）。

（四）儿童音乐治疗的实施

音乐治疗发展过程中产生的各种心理理论派别，在临床中使用的方法、技术和程序各不相同，但是治疗的过程一般包括四个主要部分。

1. 资料收集

首先通过让家长、班主任及任课教师填写问卷，及对他们进行访谈会晤收集相关资料，得到儿童主诉问题及相关方面的详细信息，对儿童的生理、情绪和社会状态进行全面评估。治疗师还需要搜集儿童的个人成长史、家庭基本信息、家族遗传病史、个人病史及诊断情况。诊断情况包括诊断机构、诊断结果、确诊时间和既往治疗情况等。个人成长史包括母体孕期情况、出生情况、母乳喂养情况、养育情况、各主要阶段的发展和经历的重大事件等。

2. 评估

在为个案收集信息资料和初步会谈后，治疗师进行初步评估。评估分为初期评估、中期评估和末期评估。初期评估包括评估来访者的生理、智力、音乐能力等，为制定与来访者相适应的音乐治疗目标和治疗方案提供依据，也为中期和末期评估阶段的效果提供客观指标。所以，音乐治疗师必须知道如何正确操作评估工具以及评估的重要性。

如果是组建团体，需要先给每一位儿童做入组评估，即评估个体是否符合该音乐治疗的主题方向。治疗师需要根据自己所使用的技术，对团体成员的人格水平、精神疾病或躯体疾病情况进行风险评估，以确保团体治疗活动达成预期效果。

3. 治疗过程及评价

在评估资料汇集完成并进行分析之后，建立一个音乐治疗计划。一个基本的计划包括长期目标和短期目标。长期目标是对儿童来访者最终期待的变化的描述，而短期目标是当前的目的，可视为达到长期目标的步骤。在目标确定后就可以制定干预措施，可以具体到每次的方案内容。

在音乐活动实施的过程中，要按照科学的方法，对儿童来访者的行为、反应进行观察和记录（形成观察记录表）。音乐治疗行为观察记录表可以由治疗师助理进行记录。记录方式为：频率记录、持续时间记录、间隔记录、质量化结合的百分比记录等。这些记录将同来访者的资料一起保存。

4. 评价和治疗结束

当来访者已经达到治疗的目标，或者治疗师确定来访者已经从治疗中获得了可能的最佳目标，就应该结束治疗了。结束时，音乐治疗师应该对全部治疗过程做一个评价，包括最初的目标和进展情况。治疗师还可以对今后的治疗提出意见或建议。

四、儿童音乐治疗的应用

（一）学习障碍儿童的音乐治疗

学习障碍儿童一般智力正常或基本正常，但是在学习上有一门或几门功课表现出特别的困难，这些儿童常常被认为笨、好动、不爱学习。主要表现为语言理解及表达困难、阅读障碍、视觉空间困难、书写困难等。病因学研究发现这类儿童的致病因素大多与遗传、脑损伤和家庭社会环境有关。音乐治疗对于这部分孩子的干预主要是针对感知觉能力、语言表达能力和动作技巧等方面，使视觉、听觉、触觉、运动觉、方位觉、空间觉等在音乐的刺激和训练下进行重新统合。

（二）交流障碍儿童的音乐治疗

交流障碍分为语音交流障碍和语言交流障碍。语音交流障碍是指说话时不能正确发音，不能正确使用语音语调和节奏。语言交流障碍是指没有掌握说话所必需的气息控制和肌肉控制能力。通过安排特定的歌曲指导障碍儿童练习发声、发音、咬字，学习区别不同的音调和发音，使用有反复的旋律和歌词，可以帮助障碍儿童增强记忆。另外，对于有口吃现象、脑损伤（如脑外伤、脑神经损伤）造成的失语症儿童，通过使用白噪声、节奏刺激、旋律发音法（Melodic Intonation Therapy，MIT）等音乐治疗方法的训练，能够帮助他们逐渐恢复一定的语言功能。

（三）特殊儿童的音乐治疗

广义的特殊儿童是对残疾儿童、问题儿童和超常儿童的统称。这里所说的特殊儿童主要是指身心有缺陷的儿童。特殊儿童的"音乐临界期"（学习音乐的最佳时期）与正常儿童一样，都是在12岁之前（胡世红编著，2011）。因此，音乐教育和治疗应该在特殊儿童进入学校接受集体教育之前就开始。对特殊儿童来说，音乐治疗具有非常重要的意义和优势。生理、心理上的缺陷不同程度地影响着特殊儿童的学习与教授形式，音乐治疗活动能够避开特殊儿童的弱项，挖掘其潜能，使特殊儿童在无厌倦和不拒绝的状态下自愿学习和成长。

（四）孤独症儿童的音乐治疗

虽然孤独症儿童拒绝和外界沟通，但是绝大部分的患儿具有良好的音乐感受和反应能力。他们在听到喜欢的音乐时会安静下来，集中注意力或者手舞足蹈。

从临床上说，孤独症儿童将情感主要投注在自身体内。所以，治疗师最好能够捕捉到儿童肌肉运动的节奏和移动方式，将其镜映出来，变成可以感受得到的现实存在，然后再慢慢进入孩子的内心世界。长期临床实践证明，音乐活动可以成为刺激患儿对周围环境的意识和人际反应的强化物，音乐治疗能使孤独症儿童的沟通能力和语言表达能力等有所增强，刻板行为有所改善（见案例8-8）。

案例8-8

一例孤独症谱系障碍儿童的音乐治疗

某孤独症谱系障碍儿童小M，因自身状况，从小很少活动，腿部无力，养成了不爱动的习惯，学校活动也不愿参加。为了改变小M的现状，治疗师选用了他喜欢的乐器——爵士鼓让其学习演奏，目的在于训练他腿部的力量。

一般爵士鼓是以坐姿来演奏，但是，治疗师为了很好地锻炼他的腿，让其采用站姿演奏。刚开始，小M累的时候，治疗师让其坐下来演奏，进行站、坐交替练习。后来慢慢过渡到每节治疗课都站着演奏，再过渡到将鼓、镲等乐器摆放的间距拉大。每次治疗师都现场演奏与其配合，小 M 非常有兴致地演奏。对小 M 来说，音乐演奏使其在不知不觉中将身体重心来回转移到腿部和脚上，锻炼了腿部脚部的肌肉和韧带。治疗师掌控着音乐的快慢、强弱，掌控着整个治疗的节奏。以至于后期鼓、镲摆放的间距大到需要小 M 来回走动或跑动，才能跟上治疗师演奏的速度。经过一学期的治疗，小 M 的腿部力量增强了，参加学校活动的次数也增多了。时间长了，小 M 爵士鼓的演奏水平也有了提高。当然，这些成果是由许多短期目标的实现叠加得来的。

资料来源：胡世红编著，2011。

第四节 儿童舞动治疗

一、舞动治疗概述

（一）儿童与动作

弗洛伊德早期在关于身体、精神、运动、表达和发展之间的关系的论述中说道：自我首先是一个身体自我，它不仅仅是一个表面的实体，它本身就是一个投射。儿童最初几年，动作与情感表达紧密相连。例如，一岁前的儿童强烈哭泣的姿势与愤怒和焦虑的混合情绪联系在一起。精神病学家密特尔曼医生通过研究儿童的成长与发展，提出生命的头三年是运动技能发展最迅速的时期，如果儿童发展他的肢体运动，就能经由运动获得对自我掌控的喜悦，这种愉悦会增强儿童的成就感和提高自尊。凯斯腾伯格（Kestenberg）和罗宾斯（Robbins）分别通过研究幼儿的行为与特定发展阶段的关联性发现"努力-塑造"这一儿童与成人之间的基本模式出现在个体生命的第一年。这个模式会随着自我的发展变得更明确和完善，以及更频繁地被使用。而那些经常性使用的运动模式，会在身体内产生一种"印记"，甚至在运动停止后仍然产生效应。

儿童的身体充满着对自我塑造的欲望进行释放的冲动，儿童会在某个动作没有很好完成时表现得苦恼，在成功完成时表现得开心。当儿童向成人表达开心时，成人进行积极反馈，鼓励儿童进一步的探索，儿童会因表现自己而获得成就感。但另外一些情况是被过度照顾及被抑制，儿童由于运动不足产生焦虑，使愉悦功能被抑制，成为不良关系的基础。而不充分的运动也将导致自我贬抑的评价，或导致儿童受到其他儿童的拒绝，这会引起儿童的不满足感，甚至最终导致指向自己或他人的敌意。不论是以上哪种认知循环，如果没有获得修正性经验，持续发展到成人以后，都会再以一种动力性方式呈现。

（二）舞动治疗的定义

舞动治疗（Dance Movement Therapy）又称舞蹈疗法、运动疗法、动作疗法。1995年，美国舞蹈治疗协会（American Dance Therapy Association，ADTA）将舞动治疗定义为：舞动治疗是在心理治疗中使用动作，以促进个体情绪、社交、认知和生理等整合的过程。舞动治疗是以人体表情与动作的心理治疗功能来平衡统一身、心、智和社交功能的现代康复专业与健康学科。这门专业学科综合人体表情艺术、心理治疗学和动作分析学（Movement Analysis），聚焦于治疗关系中呈现的动作行为。

（三）舞动治疗的发展

早在19世纪的英国，舞蹈就被引入治疗。20世纪40年代，舞动治疗伴随现代舞的兴盛，在美国发展起来。现代舞者玛丽安·雀丝（Marian Chace）被邀请在华盛顿圣伊丽莎白医院（St. Elizabeth Hospital）带领患有精神疾病的二战退伍军人跳舞。同一时期，美国加利福尼亚州的斯切普（Schoop）也开始以"身体"作为治疗媒介，通过身体动作和心灵互动，帮助人们了解自我。但这个时期，舞动治疗还不被心理治疗界认可。直到20世纪70年代，第二波舞动治疗的革新浪潮开始涌现，舞蹈和动作才被引入心理治疗的领域。

舞动治疗受精神分析学说和拉班动作分析（Laban Movement Analysis，LMA）的影响很大，现代舞、精神分析理论和拉班动作分析是舞动治疗最初的运作基础。1966年，美国舞蹈治疗协会成立，标志着舞动治疗正式成为一门专业和职业，推动了舞动治疗方法的研究和发展。到20世纪70—80年代，舞动治疗重在解决动作与精神间的关系等问题。20世纪90年代，受全球文化影响，舞动治疗开始重视整合发展。在"身体动作"之外加入其他的艺术治疗媒介，如声音、诗歌和绘画等，目的是让人们有更大的表达空间。这个时期，舞动治疗的对象也从医院的精神病患扩展到儿童群体。从19世纪到20世纪舞动治疗的发展来看，欧洲和北美在心理学、身心关系和舞蹈治疗这三个方面学术上和临床上的研究发展和实践创新，汇成了舞动心理治疗这个专业学科。舞动治疗的理论和方法在1994年由高级舞动治疗师伏羲玉兰（Yulan Fucius）女士经上海戏剧学院、北京舞蹈学院、北京师范大学和东方人体文化中心介绍到中国。

（四）舞动治疗的主要流派

舞动治疗的临床实践在20世纪40年代的美国就有东岸和西岸地区不同风格的区别。东岸的舞动治疗师偏重于交流关系、方法和群组动力；西岸的舞动治疗师则注重个人内心的探索和表达。第二代舞动治疗师则有意识地融合东西两岸的不同风格，使舞动治疗的方法系统更完备。

1. 深层动作舞动治疗

玛丽·怀特豪斯（Mary Whitehouse）将舞蹈与潜意识理论、荣格的部分理论结合，发展出"深层动作舞动治疗"，把舞动治疗称为"律动"。其特点是注重个人内心的探索和表达。提倡从行动经验中学习，以达到治疗目的。怀特豪斯认为在舞动治疗的过程中，应让患者独立用身体动作去表达自己，按照自己的想法去动，治疗师在一旁观察，不做指导和干预，以引发患者的深度潜意识并进一步寻求治疗的可能性。

2. 心理能动舞动治疗

凌洁·爱斯本（Lijian Espenak）的心理能动舞动治疗理念的某些部分和阿尔弗雷德·阿德勒（Alfred Adler）的理念相呼应，这些理念与舞动治疗中情绪引发身体动作的想法有着密切的关系。凌洁·爱斯本认为，即兴式的创造代表情绪本身。充沛的生命是一种攻击性驱力。如果不刻意压抑攻击性驱力这种原始的力量，就能从存在的驱力中，感受到身心流畅与灵活的愉悦。凌洁·爱斯本提倡在团体舞蹈中建立社会情感，发展参与者彼此间的社会功能，使参与者由外而内获得自我成长。

3. 完形动作舞动治疗

潘妮·路易斯（Penney Lewis）的完形动作舞动治疗以完形治疗理论为主，整合多种治疗理论，强调身心整体、身体部位与心理的动力性关系，以及个体稳定的重要性。主要观点有：完形，通过身体或角色的扮演，保留此时此刻的觉察；通过对过去经验与此时此刻行为的各种感觉，了解自己所持的态度；通过经验整体，将自己潜意识的部分，利用象征性的身体符号呈现出来。此外，还用"图形-背景"的框架技术引导出心灵深处未解决的问题，进而获得解决问题的途径与方法。

二、舞动治疗的主要原理

舞动治疗以一定理论原理为指导，主要包括镜像，社会具身，情感、认知与行为的交互影响，动作隐喻四个方面。

（一）镜像

舞动治疗的镜像技术运用身体的动作，建立彼此的关系，创造共情的联结。这是舞动治疗过程中相当特殊的部分，也是最为吸引人的部分。舞动治疗以早期客体关系理论为基础，治疗关系是以一种非语言的方式建立和调节的。通过治疗师或者团体成员镜映来访者的动作，透过动作的相互模仿、响应和同理身体语言，这种当下发生的独特而鲜活的语言，就如最初的母婴互动（米克姆斯，2017）。

（二）社会具身

社会具身是指在社会互动及在社会信息处理中扮演主要角色时产生的身体状态，比如姿态、面部表情等。人体的动作包含了个体所有的感受、情感、情绪和对生活体验的记忆与想法，动作可以反映一个人的人格（North，1972）。人的身体和动作不仅是内在人格的展现，严格来说也是人格的一部分。人体活动时，肌体张力显示了此时此刻人的心态和情绪，身体姿态揭露了个人对自己的评价和对别人的态度，动作的形式又表现了个人的物我关系、综合处事能力和风格，个体即使在静态中，也展示了许多自我状态。因此，舞动治疗师将身体看作表达自我、传递个人信息的重要媒介。

（三）情感、认知与行为的交互影响

社会心理学研究发现，一方面，情感、认知会引起特定的运动行为（身体层面的表达）；另一方面，特定的运动、行为也会导致特定的情感、认知。动作是身体记忆的表象，适应不良、功能失调等表现是身心分裂和心理问题的躯体化反映。由动作引发的身体方面的改变，能够直接影响人的心理状态。舞动治疗正是基于心理与身体互相反映、互相影响的这一观点，通过体验、创作、练习积极开放性的动作，起到改变负面认知的作用。人体身心功能对照见表8-3。

表 8-3　人体身心功能对照表

身体部分	自我功能
头	思考、思想、自尊、理性中心
脖子	身心联系和通道
肩	责任的承担
颚、颌、面颊	自尊心、面子、决断
胸腔	勇气、自我表现（内向/外向）
手	处理能力和交际风格
躯干	存在本质、轴心
上腹	自我、性格
腹	本能感情、自爱和容纳能力
身前	显意识
身后	潜意识
上背	对外界压力的承受/反应
下腰	对自我的信心和支持
髋、臀	生命力、性活力
腿	自立能力、移动能力
膝盖	顺从的意愿
脚	基础、稳定性、踏实能力

资料来源：伏羲玉兰，2002。

（四）动作隐喻

动作隐喻是舞动治疗的主要工具，也是舞动治疗师调节治疗过程的主要工具。舞动治疗以身体为主要治疗媒体，以体验为主要程序，配合思想和行为的调理。舞动治疗中即兴动作编排以其象征意义将个体无意识内容转化为肢体语言，肢体的形式运用帮助个体突破情感的限制点，将感情更完整地表露。舞动治疗应用非语言及动作技巧，直接激发生命力和适应能力；通过动作素质的平衡改善，直接修补或清除生长经历中的创伤或障碍，并重新建立健康行为。对于儿童来说，在舞动中，通过创造性的具象化身体的方式，可修复过往经验中存在的对立感，消除儿童体内那些混乱记忆导致的情绪障碍和精神疾病。通过动作编排，儿童可以修正性地再经历"努力－塑造"模式，体验全新的自我存在（Schmais，1985）。

三、儿童舞动治疗的实施

舞动治疗的一般实施流程包括初期评估、制订治疗计划、治疗实施并评估、治疗结束和随访。

(一) 初期评估

通常,对儿童的评估是由一位舞动治疗师或一个心理治疗小组完成的。在正式治疗过程开始前,舞动治疗师会与儿童进行交流。此时,治疗师作为一个"倾听者",不仅听"事实",还要分析儿童身体外形、体态和动作之中包含的主题、隐喻及非语言的信息。治疗师可以拉班(Laban,1971)和华伦·兰姆(Lamb,1965)的"动质系统"(Effort)动作质量分析作为评估依据之一,然后记录下那些肢体语言在空间、力量、时间、流动中互动的关系。初期评估为制订近期、远期目标和治疗方案提供依据,也为中期或者末期评估阶段治疗效果提供客观指标。

(二) 制订治疗计划

治疗的目标分为阶段目标和终极目标。终极目标是对患者的一个较为理想状态的预期。阶段目标是根据患者在治疗中的表现,形成几个目标,最终达成终极目标。因此,治疗干预方案是一个动态形成的过程,是随着治疗过程中患者呈现出的不同问题和需要,不断调整和完善而形成的。舞动治疗干预方案一般会围绕以下几个方面展开:(1)观察儿童来访者,寻找和验证其特殊需要。(2)反馈儿童来访者的特殊需要和表现。(3)与儿童家长保持沟通,交换意见,取得他们的支持与配合。(4)在治疗中观察儿童,必要时给予介入和干预。(5)根据治疗进程和效果确定下一步的干预措施。

(三) 治疗实施并评估

治疗实施、评估来访者阶段性的治疗效果主要包含以下四个阶段:第一阶段:观察身体动作和潜藏的情感;第二阶段:内在情感的触动;第三阶段:创造性的介入与转化;第四阶段:结束与整理,进入治疗的下一个阶段。

中期评估是儿童经过一段时间治疗后进行的再次评估。评估过程的重点是对前一阶段的治疗进行小结,看看儿童的问题的改善程度及治疗方案是否需要调整,以便改进治疗计划。末期评估通常在结束治疗时进行,目的在于评估治疗效果如何,是否达到预期目标,对遗留的问题提出进一步的解决方案与建议。

(四) 治疗结束

当一个完整的个案治疗过程即将结束时,对于儿童的阶段性总结和反馈是非常必要和有益的,应给予有具体实质性内容的积极反馈。对团体而言,治疗结束时,舞动治疗师最主要的任务是帮助组员处理好离别的情绪,将分离转化为对彼此的祝福;帮助组员整理在治疗期间获得的成果,鼓励他们将这些成果用语言表达出来,增强他们回到现实生活中的信心。

(五) 随访

对结束治疗后回归家庭的儿童来访者进行跟踪访问。目的是了解儿童功能和行为状况,即是否保持着已经获得的进步,是否需要继续治疗。

四、儿童舞动治疗的应用

(一) 对发展性障碍儿童的干预

由于发展性障碍儿童缺乏与人互动的方法,有的甚至没有与人互动的意识,因此互动对于他们来说是比较难掌握的一种活动形式,但它却是十分重要的基本能力之一。案例8-9呈现了用奥尔夫集体舞培养发展性障碍儿童的规则意识。

案例8-9

用奥尔夫集体舞培养发展性障碍儿童的规则意识

(1) 初步感知。选择节奏明朗、欢快活泼的儿歌《春天来了》,此儿歌结构简单明了又非常有规律。开始时,用声势动作"拍腿-拍手、拍肩-搓手掌-拍腿-拍手、拍肩-跺脚转圈-拍手、拍肩"对应歌曲节奏,让儿童模仿学习,通过律动感受音乐的稳定节奏与固定结构。在歌曲的稳定节奏与固定结构中就已经具备规则,发展性障碍儿童通过声势动作模仿可初步感知歌曲的特有规律。

(2) 利用动作熟悉音乐。动作是身体的语言,通过有秩序和规律的动作可实现身体对心灵的表达。在声势动作的练习后,使用简单的动作,即"前出拳、旁出拳-拍手、拍腿-张开手自由走-前出拳、旁出拳-拍手、拍腿-跺脚自由踏步-拍手、拍腿"。进行到这个环节时,儿童已经对音乐的规则有了更深的感知。由于动作简单,这种练习并不会使儿童感到困难,也增加了治疗活动的趣味性。

(3) 在互动中掌握结构。以《春天来了》为例,歌曲结构为A-B-C-A-B-D-B,把A部分的动作设计为两个小伙伴拉手转圈,一个乐句转一圈,当乐句结束时马上换另一位新的伙伴转圈。孩子们在音乐结构的规则下进行互动游戏,他们很欢乐,对音乐节奏和规则的把握也更熟练。

(4) 在创编中学习规则。在创编的过程中,组员人人都要参与。刚开始,大家可能会手足无措,非常需要治疗师的引导。可以从歌曲内容进行引导,例如,问孩子们"春天来了会有什么?""花儿开了是什么样?"等。还可以出示关于春天的图画素材来帮助孩子们拓展关于春天的内容,然后再迁移到用肢体动作展示出自己所看所想的。这个创编也是建立在音乐结构的基础上。

资料来源:徐畅,2019。

在具体实施中,治疗师要注意把握奥尔夫音乐结构清晰、简单重复的特点,设计活动要循序渐进,每一次内容进行过程中要为下一个内容做准备。在治疗过程中,治疗师的引导语要尽量明确简洁,营造一种轻松积极的氛围,话语过多会造成障碍儿童的负担。

（二）初中生社交焦虑的舞动治疗团体

案例 8-10 是一个针对初中生社交焦虑而设计出的八个单元的舞动治疗团体心理辅导方案。它以团体动力学理论、人际关系理论和表情动作分析系统为理论基础。

案例 8-10

舞动治疗团体心理辅导单元大纲

团体阶段	单元	主题	目的	活动
创建阶段	第一单元	缘聚你我	成员间互相熟悉，明悉团辅意义，制定契约	同心圆、我舞故我在、我记住了他
过渡阶段	第二单元	直抒胸臆	引导成员合理表达内心需求及感受，建立真诚坦白的交流模式，树立与人交往的信心和勇气	奇妙之旅、圈地划界
	第三单元	自我探索	成员自我了解，自我悦纳；解放身心，整合情绪	呼吸练习、真实动作、走走停停
	第四单元	推己及人	帮助成员在人际交往中寻找自我和他人间的平衡点，体验换位思考，培养成员的共情能力	胸腹联合式呼吸、空间探索、镜面反射
工作阶段	第五单元	立身处世	帮助成员深入发掘自己内心在不同社交情景中产生的真实感受，在自身的社交关系和社交方式上有所感悟	纱中圆舞、强弱主题、一线牵
	第六单元	直面无虑	鼓励成员直面人际交往中的焦虑情绪，教授成员缓和情绪的方法	写圆破圆、创意情境舞、生命之树
	第七单元	泰然处之	帮助成员获得一些调整心态的技巧以应对人际难题，培养成员的人际交往能力	节拍走、真实动作、三人共舞、放手游戏
结束阶段	第八单元	离别忆暖	总结团辅收获，成员彼此告别，鼓励自我及他人在生活中勇于改变	真情 100 秒、告别圆舞、戴高帽、希望寄语

资料来源：庞艺璇，2018。

• 本章要点

1. 绘画、音乐、舞动与儿童身心发展关系密切，艺术能力是儿童在运动、知觉、语言、符号形成、感觉意识、空间定向等诸多方面发展中的某种能力出现的指标。

2. 在艺术治疗中，尤其强调由治疗师为来访者提供治疗框架，并将心理学、精神病理学与艺术美学等理论相结合发挥治疗性作用。

3. 艺术的创造性具有治疗价值，艺术治疗对于具有各种身心症状的儿童独具优势，尤其对于特殊儿童和具有严重身心障碍的儿童，艺术治疗能很好地弥补药物治疗和谈话治疗的不足。

4. 儿童绘画心理测评有助于治疗师对儿童临床工作的开展。对于儿童画的分析是多维度的，但是儿童画并不是用来诊断，而是用来进行治疗的。

5. 三种深具影响力的音乐疗法有各自的哲学观和理论基础，以及具体的应用。

6. 舞动治疗涉及镜像，社会具身，情感、认知与行为的交互影响，以及动作隐喻这四个方面的理论原理以及临床应用。

拓展阅读

Malchiodi，C. A.（2005）．*儿童绘画与心理治疗——解读儿童画*（李甦，李晓庆译）．北京：中国轻工业出版社．

凯斯，达利．（2006）．*艺术治疗手册*（黄水婴译）．南京：南京出版社．

高天．（2007）．*音乐治疗学基础理论*．北京：世界图书出版公司．

胡世红（编著）．（2011）．*特殊儿童的音乐治疗*．北京：北京大学出版社．

李宗芹．（2001）．*倾听身体之歌：舞蹈治疗的发展与内涵*．台北：心灵工坊文化事业股份有限公司．

Meekums，B.（2009）．*舞动治疗*（肖颖，柳岚心译）．北京：中国轻工业出版社．

思考与实践

1. 绘画治疗包含了哪些基本的要素？你如何看待儿童在治疗中的绘画过程和其作品之间的关系？你认为它们分别对儿童具有怎样的意义？

2. 尝试使用家庭动力画测验做初始会谈，并评估来访者的依恋模式和关系，思考并讨论还需要收集哪些信息资料，以及下一步如何开展工作。

3. 音乐疗法是否必须要弹奏音乐？如果儿童不愿或不会弹奏的话，音乐疗法还有用吗？还应该继续治疗吗？

4. 理解并熟悉舞动治疗主要流派的基本技术和程序，掌握为特殊儿童导入舞动治疗的方法。

第九章
儿童团体咨询

人是社会动物,团体归属是人的基本心理需求。儿童一出生就是家庭的成员,随着儿童成长,其必然进入各种各样的团体中去。心理学研究表明,形成同伴团体是儿童社会化过程中的普遍现象(杨渝川等,2003),团体为儿童提供了同伴增强的机会,同伴给予经常远比成人给予的更加有效(Rose,1998/2014)。团体咨询师就是在模拟创造一个环境,让每个成员在团体中有机会去增强别人,同时也被教导如何去行动,并得到肯定。最终,成员能够将学习到的新的认知和行为模式迁移到真实生活中去。本章将介绍儿童团体的基础理论和主要技术、实施操作等,力求读者及学习者能够对儿童团体有初步了解和掌握。

第一节 儿童团体咨询理论概述

一、儿童团体咨询的概念与类型

(一)概念

儿童团体咨询,顾名思义就是以儿童为对象进行的团体咨询。樊富珉(2005a)将团体心理咨询(Group Counselling)定义为:在团体的情境中提供心理帮助与指导的一种心理咨询与治疗的形式。它是通过团体内人际交互作用,促使个体在交往中通过观察、学习、体验,认识自我、探索自我、接纳自我,调整改善与他人的关系,学习新的态度与行为方式,以发展良好的适应的助人过程。这一定义同样适用于儿童团体,它描述了团体产生疗效的过程。

维斯等人(Weisz et al.,1987)将儿童团体咨询定义为:通过临床咨询、结构或非结构式互动、训练计划或有预定目标的治疗计划等方式,对18岁以下的多人团体进行干预,旨在缓解心理压力,减少适应不良行为,或增加适应性行为的过程。此定义涵盖所有类型的团体干预类型,包括指导/教育团体、咨询/人际问题解决团体,以及心理治疗/人格重建团体等。

(二) 类型

目前儿童团体还没有统一的分类标准。根据不同的标准，可以将儿童团体分为相互交叉的不同种类。

1. 根据团体功能分类

樊富珉（2005a）根据团体的咨询功能，将团体分为成长性团体、训练性团体、治疗性团体。

成长性团体的工作目标是促进儿童的自我成长和人格完善，这是一种应用广泛的团体形式，在学校教育中更受关注。例如，小学生沙盘游戏与讲故事团体（Unnsteinsdóttir, 2012）、心理主题班会、积极心理品质训练营等，都是儿童成长性团体。

训练性团体更注重认知和行为技巧，特别是人际关系技巧的培养，它可以帮助儿童学习新的行为模式，改变适应不良的行为，并通过团体中的练习使新行为得到巩固。例如，改善儿童同伴关系的系统式团体（李文权等，2003）、沟通技巧训练团体、自我控制训练团体（Bear & Nietzel, 1991）等。

治疗性团体则是针对较为严重的心理问题或障碍，或处于高危状态的儿童。干预的重点放在儿童过去经验的影响以及潜意识因素的作用上，治疗的目标更侧重于人格层面的改善，以及利用特定的治疗技术及团体疗效因子减轻或消除问题儿童的心理问题及行为偏差。治疗性团体一般持续时间较长，对带领者的要求和实施设置也比其他类型团体高。例如，针对离异家庭儿童的治疗性团体（Skitka & Frazier, 1995）、针对青少年网络成瘾者的团体等。

2. 根据团体专业化程度分类

指导/教育性团体主要针对普通学生的初级预防，培养其社会技能。例如，生活技能训练团体、冲突解决技能团体、小学生适应团体。这一类型的团体既可以是大型团体，如班会活动，也可以是小型团体。

咨询团体主要为发展或人际、环境适应等方面有困难的儿童提供帮助。形式多为小型团体，由具有团体经验的专业人士带领。例如，学业困难学生团体、成长性游戏团体。

治疗团体主要针对具有适应和行为问题的儿童。这类团体一定是小型的，由心理专家或具有资质的治疗师作为团体带领者，通常针对门诊或住院病人。例如，针对抑郁症、强迫症或焦虑症的青少年团体（Silverman et al., 1999）。

3. 根据团体的计划程度和展开特征分类

（1）结构式和非结构式团体。结构式团体有预先设计好的程序、目标和任务，有规范的方案，带领者角色明确，多采用引导技术。因活动内容及程序都事先设计好，具有较强的可操作性。缺点是结构式团体一旦带领不当就容易形式化，活动可能存在走过场的现象，不够深入。同时因为个别化程度低，不易关注到个体。通常学校和社区机构的心理教育团体、心理辅导课团体等都属于高结构式团体。

非结构式团体则不预设程序，而是由带领者根据儿童的需要、跟随团体动力的发展状况和儿童在互动过程中引发的议题来决定团体的目标、过程及运作程序。带领者的主要工作是催化、支持、接纳，多以非指导的方式进行。非结构式团体的特点是"此时此地"，优点是对儿童的自我探索和触动较大较深,个别化程度高,儿童的自主性和自发性得到充分体现;缺点是难以把握,对带领者的专业性要求高。非结构式团体多用于治疗性团体。

(2) 开放式团体和封闭式团体。按照团体过程中成员参加者的固定程度可分为开放式团体和封闭式团体。开放式团体的优点是成员之间丰富的刺激有利于相互学习和模仿,缺点是成员的不定期加入或退出,会给团体带来不同程度的冲击,使团体动力趋于不稳定,成员的更迭也容易使团体总是处于早期阶段,难以形成团队凝聚力,难以深入。

封闭式团体的成员固定,设置明确,团体从开始到结束不允许中途加入新成员,也不希望成员中途退出,因而成员间熟悉度高,团体凝聚力与信任感较强。一般情况下,咨询和治疗性的团体多采用封闭式,而成长性团体譬如读书会、分享会等更适合开放式。

4. 根据团体成员的特征分类

根据团体成员的背景特征可以分为同质团体和异质团体。同质团体指团体成员本身的条件或问题具有相似性。例如注意缺陷/多动障碍儿童的团体、留守儿童的团体、攻击性倾向的儿童团体就是典型的同质团体。同质团体因背景、问题相似而具有更多的共同体验,相互之间容易沟通,易建立归属感,而团体带领者也更适合开展目的和主题明确的活动。治疗性团体多为同质团体。

异质团体指团体成员自身的条件或问题有差异,如年龄、性别、个性特征、成长背景都不相同。它的好处是成员的视角差异很大,可以使成员从不同角度看待问题、提供资料、分享经验等,帮助成员从多角度觉察自己,获得多方面的帮助和启发。例如,个性外倾和个性内倾的儿童组成人际反馈团体,相互学习。

表 9-1 是中小学常见的儿童团体类型。

表 9-1 中小学常见的儿童团体类型

类型	主题领域	形式
指导/教育性团体	社会能力训练;问题解决训练;自我控制与管理;生涯探索;异性相处等	大团体(10～40人或40人以上,如主题班会);小团体(10人以下)
心理健康辅导团体	学业压力管理;情绪管理;厌学;自卑;人际交往等	小团体(10人以下)
心理咨询与治疗团体	攻击倾向;高焦虑;社会适应困难;父母离异;留守儿童等	小团体(10人以下)

二、儿童与团体

(一) 儿童团体的工作理念

儿童团体不是成人团体的简单低龄版本。发展心理学认为儿童的发展经过认知、社会和情感几个阶段,在每个阶段都有不同的需求和发展任务,需要培养相应的能力。因此儿童团体工作有其独特的功能,一般应遵循以下几个理念:

1. 无病假设

普鲁特(Prout)和布朗(Brown)综合一些研究认为:儿童的心理障碍基本上是一个发展的问题,除一些极严重的精神问题或行为外,许多看似是问题的行为其实只是正常发展过程中的偏离。成人身上被当作病态的行为对儿童来说却未必是不正常的（李建军编著，2011）。博宏（2015）在对儿童行为进行分类时也强调，"正常心理行为、行为偏差和行为障碍三者不是泾渭分明的，而是分布在连续谱上"。现实中，有相当一部分问题行为表现，如非器质性遗尿、害怕某些事物、害羞、青春期情绪问题等，都属于暂时性的，有些会随着年龄增长而自行消失。

这是极具启发性的看法，所以儿童团体咨询不是从问题出发，而是秉持积极取向的人性观和发展观，将儿童放在生命发展的历程中看待他们面临的挑战和我们能够提供的帮助。

2. 发展观视角

儿童的发展阶段特点影响着儿童团体的设计。表现在几个方面：

（1）语言发展水平和能力。儿童的语言发展水平和认知发展水平紧密相关，这也使儿童在表达能力和自省能力上与成人有很大的区别。所以儿童团体以非语言方式为主，弱化解释。

（2）治疗动机。成人常常能意识到自己的问题而主动求助，而儿童则往往没有意识到问题或不承认问题。常见的情况是，大多数接受咨询的孩子是应学校和家长的要求而来的，所以在治疗动机上与成人团体有很大不同。

（3）领悟能力。儿童的人格发展尚处于变化中，自我概念还未完全确立。学龄前儿童处于皮亚杰认知发展的前运算阶段，这个阶段的儿童难以理解抽象的概念。对这个发展阶段的儿童多采用具象语言和行动导向的活动进行心理干预，大部分团体都包含一段玩耍预热和零食奖励的时间，帮助儿童建立联系；而对学龄儿童则主要采用结构化形式下的认知和教育团体，对于青少年则更多要采用模式、活动和形式更加多样的主题团体，来配合他们青春期急剧变化的身心环境。

（4）环境控制。相对于成人，儿童更加受制于环境，他们往往只能被动地对环境做出反应。因此，在儿童咨询中，将环境（包括儿童所处的家庭和社会环境）纳入治疗系统就显得非常重要。

可以说，儿童团体对带领者提出更高要求，既需要其对基本的团体治疗理论和技能有较好的了解，还需要其对儿童心理治疗方面，从理念到方法、从专业学习到临床实践都有较好的训练和帮助。

（二）儿童团体的历史与发展

在 1900 年团体发展之初，儿童团体的应用就已经存在。1907 年在美国密歇根的一所中学中，由校长戴维斯（Davis）安排的每周一节"职业与道德辅导"课，被认为是班级团体辅导的最早尝试。1910 年前后，维也纳的精神科医生莫雷诺（Moreno）将需要治疗的儿童组成小组，鼓励他们以演戏的方式重现生活中的问题情景，通过这种方式来了解孩子的幻想、心理冲突和心理障碍。后来他将这种方法应用于成人的治疗中，并完善成为"心理剧"疗法。

20 世纪 20 年代，阿德勒在芝加哥和纽约开展以阿德勒个人心理学为理论基础的"集体咨询"，辅导犯人和儿童。30 年代，斯拉夫森（Slavson）在纽约运用团体治疗的方式为有行为问题的青少年开展"活动型团体治疗"和"分析性集体心理治疗"。20 世纪 50 年代后期，团体辅导的名称逐渐被团体咨询所取代，本章统一使用"儿童团体咨询"这一名称（或简称"儿童团体"），其功能涵盖教育、咨询和治疗。

二战之后，心理疾病发病率空前增加，在医患比例严重失调的情况下，团体咨询得到了迅速的发展。各心理咨询流派的理论为团体工作提供了理论基础和技术依据。如精神分析理论、认知行为治疗理论、以人为中心的治疗理论，以及社会心理学领域的团体动力学理论和社会学习理论。而今，团体理论、团体主题及内容、团体相关研究都日益丰富和精细。最新的研究趋向于将团体视为一种复杂现象，认为其不仅包括个体的内心层面，也包含人际和团体两个心理-社会层面，因此整合性团体治疗模式（吴秀碧，2018）更受推崇。

在过去几十年中，欧美国家儿童团体发展从精神机构转向学校，学校成为大部分儿童团体实践及研究的环境（Hoag & Burlingame, 1997; Prout & Prout, 1998）。认知行为取向团体因其结构化和适应短程的特点，成为学校教育环境下应用最为广泛的团体形式（Barlow et al., 2000; Hoag & Burlingame, 1997; Kulic et al., 2001）。

20世纪90年代，团体心理辅导的方法由清华大学樊富珉教授引入我国，最初在大学校园中传播，后逐渐在中小学校园中普及（樊富珉，2005b；邵瑾，樊富珉，2015）。当前国内在实践操作层面应用较为广泛的儿童团体有：

（1）认知行为取向的儿童团体。特指在团体情境下将认知疗法和行为疗法相结合，帮助儿童成员产生认知、情感、态度、行为方面改变的团体。儿童认知行为团体通常是多模式的，整合角色扮演、感受分享、木偶剧、关系技能教导等多种方法，侧重于社会能力训练、社会观点采择、问题解决和自我控制训练。

（2）精神动力学取向的儿童团体。这一类团体以非结构化或半结构化小团体为主，通常由8~10人组成，以固定的时间和频率开展。侧重于成员围坐在一起分享自己的感受、联想、愿望，自由谈论自己遇到的问题，带领者给予支持性的倾听，并恰当地回应和进行分析性解释。有研究表明这一类团体在青少年中的实施效果要优于幼小儿童团体，因为幼小儿童需要表达自己的想法，释放自身压力，但对其他人的反馈没有太多能力和兴趣去关注，对消极反馈更是如此（Shechtman & Yanov, 2001）。

（3）表达性支持疗法取向的儿童团体。这一类团体多结合表达性艺术治疗形式，提供非解释性干预，使用的方法主要有：情感表达、社会（团体）支持和认知管理。在儿童团体聚会中倾向于制造一种喜悦满意的氛围，多通过言语分享、手工绘画、舞动戏剧、泥塑或沙盘游戏等表达性艺术的方式来工作。表达性团体可以帮助儿童成员表达情绪、缓解压力、聚焦意识成长，使治疗师关注他们结构性问题的需求，提供支持指导、启发建议和赞赏。

尽管儿童团体已被证实有很好的效果，但其局限性仍需被注意。首先，团体并不适用于所有的儿童，对成人有效的团体也不能直接推广到儿童。其次，对于儿童团体的实践和过程研究还处于起步阶段，不同专业程度团体（如治疗性和教育性团体）的疗效差异、儿童团体中人际互动和带领者角色的研究都很有限，今后这些方面都有待专业工作者更深入的研究，获得更精确的结论。

第二节 儿童团体咨询的常用技术

研究者认为团体进行过程中，技术、策略、方法、态度其实很难严格区分，只要是为了达成团体目标，发展团体动力，促进成员互动，都可以视之为"技术"。在儿童团体中，带领者运用技术是为了促进儿童之间的互动，加强团体的凝聚力，让儿童团体根据其自身特性与需求运作，从而达到团体目标。本节参照我国台湾地区吴武典教授（吴武典等，2010）和清华大学樊富珉教授（樊富珉，2005a）的团体心理咨询技术，主要介绍儿童团体的常用基本技术和阶段性技术。

一、儿童团体咨询的基本技术

团体带领中使用的技术很多，既有个体咨询的技术，也有团体所特有的技术。与个体咨询相类似的技术包括倾听、共情、复述、反映、澄清、摘要等，这些技术也被称为反应技术。本节对反应技术不做详述，而是着重介绍有助于促进团体互动的基本技术。

（一）互动技术

1. 联结

联结是典型的团体技术，带领者将不同儿童所表达的观点、行为或情绪中的相似地方进行衔接，产生关联，或把儿童未觉察到的一些片段资料予以串联，帮助儿童了解彼此的异同之处，增进相互之间的认同感。或者也可以从中找出团体自然浮现的主题，引导进一步的探索。例如："你们两个在学习上的困难好像有相似之处，都是觉得自己的能力不够，再怎么努力好像也没有用。你们愿意多谈一点吗？这样的想法是什么时候开始有的？""当你们这样想的时候，你们的感受又是怎样的呢？"

2. 催化

催化也称促动，是协助团体成员增加有意义的互动的技术，也是贯穿团体整个过程的技术。在催化中，团体带领者采取措施促使成员参与，如热身、破冰或者介绍资料给团体。

3. 阻止

阻止技术是团体带领者防止团体或部分成员的不适当行为所采取的措施，不针对个人，也避免贴标签。例如，攻击嘲笑某个成员，谈论与团体内容无关的闲话，一直追问无益于团体的问题，当出现这些情况的时候，带领者要用温和和坚定的语气加以制止。

4. 保护

保护是对团体成员采取保护性措施，以确保成员在团体中免于不必要的心理冒险或者身心伤害。在多人参加的团体中，难免会出现团体成员的冲突、团体压力或负向行为，带领者要敏锐观察，并安全引导。有时候阻止和保护措施是相交叉的。例如：当成员 A 开始诉说他总是不被人理解的烦恼时，另一个成员 B 就一直不停地提出自己的看法……带领者（阻止）此时，可以指出："小 B，我们都知道你非常想帮助小 A，但是可不可以等 A 表达完毕，让我们更多地了解他的困难所在，我们再来一起帮助他厘清和讨论呢？"

5. 支持/反馈

支持/反馈是团体中最常用、最有效的技术之一。支持技术指带领者给予成员鼓励，增强其信心，从而提高团体凝聚力。反馈技术是带领者基于对成员行为过程的了解，向成员进行具体及必要的反馈。反馈的方式与内容多样，与其他技术也有交叉。反馈的时机要适宜，尽量用非判断性的语言。儿童团体的带领者需要在合适的时机，根据儿童行为的表现和内在历程的觉察与了解，去对儿童进行反馈。

6. 自我暴露

自我暴露是指带领者跟团体成员分享关于自己的信息，包括自己个人的、私密的想法与感受的过程。带领者的自我暴露内容必须与团体的主题有关，与此时此地成员关注的问题有关。自我暴露有两种形式：一是带领者在会谈时表明对儿童的体验，既可能是积极的体验，也可能是消极的体验。例如："你已经缺席两次了，我的确感到有些失望，或许你有什么原因，你愿意说说看吗？""你刚刚的分享，让我很感动。"另一种是带领者讲述自己过去有关的情绪体验和经验。例如："你谈到讨厌父母把你和别的孩子相比较，我能理解你的感受。我以前也有这样的经历。后来我知道父母是希望用这种方式来激励我，但可惜我不喜欢这种方式。我们在座的其他组员，还有谁有类似的经历吗？"

带领者的自我暴露要注意避免两个极端——太多或太少。同时注意时机要恰当，内容要切合团体主题和当下议题。儿童团体中，带领者的暴露应简明扼要，并很快将话题引导到孩子的议题上，促进他们的探索和思考。

7. 折中

带领者以客观公正的立场，邀请团体成员表达自己的看法，以确保每个人的意见都有被听到的公平机会。例如："似乎团体里对这件事有两种不同的看法，我们刚听完支持考试公布排名的同学的看法，那不支持的同学，能否说说你们的意见？"

8. 聚焦

聚焦包括建立、固定、转移和深化焦点。团体带领者要有能力判断此时团体的焦点为何，以及了解此时此地最适当的焦点，如此才能恰当地运用聚焦技术。团体的焦点有时是个人，有时是一个主题或是活动。带领者可以使用多样的方式来使团体聚焦，例如通过评论、利用活动或练习来建立焦点；通过打断成员谈话、指导团体训练或者使用道具等方法转移或固定焦点；通过提问来深化焦点。例如："刚刚小A谈她的个人兴趣时，我发现大家把话题转移到了明星偶像身上，我们今天的主题是探讨自己的兴趣，让我们把话题拉回主题上好吗？"

9. 引导

引导技术一般用于一些内向害羞或沉默的成员，带领者需要适当地鼓励他们发言。可以使用的技巧有运用活动、直接邀请所有的儿童发言、指名让某个儿童发言，或用眼神、手势等非语言技术引发成员讲话。使用该技术的关键在于带领者对团体的准确判断。要让被引导者感觉到他们的发言很重要，带领者和组员非常有兴趣，想要了解他们。但要注意，不要强迫组员，也不要让团体对儿童形成太大的压力，否则他们会因为紧张而更加退缩。例如："你看起来正在思考，你愿意和我们分享一下你的想法吗？""小A，我注意到你今天一直没有讲话，我不知道你是否愿意说点什么。如果你愿意讲，我们都很想听听你的看法（目光扫过全场）。还有其他人，也想谈谈你自己的看法吗？（同时关注 A 是否有要发言的迹象）"

10. 运用眼神

团体咨询进行过程中，带领者常常需要运用眼神影响团体，比如在团体形成之初，对于儿童的合作性行为要多注视，给予眼神鼓励，对于无效行为可以移开目光等。在团体咨询进行的过程中，带领者要经常用目光环视整个团体，即使团体聚焦在某个儿童身上时，带领者也要自然地运用余光观察团体，这样可以搜集到很多宝贵信息。例如，某个儿童分享的时候，谁同意他谁反对他，谁好像有话要说，谁比较沉默，谁有强烈的情绪反应，一些特殊的非言语信息如扭头、身体姿势的改变等等，都是带领者随时介入的依据。

（二）行动技术

行动技术是相对于反应技术而言的，行动技术是带领者更主动地介入治疗过程，从带领者自身的参考系出发为成员提供新的信息。

1. 起始

也称开启技术，是带领者用来在适当时机介入团体，让成员进入活动状态的技术。一般在团体形成之初、团体动力停滞、团体转向时使用。这一技术可以带动儿童的参与感，重启团体动力，从而推动团体向前发展。例如："下午的活动开始，大家可能都还有点没有进入状态，那我们先来做一些身体的活动预热一下。现在请大家都站起来，向右转，轻柔地给你右边的伙伴拍打肩膀唤醒他们。"

2. 提问

提问是一项重要的技术。提出的问题需要与成员的个人资料有关，通过提问可以引发团体成员对有关问题的详细反应，促进言语表达。提问包括封闭式提问和开放式提问。咨询中应尽量使用开放式提问引导成员对于自己行为的内涵及原因进行自我探索，从而增进自我了解。

封闭式提问通常可以用"是"或"不是"、"有"或"没有"几个字来回答。而开放式提问通常以"什么""怎么"等短语提出，需要对方给予详细的解释说明，这种方式可以引起儿童话题，促使儿童讲出有关事实、情绪、想法等更多详细的情况。例如："在第一次出现这样的情况时，发生了什么事情吗？""当时你是怎么应对的呢？""你怎么看待这件事情呢？""你觉得是什么原因让你做出这样的反应呢？"

以"为什么"引导的问题，如，"为什么你觉得别人都不喜欢你呢？"则是带领者需要谨慎使用的提问方式，因为这样的问题可能会导致儿童防卫。如果在良好的治疗关系上使用，有时可能起到促进团体成员思考的作用。

祈使问句用于询问团体成员是否愿意回答，因而更具有开放性，同时也具有封闭性问句的一些优点，比其他问句更少控制和要求，可以引起更进一步讨论。

> 例如：
> 带领者1：你愿意详细描述一下当时的情形吗？
> 带领者2：你愿意再告诉我一些你和父母互动的细节吗？

3. 面质

面质指带领者向儿童直接指出其存在的混乱不清、自相矛盾、实质各异的观点、态度或者言行，或指出儿童存在于各种态度、思想和行为之间的矛盾。通过面质，可以协助来访者觉察自己在感受、态度、信念和行为方面存在的不一致，但使用面质技术的时候要善用实际资料，并表现出接纳和认可的态度，避免成员感受到被攻击。

儿童团体中应用面质技巧，常涉及以下几点：（1）儿童所说的与所做的不一致；（2）儿童所说的和真实感受到的不一致；（3）儿童所说的和带领者实际观察到的不一致。

4. 解释

解释是一种强有力的干预技术，它的目的是使来访者获得更多的自我理解或者对现实更清晰、更准确的知觉，当带领者提供解释的时候，它实际上是帮助儿童提供一个新的视角来看待自己的问题，从而帮助儿童在认知上产生改变。例如："每一次同学分享的时候，你会没有耐心听，而当自己分享的时候又会希望获得所有人的关注，你是否感觉到正是这样的模式让你在人群中被孤立？"

二、儿童团体咨询不同阶段的技术

从团体历程的角度可以将儿童团体的技术分为组成技术、起始技术、过程技术、结束技术和追踪技术五个方面。

（一）组成技术

组成技术用于团体的预备阶段，包括建立目标的技术和成员构成的技术。

1. 建立目标的技术

建立团体目标的技术是整个团体工作的核心基础，是在团体准备阶段就要着手考虑的工作，它是评估团体效能的重要依据。团体目标应该涉及针对团体所要解决的问题所包括的信息和看法、个人和团体所要达成的任务，以及如何能让成员和团体在一起工作。目标应当具体、明确、可行并可评估。目标建立后，应该让组员充分了解，并准确把握，使得儿童团体咨询具有目标指向性。

2. 成员构成技术

成员构成技术包括评估成员资格、招募成员、筛选成员以及决定团体的性质。具体指如何选定恰当的人数、合适的儿童成员，确定团体性质为同质还是异质、开放还是封闭、发展性还是治疗性等。

（二）起始技术

起始技术通常用于团体的开始和过渡阶段，包括结识技术、分组技术、协助成员准备的技术、建立与强化团体契约或规范的技术、处理儿童负面情绪及防卫抗拒的技术等。

1. 结识技术

结识技术是促进儿童轻松、快速地相识，建立起对团体的信任所采取的方法和技术。有语言形式也有非语言形式，活动方式多种多样，带领者可以根据团体的性质结构、自己的专业培训和风格、儿童成员的特性来定。例如不同形式的自我介绍、身体活动等。带领者可在实践经验丰富后，自己创造活动的形式，形成自己独特的风格。

2. 分组技术

团体咨询活动中有时需要将团体再细分为小组。分组看似简单，其实不易。恰当的分组会产生积极的功能，不适当的分组可能会形成亚团体，给小组活动带来麻烦甚至导致团体的失效。常见的分组方式有：

（1）报数随机组合法。这个方法最简单及常用。首先确定几人一组，共分几组，然后成员以报数形式分组。这种方式可以有效地让成员和不同的人接触互动。

（2）抓阄随机组合法。同样是确定分组数量，在成员进入团体时，每人抓阄。可以用不同颜色及形状的纸、不同的词组、不同的数字来分组，抓到相同字条的成员组成一组。

（3）生日组合法。如按照年龄的月份分组。

（4）活动随机组合法。团体在热身的阶段，采取一些活动，如"大风吹""马兰花开"等游戏，让成员自由结合在一起。

（5）内外圈组合法。将团体成员一分为二，一半在内圈，一半在外圈。内圈讨论，外圈观察。定时交换，或者固定内圈，移动外圈。这些方式可以帮助成员更大限度地增加交流。

（6）同类组合法。为了某些目的，采用同类特质分组，更便于成员交流。如按年级、籍贯、性别等分组。

（7）分层随机组合法。在某些团体的特别设计中，希望成员混合、有差异化的人能一起讨论，可以采用分层随机分组。如希望每组有男生也有女生，则可以请男女生分开报数，相同数字的男女同组。

总之，分组技术没有固定的程序，带领者可以发挥自己的聪明才智不断创新方法。

3. 协助成员准备的技术和建立与强化团体契约或规范的技术

前者是帮助儿童做好团体咨询的准备，使之从团体中最大限度获益的技术。后者是为团体设立框架以使团体更好地运作的技术。

4. 处理儿童负面情绪及防卫抗拒的技术

在团体的初始与过渡阶段，儿童常有焦虑和害羞的情绪出现，缺乏对团体的信任感，也常常表现出防卫和抗拒等行为。带领者需要敏锐地觉察并尊重、接纳儿童的情绪和行为，适当地示范、引导，甚至运用催化性活动，帮助儿童"进入"团体。可以使用的技术有鼓励儿童表达感受，并在团体中认同他的感受。另外示范引导、温和面质也是常用技术。

（三）过程技术

过程技术是指维持和发展团体，并有效促进成员改变的技术总称。前文所述的三种基本技术（反应技术、互动技术、行动技术）都包括在内。如果从发展过程上看，可以细分为引导参与的技术和促进改变的技术。在此阶段带领者采用的咨询理论取向会影响其运用的技术，但原则上仍是依据团体的实际需要灵活选用。

1. 引导参与的技术

带领者可以根据每个儿童的个人需要去引导他们；提供足够的背景资料，刺激儿童思考、沟通，以确定解决问题的行为；鼓励并协助儿童参与讨论和决定团体事宜。引导参与的技术要以事实为中心，避免无谓的纷争，增进团体凝聚力。

2. 促进改变的技术

（1）问题解决技巧。问题解决技巧训练可以提高儿童在某些特殊情境下的应对能力，儿童通过这种策略能够学会如何系统地、一步步地完成发现问题、分析问题、探索寻找新方法和评估这些方法的步骤，并掌握在现实生活中运用这些方法的策略。

(2) 角色扮演技术。当儿童无法清楚地陈述自己的人际沟通困扰，或有必要对他们进行沟通方面的技术演练、行为预演时，带领者可以帮助他们以角色扮演的方式，深入探索问题，并有效介入和示范。

(3) 变换形式与体验的技术。第一，内外圈交流的方式：如回旋沟通中的形式。第二，放大体验的方式：聚焦和放大某一议题或动作、情绪体验，通过夸大成员的情绪、想法和行为的方式，帮助他体验、感受和领悟。第三，雕塑的方法：如萨提亚的家庭雕塑。

(4) 及时介入的技术。团体治疗过程中，当带领者发现如下现象出现时，应该尽快介入，加以引导：成员不能聚焦此时此刻；团体讨论不能聚焦，出现闲谈漫论；成员之间有小团体出现等。介入的技术多种多样，因理论流派的不同而各有侧重，有侧重体验、认知、行为、生理的，也有侧重整合的。带领者可以根据团体实际情况灵活运用。

（四）结束技术

团体结束技术包括每次会谈结束的技术和团体整个历程结束的技术。团体咨询的结束也是全程中的一个重要环节，应当自然顺利地进行，也应当是带领者可以预期的。儿童团体咨询结束时通常有四项工作要做：一是道别祝福；二是带领者对团体历程做简要的回顾总结；三是团体成员检视自己在团体中的表现和收获；四是展望未来，明确今后应该怎么做，如何将团体收获带入生活中去。

1. 每次会谈结束的技术

每次团体会谈，带领者都需要留出至少十分钟时间，采用一些技术顺利结束团体。带领者可以通过邀请儿童总结收获或带领者总结，安排家庭作业，预告下一次聚会的时间和内容等来结束。

2. 预告结束的技术

团体即将结束，带领者最好在结束前一两次团体活动时向儿童预告，让儿童提早做心理准备，以检视并处理未了事件。也可讨论分离的情绪、整理所得、制订或修改行动计划。

3. 仪式化结束技术

带领者可以采用一些活动，如真情告白、互送卡片、大团圆等方式引发儿童回顾团体经验、互相祝福与道别、展望未来。如果团体的凝聚力和自发性较好，带领者也可以鼓励儿童自发地选择结束的仪式。

4. 评估团体效果技术

团体结束时带领者可以使用问卷、访谈等技术评估团体效能。

（五）追踪技术

团体咨询真正目的是使儿童在团体中所学到的一切良好经验延伸至现实中，长久地对儿童的生活发挥积极作用。因此，衡量团体治疗的效果，不能只凭团体咨询过程中或结束时的评估，还需要团体结束后进行随访和追踪。追踪技术是指团体结束以后的一段时间内，追踪团体成员，了解咨询效果所采用的方式与技术。采用什么方式能评估成员的改变状况是个复杂的问题，涉及很多影响因素，有待于从事团体咨询的人员深入地研究。

另外，儿童团体的特殊技术有游戏、绘画、音乐、舞蹈、心理剧、讲故事和阅读疗法等，具体详见各疗法章节。

第三节 儿童团体咨询的实践操作

要组织一次成功的儿童团体咨询，必须做好大量的筹划与准备工作，包括前期方案的设计、中期团体过程的实施及后期的效果评估等。

一、儿童团体咨询方案设计

儿童团体咨询方案设计应该考虑团体的目标和性质，儿童所处的发展阶段以及问题，带领者的训练背景、理论取向，社会文化环境，以及团体运作和成效评估等诸多因素，同时要遵循一定的设计原则和步骤。

（一）设计原则及阶段要点

柯瑞（Corey）认为儿童团体咨询方案设计必须符合以下要求（引自樊富珉，2005a）：
（1）计划的合理性；
（2）目标的明确性；
（3）计划的实际可行性；
（4）过程进行的发展性；
（5）团体效果的可评价性。

在设计一个儿童团体咨询方案时，可以使用6W＋2H＋I＋E模型来检查基本要素：

Why（目标）：为什么要组织这次团体活动？目标是什么？
Who（分工）：由谁来组织？
Whom（对象）：参加者都是什么人？年龄、性别、特征？
What（性质）：团体活动以什么方式进行？
When（时间）：团体什么时候进行？日期、时间长短、频率？
Where（地点）：场地以及备选。
How（程序）：如何进行招募、宣传、筛选？
How much（资源）：人力、物力、财力、设备等。
If（选择）：有无意外预案？
Evaluation（评估）：评估方案。

儿童团体因其对象的特殊性，在设计方案时还应该考虑不同层次的目标。这一目标不仅包括儿童团体咨询的终极目标，即协助儿童积极健康地成长，也包括中间目标和阶段性要达到的直接目标。其中，中间目标是指团体咨询过程中带领者和儿童及其父母共同商定的目标，例如：改善人际关系、情绪管理、控制冲动、学业改善、自尊建设等。而直接目标则是在实现中间目标过程中每一个活动单元所需达到的目标。同时，针对儿童团体的不同发展阶段，在方案的设计与活动选择上也有不同的考虑重点。

1. 团体初始阶段的设计要点

团体的初始阶段，带领者与成员都会有些压力，尤其是儿童来到一个陌生的环境，可能会有焦虑或担忧的情绪出现。因此在活动方案的选择上可注意先从营造温馨、安全、接纳的气氛开始，注意运用热身、相互认识的活动来消除儿童的陌生感。

2. 团体过渡阶段的设计要点

在团体的过渡阶段，成员之间还没有充分信任，分享往往不够深入，人际互动也流于浅表化、形式化，成员间心理反应差异很大，冲突也时有发生，带领者在设计方案时要以形成增强团体信任感与凝聚力为侧重点。如：设计此时此刻的分享性活动，设计促发自我了解的活动以及催化团体动力的身体运动等。

3. 团体工作阶段的设计要点

当团体进入工作阶段，成员之间会建立信任感、凝聚力。儿童内心的感受能够开放表达，彼此之间的矛盾和冲突得到建设性的处理之后，团体将出现很强的凝聚力。带领者在促进信任方面，可适当地鼓励儿童之间彼此支持，并向其他成员表达自己对他们的关注和兴趣。这阶段团体方案设计的侧重点可以放在引发成员深层次的自我袒露、成员间正向和负向反馈的活动，或者深入探讨个人问题和促进改变行为的活动等方面。

4. 团体结束阶段的设计要点

在这一阶段，团体成员要面对团体即将结束，分离即在眼前的事实，成员需要对自己的团体经验做出总结，并向团体和其他成员告别。带领者的主要任务是帮助儿童了解到结束团体的意义，协助他们整理在团体中的收获，做好将所学内容应用于日常生活的准备，使得他们能够在团体结束后继续改变和成长。对那些有深刻丧失感和哀伤情感的儿童要能让他们获得公开讨论的机会、给予他们心理支持。方案设计的重点应能帮助成员回到中层、表层的自我表露，即将成员向"上"带，而不是再往"下"内省，让成员有机会回顾团体经验，处理分离情绪与未完成事项，互道祝福与激励。

5. 其他注意事项

儿童团体的方案设计应该注意避免为活动而活动，活动只是服务于团体心理治疗目的的工具。一般而言有如下五个注意事项：

（1）要避免活动的机械罗列，要注意活动后的交流和分享，及其与成员实际生活的连接，不可把活动搞成走形式和过场，让成员以为是在进行游戏和玩耍，完成就结束而没有收获。

（2）要注意避免盲目照搬别人的方案。因为每个带领者的方案有其设计的理论基础，活动也有内在的逻辑和所服务的目的，如果对于这些内容不熟悉，而在使用时又缺乏根据自己团体灵活调动的弹性，就可能使团体的发展过程出现问题，损害成员权益。如需学习他人方案，则应揣摩其设计思路，预先演练，及注意使用过程中的灵活应变。

（3）在设计活动方案时要注意结合团体所处的发展阶段。

（4）带领者要对活动的应用范围、功能作用有清晰的了解，尽量使用自己有过亲身体验的活动，这样才能避免意外的发生，或者有意外发生时也懂得如何灵活处理。

（5）要围绕团体目标，注意活动的衔接性。设计的活动应当有内在的逻辑结构，否则会给成员跳跃和莫名其妙的感觉，从而影响团体效果。

（二）儿童团体咨询方案的设计内容

团体咨询方案设计的内容包括多项：团体的目标、对象、团体性质、时间地点、成员筛选方式、活动方案内容和形式、团体次数、带领或协同安排、所需场地、设备、材料等。

通常有经验的带领者会制作团体咨询计划书，团体咨询计划书一方面是作为正式团体的指引，另一方面也是向相关部门申报计划、申请经费及对外宣传、招募成员的重要依据。一般计划书会包括11项内容，具体见表9-2。

表9-2 团体咨询计划书

序号	项目	内容
1	团体名称	学术名称、宣传标题等
2	团体性质	是否结构化、结构化程度等
3	团体目标	终极目标、阶段目标、单元目标
4	团体带领者	学术背景、带领经验、带领者人数等
5	团体对象与规模	成员的来源、成员的筛选、团体的规模
6	团体活动时间	计划总次数、时长、频率等
7	团体设计理论依据	理论名称、主要观点等
8	团体环境设置	场地、环境要求
9	团体评估方法	评估工具、评估时间、评估内容等
10	活动方案	团体活动流程设计、单元活动计划设计等
11	其他	招募文案、财务预算、所需设备、完成条件等

资料来源：樊富珉，2005a。有适当改编。

1. 团体性质与团体名称

团体的性质包括说明团体是结构式还是非结构式团体；是教育性、训练性还是治疗性团体；是开放还是封闭团体；是异质还是同质团体等。团体的名称包括学术名称及宣传标题。学术名称一般比较正规，宣传标题要贴近儿童年龄特点，活泼、生动，有吸引力，但学术名称和宣传标题都要与团体性质、主题相关。对儿童团体来说，没有必要将所有的活动都冠以"团体治疗"的帽子，这会让有意愿参加的孩子望而生畏。为了吸引参加者，在团体名称上要多动脑筋，采用新颖的、可理解的、富有创意和联想的名称。例如："心情小神探——情绪管理团体""心有千千结——青春期辅导团体""小小的我——自我认识团体""青春手拉手——人际互动团体"等。

2. 团体目标

团体目标包括终极目标，中间目标或阶段目标，以及每次聚会的单元目标。这一点前面已讨论过，在此不赘述。

3. 团体带领者

团体带领者是治疗成效的关键因素。在团体方案中应该明确带领者有几位，带领者和协同带领者是谁，他们的姓名、性别、受训背景、团体经验等。同时，为了更好地实现团体效能以及保护成员的权益，有条件的情况下可以聘请具有深厚心理治疗理论基础、丰富团体经验且受过督导训练的专家担任督导员；或邀请同行或团体学习者担任观察员，为团体带领者提供更客观、多视角的反馈资料，协助其提高专业技能。

4. 团体对象与规模

（1）成员的类型、来源。方案中要明确团体成员的类型、来源等。成员类型涉及年龄、性别、个性特质、问题性质等。成员特点直接影响着团体方案和活动设计。例如：小学低龄段儿童（三年级及以下）倾向于游戏取向为主的活动，小学高龄段儿童（四年级及以上）可适当增加静态性活动的比例，他们能接受一些讨论和分享活动；同质性团体可设计支持性、情感性的活动，异质性团体倾向于多元化活动设计，以促进相互学习反馈。

成员可以通过宣传招募，儿童自愿报名；也可以由个体咨询师推荐，或家长和老师介绍等。

（2）成员的筛选。哪怕是自愿来参加的儿童也不一定就是合适的团体成员，为保证团体效果，需对成员进行筛选。筛选的方式可以有面谈评估、心理测验、书面报告等。

（3）团体的规模。团体规模与团体效果存在直接关系。对儿童团体而言，团体的大小可以根据儿童的年龄、发展水平及背景、带领者的经验及能力、团体性质和类型、儿童问题类型以及可利用的时间和空间来确定。

儿童团体的规模不宜过大，5~6岁儿童的团体以3~4人为宜，小学中高年级的团体，人数也不要超过7或8人。同一个团体成员的年龄差最好在两岁以内。就性别组成而言，男女混合和单一性别各有利弊，视团体主题目标而定。但同一个团体人数如果在4人以上，某一个性别的人数就不适合落单，否则容易让落单的成员感到不自在。

同一个儿童团体中，不适合全部都是同一性格类型或问题表现的儿童，如全部是内倾型儿童组成的团体，或全部是多动和注意力问题儿童组成的团体。这样会使团体互动困难或容易失控。另外，一个团体如果全部都是由适应不良的儿童组成，容易使成员被自己或者他人贴上负面标签，引起羞耻感，削弱参与团体的积极性。如果能够在团体中加入一两名优秀学生，不仅可以减少负面标签形成的可能性，还可以在团体中起到榜样作用。

团体的性质和类型以及带领者的经验及能力水平都会影响团体的规模设定。一般来说，封闭性、治疗性的团体人数较少，以便带领者可以关注到每个成员；而发展性、训练性、开放式的团体规模较大，可以促进充分交流学习。

5. 团体活动时间

团体活动时间涉及总的聚会次数、每次聚会的具体时间安排、频率和时长等。一般来说有两种方式：密集型和连续型团体。儿童团体的时长和频率应取决于团体的类型及成员的发展水平，还需考虑不同年龄段儿童的课程安排、作业量、父母时间等现实因素。要考虑到儿童的承受能力，不能让团体咨询成为儿童的负担。

6. 团体设计理论依据

每一个团体咨询方案都是团体带领者根据其所选定的理论而设计出来的，既可以依据特定心理治疗理论流派来设计，也可以根据一套训练方案，如社交技巧训练、自我肯定训练等来设计。团体咨询计划书可列出引用文献、参考资料等。

7. 团体环境设置

团体的物理空间也是咨询设置的一部分。理想的团体环境应该自由、舒适、安全、私密、温度适当、空气流通，且有适宜的空间进行活动。比较常见的形式是围成一个圆圈，以保证每个成员可以看到其他人。圆圈本身会带来一种心理能量上的影响，对团体成员形成抱持（Holding）的感觉。当环境条件有限的时候，带领者要接受条件的有限性，并能将之利用，这也是个人专业成长的一部分。

8. 团体评估方法

一般而言，团体评估应当包括过程和结果评估、团体互动状况与个别成员评估、评估方法或工具，及预定评估的时间等。

9. 活动方案

活动方案包括总体方案设计、团体活动流程设计、单元活动计划设计、具体活动如何进行组织实施等内容。团体带领者可以根据自己的个人习惯和经验来制作方案文案或表格。以下提供两种基础的设计表供参考。(见表9-3和表9-4)

表9-3 团体活动流程表（样表）

次数	单元活动名称	单元活动内容	单元目标	所需材料	时间	备注
1						
2						
3						
4						
5						
6						
7						
8						

表9-4 单元活动计划表（样表）

第　　单元	单元名称
聚会时间	
单元目标	
本次活动内容/步骤	
注意事项	

10. 其他

包括团体经费预算表、广告宣传品、成员报名签到表、成员筛选工具、团体契约书、团体评估工具以及其他相关资料。另外儿童团体中会用到的一些材料，如玩具、画笔、画材、沙盘、游戏用具、多媒体设备等，都是需要考虑的部分。

案例9-1呈现了结构式儿童团体咨询方案设计。

案例9-1

结构式儿童团体——小学生沙盘游戏成长团体咨询方案设计

【设计背景】现代儿童因为各种因素的影响，"多动"和"注意力"的问题普遍相对突出，他们中的大部分并不满足注意缺陷/多动障碍的医学诊断，但是在课堂上表现出的"多动"和"注意力"问题，往往给他们的学业、人际关系、自信心、家庭关系、心理健康都带来一定程度的影响。在某小学5～6年级的3个班级中，以自愿原则，发放心理测量问卷康纳斯教师评定量表（Conners' Teacher Rating Scale，CTRS）和康纳斯父母症状问卷（Parent Symptom Questionnaire，PSQ）各75份，分别由学生家长和班主任填写，共计收回56位学生的有效教师评定量表和父母症状问卷。从问卷量表统计数据上看，约有28%的学生"注意力"和"多动指数"超过正常划界值。

【设计理念】儿童青少年的问题多为发展性问题，很多儿童有相似的行为表现，但是深层的心理动因却可能不同。该成长性团体不聚焦单一行为模式的改变，而是认为通过沙盘游戏的治疗理念和方法，可以促进儿童的自我修正，从而带来外在问题的缓解。

【活动名称】8周连续性沙盘游戏成长团体——"走进沙游，认识你我他"。

【对象招募】对小学高年级班主任开展沙盘游戏活动讲座，由教师在班会时向学生做宣传招募，并发放心理测量问卷和父母知情同意书。

【对象筛选】

(1) 收回56位学生的有效问卷，筛选其中42名学生做面谈评估及单次沙盘体验评估。

(2) 面谈评估时由学生填写核心自我评价量表（CSES）、长处与困难问卷（SDQ），由团体组织者记录学生自我陈述。

(3) 以辅导性和发展性为原则，综合量表测试结果、初始沙盘创伤主题呈现数量、学生的自我陈述，同时考虑异质小组的学习效应，及教师的推荐意见、学生的时间安排等综合因素，在5~6年级的3个班级中选择了15位同学，组成3个团体小组来参加本期沙盘团体活动。

【理论依据】沙盘游戏是瑞士的心理分析师多拉·卡尔夫女士所创立的一种儿童心理治疗方法。它依托荣格分析心理学"自性""象征""原型"的理论观点，同时整合了中国传统文化中阴阳的哲学思想。沙盘游戏的治疗理论认为，儿童的问题是因为他们的自性发展受到了阻碍，而通过沙盘游戏中沙、水、沙具的象征性表达，他们的创伤主题得以呈现和转化，自我发展和疗愈的能力得以启动。沙盘游戏在学校中应用得非常广泛，越来越多的文献表明，它对于儿童的行为问题、情绪状态和学业表现都有很好的疗效。

【团体目标】

(1) 成长与发展性目标：促进儿童的自我认识和自我完善。

(2) 阶段性目标：改善儿童的情绪状况、行为表现，促进同伴关系。

(3) 完成每个活动单元目标。

【团体性质】封闭性、成长性、连续性，5人小团体，以结构式为主。

【团体时间】

A班　每周二 14：00—14：50

B班　每周二 15：00—15：50

C班　每周五 14：00—14：50

【带领者介绍】于琳琳，沙盘游戏咨询师、二级心理咨询师

【观察员介绍】丁诗，某师范高校心理学专业大四学生

【活动场所】教学楼二楼"心灵驿站"心理工作室

【温馨提示】为保证团体效果，所有组员需保证按时参加，不得随意缺席，如有特殊情况需向带领者请假。小组内开放坦诚、小组外保守秘密，准时、积极参与活动。

【团体内容】见表9-5。

表9-5 小学生沙盘游戏成长团体活动流程设计

单元/阶段	活动主题	活动目标	内容安排	准备工作
开始1	相识你我他	（1）小组成员相识；（2）团体初建成；（3）说明8周团体活动安排；（4）达成团体契约；（5）通过团体沙盘游戏观察了解成员的人际互动模式。	（1）解说8周团体安排、签署团体契约。（2）热身：自我介绍后进行"可爱的小猫"热身，拉近成员关系、消除紧张感。（3）主活动：讲解本次团体沙盘游戏细则、进行无主题、有规则沙盘游戏——每人挑选5个沙具，依次摆放，一轮完成后进行下一轮摆放，共计5轮。可以调整其他人的沙具，但是不能用言语交流。当所有成员默认不再调整时，沙盘游戏结束。（4）分享讨论：成员分享自己选择和摆放的理由，以及调整互动中自己的想法和感受。（5）结束：小组成员共同编一个沙盘游戏故事，完成当天的合作。	（1）场地准备；（2）沙盘室；（3）专业沙具4套（2 000个/套）、沙盘5组；（4）团体契约书/签到表/活动反馈表；（5）纸笔若干；（6）音箱、电脑、背景音乐；（7）小圆桌；（8）椅子7张。
开始2	我们的沙画世界（一）	（1）形成团体凝聚力；（2）小组成员建立信任感，可以自由表达呈现内心世界；（3）增进认识和了解。	（1）热身：自由分三组。会有一位同学落单与观察员形成一组。通过落单来观察团体人际动力及问题解决技巧。（2）主活动：无规则、无主题自由沙画。小组成员合作自由选择沙具，自由摆放，自行商议和创造本组沙画。（3）分享讨论：每组选择一位代表讲述自己小组沙画的故事，小组成员分享讨论活动感受。（4）结束：选择一个沙具来代表自己，用一句话向小组介绍自己的特点。	
过渡	我们的沙画世界（二）	（1）通过无主题自由沙画，让内倾和社交退缩的孩子更勇于表达自己；（2）分组搭配，促进小组成员间的相互增强学习。	（1）热身：轻松体操后，自由分组。（2）主活动：无规则、无主题沙画。（3）分享讨论：讲述沙画故事，增加小组之间的互动点评。（4）结束：用一句话概括当天活动体验。	

续表

单元/阶段	活动主题	活动目标	内容安排	准备工作
运作1	生命故事树	(1) 通过有主题、有规则的沙画，了解成员成长过程中的重要事件； (2) 讨论过去、现在与未来。	(1) 热身："小蝌蚪找妈妈"，唤醒成员参与热情。 (2) 主活动：每人一套沙盘，同时进行主题为"我的故事树"的游戏。以沙盘作画板，画出一棵象征自己生命的大树：树根是过去的自己，树干是现在的自己，树冠是未来的自己。将自己的回忆、期待、想象和现状用画面的形式表达出来。 (3) 分享讨论：每个人讲述自己的故事，谈谈自己现在的快乐与烦恼，以及对未来的期待。 (4) 结束：一句话分享本次活动的体验收获，填写活动反馈表。	
运作2	独特的我	(1) 进一步呈现个人议题； (2) 进入团体深入工作阶段。	(1) 热身："马兰花开"，唤醒身体，增进亲密感，进入状态。 (2) 主活动：个体无主题自由沙盘游戏，让无意识自由呈现，通过手和身体的参与展现议题，促发疗愈。播放疗愈轻音乐，打造放松宁静的氛围。 (3) 分享讨论：儿童成员分享自己的个人故事，带领者给予积极关注、尊重、支持和理解，并根据现场适当处理个人议题。 (4) 结束：给予成员支持、促发他们将活动的深入体验带入生活中。	
运作3	我爱我家	(1) 了解成员的家庭故事； (2) 寻找个人议题与之关联性； (3) 团体工作阶段。	(1) 热身。 (2) 主活动：每人一个沙盘，选择动物沙具来代表自己的家人，在沙盘中创作，摆出自己印象最深的家庭场景。 (3) 分享讨论：儿童成员分享自己家庭的故事，与父母之间的关系，爱与烦恼。 (4) 结束：总结与反馈。	

续表

单元/阶段	活动主题	活动目标	内容安排	准备工作
结束前准备	约哈利窗	(1) 带领成员了解约哈利窗理论； (2) 预告团体的结束； (3) 处理分离焦虑。	(1) 热身。 (2) 主活动：讲解约哈利窗理论。在沙盘中画出表格，用沙具呈现自我的四个维度（别人眼中的我、自己眼中的我、已知自我、未知自我），讨论与分享。 (3) 分享讨论：预告结束和讨论团体收获，处理成员情绪。 (4) 结束：预告下一次活动安排，填写本次活动反馈。	
结束	有缘再聚	(1) 总结团体收获； (2) 促进成员效果迁移； (3) 互道珍重与祝福。	(1) 热身。 (2) 主活动：共同制作告别沙盘，无主题、无规则，全程不做语言交流，由团体8周所形成的相互了解和团体凝聚力来引导活动。播放背景音乐，烘托氛围。 (3) 分享讨论：侧重于活动收获，以及如何将新学到的人际经验迁移，不再进行个人议题的深入。接受团体分离的意义，互道珍重和祝福。带领者发放8周活动总结手册，给予每个成员反馈和支持。 (4) 结束：填写活动反馈表，告知成员追踪评估等事宜。	

【团体评估】

过程评估：每次活动后组员自评；每次活动后带领者自评及观察员他评。

结果评估：一个月后同类问卷量表测评；班主任访谈评述。

二、儿童团体咨询的实施操作

（一）团体发展的阶段

团体有自己的生命，每个团体都会经历自己独特的发展阶段，但团体的发展又有共性规律。国内外专家学者们对团体发展阶段的描述各有异同。例如马勒（Mahler）在1969年提出的形成（Formation）、卷入（Involvement）、过渡（Transition）、工作（Working）和结束（Ending）模型；汉森、沃纳和史密斯（Hansen，Warner & Smith）在1980年提出的团体的开始（Initiation of the Group）、冲突与对抗（Conflict and Confrontation）、凝聚力发展（Development of Cohesiveness）、建设性（Productivity）和结束（Termination）模型（引自傅宏主编，2015）。也有学者将之分为四个阶段：建立（Establishment）、探究（Exploration）、工作（Work）和结束（Termination）（Gumaer，1984）。柯瑞（2005）

将团体咨询过程概括为六个阶段：形成团体的"准备阶段"、定位探究的"初始阶段"、解决抵制的"过渡阶段"、形成凝聚力和建设性的"工作阶段"、巩固和结束的"最终阶段"以及效果评估和追踪的"后续阶段"。

对于儿童团体的发展阶段，综合前人观点，我们采用适合于大多数团体类型或领导风格的四阶段论：开始阶段、过渡阶段、工作阶段和结束阶段。每个阶段有其特点，也对带领者有相应的工作要求（见图9-1）。

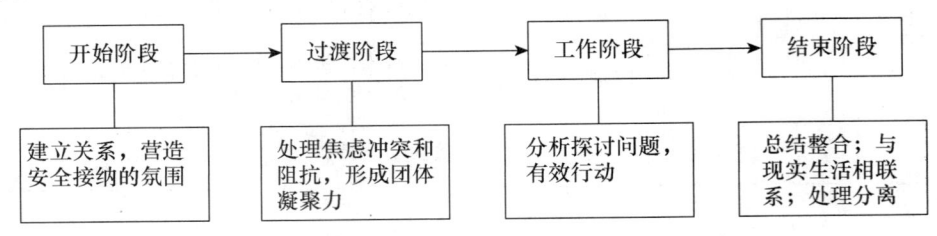

```
开始阶段 → 过渡阶段 → 工作阶段 → 结束阶段
   │           │           │           │
建立关系，    处理焦虑冲突和   分析探讨问题，  总结整合；与
营造安全     阻抗，形成团体   有效行动       现实生活相联
接纳的氛围    凝聚力                      系；处理分离
```

图9-1　团体发展的四个阶段

1. 开始阶段

儿童团体的开始阶段是最困难也最有挑战性的时期，这一时期儿童最强烈的心理需求是获得安全感。带领者的任务是协助儿童尽快熟悉和增进彼此了解，以适合儿童的方式讨论团体目标，订立团体规范，处理可能出现的事件。对于任务团体、教育团体和讨论团体而言，开始阶段正是成员们决定团体议题的阶段。

开始阶段的持续时间可以是第一次会谈的部分时间，或者整个第一次会谈或是开始时的一两次会谈。具体需要多长时间，与团体类型、组员的人格基础，以及团体带领者的人格特质、理论功底和技术水平有关。

2. 过渡阶段

在团体能够有效工作之前，还会经历一个过渡阶段。这一阶段的特点是处理阻抗和矛盾冲突。儿童在致力于解决自身问题的过程中不可避免地会体验到内心的冲突，会表现为焦虑或抗拒表露内心的思想和情感，带领者在这个阶段如何看待和处理成员的阻抗非常重要。另外，成员之间的矛盾冲突在过渡阶段也扮演中心角色，表现为对他人的消极评价、争夺关注、对带领者或团体规则越界试探、提出异议和挑战等。过渡阶段并不一定在所有的团体中都会出现，如教育指导性团体，但在咨询性和治疗性的团体中常常会出现。

3. 工作阶段

这一阶段的特征是探讨重大问题和采取有效行动，以促进理想行为改变。它也是团体成员需要认识到对自己在团体内外的生活负有责任的时候。在工作阶段，儿童开始与团体成员共同分享他们的思想和情感，先前的焦虑和防卫心理也被团体内的安全感和归属感所取代，这能帮助儿童明确他们的问题和目标。团体信任和凝聚力水平增高，儿童比先前阶段更能在较高水平上自我表露，从带领者和其他成员那里得到反馈以了解自己，学会鉴别有效和无效的社会技能，从而为其行为改变提供支持。在团体中，儿童还可以通过游戏、心理剧、角色扮演游戏等方式来加以练习，并在团体结束后，将所学到的技能应用到日常生活中。

4. 结束阶段

在这个阶段，带领者需要协助儿童总结、整合他们在团体中的经验，强调儿童承诺的义务，检视治疗中的未完成事项。在团体的最后阶段，让儿童将他们在团体过程中学到的经验用言语表述出来是很重要的。此时儿童还面临团体即将结束，成员必须分离的事实。带领者的主要任务是使儿童能够面对"分离焦虑"，给予心理支持，引导他们向团体及团体成员告别。对有些回避和否定分离情感的儿童，带领者需要协助他们对此进行充分的表露和探讨。

（二）儿童团体的实施带领

带领儿童团体是具有挑战性的，但从组织和实施角度看，所有团体咨询都按照以下步骤开展：确定团体咨询的目标及活动名称；设计团体活动方案及流程；招募、筛选成员组成团体；实施团体咨询计划；对结果做出总结评估。本部分从团体形成、团体启动、团体运作、团体结束四个阶段来详细介绍具体操作，以供参考。

1. 团体形成

团体效果与成员构成密切相关，因此成员的选择必须慎重。团体成员应具备以下三个基本条件：(1)自愿参加，并有改变自己和发展自我的愿望。对于有些家长、教师或相关法律部门推荐来的非自愿的儿童，带领者要做一些特别的工作，吸引他们由非自愿变为喜欢团体。(2)具有与他人交流的意愿和能力。(3)能坚持参加团体活动全过程，并遵守团体规则。

团体的招募方式有很多种：一是通过口头宣传吸引成员自愿参加；二是咨询机构通过广告、手册、海报等方式宣传；三是通过大众传播媒介广泛宣传。在学校工作的团体工作者可以通过校广播、学生刊物、信息栏、集体班会等形式进行宣传。需要注意的是宣传要实事求是、清楚具体，又要具有吸引力，文字方面选用积极、正向的词语，对时间、地点、内容、经费、报名方式和截止日期等要罗列清楚。对于学校环境下的咨询和治疗性团体，也可以采用班主任、家长、咨询师和治疗师推荐等形式，以避免儿童产生羞耻感和自卑心理。

已经报名、自愿参加团体的申请者也不一定都适合成为团体成员。团体组织者还需对申请者进行筛选，筛选的方式有面谈、心理测验、书面报告。无论采取哪种筛选方法，作为团体策划者都需要考虑：(1)来访者为何要参加团体？他的主要问题是什么？(2)来访者的人格类型、智能水平、心理状况是否适合团体？(3)来访者是否了解团体的性质和目的？团体是否能帮助他达成目标？成员的筛选工作费时费力，但是对于保证团体效果，却十分必要。

2. 团体启动

"万事开头难"，团体启动是否顺利取决于团体开始时是否建立了明确的规范，以及第一次儿童团体会谈的情况。在团体开始前，带领者要向儿童成员解说团体规范，要求成员承诺遵守，如果有成员不愿意遵守规范，则可视为自动退出团体。

在团体规范达成一致后，可进入正式团体环节。不论是何种类型的儿童团体，每一次会面的基本结构都有相似性，通常包括以下几点：

(1) 热身。简单的热身为团体开场"破冰"，协助儿童成员尽快进入团体状态。

(2) 联结。可以采用多种形式来达成将本次聚会和上一次聚会联结起来。如，邀请成员分享一周来的感受，或家庭作业分享等。联结工作的时间不宜过长，结构式团体要注意控制分享时间，而非结构式团体则可以在团体分享的过程中发现主题、自然跟进。

(3) 主题活动。团体开展的核心环节，应按照团体目标设计，因团体进程、所处阶段的不同而不同。结构式团体进行的活动往往是事先设计好的，非结构式团体则随着团体的流动而围绕目标进行讨论。

(4) 分享与小结。针对活动的体验，带领者要引导儿童进行分享，缺少了这个环节，有时活动会流于表面，更像是单纯的娱乐，而不会促进学习与成长。

(5) 布置作业与结束。这个环节一般放在每次团体结束前的5～10分钟。带领者要带领成员对本次团体进行总结，根据情况可能会布置家庭作业，帮助成员将团体内的收获内化并在生活中应用。需要注意的是，即使是结构式团体布置的作业也要考虑本次团体的变化，需要的话作业要根据本次团体咨询进程进行调整。这一环节中，带领者还要安排下一次见面的相关事宜。结束这个环节应当引起带领者的重视，有的带领者常常因无法控制时间等原因，而未留下充分时间来做结束环节，给团体动力留下隐患。

3. 团体运作

团体发展到工作阶段，成员之间产生了信任，矛盾和冲突得到建设性的处理后，团体出现了凝聚力，此时干预策略才可以更有针对性地展开。带领者采用的理论取向不同，干预的策略方法也有很大的差异。心理动力取向的带领者，着重于促发团体中的情感投射、移情和反移情的发生，然后对这种情况进行诠释，以克服阻抗。在这一过程中，儿童获得矫正性的情感体验，觉察与控制情感的能力得到提高。以人为中心取向的带领者采用的是非指导性的模式；认知行为取向的带领者则分析儿童在具体困扰情景中的情境刺激、行为程序及行为后果，通过不当认知的识别和矫正、刺激控制、行为后果的改变及行为演练，矫正儿童的行为。

4. 团体结束

团体结束阶段带领者要做的事情包括以下几个方面：(1) 提前预告团体即将结束；(2) 带领成员回顾团体历程；(3) 进行团体成效评估；(4) 协助成员做好面对未来生活的准备；(5) 正确面对分离，道别与祝福。

(三) 儿童团体的记录与评估

对团体过程和效果用科学的方式加以记录和评估，是专业工作基本且必要的工作方式之一。对团体过程留下完整和详细的记录，一方面可以帮助带领者对自己带领团体的优缺点有较为详细客观的资料，以作为分析的依据；另一方面也便于带领者寻求督导，更有效地提升专业能力。

1. 记录

团体过程的记录方式很多，最详尽的方式是采用录像。但该种方法需要设备支持，还需考虑伦理和保密原则，操作起来并不容易。所以实践中比较常用的方法是设计适合的团体单元活动记录表。具体见表9-6。

表 9-6　团体单元活动记录表

第　单元		单元名称：	
聚会时间			
活动记录：		成员座位图：	
成员表现：			
重要事件及处理：			
带领者自评总结：			
	带领者签名：	年　月　日	
协同带领者或观察员总结：			
	协同带领者（观察员）签名：	年　月　日	
督导意见：			
	督导签名：	年　月　日	

资料来源：樊富珉，2005a。有适当改编。

团体单元活动记录表还可以有其他形式，如团体沙盘活动的单元记录表会以沙具的摆放图来代替成员座位图。带领者可根据所带领团体的特性来设计记录表格。

2. 评估

团体咨询的评估可以根据不同的标准分类。根据评估的时间可以分为团体开始前评估、团体过程中评估、团体结束后追踪评估；根据评估的对象可以分为团体带领者的评估、成员的评估；根据评估的方法又可以分为客观评估、主观评估；根据评估的工具可以分为影像评估、问卷评估和自我报告；根据评估的侧重点可以分为过程评估和结果评估等。一个比较完整的团体评估至少应该包括过程评估和效果评估两个方面。

对儿童团体来说，评估一般有五种方式，即团体督导评估、带领者自评、观察员评估、团体成员自评以及相关重要他人如家长和教师等人的评估。

过程评估的内容包括团体目标是否达成，团体氛围是否融洽等；团体成员之间的关系如何，是否有效地协助成员改变等。团体的性质不同，其评估重点也有区别。在治疗性的团体评估中，团体带领者更关注成员思维和行为的改变；在互助和成长性的团体评估中，团体带领者会更关心成员间的沟通状态、人际关系和相互支持网络的建立。因此，团体带领者在进行团体评估时必须根据团体的目标制定一套适合的评估步骤与方法。

效果评估和过程息息相关，要对团体效果加以评量，只做前后比较，很难找到团体有效或无效的因素，如果能将团体的过程和效果结合起来评量分析，就可以获得更加详细的因果联系，对影响团体效果的因素就可能有更多的觉察。

有关团体过程与结果的评量，可根据评量的层次区分为团体整体层次与成员个别层次两种；也可以依据评量的方式区分为对团体过程与结果的客观评定和主观自陈两种。

适用于儿童团体的评估方法有：

（1）行为量化法。此方法是由不同评估主体观察儿童或带领者的某些行为（包括外显和内隐行为）出现的次数并做记录，以评估儿童行为是否改善。记录可用图表形式呈现。

（2）标准化的心理测试。儿童团体心理咨询中常用的心理测验有：瑞文标准推理测验、韦克斯勒儿童智力量表（WISC-R）、艾森克人格问卷（EPQ，儿童版）、心理健康诊断测验（MHT，儿童版）、学习适应性测验（AAT）、儿童自我意识量表（PHCSS）、长处与困难问卷（SDQ）等。

（3）自编调查问卷。调查问卷可分为封闭式和开放式。开放式题目需要成员文字填答，可以获得丰富的资料，但缺点是容易产生歧义，结果难以统计。封闭式题目尽量设计成单选题，不要使用排序和多选，这样便于统计。

（4）主观报告法。这一方法是通过团体成员的自我报告书、主观自陈量表结果、开放式问卷分析、成员重要他人的报告书，带领者的工作日志、观察记录等方法来评估团体的效果和成员发展。

本章要点

1. 儿童团体咨询就是以儿童为对象进行的团体咨询，它是在团体情境中提供心理帮助与指导的一种心理咨询与治疗形式。它通过团体内人际交互作用，促进个体观察、学习、体验、认识自我、探索自我、接纳自我，调整和改善与他人的关系，学习新的态度和行为方式。

2. 儿童团体还没有统一的分类标准，可根据团体功能、团体专业化程度、团体的计划程度和展开特征、团体成员的特征等分为相互交叉的不同类型。中小学常见的有指导/教育性团体、心理健康辅导团体、心理咨询与治疗团体，可由教师或心理咨询师带领。其中，心理咨询与治疗团体对带领者的专业化程度有较高要求。

3. 团体咨询发展之初就伴随着儿童团体的应用发展。精神分析理论、认知行为理论、以人为中心的治疗理论，以及社会心理学领域的团体动力学理论和社会学习理论都为团体工作提供了丰富的理论基础和技术依据。最新的研究趋向于将团体视为一种复杂现象，认为其不仅包括个体的内心层面，也包含人际和团体的心理-社会层面，因此整合性团体治疗模式更受推崇。

4. 团体带领的技术包括反应技术、互动技术和行动技术。其中反应技术也是个体咨询所需具备的基本技术。根据团体咨询的不同阶段又可以将技术分为组成技术、起始技术、过程技术、结束技术和追踪技术。每个阶段的技术都有其特定的方法和技巧，带领者可在实践中不断学习和总结。

5. 儿童团体咨询方案设计需考虑团体的目标、性质，儿童所处的发展阶段以及问题，带领者的训练背景、理论取向，社会文化环境，以及团体运作和成效评估等诸多因素。切记避免活动的机械罗列，盲目照搬，缺乏内在逻辑，忽略团体目标等。有经验的带领者通常会制作团体咨询计划书。

6. 团体发展阶段的描述并无统一标准，我们采用适合于大多数团体类型或带领风格的四阶段论：开始阶段、过渡阶段、工作阶段和结束阶段。每个团体阶段都有其特点和需处理的任务。团体的设计和带领都需考虑阶段特点和目标任务。

7. 从组织实施的角度，所有儿童团体都是按照以下步骤开展：确定团体咨询的目标及活动名称；设计团体方案及流程；招募、筛选成员组成团体；实施团体咨询计划；对结果做出总结评估。

8. 团体咨询评估分为过程评估和效果评估。仅进行前后效果评估很难找到团体有效或无效的因素，而结合过程评估可以获得更详尽的因果联系。不同性质的团体，其评估重点有区别，团体带领者要根据团体的目标制定适合的评估方案。

拓展阅读

迪露西亚瓦克等（编著）．(2014)．*团体咨询与团体治疗指南*（李松蔚等译）．北京：机械工业出版社．

Rose，S. D. (2014)．*青少年团体治疗理论*（翟宗悌译）．上海：华东理工大学出版社．

樊富珉．(2005)．*团体心理咨询*．北京：高等教育出版社．

特纳，尤斯坦斯杜蒂尔．(2015)．*沙盘游戏与讲故事：想象思维对儿童学习与发展的影响*（陈莹，王大方译）．北京：北京师范大学出版社．

思考与实践

1. 试述儿童团体的工作理念。
2. 儿童团体按照专业程度可以划分成几种类型？各有何特点？
3. 试列举 3～5 种团体互动技术，并在小组演练中举例。
4. 自拟主题和选择对象，设计一个为期 8 周的结构式儿童团体方案。
5. 试述团体的发展阶段，并简要列举每个发展阶段带领者的主要任务和可使用技术。

第十章
儿童常见心理问题与干预

常常有各种各样情绪、行为等问题的儿童被家长带到心理咨询室，向心理咨询师寻求帮助和改变，他们急切地询问心理咨询师："我的孩子怎么了？他出了什么问题？"家长寻求某种诊断，或是希望了解到孩子行为背后的原因所在。虽然心理咨询师无法对儿童给出精神病学方面的诊断，但这也对心理咨询师提出了一种要求——需要判断和评估儿童的心理问题以及理解儿童某些特定的情绪、行为等表现背后的原因所在，所以需要对一些常见的儿童心理问题有一些初步的了解和认识。这不仅仅是为了在某种情境中表现出足够的胜任力，来回应一些来自家长的问题，更为关键的是为之后的心理干预提供指导和依据。

本章虽然涉及了儿童常见心理问题的各种表现形式，但并非给我们在做出对某类问题的判断时提供一些简单的标准依据或者行为表现的对照清单。可以说，在面对那些"看上去"偏离常态的儿童时，单纯地根据儿童的某些表现特征，将其划分到某一个问题类别中去并不是我们的目的，我们需要通过这样的行为特征，对儿童及其情绪、行为背后的成因进行理解，从而形成一个有效的评估和判断。这时候就必须意识到，绝大部分情况下儿童的"问题"是由成人决定的。也就是说，成人会站在成人视角对儿童情绪、行为的"好""坏"做出判断。要充分理解儿童，则需要更多地"以儿童为中心"，站在儿童的角度理解儿童。

我们需要把某些"问题"带回儿童本身去看——是否符合儿童的生理、心理发展特点，与儿童的经历经验、近期事件及自身特质有何关系，并且"问题"往往不是孤立存在的，"问题"间总是相互联系、相互影响。这再一次地要求把"问题"带回儿童本身，并非孤立单独地去理解其中某一个"问题"。

本章旨在对儿童常见心理问题给出一个框架性的概述，其中各小节通过从表现形式及影响、影响因素及常用干预方法等方面对问题进行描述，佐以案例对问题进行形象化说明。章节的重点是表现形式及影响、影响因素两个方面的阐释，常用干预方法次之，其主要目的是区分其中各类问题，以及帮助学习者和读者对这几类主要问题获得更清晰的理解。

第一节 儿童睡眠问题

人的一生当中，大约有 1/3 的时间处于睡眠状态，而这个比重在人的早期阶段更高，儿童需要花费更多的时间在睡眠上，尤其是两岁前的婴儿处于睡眠的时间已经超过了清醒的时间。因为儿童与成人睡眠时间的差异，可以很容易地将儿童生长发育的阶段性特征与睡眠关联起来，特别是在儿童出生的头两年里，他们的大脑可以发育到成年人的 90％大小，认知、言语、自我概念和情感也得到迅速的发展，有许多研究证实了睡眠对儿童大脑的发展和调节起着基础性的作用（Dahl，1997），对于儿童来说睡眠是至关重要的。

处于不同年龄阶段的儿童睡眠问题的主要表现各不相同，对于婴幼儿而言，常见的是夜间苏醒的问题，学龄前儿童则更多是入睡问题（Carskadon & Acebo，2002；Roberts et al.，2002）。

一、表现形式及影响

（一）入睡困难和夜醒

入睡困难和夜醒是迄今为止学前儿童最常见的睡眠问题，15%～25%的学前儿童患有夜醒问题，他们每周有 5 个或更多的夜晚从睡眠中醒来。主要表现为入睡困难或难以保持睡眠状态，或睡眠达不到休息的效果。许多儿童出生后就有入睡困难和夜醒问题，而有一些儿童则是在一些促发事件或场合作用下才出现这些问题。不过这种异常一般不会令儿童体验到具有临床意义上的苦恼，但大多数父母在处理儿童睡眠问题时，则会体验到明显的苦恼（见案例 10-1）。不过霍姆（Home）研究发现，失眠儿童的比例随年龄的增加而减少（引自马什，沃尔夫，2009）。

案例 10-1

半夜哭闹的泽泽

泽泽（化名）是个 2 岁半的小男孩，从出生起由父母和爷爷奶奶共同照顾。妈妈在 5 个月产假结束后上班，之后泽泽主要由爷爷奶奶照顾，父母只在下班后过来陪陪他，晚上便会离开。

从出生起泽泽一直同奶奶睡，睡前和半夜都需要喝奶才能再次入睡，不过并没有出现睡眠问题。但最近几个月泽泽经常会在半夜哭醒，说自己做了噩梦，但无法很完整地表达，每次家人安抚很久后才能再次入睡。家人带去医院检查并没有发现生理性问题，孩子的睡眠问题也没有得到解决，家人为此感到焦虑和精疲力竭，其父母本就有矛盾的

> 婚姻关系更为紧张。经过了解，自孩子出生后父母一直对孩子的养育持不同的观点，父亲认为照顾泽泽主要是母亲的责任，希望母亲可以多花些时间在家庭，但自己却很少给予支持。而母亲也有自己的事业，反而觉得父亲随遇而安、不思进取。近几个月以来夫妻两人经常争吵，正在办理离婚手续。

（二）梦魇

10%~50%的3~5岁儿童常做噩梦，生动的惊恐梦境引发了焦虑状态，儿童通常从这种焦虑状态中突然惊醒，也可能不被惊醒，无论哪种情况，醒后能够回忆梦中情节，定向力迅速恢复。偶尔也可能发生睡眠性麻痹。也就是说，睡眠期间出现肌张力缺失和运动抑制，并且可能持续到完全清醒后。梦魇可以作为独立的问题存在，但在临床实践中，噩梦常常成为焦虑反应的一个部分，而焦虑则是儿童对缺乏安全感或自尊而做出的反应。因而它可能存在于分离焦虑、创伤后应激障碍或者一般焦虑障碍等症状之中。

（三）夜惊

夜惊通常发生在慢波睡眠期间，它是发育性病症，经常有阳性家族史，常发生于4~12岁，男孩居多，发病率为1%~6%。大多数儿童到青春期就自然痊愈。夜惊与梦魇有很大的性质差异。梦魇和焦虑有关，发生在快速眼动睡眠期间。夜惊经常被误认为梦魇，发生夜惊时，儿童通常从床上坐起来，并大声尖叫或惊慌下床，急速跑动，好像试图逃脱什么。儿童看起来受到了惊吓，伴有强烈的自主神经症状，如出汗、呼吸急促、心跳加快、瞳孔扩大等，对安慰的反应迟钝。而发生梦魇时，儿童很少尖叫，通常会对安慰有反应。从夜惊中醒来不会记得梦中的细节，但鲜明的梦境却是梦魇的特征。夜惊一般发生在第一个睡眠周期的第三阶段，而梦魇一般发生在后半夜。

很多家长发现睡眠问题总是会和其他的问题同时出现，一般性观点也认为是一些生活事件或者特殊的压力导致了睡眠问题，睡眠只不过是某个主要问题的附带问题。但事实上睡眠问题与心理适应能力息息相关，它可能进一步导致或者加重其他问题，而这样一些问题又再次对睡眠产生影响，所以睡眠问题与其他问题是复杂交互、双向互动的关系。

慢波睡眠可能起复元作用，因为在慢波睡眠期间身体分泌生长激素，而快速眼动睡眠对于儿童认知发展和认知效率十分重要。如果睡眠长期紊乱，将会导致儿童生长发育不良，也容易导致儿童生理不适、抑郁或焦虑情绪方面的问题以及机能受损。

二、影响因素

（一）生物学因素

经研究发现，婴儿出现的围产期问题、绞痛、过敏、哮喘、对外部刺激过于敏感或迟钝，以及困难气质，这些因素可能代表了唤起调节的生物学问题。唤起调节困难的婴儿在觉醒后，当他们试图平息自己或使自己再度入睡时却无法使自己安静下来，因为他们的调节能力不因自己试图安静的努力而变化。

许多儿童出生后就有睡眠问题，另一些儿童则是在一些促发事件或场合作用下，比如发生疾病或重伤，在医学治疗或药物使用的条件下出现睡眠问题；有些睡眠问题，比如夜惊和梦游属于发育性病症，通常有阳性家庭史，另外中枢神经系统的不成熟也容易导致夜惊或其他睡眠方面的问题。

（二）家庭社会心理因素

导致儿童入睡和夜醒问题常见的家庭心理因素，通常与主要看护者有关，比如非安全型依恋、突然的分离或看护者有较大的情绪问题（焦虑、抑郁等），在这样的情况下，婴儿很难发展出自我安静的能力，睡眠问题可能会持续下去。社会心理因素常见的是应激性的生活事件，比如入室盗窃、在外走失或者其他威胁儿童或家庭的事件，这种情况会引发儿童的躯体症状或焦虑情绪，当他们无法良好调节的时候，也会引发睡眠问题。

儿童如果长期处在被忽视、体罚、性虐待、亲子关系冲突与非支持的家庭模式中，会缺乏安全感和自尊，容易引起焦虑和抑郁情绪，从而引起睡眠问题。

三、常用干预方法

通常来说，一部分儿童的睡眠问题会随着儿童的成长或时间的流逝而自然消失，但并不是所有儿童都能如此。睡眠问题会对儿童的日常活动和适应带来消极的影响，所以及时进行合适的干预十分必要。

（一）养成良好的睡眠习惯

家长需要帮助儿童养成良好的作息规律，就寝时间、地点和陪伴人都相对固定，帮助儿童快速入睡。另外，可以通过减少或取消白日睡眠、睡前喂食或喂水，帮助儿童养成良好的睡眠习惯。

（二）创造有利的家庭环境

父母解决问题的决心、较强的自我效能感、安全型的亲子依恋关系、父母间的婚姻满意感、好的社会支持系统，能为儿童创造一个感到安全、放松的家庭氛围，儿童只有在这样的环境下，才能学会逐渐自我安静的技能，以便在夜醒后能够重新入睡。

（三）放松技能训练

在心理咨询师或者父母的指导下，对儿童进行自我安静放松的训练。简单的四步肌肉放松训练方法对于3～4岁的幼童非常有效：

第一步：握紧拳头，放松拳头；

第二步：脚趾向上伸，绷紧，然后放松；

第三步：耸起肩膀，然后放松；

第四步：吸气后收紧腹部肌肉，呼气时放松腹部肌肉。

除了肌肉放松训练之外，还可以通过特定的音乐片段和讲故事录音来帮助儿童放松，使他们能够安静入睡。

（四）心理咨询

一方面，心理咨询师可以通过谈话、艺术治疗、游戏治疗等方式倾听儿童的恐惧与忧虑等情绪，帮助儿童表达自己，在情感上予以共情和支持；另一方面，心理咨询师需要理解和支持父母，与父母一同了解儿童睡眠规律的详细情况以及与睡眠行为相关联的社会心理环境，理解儿童睡眠问题背后的根源，以及指导父母训练儿童学会放松技能等。

第二节　儿童排便问题

大多数儿童在生命最初的 5 年中，大小便控制技能呈现出阶段式发展模式。在最初的几个月里，儿童不能控制大小便，而后控制技能一般的发展是：夜间能控制大便—白天能控制大便（4 岁左右）—白天能控制小便—夜间能控制小便（5 岁左右），通常来说，女孩学会控制大小便比男孩稍早一些。因此，4 岁或 5 岁可以作为判断儿童是否出现遗尿或大便失禁问题的分界点，不过有的儿童由白天过于兴奋、环境适应不良引起的偶然尿床，则不属于排便问题。如果 4 岁或 5 岁的儿童仍然不能控制自己的大小便，一般应该接受排便问题的干预，否则有可能引发一系列情绪、行为、学习以及社会交往的问题。不过，过分的关注也可能引发父母由于不具备相关的知识而过分地苛责和惩罚儿童，导致儿童虐待的问题。

一、表现形式及影响

（一）遗尿

遗尿一般是指儿童在 5 岁（或相当的发育水平）之后还不能自主控制排尿。遗尿问题是学龄早期常见的问题之一。巴特勒（Butler）的研究发现，有 13%～33% 的 5 岁儿童会尿床，多见于男童（引自马什，沃尔夫，2009）。不过，遗尿问题的发生率通常会随着儿童年龄的增长和反复地训练而降低。霍茨（Houts）在 2003 年的研究中发现，10 岁的男童和女童中分别只有 3% 和 2% 存在遗尿的问题（引自马什，沃尔夫，2009）。遗尿可以区分为三种形式：单纯性夜间遗尿、单纯性日间遗尿以及二者并存的形式。

另外，根据遗尿问题的起始时间还可以分为原发性遗尿和继发性遗尿两种。原发性遗尿开始于 5 岁；而继发性遗尿是指儿童已经能够自主控制排尿，再次开始尿床（见案例 10-2），通常而言继发性遗尿情况出现较少。

案例 10-2

无法控制小便的帅帅

帅帅（化名）是个 9 岁的男孩，就读于小学三年级。帅帅 3 岁多时已经可以控制自己的大小便，但从小学一年级开始，他又开始出现尿床的行为，在学校偶尔也会控制不住尿在身上。妈妈对他再次尿在身上感到非常着急和生气，经常因为尿床的事情骂他，爸爸觉得应该理解和包容孩子。两人在这个问题上很难取得一致，时常发生激烈争吵。

两人想了很多办法,包括讲道理、打骂、按时排便训练,但都没有使问题得到完全解决,孩子对自己无法控制小便也感到非常自责。

除了遗尿问题之外,帅帅的成长发展史基本正常,不过在进入一年级不久,他的妹妹出生,妈妈把精力更多地放在妹妹的身上,对他有所忽略。因为他总是尿在身上,身上有股尿骚味,这让他在学校里总受到同伴的嘲笑和排斥,性格变得内向,不爱说话,不怎么与人交往。爸爸小时候也会有尿床的行为,父母担心长此以往会对他心理有严重的影响,所以带他前来进行心理咨询。

(二) 大便失禁

大便失禁是指儿童在4岁(或相当的发育水平)之后仍然不能控制自己的大便。有1.5%~3%的儿童有大便失禁的问题。与遗尿类似,这一问题在男童中更为常见,男孩的发生率是女孩的5~6倍,且随着年龄增长而迅速减少。

部分儿童的排便问题是原发性的,这样的问题一直伴随着儿童;而有的儿童曾经能够控制大小便,之后控制大小便的能力发展在某个阶段被阻断了,被称为继发性的排便问题(见案例10-3)。继发性排便问题主要发生在5到8岁之间,排便问题有的儿童是有意做出的,而大多数儿童是无意做出的。

案例 10-3

无法控制大便的明明

明明(化名)是个6岁的男孩,就读于小学一年级。一次在学校与同学发生争执,被老师批评后出现控制不住自己大便的行为。从那次事件之后,明明一天要大便七八次,但并不是每一次都会拉大便,有时会把大便弄一点到裤子上。父母很焦虑,带他去医院检查,没有发现任何生理性问题,医生建议父母带孩子寻求心理咨询。

明明出生后由父母和爷爷奶奶共同抚养,不过妈妈与奶奶在养育的问题上经常意见不一致,总是发生冲突,后来妈妈便退出了养育孩子的主要位置,由爷爷奶奶主要负责,父母只是下班后过来陪陪孩子。奶奶非常爱干净,甚至有些洁癖,每次吃饭、小便、大便后都会帮他用清水进行清理。刚上一年级时明明每次在学校大便后都需要用水清理,经常弄湿裤子被同学嘲笑。3岁的时候明明曾有一段时间便秘,不愿拉大便,后来慢慢好了。明明有一个弟弟,还不到1岁,弟弟主要由父母进行抚养。父母在养育明明的方式上也有分歧,爸爸对明明很严厉,有时会打骂他,而妈妈更温和一些,两人经常会为明明的问题发生争吵。明明对自己要求也很严格,一旦做不好某件事,就会非常自责,情绪非常激动。明明在学校与同学总体来讲相处不错,但因为容易激动,时常与同学发生争吵。

儿童的排便问题对儿童的学习、家庭生活和社会交往都产生了消极的影响。有排便问题的儿童，往往会出现害羞、焦虑和恐惧等情绪，如果父母不顾他们的自尊心，采取消极的方式，如生气、惩罚、拒绝和羞辱儿童，会让他们感到非常委屈和忧郁，可能让儿童发展出与父母的对立关系，排便问题反而会更加严重。

有排便问题的儿童会感觉这个不光彩，不愿意让别人知道，因此不喜欢与其他儿童有更多的接触，也不愿意参加集体活动，他们可能会被同伴拒绝，遭到同伴的嘲笑和排斥。这使他们容易形成自卑、孤独、内向的个性特征，从而进一步导致他们出现学习问题、低自尊和低自我效能感，伴随着抑郁、焦虑等情绪问题和品行问题。这些问题一旦未能得到有效解决，将会发展得更为严重。

二、影响因素

（一）生物学因素

在遗尿问题上，存在明显的遗传相关性，有近70%存在遗尿问题的儿童，父母也同样存在遗尿病史（Kaplan & Busner，1993）。原发性遗尿是遗尿中最常见的类型，与压力或儿童的固执无关。如果父母都曾遗尿，那么他们的孩子有77%的可能性也会遗尿；如果父母中只有一方遗尿，那么他们孩子的发生率为44%。如果父母双方都没有这一问题，大约只有15%的子女会出现该问题。在巴克温（Bakwin）的研究中，同卵双生子的同病率（Concordance Rate）为68%，异卵双生子的同病率为36%，这也证明了遗传与遗尿之间的联系（引自马什，沃尔夫，2009）。

与遗尿相关的生理因素还可能涉及激素分泌水平及神经系统发育方面，如夜间多尿可能与精氨酸加压素（Arginine Vasopressin）[或被称为抑尿激素（Antidiuretic Hormone，ADH）] 缺乏以及中枢神经系统对低尿渗透压反应有关（Aikawa et al.，1998）。

另外，研究也发现，遗尿与尿道感染、尿道异常、功能低下的膀胱容量以及便秘等有关系；大便失禁与肛门、直肠的感觉和运动机能的异常、巨结肠、脊柱裂以及大脑麻痹等有关系，排尿、排便系统发育延迟这些问题也可能阻碍大小便控制能力的充分发展。

特别需要说明的是，大便失禁基本上是由于便秘引起的（Cox et al.，1996）。

（二）家庭社会心理因素

在儿童成长的过程中，儿童智力发育、运动、言语和社会能力等没达到相应年龄阶段的水平，以及在儿童到18个月大时的关键期没有对其进行排便训练，都可能导致排便问题。

家庭的养育环境和家长的教养方式与儿童排便问题也有关系。家庭养育环境混乱，比如父母有身心障碍（如慢性疾病、精神疾病等）、父母婚姻关系不良、家庭经济困难等，使儿童内心无法安定，甚至有时家庭无法给儿童提供发展控制大小便技能的生活环境，儿童便容易出现排便问题。如果持续处于这种混乱环境，还可能造成儿童性格内向、低自尊或者不良的亲子关系，引发更多的心理问题。家长过度疏忽的教养方式（过度放松、忽视儿童）或过度控制的教养方式也可能造成儿童的排便问题，特别是在过度控制的教养方式下，儿童很容易产生愤怒情绪，并且导致儿童的习得性无助和低自我效能感，这时儿童往往会认为自己无法改变周围环境，自己没能力解决问题，排便问题会持续存在。

另外，儿童排便问题还可能与家庭中的突发或长期的应激压力有关（Buchanan，1992）。比如新成员的出生、离婚事件、身体伤害、自然灾害等。当家庭出现新生儿之后，有时会观察到儿童出现退化行为，比如不能再良好地控制大小便，其实儿童是在运用这种方式重获父母的关注。

儿童在学校受到霸凌，而霸凌通常又发生在学校的厕所里，且没有得到家庭和学校的关注和支持，也可能使儿童产生排便问题。

值得注意的是，虽然家庭、社会等环境因素和其他的心理问题可能成为导致排便问题的因素，但排便问题更多被认为是一种生理问题，很少单纯地由心理问题引起。伴随排便问题所表现出来的心理问题，同样更可能是排便问题的一种结果，而非原因。

三、常用干预方法

（一）心理教育

当儿童出现继发性遗尿或大便失禁时，应当向父母和儿童解释，生理和心理上的应激压力会使正常发育（如膀胱控制）出现倒退，而这种倒退是儿童所无法控制的。向父母解释儿童出现排便问题的原因，以及维持排便问题的因素，可以帮助父母认识到孩子出现排便问题不是因为懒惰、不愿意听从家长以及尝试寻求他人的注意等。在心理教育的过程中，至关重要的是要向他们指出，排便问题的复发不可避免，这可为他们因复发而出现的沮丧情绪打下预防针。

在心理教育过程中，应该努力使儿童将排便问题与自我认识分离开来。比如帮助儿童把排便问题看成是外部压力（一个令人讨厌的人）引起的，这种外部化的方法对自尊较低的儿童非常有用，能够帮助儿童以新的眼光看待自己，让自己变得自信，然后与父母和心理咨询师一起来应对外部压力。

（二）创造有利的家庭环境

儿童排便训练需要内持力，内持力就是儿童对自己内部冲动的控制，是对自己身体的管理。父母需要为儿童创造一种有利的家庭环境，帮助他们对自己的排便进行控制。父母要向儿童传达如下的信息：

（1）父母是爱护、尊重他们的；

（2）父母认为遗尿和大便失禁不是儿童有意为之，他们对此无法控制；

（3）父母相信儿童有极大的勇气去解决排便问题，通过与父母以及心理咨询师的共同努力，他们有能力学会控制大小便；

（4）帮助儿童获得一种对自己身体和周围事物的控制感，比如在规则允许的情况下，让儿童可以做主他自己的一些事情，帮助儿童形成自主感和主动性，从而自发地去管理和控制自己的身体。

如果家庭中的管教方式属于高压型，那么每天的支持性游戏可以极大地缓解家庭中的紧张氛围，儿童能够放松自己、减轻心理负担，从而缓解问题。

家长每天选取 20 分钟的固定时间与儿童一起游戏，游戏内容可以由儿童进行选择，家长全身心地投入游戏。在游戏的过程中，家长积极评价孩子的活动，常常表扬孩子，避免使用命令和指导的口吻，向孩子表达你正在关注他感兴趣的事物，通过欢笑、拥抱、拍摸等方式与孩子进行身体接触，游戏结束时，和孩子一起总结游戏，并表达你跟他在一起游戏感觉非常好。在这过程中，对儿童表现出来的所有恰当行为进行描述，并表示赞赏、鼓励，对不恰当的行为不给予关注。在这个过程中，儿童会越来越珍惜亲子间的关系，也会去努力控制自己的不适当行为。

（三）进行排便练习

1. 进行排尿练习

针对遗尿问题，首先要让儿童形成去厕所小便的习惯，可以让儿童进行排尿练习。时间可以安排在儿童就寝前，请儿童躺在床上数到50，之后起来去厕所排尿，然后再回到床上。如果在练习中，儿童尿床了，可以换过床单后再次进行上述练习。

其次，还可以针对儿童的膀胱容积进行练习，如果能够增强儿童对膀胱的控制力，儿童遗尿的可能性就会降低。进行控制力训练时，可以每天选定一个时间，让儿童喝些水或其他液体，当儿童有尿意的时候，需要先告诉家长，家长要要求儿童憋一会再去排尿，时间可以由短至长逐步增加，比如最开始3分钟，而后5分钟，直到儿童能够坚持到合适的时间。另外一种是针对儿童睡眠时的练习，当儿童连续14个晚上没有尿床的话，可以逐步增加睡前的喝水量，再连续14个夜晚没尿床就可以停止，这种方法是增加在睡眠时间的膀胱容积能力。

2. 进行排便练习

可以通过一定练习帮助儿童形成在规定时间排便的习惯，比如让儿童早晨起床后或晚上吃过饭后去厕所进行排便，父母要帮助督促儿童执行排便时间。需要注意的是，如果儿童是因为排便疼痛体验导致的排便困难，应该首先帮助他们克服恐惧心理，放松后再进行排便。

进行排便训练时，还可以运用奖励方式，强化儿童恰当的排便行为，比如在儿童按规定时间排便以后，可以给予一定的积分或贴纸，积分可以用来兑换儿童喜欢的玩具。如果儿童弄脏衣物，可以请孩子一起清理，承担一部分自己的责任，但是一定要避免采用高压或惩罚的方法，否则很可能造成儿童的紧张心理，增加复发的可能。

3. 意外处理

在学校或在外面发生意外的时候，需要教孩子采取应急措施，以免被人嘲笑或增加儿童的焦虑。比如在去学校之前，帮助他们准备一个袋子，备好湿巾、干纸巾、干净的密封袋（装脏了的内裤）和干净的内裤。

4. 规律饮食、作息和锻炼

一些有排便问题的儿童，可能是便秘引起的，因此规律饮食、作息并且有合理的锻炼是非常重要的。如果确定儿童患有便秘，一定要让儿童多食用高纤维食品，每日喝水量要充足。平时需要保证足够量的户外运动。如果儿童配合度低，也可以采用奖励的方式，来激励儿童坚持健康饮食和运动。

（四）心理咨询

心理咨询师可以通过认知行为治疗、游戏治疗等方式与儿童进行工作，与儿童一起探索发生排便问题的原因，允许他们表达造成排便问题的内心情感冲突，正确认识这些原因与问题的关系。当排便问题逐渐消失后，可以引导孩子多参加一些集体活动，消除过去那种紧张的心理，增加他们的自尊和自我效能感，防止排便问题复发。

第三节　儿童沟通与学习问题

一、沟通问题

每个人都有与他人建立关系和交流沟通的需求，一个婴儿从出生开始，就会尝试与周围的人建立联系，他们会选择性地注意父母的言语声音，不久就学会用一些手势和声音来与父母进行交流。在随后的几年里，他们的语言能力呈几何倍数迅速发展，能够组成复杂的想法和表达新的概念。

存在沟通问题的儿童则可能呈现出理解或者是表达方面的问题，这些问题可能进一步对儿童学习方面产生影响。但这些儿童在智商测试中的表现可能并不会低于正常水平，甚至会更高，也就是说语言问题并不一定意味着认知方面的问题或者是智力发育问题。

有沟通问题的儿童是指在产生语音、对语言的理解或者表达方面能力明显低于其年龄所应有的水平，包含语言表达问题、语音问题、接受-表达混合型问题和口吃。

（一）表现形式及影响

沟通问题主要表现在儿童在言语理解或表达的困难上，尽管听觉正常，但不能理解某些语音、词语和句子。比如有的儿童在1周岁时，不能对熟悉的名称做出反应；到18个月时，不能叫出常见物品名称；或到2岁时，不能听从简单的日常指令，之后也有可能不能理解语法结构和语言中更微妙的表达方式。也有可能是表现为语言理解力正常，但是在表达能力上明显低于同龄儿童，如到2岁时，不会说单个词；3岁时，不会讲两个词的短语，之后也可能表现为表达非常简短，词汇量少，说话的内容很简单，经常出现句法的错误，或者不通顺（见案例10-4）。

> **案例 10-4**
>
> **不会表达的俊俊**
>
> 俊俊（化名）是个5岁的小男孩，因语言表达能力问题以及难以适应在幼儿园的生活，由母亲带来进行心理咨询。俊俊基本不与人交流，但能够理解别人说的话，能够理解并听从指令。语言以词语和5~6个字的短语为主。在语言表达中缺乏人称代词，如很少用"我"和"他"这样的词语，语言表达中缺乏连词，如"因为""所以""由于"等词语。复杂的名词会漏掉中间的字，如"越野车"会说成"越车"。每天上幼儿园都会大哭，不愿与妈妈分离。

> 俊俊出生后主要由保姆带，对保姆非常依恋，妈妈忙于事业，陪伴孩子比较少。在俊俊4岁时妈妈觉得他与保姆关系过于亲密，于是把保姆辞退，由妈妈来进行抚养。在妈妈接手主要抚养工作后，俊俊出现比较明显的分离焦虑。后来俊俊弟弟出生，俊俊主要由比较年轻的越南籍全职保姆来带。俊俊爸爸很少照顾俊俊，俊俊妈妈表示俊俊爸爸可有可无。

儿童在尝试发出新的语音或者表达自己的观点时，通常会暴露出发音不清或言语表达问题。在童年早期，轻微的语音问题比较常见，有此类问题的儿童约占10%，但大部分儿童到5岁时，可以恢复正常，以后也很少出现适应问题。到了6～7岁，语音问题的发生率下降到2%～3%。同样地，学龄早期儿童语言表达问题的发生率为2%～3%，语言理解问题的发生率不到3%（Tallal & Benasich，2002）。男孩沟通问题的发生率为8%，比女孩6%的发生率略高（Shriberg et al.，1999）。可能因为有语言问题的男孩会表现出更多的行为问题，所以来就诊和被诊断为沟通和学习问题的男孩比例往往高于女孩（Vellu-tino et al.，2004）。

约50%有沟通和学习问题的儿童长大后会获得正常的语言能力，另外50%也会有相对的发展，不过到了青春期后期，他们的语言能力还是可能会有某种程度的缺损。儿童口吃发生率大约为3%，男孩的患病率比女孩高3倍（Craig et al.，2002），大约80%的儿童入学一年后，就不再口吃了（Harris et al.，2002）。

沟通和学习问题的产生，与儿童本身的能力没有太大关系，他们可能是总体功能正常甚至智力超常的儿童。我们在此讨论的不包括因智力低下和头部创伤造成的沟通与学习问题。

沟通和学习问题会影响一个智力正常或中上水平的个体接收、保持和表达信息，会让信息的输入和输出变得困难，而这种困难是隐形的，在年幼儿童身上往往很难发现，它们常常通过学校的课业表现出来，会妨碍儿童阅读、书写、算术的能力，以及生活中的各个方面，比如家庭生活、学校生活与交友。有些儿童也会有类似于注意力和多动问题的表现，比如注意力分散、烦躁不安和多动等。

当有沟通问题的儿童受挫时，他们找不到合适的语言来表达自己，大多会通过尖叫、发脾气或砸东西的方式来表达他们的情绪，而这样的表达方式也会让儿童在家庭、社会生活中遭遇困难，可能使他们更多地被惩罚以及难以融入集体。

（二）影响因素

1. 生物学因素

各种语言迟滞问题在男孩中比在女孩中更为常见，因此一些与性别有关的生物学因素可能与所有语言障碍都有关联。

研究显示，在特殊语言障碍的儿童中，50%～75%（Spitz et al.，1997）的个体有某种学习问题的阳性家族史。双生子研究和收养研究（Felsenfeld & Plomin，1997）也显示了基因影响。

解剖学和神经成像技术的研究显示，语音意识和语音分割方面的缺陷与大脑区域间的功能联系障碍有关，而不是因为大脑某个单一区域的特异性功能失调导致的。最近的脑成像研究显示，语音意识任务完成差的被试，其左颞叶的活动性弱。这一结果表明，语音方面的问题可能是控制音素加工的大脑左半球系统的神经缺陷或偏差所致（Shaywitz et al.，2003；Shaywitz & Shaywitz，2003；Temple et al.，2003）。

研究显示，儿童在1岁时反复发生中耳炎（中耳感染），可以导致早期的语言问题，有慢性中耳炎的儿童社会性发展有些缓慢，比如他们不能像同龄人一样快地学会合适的言语沟通方式（Shriberg et al.，2000）；而怀特赫斯特（Whitehurst）等人在1994年研究发现，表达性语言迟滞与口腔运动发育问题密切相关（引自卡尔，2004）。

2. 家庭社会心理因素

在大多数特定发育性语言退滞案例中，家庭社会心理因素不一定起主要的病原学作用。但是，它们在维持儿童语言问题方面发挥着作用。

家庭社会经济地位低下、人口众多和亲子交互模式存在问题，以及儿童出现品行问题等，是许多有沟通问题的儿童具有的特征。通常沟通问题越严重，品行问题也越糟糕。证据显示，在心理因素与沟通问题之间存在着多种联结机制。例如：儿童在与他人建立关系的时候，常常出现无法表达自己的情况，很容易因为沟通问题而受挫，有一些情况下有沟通问题还会影响儿童使用内部言语控制自己行为的能力。养育技能上存在问题或面临多种应激事件的父母，与儿童的沟通常常是处于强迫性"恶性"循环互动中，这会妨碍儿童在与父母积极的口头交流中习得语言技巧。

（三）常用干预方法

1. 心理教育

一般来说儿童到了6岁，语言表达问题和类似的沟通问题会得到自我矫正，不需要特别的干预。应当告知父母，不要逼迫孩子说话，不要在儿童5岁时情况还没有改善的情况下，就匆忙接受治疗干预。

但是，这并不意味着父母此时不用任何干预，父母需要理解儿童言语发展迟缓的情况，并且确保在日常的生活中给予儿童足够的语言刺激，促进儿童的语言发展。比如，儿童的成长历史是否与目前的状况有关，是否存在耳部疾病，有听力受损、脑损伤或其他器质性的问题。这些可以通过体检或语言表达、智力测试等方法进行确定。

2. 家庭的参与及配合

引导父母运用不同的方式来提高儿童的言语表达能力，利用儿童的兴趣，就他们感兴趣的内容进行谈话，增加他们说话的热情。比如孩子喜欢画画，父母可以让孩子多谈谈自己的作品；如果对某个游戏感兴趣，可以就这个游戏的内容与孩子一同讨论。当孩子表达的时候，对他们进行鼓励和赞赏，也能促进他们的表达热情和能力。

3. 学校的参与及配合

当孩子有沟通问题的时候，家长应当跟老师沟通，说明孩子的情况，与老师一同商量应当如何帮助孩子。比如根据孩子的学习情况设计一些不同的内容，对孩子的课业问题进行辅导，理解孩子因沟通和学习问题产生的情绪困扰，不一味地进行批评和指责，帮助孩子慢慢进行改善。

4. 心理咨询

心理咨询师可以通过艺术治疗和游戏治疗等方式与儿童进行工作,创造一个接纳和安全的空间,鼓励儿童表达他们因存在与人沟通的问题而一直不敢表达的想法和感受,以及在此过程中遇到的各种困难,对儿童所表达的内容给予积极、正面的反馈,对他们的情感给予共情和支持,有助于他们之后在面对与人沟通的情境时能够更好地去理解和表达自己。

二、学习问题

儿童在学校的成绩表现往往是父母最关心的问题,儿童的学习问题体现在阅读、数学、书写等方面。学习问题往往不是一个独立存在的问题,它会和儿童其他的一些问题,比如情绪问题、注意力和多动问题、品行问题、社交退缩等问题产生交互影响。

学习问题是一种在学业方面未达到同龄儿童应该达到的水平的不适当的发展状态,包括阅读困难、数学困难、书写困难等,而阅读困难可能是最重要的,因为识字是一项重要的社会技能,同时阅读问题与品行问题之间存在着明显的关联。

(一) 表现形式及影响

有学习问题的儿童,主要表现出在学习早期可能会有背诵字母表、读出字母名称或节律上的困难,之后可能会有阅读方面的错误,也可能表现出阅读理解问题,如不能回忆阅读的内容、不能从阅读的材料中得出结论和推论。书写问题常常伴随阅读问题而出现,表现为拼写或书写困难,难以按照语法写作,或者在书写字词方面表现不佳。数学问题常常表现为不能理解某种特殊运算的基本概念;不能理解数字符号;难以理解哪些数字与所要解决的数学问题有关等,经常犯让他人感到吃惊的错误(见案例 10-5)。

> **案例 10-5**
>
> **学习困难的婷婷**
>
> 婷婷,是一个 8 岁的女孩,就读于小学二年级,因学业困难,注意力不集中,经常无法完成老师布置的作业,由母亲带来进行心理咨询。在阅读方面,婷婷表现出阅读缓慢,经常出现漏字错字的现象,很多字不认识,不喜欢也不愿意看书,包括漫画书也不看;在数学方面分不清大小,1 和 9 不知道哪个大,写数字 3 会反过来写;书面作业写得很慢,经常会走神,对学习没有兴趣,成绩排到班上后几名。
>
> 婷婷一直由父母抚养,上小学经历了搬家。父母经商,平时很少有时间陪她,不过抽出空的时候会带她出去玩。妈妈的沟通能力比较好,对话流畅;爸爸沟通能力稍差,沟通时反应有些迟钝,对话少。妈妈在养育孩子的过程中一方面比较宠她,另一方面对孩子的言行要求比较严格,要求婷婷像淑女那样。父亲比较宠孩子,不过抚养教育参与比较少。孩子看上去很机灵,喜欢与人沟通,语言表达能力正常。

国内研究者对学习障碍的发生率进行了一定的调查,如马佳等人采用修订版儿童学习障碍筛查量表(PRS)对深圳市城区小学及初中学生进行了测评分析,结果学习障碍筛出率为12.2%,其中男生为17.0%,女生为7.3%,男女发生率之比为2.3:1(马佳等,2005)。美国心理学会2000年的数据显示,美国公立学校有5%左右的学生有学习障碍,被诊断为学习障碍的人中,男生要显著高于女生。

学习问题最直接的后果就是学业上遇到困难,往往儿童成绩不好,老师和家长都认为他们学习不用心或过于懒散,甚至老师和家长会相互指责,认为对方都没有尽好自己的职责,造成关系紧张。这种指责的做法会极大地影响儿童的自信心,打击儿童的学习积极性,有一些学习问题随着年龄增长会消失,但是伴随着学习问题的这些指责和打击、多次失败的经历都可能会引发儿童的情绪问题,使儿童出现抑郁、暴躁、退缩等情况。学习问题与儿童的适应问题、品行问题都有关联。

(二)影响因素

1. 生物学因素

研究显示,缺少某些阅读必需技能(如不能听出不同的语音)的儿童,其父母一方很可能存在相关的问题。尽管遗传的确切模式还不确定,但根据毕夏普(Bishop)在2003年基于行为遗传学的研究,有60%以上的阅读障碍是由遗传导致的(引自马什,沃尔夫,2009)。

在遗传研究中,韦卢蒂诺(Wellutinoet)等人关注到语音加工所依赖的关键性脑加工过程的基因传递方式(引自马什,沃尔夫,2009)。由于父母一方的学习障碍与儿童的有细微差别(比如父亲有书写障碍,而孩子是语言表达障碍),所以特定类型的学习障碍看起来是不太可能直接遗传的,所遗传的更可能是某种轻微的脑功能失调,进而导致了某种学习障碍。

有研究发现,有学习问题的人的大脑左半球(包含重要的语言中枢)存在细胞异常(Galaburda et al.,1985),这些细胞异常只发生在胎儿第5到第7个月之间,这支持了出生前的轻微脑损伤会导致学习障碍这一观点(Lyon et al.,2003)。

2. 家庭社会心理因素

儿童的学习问题与家庭有着密切的关系,父母是孩子入学前的"老师",影响着孩子在学校中的大部分行为习惯。如果父母在养育上缺乏对儿童的支持和鼓励,亲子关系不良,孩子不满父母的权威,采用消极或对抗的方式来面对父母,那么在学校也很有可能不满老师的权威,用同样的方式来面对老师,这样的方式不利于儿童的学习行为,会影响儿童的学业表现。

儿童不正确的自我认识,过度依赖、退缩,缺乏主动性和持久性,难以与朋友相处,容易被人误解,也会导致儿童的学习问题。

学习问题经常伴随着情绪问题和其他适应不良的表现,这可能因为它们有着同样的潜在诱因。比如阅读困难与注意力和多动问题之间有30%~70%的重叠率,具体的比例取决于注意力和多动问题的界定。

(三) 常用干预方法

1. 心理教育

有的父母会认为，孩子出现学习问题是自己的错，因此会责备自己。但孩子出现特定学习问题并不完全是由父母错误对待孩子造成的，治疗师对此向父母做出解释可以帮助父母减轻内疚的心理，从而使之能够轻松地面对孩子，与孩子一同面对学习问题带来的困难。

有的父母会错误地认为，学习问题是因为孩子懒惰、不服从或生病造成的，向父母解释学习问题的影响因素可以帮助父母理解孩子，降低对孩子在学业方面的期待，并通过一些个性化的方式去引导孩子。

2. 家庭的参与及配合

家长在与儿童讨论学习问题时，要以积极的心态对待孩子，告诉孩子家长一直和他在一起，这种鼓励和支持对孩子来说特别重要。帮助孩子养成固定的学习和作息时间，给孩子提供固定的时间、地方做作业，在孩子做作业的时候，提供他需要的帮助。

3. 父母与孩子一起朗读

父母每天留出15分钟的时间与儿童一起进行朗读，这是一种针对阅读困难儿童高效的预防和治疗策略。这种策略要求父母与儿童坐在一起共同朗读，直到儿童能够独立朗读为止（卡尔，2004）。可分为以下7步进行。

步骤1：让孩子选择朗读的课文。

步骤2：与孩子并排坐在一起，两人都能看到课文。

步骤3：与孩子一起朗读，父母要调整节奏，使孩子和父母能够同步朗读。

步骤4：当孩子准备单独朗读时，可以拍拍父母的胳膊。这时父母保持沉默，让孩子单独朗读。

步骤5：当孩子读错或者不认识某个字词时，不能让他费劲辨认超过5秒钟，要直接告诉他字词是什么。当孩子准确读出来，给予鼓励和表扬。

步骤6：朗读不要超过15分钟。和孩子谈谈刚才读过的故事，询问故事中的问题，并回答孩子的问题。

步骤7：尽可能耐心。和孩子讲话时，声音要从容平静，指导要尽量简明。

英国对上百个有阅读问题儿童的研究表明，有父母伴读的儿童在改善阅读的速度方面是没有伴读儿童的3倍。

4. 学校的参与及配合

当儿童存在学习问题的时候，家长应与老师积极沟通，说明孩子的具体情况，获得老师的理解和支持，并与老师一起，针对儿童的特点因材施教，循序渐进，更好地帮助儿童面对他的学业，增强克服学习困难的信心。

5. 心理咨询

心理咨询师通过游戏治疗、艺术治疗等形式，了解孩子的学习问题对他们情绪、人际交往和生活所产生的影响，帮助他们表达自己的想法和感受，在心理层面上共情儿童；另外与父母和老师一起，在现实层面上给予指导和建议，帮助他们克服自卑心理，恢复自信，更好地面对由学习问题而导致的系列问题。

第四节 儿童焦虑问题

焦虑（Anxiety）是一种以强烈的消极情绪和紧张的躯体症状为特征的情绪状态，在这种情绪状态下个体体验到对于未来的危险或不幸的不安。这个概念体现了焦虑的两个关键特征——强烈的消极情绪和恐惧的成分。焦虑与恐惧的个体在生理上均感受到心跳加速、出汗、呼吸急促等躯体反应；在情感上均体验到忧虑、紧张及不安、害怕等情绪。从生物进化的角度，焦虑与恐惧都是源自生物对危险和威胁的适应性反应，是正常的情绪形式。

焦虑与恐惧情绪虽然相近，但仍然存在一些区别。恐惧是对当前的危险做出的一种"现在导向"的情绪反应，在恐惧的情况下，危险是显而易见的和客观外在的；相反，焦虑是一种"未来导向"的情绪反应，在焦虑的情况下，危险是隐而不露和主观内在的。比如，一个人感到害怕，是因为他正行走在狂风暴雨、雷电交加的旷野之上，我们把他这种害怕叫作恐惧；而一个人只要上台演讲就会感到害怕，我们则把他这种害怕叫作焦虑。适当的焦虑能够帮助人们在面对威胁时，从心理和生理方面为机体应对威胁做好准备，只有当过度的焦虑开始影响儿童正常的学习、生活以及社会交往时，我们才将其视为是非适应性的，称之为焦虑问题。

一、表现形式及影响

从婴儿期到青少年期，诱发恐惧的刺激类型不断发生变化，这种变化恰与个体的认知能力、社会能力以及关注力的发展同步（Ollendick et al., 1994）。表10-1中列出了在不同的发展阶段引起儿童恐惧的不同刺激类型。通常恐惧的种类和数量随年龄的变化而变化，而且随着年龄的增长，恐惧的对象会减少。即便如此，对于一些较大的儿童而言，某些特定的恐惧也是很常见的，如果这些恐惧程度较轻、持续时间较短，则是正常的情绪反应；但如果程度较重、持续时间长，儿童体验到强烈的恐惧，而这种反应的诱因不明显或者不合理，阻碍了儿童的正常发展，比如使儿童无法上学或者与同伴交往困难，则是非适应性的，我们称之为焦虑问题（见案例10-6），这就需要引起我们的关注并进行干预，否则有可能发展为严重的情绪障碍、品行障碍等。

表10-1 不同年龄阶段儿童的主要恐惧源

年龄段	主要恐惧源
0~6个月	强烈感官刺激、失去物理性支持、很响的噪声
6~12个月	陌生人，突然的、意外的、恐怖的物体
1岁	与父母分离、受伤、上厕所和陌生人
2岁	很响的噪声、动物、黑房子、与父母分离、大的物体或机器、环境的变化
3岁	面具、黑暗、动物、与父母分离
4岁	与父母分离、动物、黑暗、噪声

续表

年龄段	主要恐惧源
5岁	动物、"坏"人、黑暗、与父母分离、身体的伤害
6岁	超自然的存在（如鬼或者巫婆）、身体的伤害、电闪雷鸣、黑暗、一个人睡觉或待着、与父母分离
7～8岁	超自然的存在、黑暗、媒体事件、一个人待着、身体的伤害
9～12岁	学校的测验和考试、学业成绩、身体的伤害、外貌、闪电和打雷、死亡
青春期	私人关系、个人的外貌、学校、政治事件、未来、动物、超自然现象、自然灾害、安全

案例 10-6

害怕上学的琳琳

12岁的琳琳（化名）从小非常乖巧懂事，父母常年忙于生意，由爷爷抚养长大，在琳琳六年级的时候爷爷因病去世。琳琳平时不爱说话，性格内向，常常一个人待着。由于成绩优异，琳琳进入市重点中学上学，由外公外婆进行陪读，父母只能偶尔去看看她。离开了从小熟悉的环境，在新的学校她感觉不太适应。进入初中后，母亲怀孕了，之后琳琳时常会出现不明原因的腹痛，父母带她去医院检查，并未发现任何器质性问题。妈妈担心她，便辞职专心陪她，琳琳腹痛的情况慢慢有所好转但仍有反复。弟弟出生后不久，琳琳开始变得害怕上学。一进入学校，就会心神不宁、面色苍白、全身出冷汗、心跳加速、呼吸急促，严重时甚至出现窒息的感觉。后来情况越发严重，只要靠近学校区域，就会出现类似的情况。医生建议琳琳进行心理咨询，但爸爸认为是妈妈惯着孩子，孩子的问题只要自己克服就可以解决，并强迫孩子返校，不主张予以心理咨询，而妈妈对此持不同的意见，认为爸爸太严厉、不顾及孩子，坚持让孩子进行心理咨询。

国外有研究者对儿童焦虑问题的发生率进行了研究，发现存在显著的性别差异，各个年龄段的女孩都比男孩有更多的焦虑感。

过度焦虑的儿童容易出现睡眠不好、经常做噩梦、食欲不振、心悸多汗、尿频、便秘、头痛等躯体症状。幼儿夜间往往不敢单独睡，怕黑，需要父母及照料者陪伴，常夜间遗尿。

过度焦虑的儿童性格大多比较内向、被动，容易害羞、依赖性强，遇事容易焦虑不安，尤其是在遇到新异环境或者不熟悉的问题时，非常容易出现焦虑退缩的情况，这样的状态很容易影响儿童的人际交往和生活学习，使儿童在新的环境中适应较慢或者难以融入新的集体。

另一个引起儿童焦虑的情况，常常出现在与父母或主要照料者分离的时候。在分离的时候，儿童会体验到强烈的恐惧感，有时候甚至会用发脾气或攻击行为来表达自己的恐惧。这些儿童可能是对环境的变化非常敏感，危机意识很强。儿童在警觉的状态下，常常会出现回避行为，比如拒绝外出或上学。

二、影响因素

（一）生物学因素

研究发现，遗传因素在儿童焦虑障碍的发生中起重要作用。如希尔德研究了62对12～15岁具有恐惧、烦躁、遗尿、夜惊等症状的同卵双生子和异卵双生子，发现同卵双生子和异卵双生子上述症状的出现率并无差异，但在症状类型和人格类型上，两种双生子之间有明显差异。另外，博尔顿（Bolton）的研究中也发现大多数有焦虑障碍的儿童的父母自己也患有焦虑障碍，这些都支持遗传因素对儿童焦虑障碍的发生有一定的作用（引自卡尔，2004）。

回顾性研究、脑电、诱发电位及正电子发射计算机断层扫描（Positron Emission Tomography，PET）等研究显示，具有焦虑障碍的儿童出生前后往往有较多的中枢神经损伤。

（二）家庭社会心理因素

家庭环境和社会化过程、家长的情感依恋模式、生活事件与父母不和、校园霸凌和老师的侮辱等都是促发儿童焦虑问题产生的因素。

1. 家庭环境和社会化过程

儿童正常的心理发育和人格发展有赖于亲密关系的建立及家庭成员的支持和关爱。儿童在成长的过程中，会经历各种各样的挫折和压力，比如上学、考试、社会交往等，而早年生活在不稳定的环境下的儿童容易形成性格内向、低自尊、外控归因等个性，当他们在关键发展期内接触到具有威胁性的外界刺激时，更容易引发焦虑、恐惧、自卑等不良情绪，严重时甚至导致疾病。

2. 家长的情感依恋模式

有的父母内心可能存在着不安全的情感依恋模式，他们情绪不稳定、低自尊、低自我效能、倾向于外部控制，具有不成熟的防御应对策略。在与儿童的谈话中他们时常将外部世界的情形解释为威胁，当儿童观察到主要家庭成员以逃避而不是直面的策略应对知觉到的危险时，就会潜移默化采取这些策略。

3. 生活事件与父母不和

家庭生活中的转折（如第一次上学或者弟弟妹妹的出生）、应激生活事件（如父母离婚、搬家、转学、失去朋友等），以及长期与主要看护人的分离都可能促使焦虑问题的产生或恶化。有的父母之间婚姻出现问题，父母情绪抑郁，可能有酗酒行为或其他问题时，也容易诱发儿童过度焦虑。

4. 校园霸凌和老师的侮辱

家庭的社会支持有限，处于弱势群体的地位，环境的不利方面使儿童及其家长建设性地解决焦虑问题的个人资源大打折扣，可能会引发儿童焦虑。学校的教育资源匮乏，教师很少有时间解决和干预学生的焦虑问题，会维持儿童的焦虑。

三、常用干预方法

（一）心理教育

给父母和儿童进行心理教育，告诉他们焦虑的本质，让其对焦虑有更全面的认识。焦虑通常与恐惧情景相关，含有三个不同的成分：害怕时的认知、身体感觉以及采取的行为模式。比如说一个一看到猫咪就开始焦虑的儿童，首先他的认知是猫咪总是会来伤害我，他的身体会不由自主地产生反应，比如心跳加速、呼吸急促，这是因为人面对危险时，要调动身体随时做好战斗或逃跑的准备，在这种情况下，极小的刺激都会让儿童直接采取行动，回避或者逃离。帮助儿童去理解自己的认知、识别自己的身体语言、改变应对的行为模式都会有效降低焦虑。

另外，解释儿童产生焦虑的原因，可以使父母和儿童对焦虑本身有更完整的认识。理解焦虑产生的根源，对焦虑本身的理解和认识也可降低父母与儿童的焦虑感。

（二）帮助儿童正确表达情绪

由于儿童语言表达和适应环境的能力不足，当其出现害怕、紧张、愤怒等情绪时，更多的是通过直接的方式，比如发脾气、哭闹等方式来表达。帮助儿童正确表达情绪，与儿童一同讨论情绪背后的感受、想法以及身体反应，对他们的情绪进行命名，帮助他们理解自己的情绪，有助于儿童之后遇到类似的情境时，能够更清晰地识别出自己的情绪，更好地面对情绪。

（三）放松技能训练

放松技能训练可以帮助儿童降低生理唤醒水平，经过几周的练习，可以获得足够的技巧用于排除不想要的身体紧张。最好是由父母来给儿童进行放松练习，这样不仅能帮助儿童进行放松，还能促进儿童与父母的互动关系（卡尔，2004）。

放松技能训练注意事项为：

（1）父母每天抽出20分钟，与孩子一起做放松练习。

（2）尽量把练习安排在和孩子关系融洽的时候，每天在同样的时间、同样的地点做练习。这样会让孩子盼望做练习，而不会抵触。

（3）在孩子开始放松前，移开所有转移注意力的东西（关掉亮灯、音响等），并要求孩子穿宽松的衣服，躺在床上或者舒适的椅子上，把眼睛轻轻闭上。

（4）在每次练习前后，要求孩子深呼吸并慢慢呼气三次，在呼气时对自己说"放松"。

（5）每次练习后，表扬孩子"好极了"或者"你做得很棒"，或者用其他形式的表扬，这样可以增加孩子的积极性和参与度。

在练习过程中，家人用缓慢、平和、放松的语气帮助儿童的手、胳膊、肩膀、腿、胃、脸、全身、呼吸等从紧张到放松，使之反复体验这种变化，以帮助儿童达到放松状态。

具体指导放松语如下：

（1）手部位放松：先握紧拳头，然后慢慢伸展。注意自己手部从紧张到放松的变化，并连续体验这种变化，这样你手部的肌肉会变得越来越放松。

（2）胳膊部位放松：在肘部弯曲胳膊，再用手接触肩膀。然后让胳膊回到休息状态。注意自己臂部从紧张到放松的变化，并连续体验这种变化，这样你胳膊上的肌肉会变得越来越放松。

（3）肩膀部位放松：尽力使肩膀耸向耳朵。然后让肩膀回到休息状态。注意自己肩膀从紧张到放松的变化，并连续体验这种变化，这样你肩膀上的肌肉会变得越来越放松。

（4）腿部位放松：脚趾向下指。然后使它们回到休息状态。注意你腿前部从紧张到放松的变化，并连续体验这种变化，这样你腿前部的肌肉会变得越来越放松。

脚趾向上指。然后使它们回到休息状态。注意你腿后部从紧张到放松的变化，并连续体验这种变化，这样你腿后部的肌肉会变得越来越放松。

（5）胃部位放松：深呼吸，屏气三秒钟，同时使胃部肌肉紧张，然后慢慢呼气。注意你胃部肌肉从紧张到放松的变化，并连续体验这种变化，这样你胃部的肌肉会变得越来越放松。

（6）脸部位放松：将牙关咬紧，然后放松。注意你下巴从紧张到放松的变化，并连续体验这种变化，这样你下巴上的肌肉会变得越来越放松。

皱起你的鼻子，然后放松。注意你鼻上肌肉从紧张到放松的变化，并连续体验这种变化，这样你鼻子肌肉会变得越来越放松。

紧紧闭上双眼，然后放松。注意你眼部肌肉从紧张到放松的变化，并连续体验这种变化，这样你眼部的肌肉会变得越来越放松。

（7）全身部位的放松：现在你已经做完了所有的肌肉练习，检查你身体的所有部位已经尽可能地放松了。

想想你的手，使之再放松一些。

想想你的胳膊，使之再放松一些。

想想你的肩膀，使之再放松一些。

想想你的腿，使之再放松一些。

想想你的胃，使之再放松一些。

想想你的脸，使之再放松一些。

（8）呼吸：吸入，1、2、3；慢慢呼出，1、2、3、4、5、6。再来一次。（重复三次）

（9）视觉想象：想象你正躺在一个美丽的沙滩上，阳光温暖着你的身体。

想象金色的沙滩和温暖的太阳的图片。

当阳光温暖你身体时，你感到越来越放松。（重复三次）

天空湛蓝湛蓝的，在你上方，你可以看到一小片白云正向远方飘去。

当白云飘动时，你感到越来越放松。（重复三次）

当阳光温暖你身体时，你感到越来越放松。

当白云飘动时，你感到越来越放松。

（等待30秒）

做好准备后，睁开双眼，平静放松地度过今天剩下的时间。

（四）家庭和学校的配合

家长及主要抚养者对孩子的要求，应与孩子的年龄、身体和心理发展阶段、智能发展水平相一致。不能放纵，也不能苛求，在遵循孩子生理、心理发展的基础上帮助孩子进入社会，与同伴相处。当孩子面临焦虑情绪时，环境变化、期望、刺激和冲突应尽可能降到最低。帮助孩子合理应对，树立克服困难的信心，培养坚强的意志和开朗的性格。

另外家长对孩子的焦虑和恐惧不要强化或恐吓，要让他们有正常的同伴交往，尽早入园上学，做好先期适应性训练。比如当孩子害怕上学时，父母可以先带孩子熟悉校园环境，并向他讲述在校园里可能会遇到的情形，以及让孩子学习应对和控制危险情景所需要的技能。

当孩子存在焦虑问题的时候，家长可以与教师联系，向教师说明孩子的情况，并获得相应的支持。教师要注意营造宽松的学习氛围，积极鼓励，帮助孩子先迅速建立学习的信心和掌握初步的学习方法及规律。同时注意孩子的学习负担不要太重，要讲究教育方法，加强课堂教学，提高课堂学习效率。

（五）心理咨询

对于有焦虑问题的儿童，心理咨询师可以运用认知行为疗法、艺术治疗、家庭治疗等方式进行心理咨询。咨询师应取得儿童的信任与合作，与儿童一起探索发生焦虑反应背后的原因。如果是客观存在的原因，能够解决的问题应尽量给予解决；如果属于主观存在的原因，要帮助儿童正确认识这些原因与问题的关系，有很多情况下是由于儿童担心自己对安全和被保护的需求得不到满足所导致的。

第五节　儿童重复问题

有一部分儿童在成长的过程中，会表现出重复性的行为或动作，儿童的正常心理调节机制常常被这些重复性的动作所破坏，影响到儿童的学习、生活和社会交往，这些问题被称为强迫问题和抽动问题。而且此类问题通常不会随着儿童的成长而自然消失，甚至在成年后也会一直影响他们的社会和职业适应能力。

儿童最早可在2岁出现强迫行为，高发期在童年晚期或青春期早期。在学龄前，儿童一般会出现一些仪式性动作，到了八九岁的时候，这些行为会被其他行为习惯如整齐摆放物品、收纳自己的杂物等所替代。这种情况与强迫问题不同，强迫问题具有两个特点，其一是儿童会被强迫观念或冲动困扰，产生精神上的痛苦，其二是会有强迫性的仪式动作，降低强迫观念带来的困扰。

虽然从行为学观点来看，强迫和抽动问题的症状具有相似性，但是对这两类问题的治疗有着相当大的差异（Leckman et al.，1994）。强迫问题不同于抽动问题，抽动问题不会有强迫观念。

抽动问题在儿童期很常见，大概有12%的儿童会出现某种类型的抽动表现。抽动问题表现为突然发作的重复动作、姿势或言语（很像正常行为中的某些片段），每次发作的持续时间一般不超过1或2秒，两次发作之间有正常的间歇期。幼儿抽动是非自主的行动，儿童在每次发作之前都会出现无法抵御进行动作的欲望，抽动会被体验为一种解脱、释放的行动。抽动的问题在应激情况下可恶化，在从事需要注意力的活动时会减轻，在睡眠过程中几乎不出现。

不过需要注意的是，一些强迫问题在行为方面的表现并不是十分突显，或者不太容易被他人注意或观察到，更多会体现在观念和想法上，同时有部分儿童会因为羞耻感，隐藏这样一些行为。另外，这类问题常常在行为方面得到体现，导致家长和学校过多地关注儿童的行为表现，而忽视问题背后儿童的内心感受和心理影响。

一、强迫问题

（一）表现形式及影响

强迫问题的主要表现是，儿童内心反复出现不适当想法、想象或冲动，尽管 8 岁以上的儿童通常能意识到这来源于自己内心，但往往很难成功忽视或压抑它们，这会极大地增强儿童的焦虑情绪，儿童会采取重复动作（反复洗手、开关门、核对等）或者心理动作（默数、默念词语等）来减轻心理上的痛苦，或者防止可怕的事情发生（见案例 10-7）。比如 11 岁的男孩小强，他总感觉自己家里的沙发是脏的，有人坐过然后去触碰其他东西的话，他觉得会把其他东西也污染了，所以他会花很长的时间打扫卫生，清洗自己的手。虽然他也意识到并没有那么脏，但自己控制不住，如果不做的话，就会非常焦虑。

案例 10-7

踩格子的小宇

小宇（化名）是个 11 岁的男孩，就读于小学五年级。他总是克制不住自己要按照某种规律踩地砖的冲动，比如走路时，一定要踩到地砖的某个格子，或者需要去摸一下某块瓷砖。如果不这么做的话，就觉得会发生不好的事情，比如考试会很糟糕等。虽然他自己也觉得没有必要去做，但是控制不了。他记得自己 5 岁时有过一次这样的行为，到小学二三年级又开始出现，当时这样的情况并不多，他自己也会进行克服。最近频率相比之前增加，已经影响到自己的学习和生活了，所以才告知妈妈，由妈妈带他来见心理咨询师。

小宇从小由父母抚养长大，他的父母都是老师，对他要求严格，尤其是妈妈，对他要求非常严格。小宇学习成绩一直名列前茅，对自己的要求也非常严格，凡事追求完美。但他对自己的评价并不高，觉得自己像猪一样蠢。小宇还有一个妹妹，比他小 8 岁，自从妹妹出生后，父母陪伴自己的时间少了很多。他有些失落，但懂事的他并不会表现出来。

由于这些过度的想法和行为，有强迫问题的儿童正常活动减少，他们的健康、社会关系和家庭关系、学校功能会受到严重的干扰。清洁或清洗的习惯会导致一些健康问题，比如长期反复清洗会造成手部和上臂的皮肤疼痛；长期重复刷牙会导致牙损伤；穿衣或洗漱的仪式行为会导致长期的迟到；计算和检查的习惯及侵入性思维会导致学生不断地反复检查某一道题的答案，以至于无法完成考试，家庭作业也会变成每天的挑战，儿童会花数个小时去不断检查和改正，睡眠的仪式行为可能会使儿童拒绝邀请朋友来过夜，也会导致不断拒绝来自朋友的类似邀请；害怕污染可能会干扰出勤和社会活动，如看电影或参加体育活动。

(二) 影响因素

1. 生物学因素

拉斯穆森（Rasmussen）和索昂（Tsuang）在1986年的一项双生子研究中，发现同卵双生子的同病率达到65%；另外据劳尔斯（Rauls）的报道，患者的一级亲属中强迫症的患病率为15%~20%，远远高于一般人群（引自张伯源主编，2005）。国内杨彦春等人在1998年对90例强迫症患者进行家系研究发现，强迫症患者一级亲属中多种心理障碍的患病率（5.9%）明显高于一般人群（0.3%）。研究显示强迫问题具有一定的遗传基础。

通过计算机断层扫描（SPECT）等手段，研究者进行了强迫症患者的大脑功能和结构研究，发现强迫症患者可能存在额叶眶区—基底节—丘脑结构的神经回路异常。

因赛尔（Insel）与伦纳德（Leonard）等人的研究支持5-羟色胺（5-HT）异常假说，但5-HT功能改变的性质仍不清楚，仅用5-HT活动增强或减弱还无法解释强迫症的复杂发病机制。支持5-羟色胺假说的证据表明，使用丙米嗪（一种5-羟色胺再摄取特异性抑制剂）对儿童和成年强迫症患者均有一定效果（引自卡尔，2004）。

2. 家庭社会心理因素

父母的教养方式、儿童自身特性、应激生活事件以及家庭生活周期的转变、缺乏足够的社会支持都是促发儿童的强迫问题的因素。

（1）父母的教养方式。当父母对孩子过于苛求，比如说对清洁卫生过分要求、生活刻板规矩，坚持高标准和严格的道德水准，会使儿童过于自责，从而导致消极想法自动转变为消极行为。

（2）儿童自身特性。儿童低自尊、低自我效能感，缺乏灵活性，过分严格要求自己，事事要求十全十美也是导致强迫问题产生的因素。

（3）应激生活事件等。当家庭发生父母不和、离异，或环境突然改变（比如转学），责任或任务加重，陷入校园霸凌等困境时，也容易引发儿童焦虑而促发强迫问题。

(三) 常用干预方法

1. 心理教育

帮助家长和孩子对强迫问题进行了解，让家长了解到孩子表现出的重复行为是由于生物、心理和社会因素综合影响，本应只引起低水平恐惧的情况（如触摸脏东西），却给孩子造成极大的恐惧。儿童通过重复某种动作来减轻自己的恐惧，如反复洗手，但越是执行这些动作，胁迫的力量就越强。帮助家长和儿童从以上几个方面理解问题产生的原因，使父母和儿童对强迫行为和想法有更多的认识，也可降低父母与儿童的焦虑感，使他们更有信心地去面对和解决强迫问题。

2. 把强迫问题外部化

可以帮助儿童将强迫问题具象化，变成一个外部的需要处理的问题，比如害怕门后面有怪物而反复检查的儿童，可以为强迫行为取一个外号，比如大门怪，将这个强迫行为看作是一个需要打败的怪兽，而不是自己的坏习惯或者不良行为。这种方式可以调动儿童的积极性，也可避免儿童总是处于被批评和指责的位置，从而可以使家长和儿童一起，齐心协力去解决问题。

3. 家庭与学校的配合

家长可以利用奖赏系统帮助孩子一起来面对强迫问题，在孩子能够很好地做到驱赶强迫行为的时候，用表扬和鼓励来激励孩子；当孩子重复这些行为时，避免用责骂和惩罚的方式来对待儿童的仪式行为。

家长也可与学校老师达成一致，在学校也用同样的奖赏系统来帮助儿童，促进儿童将经验泛化到各个生活领域。

4. 心理咨询

心理咨询师通过认知治疗、游戏治疗、家庭治疗等方式，与孩子一同探索强迫问题背后的想法、感受，以及因为强迫问题所遭受到的情绪、学习、人际交往当中的痛苦，给予孩子心理支持和鼓励，帮助孩子一同理解强迫问题背后的原因。

暴露法也是心理咨询和实践中的重要技术，让儿童反复地面对强迫观念相对应的焦虑与恐惧的情境，而面对方式可以通过想象、现实检验或是通过观察他人在该情境下的示范来实现。通过这样的方式，可降低儿童主观的痛苦感受，从而减少甚至消除强迫行为。

二、抽动问题

（一）表现形式及影响

抽动问题一般表现为眨眼、做鬼脸和耸肩，或者擤鼻涕、吠叫、嘟哝和清喉咙，以及触摸、顿足、刻板动作或模仿他人动作、拔毛发（如头发、眉毛和躯体毛发）等，也会有一些严重的抽动问题，比如有秽亵行为和自伤性的重复行为（如撞头、咬牙、刮皮肤或打自己等）。案例10-8中的明明，喉咙里总是发出咯咯声，便属于抽动问题。

案例 10-8

喉咙里发出咯咯声的明明

明明（化名）是个5岁的小男孩，目前在上幼儿园中班。最近因为明明喉咙总是不自主地出现咯咯声，以及总对妈妈说觉得自己没有朋友，妈妈非常焦虑，所以带他前来见心理咨询师。明明是个爱笑的小男孩，喜欢画画和捏黏土，第一次见咨询师就表现得很亲近，会说到在幼儿园里发生的开心和不开心的事情。在这过程中，咨询师一开始会发现他喉咙里不时发出咯咯的声音，但到后来便没有出现过。

通过与妈妈的谈话，咨询师发现妈妈在养育孩子的过程中非常焦虑。明明爸爸一直在外地工作，从她怀孕一直到孩子上幼儿园，都是她全职在家带孩子。单独带孩子让她觉得心理压力很大，凡事她会做得很用心，但有时也会因为情绪崩溃而大哭。对于孩子

> 跟她说在幼儿园里没有朋友这个事情她尤其焦虑，她一直觉得与朋友相处很重要，因为她自己从小到大也是一个人，很少有朋友。孩子跟她讲到在幼儿园里的情形，和大多数的孩子一样，有时和同学很要好，有时也会吵架，这属于正常情况。但妈妈非常焦虑，担心孩子以后像她一样没有朋友。

这些抽动问题通常不可被儿童的主观意志控制，常常会破坏儿童的心理健康、家庭和社会关系，给日常生活造成困难，比如儿童经常清嗓子，会打断语言的流畅性。有时，其他同伴会因为他们的怪异行为而躲避他们。如果家庭和学校不能理解孩子，对他们的责骂、惩罚和排斥会导致抽动问题的加剧，容易导致孩子出现对抗行为和抑郁情绪，使得孩子变得低自尊、低自我效能感。尤其是儿童年龄越大，越是想要自己控制抽动发作，这会增强儿童的不适感和痛苦。

（二）影响因素

1. 生物学因素

双生子研究和家族史疾病研究的结果显示，抽动问题是非自愿的、与神经发育相关的问题，受遗传因素影响，并与基底神经节以及相关皮质和丘脑结构的功能异常有关。

抽动问题还可能与多巴胺、去甲肾上腺和5-羟色胺系统的失调，以及内源性阿片肽系统的功能异常有关。男童发病率较高的事实使人们假设，在生长发育的关键期，雄性激素可能会对抽动综合征的形成产生影响。

此外，还有研究发现，出生前和围产期的不利因素，如怀孕过程中母亲经历应激反应或患病，妊娠期复杂的因素和出生时低体重等，均与该问题的发生有关。

2. 家庭社会心理因素

抽动问题与家庭环境及生活周期的转变，缺乏足够的家庭、社会、同伴的支持，儿童低自尊、低自我效能感有关，这些因素将导致抽动问题的加剧。

父母婚姻不和，经常发生争吵，以及搬家、弟弟妹妹出生造成家庭环境的变化等，也可能引发儿童的抽动问题。当儿童有抽动问题，而父母过于焦虑，通过惩罚、责骂的方式来解决儿童的抽动问题时，儿童的抽动问题往往会加剧。同伴的嘲笑和排斥也会让儿童感觉很自卑，严重时会加剧儿童的抽动问题，并会衍生与此相关的情绪和行为问题。

（三）常用干预方法

1. 心理教育

帮助家长和孩子对抽动问题进行了解，让家长了解到孩子的抽动问题是非自愿的、非自主的行为。抽动问题受遗传方面的因素影响，并与基底神经节有关。另外抽动问题也与家庭、社会因素和个人心理有关。治疗师应与父母和儿童一起了解抽动问题产生的背景与原因，帮助他们对抽动问题有更全面的认识，以期得到家长的理解和支持。相反，责骂和惩罚会导致儿童抽动问题的加剧。

2. 创造有利的家庭生活环境

创造一个相对稳定、安静的环境，与儿童一起制定作息时间表，使他们每天上学放学后，或者课间休息时有一段安静独处的时间，这样他们能够自我放松下来，而不是总要尝试去控制自己的抽动。家长每天花 20 分钟的时间与儿童一起进行放松技能训练（详见本章第四节），也可以降低儿童抽动的频率。

3. 家庭与学校的配合

有抽动问题的儿童通常在学校的压力比较大，家长要与学校老师保持沟通，帮助老师理解儿童的抽动行为，减轻儿童在学校里的压力，比如在考试评分时老师应考虑抽动问题对他们考试成绩的影响程度，以及考试过程中时间对于儿童的压力，允许儿童在考试过程中适当休息，以减少抽动发作的频率，帮助他们更好地应对学校生活。

4. 心理咨询

心理咨询师通过家庭治疗、认知行为治疗、艺术治疗等方式，与父母和儿童一起探索抽动问题的原因，一方面排除生理方面的原因，另一方面了解家庭社会心理因素对儿童的影响，以及抽动问题带来的情绪、学习、人际交往当中的烦恼，给予孩子心理支持和鼓励，帮助儿童恢复自信，使他们有能力面对抽动问题引起的学习和生活、人际交往中的困难。

第六节　儿童品行问题

在儿童和家庭心理咨询中最常见到的情景是，男孩因出现各种品行不端、不愿上学以及相关的行为问题，被父母及家人带来向心理咨询师求助。儿童品行问题具有明显的性别差异，男孩出现品行问题的可能性通常而言要比女孩更大。

品行问题是童年期和青少年期出现的、家庭需为之付出代价最高的问题。品行问题也是儿童心理咨询中最棘手的问题，大部分有品行问题的儿童单一地进行心理咨询和行为矫正的效果并不好。尤其，如果儿童在早期出现了品行问题，并且在多种社会情境下（包括家庭、学校和社区）经常出现严重的行为问题（例如攻击行为、破坏行为、欺骗行为），预后情况不佳。品行问题会在家族中代际传递，自身存在问题行为史的成人养育出的儿童，出现行为障碍的概率更高。

另外，诺特曼（Nottelman）和詹森（Jensen）研究发现，品行问题与注意力相关问题以及抑郁焦虑情绪问题共同存在的情况十分常见，存在品行问题的儿童同时存在注意力相关问题的比例约为 50%（引自马什，沃尔夫，2009），而同时存在抑郁、焦虑情绪问题的比例约为 33%（Dishion et al., 1995）。

一、表现形式及影响

儿童品行问题表现为一系列外化的行为，如冲动、多动、攻击性和违法行为，而这样一些行为可以从两个维度进行归纳，即公开-隐秘和强破坏性-弱破坏性。公开-隐秘维度的范围包括从可见的行为（如打架）到隐秘的行为（如说谎或者偷窃）。表现出公开性反社会行为的儿童，通常对敌意环境更多地做出消极、烦躁与仇恨的反应，而且遭受着更高程度的家庭冲突（Kazdin，1992）（见案例 10-9）。而那些表现出隐秘性反社会行为的儿童，通常不善社交、有更多焦虑，而且对他人充满怀疑，很少得到家庭支持。大多数有品行问题的儿童，既有公开的也有隐秘的反社会行为。这些儿童经常与权威发生冲突，其家庭有更严重的功能失调，而且他们的行为具有长期性（Loeber et al.，1991）。强破坏性-弱破坏性维度的范围包括从虐待动物或身体攻击到非破坏的争辩或发脾气。

案例 10-9

打人的小凯

小凯（化名）是个 12 岁的男孩，刚进入初中一年级。进入初中后，经常在学校与同学打架、骂人，不服从老师，甚至对老师拳脚相加。当小凯感觉到对方不喜欢自己，就会充满敌意主动攻击对方，有时掐住同学的脖子，或者扇同学耳光，口中骂骂咧咧。最近小凯与体育老师发生冲突，站在窗台上威胁老师要跳楼，学校建议小凯休学并去看医生，医生建议妈妈寻找心理咨询师的帮助。

小凯的父亲性格暴躁，经常与小凯的母亲发生争执，轻则破口大骂，重则拳脚相向。小凯上小学三年级时父母离婚，小凯和妈妈一起住，与妈妈关系时而很亲密，时而又激烈地争吵。从小小凯的脾气就很暴躁，在小学时也经常因为一些小事与同学发生冲突。小凯感觉别人都在针对他，他这么做只是为了保护自己。

如图 10-1 所示，在两个维度的交叉之下，又可以把品行问题分为四个类型：（1）隐秘-强破坏性（侵犯财产型）；（2）公开-强破坏性（攻击型）；（3）隐秘-弱破坏性（违背身份型）；（4）公开-弱破坏性（对抗行为型）。

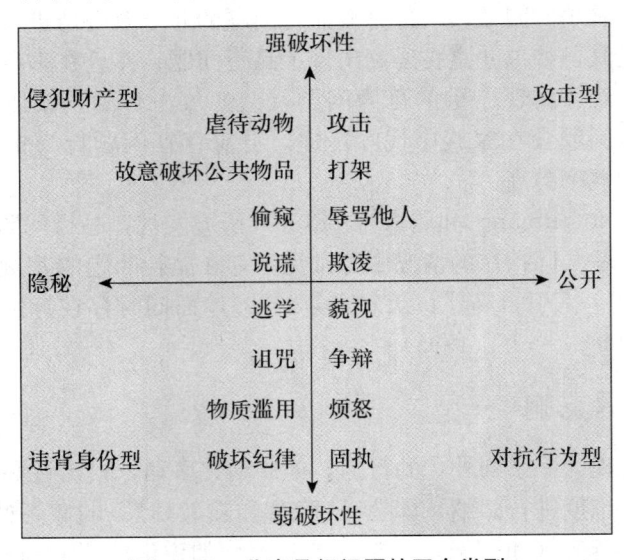

```
                    强破坏性
                       ↑
   侵犯财产型                        攻击型
              虐待动物    攻击
           故意破坏公共物品  打架
              偷窃       辱骂他人
   隐秘 ←    说谎       欺凌      → 公开
              逃学       蔑视
              诅咒       争辩
              物质滥用    恼怒
   违背身份型  破坏纪律   固执    对抗行为型
                       ↓
                    弱破坏性
```

图 10-1 儿童品行问题的四个类型

具有品行问题的儿童成年后的表现相较于正常儿童来说，出现犯罪行为、反社会人格、酒精依赖以及各种心理障碍的概率更高，在身体健康、学业成就、工作适应、婚姻稳定和社会适应方面也会出现很多的问题。

其中，表现出公开-强破坏性行为的儿童，尤其是持续施加身体攻击的儿童，日后出现精神问题和功能障碍的可能性较大（Broidy et al.，2003）。然而，值得注意的是儿童品行问题与成年后的违法犯罪行为或精神障碍并不存在必然性的联系，也就是说不是所有的表现出品行问题的儿童都会在成年后发展得更为严重或更具有破坏性。有证据表明，相对于存在公开-强破坏性行为的儿童，大多数有公开-弱破坏性行为问题的儿童不会发展出更为严重的品行问题，其中有一部分儿童的问题行为也会最终完全消失（Hinshaw et al.，1993）。

二、影响因素

（一）生物学因素

研究表明，同卵双生子的发病率显著高于异卵双生子。在一项对862个收养男孩进行的研究中发现，亲生父母有犯罪经历的儿童其犯罪可能性是亲生父母没有犯罪经历的儿童的1.9倍。父母的反社会人格障碍（特别是父亲）对儿童品行障碍的产生具有预测性。另外，低智商与少年违法行为有关。

动物研究发现，雄性激素在攻击行为中起重要作用。有研究指出，自我评价的攻击性和血浆睾酮水平存在正相关；睾酮水平高的男孩表现出不耐烦、易激怒，攻击性和破坏性行为的可能性增加。

神经心理缺陷使儿童在言语推理和执行功能上表现出自控障碍，也会使儿童学习成绩不良，引起他们的挫败感，从而导致出现攻击行为。有些研究发现，阅读困难和品行障碍之间有很强的相关；反社会行为和自控障碍之间存在着较强的相关（Shapiro & Hynd，1993）。

另外，一些研究表明，品行障碍儿童在生命早期（怀孕和出生过程）受到了更多不良生物因素的影响，患儿的母亲在怀孕期的不良情绪、身体疾病、异常分娩等情况与品行障碍的发生显著相关。

（二）家庭社会心理因素

家庭社会心理因素对儿童品行问题的影响是多方面的，经由研究证明的主要有以下几种情况：

1. 家庭养育方式问题

一些儿童的家庭没有形成稳定的规则和生活规律，成员角色混乱，很容易出现父母过度溺爱，儿童毫无规则意识，无法建立良好的道德感。一些家庭中，父母采用专制或者忽视的方式对待儿童，缺乏积极的亲子互动，父母的惩罚方式过于严厉或者由于反复无常而导致惩罚无效。这种情况下儿童易于出现攻击行为，进入集体以后必然会遭到同伴的排挤。

2. 父母的不良示范引发的模仿行为

如果在家庭中长期存在暴力行为，儿童也会模仿父母的行为，在外出现持续且严重的攻击行为。这种情况在父亲存在暴力行为的家庭中非常常见，这类家庭中母亲往往不能担任一个保护者的角色,儿童常常受到母亲的忽视。儿童会模仿这种攻击性行为和忽略性的敌意。

3. 父母双方或一方患身体或精神疾病

这种情况下父母往往不能承担起正常的养育职责,研究表明,儿童攻击性行为与有精神病家庭史具有正相关性,这可能与父母对于儿童的行为无法呈现稳定的反应有关,比如当儿童出现亲社会行为时无法得到奖励,反而容易受到随机性惩罚。

4. 家庭处于社会弱势地位

比如较低的社会经济地位,贫穷和孤立无援,使儿童的内心和发展无法得到有效的支持,也可能导致儿童出现品行问题。

三、常用干预方法

(一)心理教育

给父母进行心理教育是让家长了解到,攻击行为、破坏行为和偏差行为并不是儿童与生俱来的坏品性的反映。通过心理教育,要使家长能够将"具有品行问题的儿童本质就坏"的想法,转变为"他们是好孩子,但养成了坏习惯",而这些坏习惯是由某些刺激诱发,并由某些结果强化而发展的。要逐渐让家长认识到,儿童的品行问题之所以长期存在,他们与家庭、社会系统的互动方式是其中的重要原因,所以,家庭和社会系统的成员也应该参与改变的过程。

(二)创造良好的家庭环境

在家庭中,父母要创造一个和谐、温馨的家庭环境,用爱和规则陪伴孩子成长。帮助孩子安排好每日的作息时间,作息常规事件包括早晨起床、晚上睡觉、准备上学、放学回家、休闲活动和游戏时间、进餐时间等等。这些作息时间越明确,出现攻击行为或其他品行问题的可能性就越小。家长和儿童可以一起创作一张作息时间表,确保儿童自己能够时常看到表格,以便提醒自己。当儿童出现良好作息习惯时要给予良好的反馈和鼓励,对不良行为要及时纠正。另外,家长要注重与儿童的良好亲子关系的建立,加强情感联结,还需要遵守"言传身教"的原则,以身作则,在家中起到良好的示范作用,帮助儿童明辨是非。

(三)与孩子进行支持性游戏

详见本章第二节。

(四)帮助儿童正确表达情绪

对于出现对抗性攻击行为的儿童,家长既需要给孩子树立规则,同时又要与他们保持积极的亲子关系,这是产生改变的关键。有品行问题的儿童由于语言表达和适应环境的能力不足,当出现令他们感到愤怒、挫败的情绪时,他们更多的是通过攻击行为和破坏行为等来表达。

要引导孩子正确表达情绪,与儿童一同讨论发生了什么,是什么引起了这些感受,对孩子的情绪进行命名,让儿童了解到自己的情绪。当孩子感觉到自己的情绪被理解和接纳时,才能够平静下来,进而一同商讨如何进行管理。其中包括增加儿童的亲社会行为,减少他们的攻击行为和其他的消极目标行为。

（五）家庭与学校的配合

儿童品行问题是在多种因素共同作用下发展、形成的。学校因素不容忽视，家庭要与学校协同合作，帮助儿童塑造健康人格。学校中，请老师维护儿童的自尊心和自信心，帮助儿童解决日常学习生活中遇到的困难，促进儿童良好人际关系的发展；在教学上进行符合儿童特点的教学，让儿童有成功体验，增强自信心；教职员工的个人行为要起到良好的示范作用，从而降低儿童品行问题的发生率。

（六）心理咨询

心理咨询师通过谈话、认知行为治疗、家庭治疗、艺术治疗等方式与儿童一起探索产生攻击、破坏行为背后的原因，倾听并理解儿童的情绪与想法，取得儿童的信任与合作。同时也对父母进行心理教育及心理支持，帮助父母一同解决家庭、婚姻当中出现的情绪和问题。当症状逐渐消失后，引导儿童多参加一些集体活动，增加与他人交往的机会，增加儿童感到情感满足的情境，培养其开朗的性格，防止问题复发。

第七节 儿童注意力和多动问题

在咨询室中，常常会出现这样一个场景，家长带着一个不太安分的孩子，痛苦地诉说着孩子是如何难以控制，并且常常坐立不安，把家里弄得一团糟。但部分情况是，不单是家长，出现这种情况的孩子其自身也感到无能为力，他们也因为无法控制自身的行为而感到挫败、伤心、迷茫，同时也遭到了斥责甚至打骂。这样一种问题被认为是注意力和多动问题，其核心表现是持续多动、冲动，并且难以集中注意力。

美国学龄儿童注意力和多动问题的发生率为3%～5%，荷兰为5%～20%，日本为4%，我国学龄儿童的患病率为1.3%～13.4%。男孩的发生率比女孩的发生率高，其比例为4∶1～9∶1；发病高峰年龄在8～9岁。据国内研究报道，男女患病之比为3.6∶1。患病儿童存在的注意力困难、不分场合的过度活动、情绪冲动等症状，会让他们进一步出现学业和人际关系方面的问题。

一、表现形式及影响

注意力和多动问题主要体现在两个维度，一是注意力的缺乏，二是多动和冲动。注意力的缺乏并不是指孩子注意力容量的缺乏，他们和其他孩子一样能够接受或者注意到同样多的信息（Taylor，1994），但他们更容易分心和被环境干扰，同时缺乏持续性的注意力。不过，他们可以投入那些不太需要主动维持注意力的事情，比如看电视或者玩电脑游戏。冲动和多动虽然联系紧密，且都是行为控制方面的问题，但它们的表现是有区别的。多动通常表现为过于活跃，其活动也不存在明确的目的；而冲动表现为对于自己反应的克制力方面的问题，容易出现"不经思考"的行为。

根据以上两种维度，在问题的表现方面，有的儿童呈现更多的是注意力的问题，而有的儿童呈现更多的是多动冲动的问题，以及注意力与多动冲动联合呈现的问题。有注意力和多动冲动问题的儿童总体表现为：在学校作业和其他的活动中粗心大意，不能遵循指示完成学校作业和各项任务；容易被外来刺激分心，经常三心二意，兴趣从一项活动转移到另一项活动上；在要求高度自制力的环境下，他们会乱跑乱跳、说话过多、离开自己的座位或者玩弄自己的手或脚等；在与他人的交往中，往往比较冲动，参加一些危险活动不考虑后果，不能遵守游戏规则，难以安静地等候，容易与人发生冲突（见案例 10-10）。

案例 10-10

爱动的睿睿

睿睿（化名）是一个快 7 岁的小男孩，因为在课堂上无法集中注意力，有时会在课堂上随意走动，影响到课堂纪律，老师要求父母带孩子去医院检查，医院诊断为注意力缺陷和多动问题，父母不愿意给孩子服用药物，带他前来见心理咨询师。

睿睿从小由父母、爷爷奶奶一同抚养长大，父母工作忙，主要由爷爷奶奶抚养。睿睿从小就是个非常活泼的孩子，精力旺盛，对各种各样的东西表现出极大的好奇，家里的东西被他翻得到处都是。爷爷奶奶对他比较溺爱，给他买很多玩具，尽量满足他的要求。父母希望孩子的生活可以自理，不过一直到小学，还是由爷爷奶奶给他穿衣服和喂饭。在幼儿园，睿睿就很难跟随课堂的节奏，经常一个人走动，如果规定他坐在座位上，很快他的注意力就转移到其他的地方。

注意力困难会导致儿童在学校里的成绩不良，冲动和攻击性会阻碍其建立并保持恰当的伙伴关系，使其难以形成一个具有支持性的伙伴群体。这样，也会使他们和父母、老师及同伴陷入一种矛盾关系当中，他们也会意识到这些问题导致他们在家庭里、同伴关系中的挫败，导致他们可能降低对自我的评价，并产生抑郁情绪。

注意力和多动问题的儿童都存在学习问题，一些儿童还伴有言语发展滞后和退行问题。约有三分之二的儿童注意力和多动问题会持续到青少年后期，有些还可以持续到成人期。约有三分之一的儿童在青少年期会出现明显的反社会行为，包括品行障碍和滥用物质等，其中大部分人会将问题持续到成人期，导致犯罪行为。有一小部分人会出现工作适应问题和自杀尝试。注意力和多动问题与抑郁焦虑情绪问题、品行问题的同病率很高。

二、影响因素

（一）生物学因素

研究发现，儿童形成注意力和多动问题具有遗传性，父母童年期有多动史者较多；与对照组相比，患儿父母精神疾病的发生率也较高。双生子纵向研究发现同卵双生子的同病率比异卵双生子高。

另外一些研究发现，注意力和多动问题的儿童可能在出生前或儿童早期受到过神经损伤，比如怀孕和分娩并发症，这些并发症主要是脑外伤、难产、早产、颅内出血、窒息、某些传染病和中毒等导致的。孕期妇女的酒精依赖也会增加孩子多动和注意力集中困难的危险。另外，儿童学前期过多地接触铅制品或摄入含铅食品也是病因之一。

(二) 家庭社会心理因素

大量研究显示，注意力和多动问题同家庭环境有密切关系：婚姻关系不和谐、家长存在心理或行为问题（如抑郁、攻击行为或酗酒）、性格急躁、管教方式不一，如对儿童过分专制或过分溺爱，以及父母文化程度低等都和儿童注意力和多动问题有关。

较低的家庭社会经济地位、环境拥挤和机构抚养、同伴关系问题、儿童学习负担过重、与学校老师关系问题、教师的教育方法欠妥等因素都会影响儿童的注意力和行为控制问题。

三、常用干预方法

(一) 心理教育

给父母进行心理教育是让家长了解到，儿童的注意力和多动问题之所以长期存在，可能是在基因所决定的多动气质和产前、围产期及儿童早期因素的相互作用下形成的。许多家长常常为孩子出现注意力和多动问题而自责，在大部分的有注意力和多动问题儿童的家庭中，亲子关系问题多是问题的结果，而非致病的原因。

父母之间还可以形成支持性的团体，组织定期的学习小组，学习有关多动和注意力的科普读物、科学的养育方法以及保护儿童的信息。由于多动的儿童很容易在生活中出现一些意外的危险，家长需要依据儿童的年龄设置合适的保护措施，以防触电、摔伤等意外情况。父母还可以帮助儿童安排适宜的外出活动，获得成功体验，增强儿童的自信心。

(二) 创造良好的家庭环境

在家庭中，父母要创造一个和谐、温馨的家庭环境，用爱和规则陪伴孩子成长。合理安排儿童每日的睡眠、学习、娱乐等时间，使之形成规律的作息。父母与孩子每天进行支持性游戏，利用游戏活动与孩子建立一种良性的关系，缓和家庭中的紧张气氛，减少儿童的心理负担，从而缓解孩子的问题。

(三) 帮助儿童正确表达情绪

有注意力和多动问题的儿童由于他们语言表达和控制冲动的能力不足，当出现令他们感到兴奋、愤怒、挫败的情绪时，他们更多的是用行为表达出来。因此要引导孩子正确表达情绪，与儿童一同讨论发生了什么，是什么引起了这些感受，对孩子的情绪进行命名，让儿童了解自己的情绪。当孩子感觉到自己的情绪被理解和接纳时，才能够从躁动转为平静，进而一同商讨如何进行管理。

(四) 家庭和学校配合

儿童注意力和多动问题是在多种因素共同作用下发展、形成的，为了使儿童健康成长，家庭、学校相互配合，可以促进儿童形成良好的学习技能和学校行为（DuPaul，1991）。家长应保持与学校老师的沟通，向老师说明孩子的情况，和老师一起商量如何对待儿童在学校出现的问题，以及根据孩子的学习困难和学习问题进行符合儿童特点的教学；当儿童发生不恰当行为后认真倾听孩子的想法和感受，维护儿童的自尊心和自信心；帮助其形成良好的学习习惯、伙伴关系，让儿童有成功体验并进而维持恰当的行为模式。

（五）心理咨询

心理咨询师通过谈话、艺术治疗、家庭治疗等方式与孩子一起探索多动行为背后的生理或家庭社会心理原因，倾听并理解孩子因注意力和多动问题导致的各种情绪和困难，取得孩子的信任与合作；同时也对父母进行心理教育及心理支持，帮助父母一同解决家庭、婚姻以及在养育孩子的过程中出现的问题，降低父母在处理孩子问题中的焦虑，使之用尊重、信任和包容的态度对待孩子，增加孩子对自我情绪的理解和控制，恢复自信，增加自我效能感。

第八节　儿童躯体化问题

在儿科诊室中，常会有头痛、腹痛一类躯体疼痛的主诉，却找不到任何病理学的原因，这类问题通常被称为躯体化问题，其中还会包括一些其他无医学解释的躯体不适，比如眩晕、呼吸困难、疲劳等。对于儿童来说，躯体化症状是非常常见的，国内一次随机抽样研究发现，36.5%的被试儿童体验过躯体化症状，并且有部分儿童躯体化症状的体验相当频繁。

像余华散文中写到的关于肚子疼的经历，从"假装"到一种"条件反射"，最后自己也分不清肚子疼是真是假。这种类似的情形似乎在千百万个家庭中发生过，但这样的一种描述却多多少少会对理解孩子的躯体化问题带来一些误导。尤其是因为这样一种问题往往是慢性的，似乎并不会产生什么即时的伤害，反复地转诊就医和对于问题的关注，会使家长精力耗竭，对这种不明原因的问题表现出不理解或者烦躁恼怒，甚至下意识地认为孩子是在与自己作对，或是刻意在逃避某些事情。所以即使当父母能够有意识把儿童带到心理咨询室，往往也会忽视这样的问题是与环境因素和儿童易感性相关的。本小节会更多地强调躯体化问题的客观性和非主观因素，以帮助理解此类问题。

一、表现形式及影响

儿童躯体化问题最常见的有头痛、反复腹痛和肢体疼痛。当儿童表现为头痛时，可能还伴有胸部疼痛、呼吸困难、心跳加重和眩晕等。反复腹痛时，可能表现为胃疼，也有可能伴有恶心、咽喉肿块、口腔异味和各种肠胃不适等，5～12岁的学龄儿童的发生率达10%～20%，男生和女生比率相同。腹痛发作有可能从几分钟到几小时，出现频率有可能是一个月几次到一天几次，一般在白天发生，有时腹痛会发生在与父母分离之前或上学之前。当肢体疼痛时，可能还伴有步态反常、麻痹，或者肢体部位的麻木。

案例10-11中反复肚子疼的泽泽便存在此类问题。

案例 10-11

反复肚子疼的泽泽

泽泽（化名）是一个6岁的小男孩，刚上一年级。最近总是哭诉肚子疼，每次疼的时候非常痛苦，大喊大叫，有时冷汗都冒出来了，过一会儿又自动缓解，而这样的肚子疼一个月会出现1~2次，大多发生于上学之前。父母带他去医院，并未发现器质性的问题，医生建议父母寻求心理咨询师的帮助。

泽泽出生后主要由妈妈和保姆带，从6个月的时候由外婆和保姆来带，父母只是周末时去看他。泽泽从小身体不太好，经常感冒、肚子疼，有时疼得大哭大叫，全身的汗都出来了。他很倔强，生气时经常哭得快背过气。外婆非常溺爱他，妈妈与外婆在养育孩子的理念上有分歧，经常会发生冲突。一岁时，父母把他接回身边。从上幼儿园开始，孩子经常啃手指甲；上小学后，孩子总是喊肚子疼，妈妈就会请假带他去看医生。妈妈自己也很焦虑，经常性头疼。对于泽泽的问题，妈妈认为泽泽太小的时候离开自己，感觉到内心愧疚，所以对泽泽提出的要求，妈妈很难拒绝。

对于2~4岁的幼儿来说，躯体化问题的表现还可能包括食欲不振或者拒食、便秘或腹泻、拒用厕所、大便干燥、憋气、过分关注整洁、干净和次序等；而对于5~18岁的儿童来说，躯体化问题的表现包括疼痛、胃部不适、恶心、呕吐、头痛、头晕眼花、疲倦、眼部不适和皮肤问题等。

儿童和青少年中躯体化问题大概有2%~10%的发生率，躯体化问题对儿童的影响并不仅仅反映在心理痛苦上，而且表现在亲子关系、同伴交往和学校表现等各个方面，它影响了儿童的正常社交参与。比如表现为对同伴过于顺从、过少参与社交活动，也有可能遭到同伴们的嘲笑。这也会让儿童产生情绪和行为等方面的问题，比如抑郁、焦虑、攻击行为、注意力和多动问题等。

当儿童存在多种躯体化问题，特别是复发性腹痛，可能是成人躯体形式障碍的发展前兆（Neeleman et al.，2002）。

二、影响因素

（一）生物学因素

生物易感性理论认为，不同的人有不同的遗传和成长史，造成他们躯体和生物系统具有特定的易受损伤性，这会导致其机能不良。当受到压力和感染时，他们就会出现与生物易感相关的症状（Lask & Fosson，1989）。比如出生于哮喘和过敏家族中的儿童会遗传过敏性体质或者出现支气管功能亢进，这使得他们很容易患上哮喘疾病。有偏头痛家族史的儿童则会遗传反应性脑血管系统。因此，当这些儿童受到应激压力时，有支气管易感性的儿童将罹患哮喘，而那些有反应性脑血管系统的儿童将会出现头痛。应激会促发这些躯体化症状，而躯体化症状的本质则是由生物易感性决定的。

（二）家庭社会心理因素

一般来说父母矛盾冲突多，养育过度严厉或放任，亲子关系错位等，与儿童躯体化问题的出现有关。还有重大生活事件的刺激也容易引发躯体问题，比如家庭成员出现意外受伤或身亡，儿童受到虐待。这种情况下，如果儿童的情绪表达受到抑制，就会通过躯体疾病来表达。

在社会环境中，如果出现家庭中类似的情况，比如儿童与老师之间产生矛盾或者家长与老师之间产生巨大冲突，或老师采取过于严厉的教育方式，也可能维持或加剧儿童躯体化问题。

儿童如果容易受暗示，当他们的家庭其他成员也有类似问题的时候，也容易导致儿童产生某些躯体化问题。儿童低自尊、难以控制情绪，也可能导致躯体化问题。

三、常用干预方法

（一）心理教育

对儿童的躯体化问题进行评估和了解，排除躯体化问题的生理疾病，如阑尾炎、肠膜炎等，以及是否存在自我伤害、被虐待的可能性。帮助父母和儿童接受这样的观点，即生理、心理和社会因素等，如症状的感知，坚持治疗的程度，以及对疾病应激的适应程度都会同时产生作用，影响问题的发展。比如父母和儿童对疾病感到伤心、愤怒和困惑时，就可能不遵守咨询方案，因此情况可能变得更糟。而且这些问题出现反复是不可避免的。有的家长认为孩子只是在假装和想象，想获得某些好处，比如家人的关心或不去上学。帮助父母去理解儿童的症状，并了解到躯体化问题可能对儿童认知、行为、家庭适应、学校适应和终身健康造成影响，帮助父母和儿童一同去面对。

（二）放松技能训练

此部分内容详见本章第四节。

（三）转移对躯体化问题的注意

当儿童出现躯体化问题时，家长容易产生过度焦虑的情绪，总是将注意力集中在儿童的问题上，这会加强儿童对自己问题的关注。儿童注意力过多集中在自己的躯体化问题上，反而会增强躯体化症状。家长需要帮助儿童转移注意力，将注意力集中在其他有益的活动上，比如听故事、音乐等。注意力转移通常可以缓解躯体化问题带来的疼痛或不适。

（四）与家庭一起工作

鼓励家庭成员共同解决与儿童症状相关的问题，与家庭成员一起坦诚地讨论，以便增加儿童在问题上的控制感，减少亲子之间由于问题产生的情绪冲突，帮助儿童用语言表达他的情绪，如减少运用指责抱怨的口气，用理解和倾听的话语询问孩子的感觉和想法，让孩子感觉到被理解和支持。另外父亲的支持也特别重要，能对儿童躯体化问题的解决产生积极的作用。

（五）团体的支持与配合

父母和儿童参与有相似境遇家庭的支持团体，能从中获得帮助。团体可以提供社会支持和有关儿童躯体化问题的相关信息和资源。团体成员定期见面，儿童可参加一些夏令营或其他支持性的活动。通过这种活动增加儿童与同伴的接触机会，可为儿童增加家庭之外的社会支持。

（六）心理咨询

心理咨询师通过谈话、艺术治疗、家庭治疗等方式与儿童进行工作，理解孩子因躯体化问题而产生的各种情绪或行为问题，允许儿童表达内心情感冲突，帮助儿童认识这些原因与问题的关系。当症状逐渐缓解时，可以引导孩子多参加一些集体活动，增加他们的自尊和自我效能感，防止躯体化问题复发。

● 本章要点

1. 儿童心理工作者需要以儿童为中心，站在儿童的角度理解儿童出现的问题，去了解其是否符合儿童的生理、心理发展特点，与儿童的经历经验、近期事件及自身特质有何关系，而不要孤立看待儿童的某一个问题。

2. 大多数的儿童问题是发展性的问题，一些症状可能随年龄的变化而改变，也可能消退、隐去，或者发展为其他形式的问题，这与成人问题存在明显的差异。这个差异性主要与儿童的神经系统处于发育阶段相关，所以这些问题也会体现出一些阶段性的特征。

3. 儿童阶段可能出现的常见心理问题有睡眠、排便、沟通与学习、焦虑、重复、品行、注意力和多动、躯体化八大类问题。

4. 导致儿童可能出现某种问题的因素通常包括生理和家庭社会心理两大方面。但也有个别问题受家庭社会心理影响较小，比如注意力和多动问题，导致其发生的主要因素为生理方面，与遗传和孕期环境相关，与其类似的还有沟通和学习问题。

5. 入睡困难和夜醒是迄今为止学前儿童最常见的睡眠问题。

6. 遗尿一般是指儿童在5岁（或相当的发育水平）之后还不能自主控制排尿；大便失禁是指儿童在4岁（或相当的发育水平）之后仍然不能控制自己的大便。

7. 各种语言迟滞问题在男孩中比在女孩中更为常见；而各个年龄段的女孩都比男孩有更多的焦虑感。

8. 学习问题往往不是一个独立存在的问题，它会和儿童其他的一些问题，比如情绪问题、注意力和多动问题、品行问题、社交退缩问题等产生交互影响。注意力和多动问题的儿童都存在学习问题，一些儿童还伴有言语发展滞后和退行问题。

9. 从行为学观点来看，强迫和抽动问题的症状具有相似性，但是对这两类问题的治疗有着相当大的差异。强迫问题不同于抽动问题，抽动问题不会有强迫观念。

10. 品行问题会在家族中代际传递，自身存在问题行为史的成人养育出的儿童，出现行为障碍的概率更高。大部分有品行问题的儿童单一地进行心理咨询和行为矫正的效果并不好。品行问题通常与注意力相关问题以及抑郁、焦虑情绪问题共同存在。

11. 儿童常见心理问题一般采用对父母和儿童进行心理教育、帮助儿童正确表达情绪或放松技能训练、家校配合、儿童心理咨询等方法进行干预。

拓展阅读

美国精神医学学会．（2015）．精神障碍诊断与统计手册(第5版，张道龙等译)．北京：北京大学出版社．

马什，沃尔夫．（2009）．异常儿童心理(第3版，徐浙宁，苏雪云译)．上海：上海人民出版社．

卡尔．（2004）．儿童和青少年临床心理学(张建新等译)．上海：华东师范大学出版社．

杜亚松（主编）．（2013）．儿童心理障碍诊疗学．北京：人民卫生出版社．

佩里，塞拉维茨．（2015）．登天之梯：一个儿童心理咨询师的诊疗笔记(曾早垒译)．重庆：重庆大学出版社．

Damon, W. & Lerner, R. M.（主编）．（2015）．儿童心理学手册(第6版)．上海：华东师范大学出版社．

亨德森，汤普森．（2015）．儿童心理咨询(第8版，张玉川等译)．北京：中国人民大学出版社．

张伯源（主编）．（2005）．变态心理学．北京：北京大学出版社．

思考与实践

案例题：

丹丹（化名），女，10岁，小学四年级学生。因注意力不集中、拖延、学习成绩下降、容易发脾气，前来见心理咨询师。在学校，孩子表现得很内向，很少与老师和同学沟通。出生后丹丹一直是与父母和爷爷奶奶同住，父母上班，平时由爷爷奶奶照顾她。不过妈妈与奶奶的教养方式非常不同，奶奶总是安排和包办孩子的一切，而妈妈认为应该让孩子独立来做，觉得孩子目前的情况都是因为老人的缘故，两人时常因理念不同发生争执。最近妈妈与奶奶大吵之后，爷爷奶奶回到了老家，妈妈既要上班又要带孩子，感到非常焦虑。爸爸工作繁忙，基本不参与实际的抚养工作，对于妈妈的方式并不赞同，也不与妈妈进行沟通，妈妈对此非常愤怒，并有离婚的打算。

1. 以四人为一组，采取轮流扮演的形式，一组扮演评估小组，另一组扮演来访者及来访者的父母，列举出来访者及家庭所表现出来的症状。

2. 针对此案例形成问题假设框架和干预方法，预测在评估和干预的过程中，可能会遇到什么样的困难，并指出如何处理这些困难。

3. 再想一想，你还需要哪些进一步的信息来确定自己的假设？

4. 你将为来访者和她的父母提供怎样的干预意见及建议？

第十一章
儿童常见心理障碍与干预

世界卫生组织（World Health Organization，WHO）指出心理卫生问题发展的总体趋势是：患病率随社会变革、经济发展水平的提高而增加，并且与变化的速度成正比。这一趋势在儿童群体中同样适用，儿童是心理障碍的易感人群，当今社会的急剧变化、社会压力的不断增长，使得儿童罹患心理障碍的风险增加，儿童心理健康问题日益突出。国家卫健委2018年发布的数据显示，我国17岁以下儿童中，约3 000万人受到各种情绪障碍和行为问题困扰，且儿童心理门诊人数每年以10%的速度递增。国内外大量研究表明，儿童心理行为问题检出率呈不断上升之势。2010年在中国举办的第19届国际儿童青少年精神医学会议暨第6届亚洲儿童青少年精神医学会议上，有关专家提出，各种发生于成年人的精神障碍及心理问题均可发生于儿童，且2020年以前，全球患精神障碍的儿童会增加50%。

长期以来，由于社会对儿童心理障碍的认识不够深入，儿童的情绪或行为症状常被父母或养育者视为一种轻度的紊乱，会随着正常的生活过程慢慢消失或自行痊愈，儿童的这些障碍未引起足够的重视，也较难获得及时的治疗，因而导致儿童的单一症状逐渐转化为青少年期和成年后的稳定障碍，严重影响儿童的生活质量和健康成长。儿童长期遭受身心困扰，其精神生活质量及专业干预均应获得更深入、更科学的关注。本章将系统介绍儿童常见心理障碍（含部分可实施心理治疗的发展性障碍）的临床表现、病因、诊断标准及常用干预方法等，以期帮助学习者和读者加强对儿童各类心理障碍的正确认识。

第一节　儿童情绪障碍

一、儿童情绪障碍概述

（一）什么是儿童情绪障碍

儿童情绪障碍（Emotional Disorders in Children）是发生在儿童期，以焦虑、恐惧、抑郁等情绪障碍或躯体功能障碍为主要临床表现的一组疾病，过去多称为儿童神经症（Neurosis of Children）。鲁特和赫索夫（Rutter & Hersov, 1985）的研究指出，儿童的各种情绪障碍患病率为 2.5%。研究者潘雯（2008）对 6 358 名 6~17 岁在校儿童的流行病学调查发现，儿童情绪障碍患病率为 5.13%。

（二）儿童情绪障碍的病因

1. 遗传因素

研究发现同卵双生子同病率高于异卵双生子 2 倍以上。如阿基斯卡尔（Akiskal）和韦勒（Welle）对抑郁症的研究发现寄养子和亲生父母有较高的同病率（刘新民主编，2005）。研究证实，惊恐障碍、强迫症、恐惧症等与遗传的关系最为显著（刘新民主编，2005）。

另外，一些幼儿期不良的气质类型更有可能发展成不良个性，从而构成情绪障碍的发病基础。如有研究指出，吵闹、不安宁、不易安抚的儿童易遭到成人的冷落，导致形成依恋障碍的可能性更大。

2. 亲子依恋关系

亲子依恋的研究证实其与情绪障碍的形成有较为密切的关系。英国精神病学家鲍尔比（Bowlby, 1951/2017）开展的系列"母亲剥夺"研究，描述了在福利机构或其他文化剥夺环境中成长的婴儿，缺乏稳定安全的依恋关系，会产生焦虑不安、对他人疏远、不信任和敌意，容易出现激惹、攻击行为、社交退缩等不良的个性倾向和行为表现，这些成为罹患情绪障碍和出现适应不良行为的危险因素。安斯沃斯（Ainsworth）1978 年提出了两种不安全的依恋类型——"回避型依恋"和"阻抗型依恋"，可负向预测儿童成年后的亲密关系及幸福感指数（易静，2011）。梅因（Main）和所罗门（Solomon）提出了第三种不安全型依恋——"混乱型依恋"（引自 Bartholomew & Horowitz, 1991），该类型儿童与他们的照顾者长期处于分离状态，或是照顾者经常令他们感到恐惧，不愿或不能很好地提供照顾，这将引起儿童的心理和行为紊乱，并可以预测儿童期以后的社会交往及认知困难和心理病理现象。大部分混乱型依恋的儿童在 17 岁时会发展出高水平的神经病理症状以及各种临床障碍。

3. 环境因素

大量研究证实儿童在发育过程中对各种有害因素反应敏感，尤其是有遗传易感特质的个体，受到不良环境因素的影响容易诱发心理疾病。他们对于家庭环境依赖性尤其强，既有物质需要，也有心理依赖。在家庭中主要的影响因素有：

（1）家庭背景。包括家庭的社会经济状况，以及父母职业、文化素质和心理健康状况等。相关研究表明，贫穷、疾病和父母的不良心境如焦虑、抑郁会导致家庭内部心理联系的失调，其儿童各种内、外向行为问题的患病率可达到正常家庭儿童的 25 倍。

（2）家庭教养方式。研究表明，父母养育态度不一致，会使儿童无所适从，容易出现焦虑、抑郁。父母对儿童的过分控制、排斥等态度与儿童情绪障碍有关。另外，有情绪障碍的儿童多为缓慢型气质，当这类儿童由急躁型父母或粗暴型父母抚养时，他们有可能发展出情绪障碍（丁伟，金瑜，2003）。

（3）家庭心理环境。家庭环境中的某些不良因素，如父母婚姻不和谐、矛盾冲突多，常导致儿童的抑郁、焦虑、恐惧、攻击和社会适应不良等行为问题。霍尔顿和里奇（Holden & Ritchie，1991）等称，婚姻暴力家庭的孩子，心理障碍的发生率是无暴力家庭的 4 倍以上。李雪荣等（1992）研究发现，家庭心理环境因素对于不同性别的儿童具有不同影响：矛盾冲突多、家庭内部亲和性低、情感表达少等因素，与男孩的外向性行为问题如多动、冲动、破坏、违纪行为有较高相关，而与女孩的焦虑、抑郁、社交退缩等情绪问题关系更为密切。

总体而言，家庭教养方式、亲子依恋关系和家庭心理环境等方面的不良因素受到家庭背景因素影响，在儿童原有不良气质的基础上影响易感素质的形成和情绪行为倾向，并可导致儿童情绪障碍的发生。

二、儿童情绪障碍的临床类型

（一）儿童依恋障碍

依恋障碍（Attachment Disorder）是指一种在大多数社会联系方面有明显问题，与发育不相称的，常起病于 5 岁前的一种儿童心理障碍类型。国际疾病分类第 10 版（International Classification of Diseases-10th edition，ICD-10）提出儿童依恋障碍主要是两类：反应性依恋障碍（Reactive Attachment Disorder，RAD）和脱抑制型依恋障碍（Disinhibition Attachment Disorder，DAD）。《美国精神障碍诊断和统计手册》（第 5 版）（DSM-V）（APA，2013）将这两类障碍列入儿童创伤及应激相关障碍的亚型，分别称之为反应性依恋障碍（Reactive Attachment Disorder，RAD）（见案例 11-1）和去抑制性社会参与障碍（Disinhiblted Social Engagement Disorder，DSED）。DSM-V 中指出，虽然这两种疾病有共同的病因，但前者表现为一种具有抑郁症状和退缩行为的内化性疾病，而后者表现为去抑制和外化行为。

案例 11-1

涛涛（化名），男，5 岁半，出生 10 个月之前一直由母亲抚养，跟母亲的依恋关系很好。10 个月之后由奶奶抚养，奶奶患高血压病，担心自己摔倒会伤及孙儿，故从来不抱涛涛。待涛涛会走路后，奶奶对他的行为有诸多限制。渐渐地涛涛和奶奶在一起时显得拘谨，不敢说话，和父母在一起时也逐渐变得拘束，不许父母亲吻自己，晚上睡觉不许妈妈陪着。在公共场合表现为退缩、害怕。涛涛 3 岁上幼儿园后，教师反映他拒绝与其说话，跟小朋友玩耍时有冲动行为，被别的小朋友伤害后不会告诉父母。近半年来涛涛不愿上幼儿园，不愿去奶奶家，只要奶奶在，涛涛就沉默，即使跟父母也不说话。

涛涛家族中无精神病患者及类似病史。

体检：生长发育正常，心肺腹及神经系统查体无异常。

> 精神状况：紧张、退缩，不与医护人员交流，不让医护人员牵手，很想要医生手中的玩具但又说玩具不好。
>
> 诊断：根据ICD-10诊断标准，诊断为儿童反应性依恋障碍。

1. 儿童反应性依恋障碍

反应性依恋障碍（RAD）于1980年第一次由DSM-Ⅲ以疾病分类学的形式提出来，但并没有给出明确诊断标准，在DSM-Ⅳ中也被称为抑制型依恋障碍。直到DSM-Ⅳ-TR（DSM-Ⅳ的修订版）才将RAD界定为"儿童发展显著受阻并在大多数环境中表现出不相适宜的人际互动方式，病理性照顾是其主要致病因素"。目前RAD整体患病率正呈现出上升趋势。

（1）临床表现。RAD患儿的临床表现为：①婴幼儿对依恋对象的消失和环境的变动，表现出强烈的情绪反应，焦虑不安、哭闹不已；②此后对任何人甚至包括原来依恋对象所给予的任何形式的安抚，都一概表示拒绝，并伴有明显的情绪反应；③除了吵闹不安以外，还可能出现拒绝喂养照料、撞头、撕扯、咬伤自己等自伤行为，原有的生活节律发生紊乱，并可在一段时间内出现生长发育停滞；④以后逐渐发展为在社会人际交往方面出现对人的疏远、冷漠和不信任。

（2）病因。国外研究者发现从小没有得到充分照顾的幼童表现出RAD症状的比率高达38%~40%，在寄养家庭中遭受过虐待的儿童有35%~45%会表现出RAD症状，显著高于非寄养家庭（Zeanah et al.，2004）。对孤儿的一项研究发现，93人中就有42人符合RAD的诊断标准，比例为45%（Pears et al.，2010）。一项对165名收养儿童的追踪研究显示，3岁时仅有3对父母报告孩子有RAD症状；6岁时141人中67人表现出抑制症状，比例为47.5%；15岁时，42人中有29人出现了RAD症状（Kay & Green，2013）。这意味着在收养儿童群体中具有较高的RAD患病率。

跨文化研究中显示出家庭经济收入影响的差异性，高收入家庭儿童RAD的患病率低于1%，显著低于低收入家庭儿童（Minnis et al.，2013）。此外，混乱型亲子依恋类型的儿童表现出RAD症状的比例高达42%（Minnis et al.，2009）。

DSM-Ⅳ指出RAD的情况多发生于：①父母或照料者对儿童的基本情感需要（安抚、刺激和亲热等）和躯体需要长期置之不理（病源性的照料）；②儿童遭遇反复更换主要照料者，以致不能形成稳定的依恋关系（如频繁更换寄养家庭等）。ICD-10也特别强调了精神或身体上的虐待或忽视。

（3）诊断标准。

根据DSM-V（APA，2013）的诊断标准，如果儿童出现下述症状时年龄不低于9个月，症状在5岁前已明显出现且已存在12个月以上，则可诊断为RAD：

①对成人照料者表现出持续的抑制性的情感退缩行为模式，有下列两种情况：a. 儿童痛苦时很少或最低限度地寻求安慰；b. 儿童痛苦时对安慰很少有反应或反应程度很低。

②持续性的社交和情绪障碍，至少有下列两项特征：a. 对他人很少有社交和障碍反应；b. 有限的正性情感；c. 即使在与成人照料者互动过程中没有受到威胁，但也表现出

非常明显的、原因不明的激惹、悲伤、害怕的情绪。

③儿童经历了一种极度不充足的照顾模式，至少有下列1项情况：a. 社交忽视或剥夺，持续地缺乏由成人照料者提供的以安慰、激励和喜爱等为表现形式的基本情绪需求；b. 反复变换主要照料者从而限制了儿童与照料者形成稳定依恋的机会（例如，寄养家庭的频繁变换）；c. 成长在不寻常的环境下，严重限制了儿童形成选择性依恋的机会（例如，儿童多、照料者少的机构）。

④诊断标准①的症状开始于诊断标准③的缺乏充足的照料之后。

⑤不符合孤独症（自闭症）谱系障碍的诊断标准。

若儿童表现出此障碍的全部症状，且每个症状呈现在相对高的水平上，则此反应性依恋障碍程度为重度。

2. 儿童去抑制性社会参与障碍

儿童去抑制性社会参与障碍（DSED）也称脱抑制型依恋障碍（DAD），以往又称为"福利院儿童综合征"，顾名思义，这类问题常常发生在儿童福利院这一类集体性养育环境。患儿表现为不加区别的社交行为和选择性依恋不良。DSED一般形成于5岁前，由于抚养者的经常变更，儿童不能形成固定的依恋关系，从而导致泛化的、无选择性的依恋行为。尽管环境情况已有明显改善，但症状仍趋于持续存在，如在周围环境的影响下，可伴发情绪或行为紊乱。

（1）临床表现。DSED患儿主要症状为不加区别的社交行为，及选择性依恋困难。童年期具体表现为无论生疏，对任何人一概不加选择地主动寻求亲近，不能与他人保持必要的、恰当的距离，交往方式显得幼稚，常常遭到拒绝和疏远，因而常常感到困惑和焦虑不安。

（2）病因。DSM-Ⅳ和ICD-10对两种依恋障碍的病因未进行明显区分，一般强调混乱型依恋、病源性的照料、被虐待或忽视、频繁变更照料者、福利院收养、寄养等被剥夺养育环境均为危险因素。

DSM-V指出，儿童时期缺乏足够的照顾是反应性依恋障碍和去抑制性社会参与障碍的共同诊断要求。

（3）诊断标准。

根据DSM-V（APA，2013）的诊断标准，如果儿童出现下列症状的年龄至少为9个月，且症状已存在12个月以上，则可诊断为DSED：

①儿童的行为模式为主动地与陌生成年人接近和互动，至少表现为以下情况中的两种：a. 在与陌生成年人接近和互动中很少或缺乏含蓄；b. "自来熟"的言语或肢体行为（与文化背景认可的及适龄的社交界限不一致）；c. 即使在陌生的场所中，也很少或缺乏向成人照料者知会而贸然离开；d. 毫不犹豫或很少犹豫地与一个陌生成年人心甘情愿地离开。

②诊断标准①的行为不局限于冲动（如注意缺陷/多动障碍），还包括社交去抑制行为。

③儿童经历了一种极度不充足的照料模式，至少有以下1项情况出现：a. 社交忽视或剥夺，持续地缺乏由成人照料者提供的以安慰、激励和喜爱等为表现形式的基本情绪需

求；b. 反复变换主要照料者从而限制了儿童与照料者形成稳定依恋的机会（例如，寄养家庭的频繁变换）；c. 成长在不寻常的环境下，严重限制了儿童形成选择性依恋的机会（例如，儿童多、照料者少的机构）。

④诊断标准①的症状开始于诊断标准③的缺乏充足的照料之后。

若儿童表现出此障碍的全部症状，且每一个症状呈现在相对高的水平上，则此去抑制性社会参与障碍为重度。

3. 儿童依恋障碍的常用干预方法

此类障碍一般以心理治疗为主，如患儿伴有其他精神障碍，可用相应的药物治疗。常用治疗方法有如下几种：

（1）心理治疗。可采用游戏治疗、艺术治疗等，以帮助患儿恢复或建立良好的亲子关系和社会关系，提升一定的社会适应功能。以下介绍两种治疗方法：

①游戏治疗。游戏治疗的象征功能和非言语表达方式可帮助患儿宣泄情绪、减少内在压抑和焦虑，另外治疗师营造的接纳、包容、积极关注的治疗氛围可一定程度改善患儿的情绪和行为症状。亲子游戏治疗也有一定治疗作用，通过陪伴游戏可帮助养育者融入儿童的世界，促进儿童与养育者健康依恋关系的建立或修复。这种关系稳定后，再泛化到周围其他社会关系。

②艺术治疗。针对幼小儿童语言发展能力有限，以及障碍导致沟通与表达能力有限的情况，可采用音乐、绘画等非语言的心理治疗方式，治疗师引导患儿发展享受舒适感的能力、探索积极的情感表达方式、提升自尊水平，以达到修复患儿负性的内部工作模式的目的。

（2）养育者治疗及训练。养育者也需要进行心理治疗和必要的行为训练，其主要目标是改善养育关系，增强养育者的敏感性和反应性，及时满足患儿物质和精神上的需求，使患儿增强安全感、信任感。如果养育者因精神障碍或其他原因而致抚养不良，应及时予以治疗或采取相应的干预措施，以提高其抚养技能；必要时更换养育者，改善教养环境。另外必须尽量改善患儿不稳定的养育环境，构建完整的结构化家庭模式，并对养育者进行技能训练，让养育者观察、学习和掌握积极正向的养育方法。

（二）儿童焦虑障碍与分离性焦虑

儿童焦虑障碍（Anxiety Disorder in Children）是最常见的情绪障碍，是一组以恐惧不安为主的情绪体验，可通过躯体症状表现出来，如无指向性的恐惧、胆怯、心悸、口干、头痛、腹痛等。婴幼儿期至青少年期均可发生。DSM-V介绍的焦虑障碍的常见类型有分离焦虑障碍、选择性缄默症、特定恐惧症、社交焦虑障碍（也称社交恐惧症）、惊恐障碍、广场恐惧症、广泛性焦虑障碍等（APA，2013）。童年期的焦虑障碍，以分离性焦虑障碍（Separation Anxiety Disorder，SAD）较为常见，指与父母分离或离开家产生的与年龄不符的、过度的，甚至绝望的焦虑。这类焦虑障碍还常伴有恐惧性焦虑、社交性焦虑等。与成人广泛性焦虑不同，其特点是常发生于特定的情景或有较明确的对象。

安德森等（Anderson et al.，1987）指出，11岁新西兰儿童SAD年患病率为3.5%。博文（Bowen et al.，1990）等指出，12～16岁儿童的SAD患病率是2.4%。美国也有研究证实大约有10%的儿童有SAD，女孩患病率更高。国内目前仍无关于儿童焦虑障碍各类亚型的流行病学资料。另外 SAD 虽然存在很高的发病率，但由于害怕、焦虑等情绪在儿童身上存在普遍性，及焦虑情绪的向外破坏性较低，其焦虑症状（如持续不安等）经常会被忽视且得不到治疗。且大部分患有分离性焦虑障碍的儿童都患有其他焦虑障碍，最常见的是广泛性焦虑障碍，大约三分之一的儿童会在分离性焦虑障碍发作后几个月内罹患抑郁症，他们会表现出厌学或拒绝上学的行为（引自 Mash & Wolfe，2005）（见案例 11-2）。相关研究显示，早期 SAD 经历是成年期精神疾病的高风险因素，并且是惊恐障碍和抑郁的主要易感因素（Lewinsohn et al.，2008）。

案例 11-2

英英（化名）是个 5 岁的小女孩，近段时间突然不愿去上幼儿园，总哭着要跟妈妈在一起，不论父母怎么安抚都没用，原本已经可以一个人睡觉，可现在却闹着要妈妈陪，即使睡觉也较易惊醒。更令父母担心的是，这段时间英英对爱吃的饭菜也没了兴趣，显得特别烦躁。是不是得了肠胃炎？或是在幼儿园发生了什么不愉快的事情？然而，问英英并没有发现什么异常，问老师更是不得其所以然。家人带着英英去儿童内科门诊检查，也没有发现问题，于是全家人走进了心理门诊室。在排除了躯体问题后，英英被诊断为分离性焦虑障碍。

1. 临床表现

儿童焦虑障碍的主要表现是焦虑情绪、不安行为和自主神经系统功能紊乱。不同年龄的患儿表现各异。幼儿表现为哭闹、烦躁；学龄前儿童可表现为惶恐不安、不愿离开父母、哭泣、辗转不安，同时伴随食欲不振、呕吐、睡眠障碍及尿床等；学龄儿童则表现为上课注意力不集中、学习成绩下降、不愿与师生交往，或由于焦虑、烦躁情绪与同学发生冲突，继而拒绝上学、离家出走等。自主神经系统功能紊乱以交感神经和副交感神经系统功能兴奋症状为主，如胸闷、心悸、呼吸急促、出汗、头痛、恶心、呕吐、腹痛、口干、四肢发冷、尿频、失眠、多梦等。

2. 病因

（1）遗传因素。家族中的高发病率及双生子的高同病率都提示焦虑症与遗传有关。不少研究发现焦虑障碍病人一级亲属较其他精神障碍的一级亲属患焦虑障碍的可能性高 4～8 倍。同卵双生子同病率（41%）比异卵双生子的同病率（4%）高出很多。

（2）生物学因素。研究证实焦虑障碍的发生可能与去甲肾上腺素能、多巴胺能、5-羟色胺能、γ-氨基丁酸能神经等的功能障碍有关。解剖学发现，惊恐发作（又称焦虑发作）等焦虑障碍类型可能与脑干特别是蓝斑的功能异常有关，预期焦虑可能与边缘系统功能损伤有关，而焦虑回避则可能与额叶皮层的功能异常有关。

（3）心理社会因素。研究者也发现，焦虑障碍儿童常为性格内向或情绪不稳定者，在家庭或学校等环境中遭遇压力时易产生焦虑情绪及表现为逃避行为。另外部分患儿在发病前有急性突发生活事件，如与父母突然分离、亲人病故、发生事故等。

有研究指出，焦虑障碍患儿父母的教育效能一般较差（沈玲等，2011）。较多干涉和过分控制的父母易导致儿童焦虑情绪及行为。另外焦虑的父母常通过言行把焦虑传递给儿童。

3. 诊断标准

DSM-V（APA，2013）提出SAD的诊断标准具体如下：

①个体与其依恋对象离别时，会产生与其发育阶段不相称的、过度的害怕或焦虑，至少符合以下表现中的3种：a. 当预期或经历与家庭或主要依恋对象离别时，产生反复的、过度的痛苦；b. 持续地、过度地担心会失去主要依恋对象，或担心他们可能受到诸如疾病、受伤、灾难或死亡的伤害；c. 持续地、过度地担心会经历导致与主要依恋对象离别的不幸事件（例如，走失、被绑架、事故、生病）；d. 因害怕离别，持续表现不愿或拒绝出门、离开家、去上学、工作或去其他地方；e. 持续和过度地害怕或不愿在家或其他场所与主要依恋对象分离；f. 持续性地不愿或拒绝在家以外的地方睡觉，或不愿在其主要依恋对象不在身边时睡觉；g. 反复做内容与离别有关的噩梦；h. 当与主要依恋对象离别或预期离别时，反复地抱怨躯体性症状（例如，头疼、胃疼、恶心、呕吐）。

②这种害怕、焦虑或回避是持续性的，儿童和青少年至少持续4周。

③症状引起个体临床意义上的痛苦，或导致社交、学业、职业或其他重要功能方面的损害。

④症状不能用其他精神障碍来更好地解释。例如，像孤独症（自闭症）谱系障碍中的因不愿过度改变而导致拒绝离家，像精神病性障碍中的因妄想或幻觉而忧虑分别，像广场恐惧症中的因没有一个信任的同伴陪伴而拒绝出门，像广泛性焦虑障碍中的担心疾病或伤害会降临到其他重要的人身上，或像疾病焦虑障碍中的担心会患病等。

4. 常用干预方法

儿童焦虑障碍的治疗以心理治疗为主，并辅以药物治疗。

（1）认知行为治疗。基于对成人的治疗经验，经过结合儿童发展特点进行调整的认知行为治疗（Cognitive-Behavior Therapy，CBT）方案被证明可以较好地对儿童焦虑障碍进行治疗。肯德尔（Kendall，1994）论证了对47例7～13岁儿童采取16次会谈实施CBT，与对照组相比较具有优势。沃尔克普等（Walkup et al.，2008）对488名焦虑儿童的治疗实验研究显示，CBT结合舍曲林治疗组有效率（80.7%）显著高于只使用CBT组有效率（59.7%）或只使用舍曲林治疗组有效率（54.9%），证实了CBT结合药物治疗疗效最佳。且研究证明了CBT治疗可以达到3年或6年以上的长期疗效。CBT的治疗包括对儿童进行心理教育、放松训练，指导儿童进行积极的自我谈话和提升问题解决能力等。

（2）游戏治疗。游戏治疗师可以通过游戏治疗中游戏的表征功能帮助患儿宣泄情绪，并增加对患儿的理解，指导患儿进行自我修复。亲子游戏治疗也可以增进亲子沟通，帮助患儿获得更多来自父母的理解与支持。

（3）音乐治疗。音乐治疗作为一种自然疗法在焦虑障碍的治疗中越来越引起重视。研究者证实音乐治疗对幼儿入园分离焦虑有较好疗效（李岩，2011），通过音乐情景剧等方式，如扮演动物亲子分离的场景，帮助儿童练习及逐渐面对分离的场景，并使儿童最大限度地表达内心的消极情绪体验，培养儿童对环境的积极适应，有效缓解分离焦虑。

（4）家庭治疗。有焦虑倾向的父母必须同时接受治疗，通过治疗认识到自身个性弱点对患儿产生的不利影响。同时通过父母训练帮助他们改变对子女的养育方式，鼓励父母减少控制，允许孩子自己习得经验而不是从父母处直接获得，接受孩子的情感而不是试图改变他们，训练孩子自己做决定而不是为他们做决定。但父母训练更多适用于治疗学龄前和年幼适龄儿童。

（三）儿童恐惧症

儿童恐惧症（Children Phobia）实质为儿童焦虑障碍的一类亚型，是指儿童对特定事物或情境产生的持久而显著的害怕，这种害怕过分且不合情理，伴有焦虑情绪、回避退缩行为和自主神经系统功能紊乱等症状，并严重影响儿童的正常学习、生活和社交（见案例11-3）。儿童恐惧症常见类型有特定恐惧症（Specific Phobia）和社交恐惧症（Social Phobia）（或称社交焦虑障碍，Social Anxiety Disorder）。国外研究显示，2%~4%的儿童在一生中某个时间段会体验到特定恐惧症（Essau et al.，2000），一般在7~13岁之间；1%~3%的儿童患有社交恐惧症，女孩患病率稍高于男孩（Essau et al.，1999），青春期较易出现。但大部分家长并未对该病症足够重视，从而使这两类恐惧症患儿很少会被转诊进行治疗。

案例 11-3

小怡（化名），女，12岁，小学五年级学生，性格较内向，胆小，依赖性强。其与父母同住。父母均经商，无心理疾病，家族无精神疾病史。小怡有一个5岁的妹妹。

小怡从小一直和父母同住一个房间，父母都比较关心疼爱她。有了妹妹之后，她只能独自一人睡，而父母也更多地去忙生意和照顾妹妹了。

三个月前的一天，天气很炎热，父母带着妹妹和她回到家里住。第二天，住在仓库里的保姆匆忙跑来告诉他们仓库进小偷了，妈妈放在门口抽屉里的钱包和首饰都被偷走了。当时幸好仓库里的电风扇坏掉了，声音特别响，小偷才没敢多逗留，因此保姆平安。但保姆仍很激动地向全家人哭诉。

当时小怡感到特别恐惧，头脑中不由自主地想象着自己处于完全黑暗的小房间里，小偷就在门外撬锁。后来随着时间的推移，小怡就将这件事情慢慢忘掉了。但有一次妈妈让她一个人去拿香烟，而香烟恰巧放在那个被偷的抽屉里面。突然她就觉得心里很害怕，哭着跑了出来。从这以后她就非常怕黑，一到晚上就害怕，不敢一个人睡觉，不管父母如何打骂，非得跟着父母睡，晚上还经常做噩梦。而且上课的时候经常会想到一些恐怖的事情，担心各种各样可怕的事情发生在自己或家人身上，比如觉得被人跟踪，爸爸开车出交通事故等，严重影响了正常的学习和生活。

90项症状清单（SCL-90）测试得分如下：总分195分，躯体化2.3分，强迫症状

1.6分，人际敏感2.5分，抑郁2.7分，焦虑3.9分，敌对1.4分，恐惧3.1分，偏执1.0分，精神病性1.6分，其他1.6分。阳性项目有45个。躯体化、人际敏感、抑郁、焦虑、恐惧因子分明显高于常模。

抑郁自评量表（SDS）分：标准分56分，提示有轻度抑郁。

焦虑自评量表（SAS）分：标准分65分，提示有中度焦虑。

小怡对黑暗的恐惧感明显，引起了退缩行为（一个人不敢睡觉），恐惧症状典型（一到晚上就害怕，经常做噩梦），同时还影响到了正常生活和学习（上课神情有些恍惚，问其原因，她说上课的时候会想到一些恐怖的事情，影响听课效率）。

评估结果：儿童恐惧症。

1. 临床表现

临床表现主要有以下三个方面：（1）患儿对某些物体或特殊环境产生异常强烈、持久的恐惧，明知恐惧对象对自身无危害，但无法克制恐惧与焦虑情绪，内心极其痛苦。根据恐惧对象，儿童恐惧症在临床上分为动物恐惧（动物或昆虫）、疾病恐惧、社交恐惧、特殊环境恐惧（如高处、学校、黑暗、广场等）；（2）患儿有回避行为，往往有逃离恐惧现场的行为；（3）患儿有自主神经系统功能紊乱表现，如心慌、呼吸急促、出汗、血压升高等。

2. 病因

（1）遗传和生物学因素。调查表明，恐惧症有明显的家族聚集性，恐惧症的一级亲属同病率（31%）远高于无任何心理或精神障碍者的一级亲属（11%）。另外有研究发现多巴胺的代谢水平与外向维度有关，一定程度支持社交恐惧症的多巴胺功能不足假说。

（2）心理因素。精神分析理论认为恐惧的产生源于儿童期悬而未决的俄狄浦斯冲突，患者对阉割焦虑（Castration Anxiety）的压抑无效时，不得不将其移置到外部物体和或情境上。如弗洛伊德关于小汉斯的经典案例，5岁小汉斯的俄狄浦斯情结就被以恐惧症的形式转移到了马的身上。对于儿童而言，有具体的恐惧对象要比没有明显的焦虑源压力小得多。

社会学习理论则认为恐惧和焦虑都是通过经典条件习得的。在华生的小阿尔伯特案例中，华生通过操作性条件作用培养（或称创造）小阿尔伯特的恐惧，证实恐惧是通过联结习得。通过负强化，对于痛苦刺激的回避行为成为习得的反应，并使儿童的恐惧持续下去，并形成泛化。

（3）家庭因素。莱昂等（Leung et al.，1994）研究表明，社交恐惧症患者的父母经常表现为阻止他们社交，家庭教育中过分重视他人建议、批评，羞辱多、表扬和鼓励少。因此研究者认为不良的父母教养方式与社交恐惧症有明显关系。

（4）个人因素。另有学者认为恐惧症与患儿个性特征有关，个性内向、胆怯、依赖性强的儿童，遇事易产生焦虑等。大量研究表明，恐惧症患者对恐惧对象和情境存在注意和归因偏差。患者经历或目睹意外事件（如车祸、地震等）也是恐惧症的诱因之一。

3. 诊断标准

以下分别介绍DSM-V（APA，2013）关于两种类型恐惧症的具体诊断标准。

(1) 特定恐惧症。

①对于特定的事物或情境（如飞行、高处、动物、接受注射、看见血液等）产生显著的害怕或焦虑。（注：儿童的害怕或焦虑也可能表现为哭闹、发脾气、惊呆或依恋他人。）

②恐惧的事物或情境几乎总是能够促发立即的害怕或焦虑。

③对恐惧的事物或情况主动地回避，或是带着强烈的害怕或焦虑去忍受。

④这种害怕或焦虑与特定事物或情境所引起的实际危险以及所处的社会文化环境不相称。

⑤这种害怕、焦虑或回避通常持续至少6个月。

⑥这种害怕、焦虑或回避引起个体临床意义上的痛苦，或导致社交、工作或其他重要功能方面的损害。

⑦症状不能用其他精神障碍的症状来更好地解释，包括：如在广场恐惧症中的惊恐样症状或其他功能丧失症状；在强迫症中的与强迫思维相关的事物或情况；在创伤后应激障碍中的与创伤事件相关的提示物，在分离焦虑障碍中的离家或离开依恋者，或在社交恐惧症中的社交情况等所致的害怕、焦虑和回避。

根据恐惧的刺激来源，特定恐惧症可以分为如下5种类型：①动物型：例如蜘蛛、昆虫、狗等；②自然环境型，例如高处、暴风雨、水等；③血液-注射损伤型，例如针头、侵入性医疗操作等；④情境型，例如，飞机、电梯、封闭空间等；⑤其他型，例如可能导致哽噎或呕吐的情况，儿童则可能表现为对巨响或化妆人物的恐惧。

(2) 社交恐惧症（社交焦虑障碍）。

①个体由于面对可能被他人审视的一种或多种社交情况时而产生显著的害怕或焦虑。例如，社交互动（对话、会见陌生人），被观看（吃、喝的时候），以及在他人面前表演（演讲时）。（注：儿童的这种焦虑必须出现在与同伴交往时，而不仅仅是与成人互动时。）

②个体害怕自己的言行或呈现的焦虑症状会导致负性的评价（被羞辱或尴尬；被拒绝或冒犯他人）。

③社交情况几乎总是能够促发害怕或焦虑。（注：儿童的害怕或焦虑也可能表现为哭闹、发脾气、惊呆、依恋他人、畏缩或不敢在社交情况中讲话。）

④个体主动回避社交情况，或是带着强烈的害怕或焦虑去忍受。

⑤这种害怕或焦虑与社交情况和社会文化环境所造成的实际威胁不相称。

⑥这种害怕、焦虑或回避通常持续至少6个月。

⑦这种害怕、焦虑或回避引起个体临床意义上的痛苦，或导致社交、工作或其他重要功能方面的损害。

⑧这种害怕、焦虑或回避不能归因于某种物质（如滥用毒品、药物）的生理效应，或其他躯体疾病。

⑨这种害怕、焦虑或回避不能用其他精神障碍的症状来更好地解释，例如惊恐障碍、躯体变形障碍或孤独症谱系障碍。

⑩如果个体有其他躯体疾病（如帕金森氏病、肥胖症、烧伤或外伤造成的畸形）存在，则这种害怕、焦虑或回避是明显与其不相关或是过度的。

4. 常用干预方法

需综合治疗，以心理治疗为主，辅以药物治疗。

(1) 暴露疗法。暴露疗法是行为治疗的一种，主要促进儿童去面对他们恐惧的事物或情境，并提供除了逃避和回避之外的应对方法。该方法对大约75%的患焦虑障碍的儿童有用（Berman et al., 1996）。通常采用逐步暴露法（Graded Exposure）。儿童和治疗师一起列出恐惧的情境，按照引起焦虑的程度进行从低到高的排列，然后儿童用1~10来为这些情境所引起的痛苦程度评分，接着儿童会暴露于每一个情境中，从引起最少痛苦的情境开始，一直到儿童焦虑程度所允许的水平（相关操作及其他行为疗法等详见第四章）。治疗过程中，儿童可以通过不同的方式面对恐惧对象，包括角色扮演和想象，或观察其他儿童的示范等，逐渐习得应对恐惧的合适方法。

(2) 系统脱敏法。系统脱敏法也属于行为治疗，主要是引导患者缓慢地暴露出导致神经症性恐惧的情境，并通过放松状态来替代恐惧状态，以逐步消除恐惧。这种方法一般有三个步骤：首先教儿童学会放松，建构一个焦虑层次；其次在儿童保持放松的状态下，按照层次一步一步呈现会导致焦虑的刺激；最后通过刺激的重复呈现，使儿童在曾经引发焦虑的刺激出现时仍保持平静。

(3) 认知行为治疗。认知行为治疗对于指导儿童学会理解思维对于恐惧的影响，以及如何矫正他们的不良思维以减轻他们的症状有效（Kendall & Chu, 2000）。以国外研究者治疗青少年的社交恐惧症为例，治疗分为五个阶段。（见表11-1）。

表 11-1 青少年社交恐惧症的认知行为治疗

阶段	名称	治疗方案
1	心理教育	青少年被告知恐惧的性质和来源，并被帮助鉴别自己的症状。
2	构建技能	青少年将学习重构认知、社会技能和问题解决技能，鉴别一直存在的歪曲认知或错误思维，并被鼓励发展理性反应来代替不合理反应。治疗师会采用示范、角色扮演等方法并结合暴露练习。
3	问题解决	治疗师将帮助青少年学会如何采用积极主动的方式应对恐惧而非回避。
4	暴露	青少年将在治疗师协助下制定社交情境恐惧和回避层次表，由治疗师模拟情境，帮助青少年反复练习并直至消除。
5	迁移和保持	青少年被鼓励迁移和保持所学到的亲社会行为和应对行为。另外为了可以迁移到家庭环境，也要邀请家长积极参与。

资料来源：Barlow & Lehman, 1996；Hayward et al., 2000。有适当改编。

(四) 儿童强迫症

强迫症（Obsessive-Compulsive Disorder，OCD）是一种以强迫思维或强迫行为为基本特征的情绪行为障碍。患OCD的儿童和青少年会体验重复的、费时的（每天超过1个小时）、困扰的强迫思维或强迫行为（Piacentini & Bergman, 2000）（见案例11-4）。国外研究者调查显示，青少年患病率为0.8%，终身患病率为1.9%。30%~50%的成年强迫症来自儿童期。OCD发病平均年龄在9~12岁，10%起病于7岁以前。早期发病的病例更多见于男孩、有家族史和伴有抽动障碍的患儿。低龄患儿男女之比为 3.2∶1，青春期后性别差异缩小。60%的患儿被诊断后 2~14 年仍持续有这种障碍。

案例 11-4

敏敏（化名），女，8 岁，三个月来反复考虑自己的亲人有一天将要死去。敏敏于来诊前三个月在电视上看到人死时的场面，感到很恐怖，随之想到自己的爸爸、妈妈、爷爷、奶奶将来有一天也会死去，心中顿时更害怕恐慌、痛哭不止。自此后，敏敏脑子里经常反复出现这一念头，并反复考虑人为什么要死，时常伴有烦躁、哭泣。因上课时也常常反复思考，学习成绩明显下降。后敏敏病情逐渐加重，两个月后因反复思考时焦躁不安、哭闹发脾气而辍学。来诊前一周敏敏几乎整日哭闹，不能安静，主动要求到医院看病。

敏敏足月顺产，母乳喂养，自幼性格倔强、任性。她还有一个妹妹。入学后学习成绩一般。平素无重大疾病史。其一舅父儿童时期曾有类似病史。父母关系和睦。体格检查及神经系统检查正常。

精神状态：衣饰整洁，言语清晰，交流自如。谈及其强迫症状时，自述脑子里老是想爸爸、妈妈、爷爷、奶奶有一天会死去及他们为什么要死。自己也不愿意想，但就是控制不住。一想到这自己就很害怕、心烦，所以就哭闹。未见其他思维障碍。情绪焦虑。自知力完整，求治心切。

辅助检查：脑电图正常，颅脑 CT 扫描未见异常。

诊断：儿童强迫症。

1. 临床表现

儿童强迫症主要表现为强迫思维和强迫行为两种类型。

（1）强迫思维。包括：①强迫怀疑。怀疑已经做过的事情没有做好、被传染上了某种疾病、说了粗话、因为自己说错话而被人误会等。②强迫回忆。反复回忆经历过的事件、听过的音乐、说过的话、看过的场面等，在回忆时如果被外界因素打断，就必须从头开始回忆，因怕人打扰自己的回忆而情绪烦躁。③强迫性穷思竭虑。思维反复纠缠在一些缺乏实际意义的问题上不能摆脱，如沉溺于"为什么把人称人，而不把狗称人"的问题中。④强迫对立思维。反复思考两种对立的观念，如"好"与"坏"、"美"与"丑"等。

（2）强迫行为。包括：①强迫洗涤。反复洗手、洗衣服、洗脸、洗袜子、刷牙等。②强迫计数。反复数路边的树、楼房上的窗口、路过的车辆和行人。③强迫性仪式动作。做一系列的动作，这些动作往往与"好"、"坏"或"某些特殊意义的事物"联系在一起，在系列动作做完之前被打断则要重新来做，直到认为满意了才停止。④强迫检查。反复检查书包是否带好要用的书、口袋中钱是否还在、门窗是否关好、自行车是否锁上等。强迫症状的出现往往伴有焦虑、烦躁等情绪反应。严重时会影响到患儿睡眠、社会交往、学习效率、饮食等多个方面。

2. 病因

研究证实儿童强迫症由遗传因素、生物学因素、心理因素、家庭因素等引起。

(1) 遗传因素。儿童 OCD 具有遗传易感性。有研究者（Lenane et al.，1990）发现 OCD 患者的 20% 的一级亲属可以诊断为 OCD。多发性抽动症与 OCD 之间存在遗传相关性，甚至研究者认为两者是同一基因的不同表现形式。赫施特里特等（Hirschtritt et al.，2015）等发现在 4～10 岁起病的 OCD 儿童中，家庭成员患抽动症的比率更高。

(2) 生物学因素。研究证实引起基底节损伤的各种脑损害都可以引起 OCD。脑炎后帕金森病和亨庭顿舞蹈症患者发生 OCD 的比率增加。CT 检测发现，儿童期起病的 OCD 患者尾状核缩小，PET 检查显示异常的局部葡萄糖代谢方式。许多线索提示与额叶、边缘叶、基底节功能失调有关。5-羟色胺再摄取抑制剂能有效地治疗 OCD，因此推论 OCD 存在 5-羟色胺功能紊乱。多巴胺等神经递质也可能参与 OCD 的发病过程。

(3) 心理因素。精神分析理论认为儿童强迫症状源于性心理发展固着在肛门期，这一时期正是儿童进行大小便训练的时期，家长要求儿童顺从，而儿童坚持不受约束的矛盾在儿童内心引起冲突，导致儿童产生敌对情绪，使性心理的发展固着或部分固着在这一阶段，强迫症状就是此期内心冲突的外在表现。强迫思维和强迫行为通过隔离和置换功能使患者内在冲动减轻。

行为主义理论认为强迫源于患者对于恐惧对象或情境采用了回避性行为（如仪式动作等）从而成功减轻焦虑时，获得类似操作性条件反射中的正强化，从而使得强迫行为得以保留下来。

(4) 家庭因素。研究证实，经常可以在强迫症患者的父母身上观察到亚临床的强迫症和强迫人格障碍特质，比如过分的完美主义、对于洁净和细节的过分考虑，这些都被认为和孩子的强迫症状有关。一项研究发现，大约有 50% 的父母有过分地要求秩序和检查的行为（Riddle et al.，1990）。如果强迫症患者是女性，或者家庭功能差，以及患者的症状严重程度，都对之后孩子发展出强迫症有很大的预测性（Black et al.，2003）。

瓦莱尼-巴西勒等（Valleni-Basile et al.，1995）调查发现，青少年强迫症患者报告在家庭中有更少的情感支持和亲密感。爱希奥布什（Ehiobuche，1988）发现强迫症患者称他们的父母有更多拒绝、过度保护和更少的情感温暖。

3. 诊断标准

DSM-V（APA，2013）对强迫症的诊断标准具体如下。

(1) 具有强迫思维、强迫行为，或两者皆有。

①强迫思维指：a. 在该障碍的某些时间段内，感受到反复的、持续性的、侵入性的和不必要的想法、冲动或意向，大多数个体会引起显著的焦虑或痛苦；b. 个体试图忽略或压抑此类想法、冲动或意向，或用其他些想法或行为来中和它们（例如，通过某种强迫行为）。

②强迫行为指：a. 重复行为（例如，洗手、排序、核对）或精神活动（例如，祈祷、计数、反复默念字词）。个体感到重复行为或精神活动是作为应对强迫思维或根据必须严格执行的规则而被迫执行的；b. 重复行为或精神活动的目的是防止或减少焦虑或痛苦，或防止某些可怕的事件或情况，然而，这些重复行为或精神活动与所设计的中和或预防的事件或情况缺乏现实的连接，或者明显是过度的。（注：幼儿可能不能明确地表达这些重复行为或精神活动的目的）。

(2) 强迫思维或强迫行为是耗时的（例如，每天消耗1小时以上）或这些症状引起个体临床意义上的痛苦，或导致社交、工作或其他重要功能方面的损害。

(3) 此强迫症状不能归因于某种物质（如滥用毒品、药物）的生理效应或其他躯体疾病，也不能用其他精神障碍的症状来解释（例如，广泛性焦虑障碍中的过度担心，躯体变形障碍中的外貌先占观念，囤积障碍中的难以丢弃或放弃物品，拔毛癖中的拔毛发，抓痕障碍中的皮肤搔抓，刻板运动障碍中的刻板行为，进食障碍中的仪式化进食行为及品行障碍中的冲动，孤独症谱系障碍中的重复性行为模式等）。

4. 常用干预方法

(1) 心理治疗。行为治疗如系统脱敏、暴露疗法、反应阻止、焦虑处理训练等可有效治疗强迫动作和仪式行为。同时大量临床研究证明，认知行为治疗比单独的行为治疗疗效更好，它不仅关注患者的外显行为，同时调整患者的不合理认知。

(2) 家庭治疗。家庭治疗也是治疗强迫症的重要方法，治疗的目标是将家庭成员纳入治疗系统中，让所有行为问题都公开呈现出来，充分理解每个家庭成员怎样对强迫性行为产生影响，重新组织家庭关系，减轻患儿的强迫性行为，逐渐形成各种良性行为。

（五）儿童抑郁症

儿童抑郁症（或称抑郁障碍）是起病于儿童期的以弥散性情绪低落为主要表现的一类心境障碍，因其普遍性而被称为"精神病理学中最常见的感冒"（Mash & Wolfe，2005）。美国相关研究表明，抑郁症在儿童中的发生率为0.4%～2.5%，在青少年中这一比例可能上升至5%～10%。且较早的一项调查即表明了抑郁症在年轻人中的发生率在不断上升，发作的年龄却在降低（引自Mash & Wolfe，2005）。抑郁症和临床抑郁状态会导致患者社会功能损害，严重病例甚至可出现自杀行为（见案例11-5）。另外由于儿童的抑郁可能是长期的、弥散性的，其症状不会被家长或教师发现从而得不到及时治疗，因而成年期的抑郁有较大可能根源于青春期（Glowinski et al.，2003）。

案例 11-5

患儿，男，13岁，家中独生子。患儿主诉情绪低落，反复出现想死的念头已有六个月。半年来，患儿易烦躁，易激惹，有时焦虑、哭闹。与同学不合，多次因小事与同学发生争执。无明显原因地发脾气。多次在家长面前表现出"想死"的念头，曾用水果刀割破手臂。病后患儿食欲下降，困倦无力，逐渐消瘦，有时头疼、失眠，记忆力下降。自觉心慌，不愿上体育课和与同学交往。上课注意力不集中，学习成绩下降，不愿上学，自责，认为自己脑子笨、愚蠢，将来是一个无用的人，想趁早死了，还自己打自己。

患儿足月顺产，出生后体格发育正常。家族中无遗传及精神病史，祖父及父母均为知识分子，性格均较为内向。经查，患儿身体情况好，意识清楚；表情淡漠，低头不愿注视对方；语言及语调低沉；其他检查无阳性发现。

> 临床血象检查、脑电图、CT检查、肝功能检查均正常；使用韦克斯勒儿童智力量表测查智力得分89分；康纳斯行为评定量表得分13分；艾森克人格问卷得分71分；贝克抑郁自评问卷评定得分28分。
>
> 按DSM-Ⅳ-TR诊断标准，患儿被诊断为儿童抑郁症。

1. 临床表现

儿童抑郁症的识别率低，诊断难度大，临床表现为：

（1）情绪波动大，行为冲动或隐蔽。抑郁儿童常有过度且持久的悲伤情绪，会表现出不安、易焦虑、活动性降低、言语水平发展缓慢或过多的哭泣，并减少与社会的接触。但成年人抑郁常见的表现如体重减轻、食欲下降、睡眠障碍、自责自罪在儿童身上却不常见，相反，易激惹、发脾气、离家出走、学习成绩下降和拒绝上学却十分常见。有时抑郁青少年可能会通过语言嘲讽自己或他人、大声尖叫或以破坏性行为来表现自己的悲伤，也可能会将酒精或药物滥用作为解脱方式。

（2）负性态度和歪曲思维。抑郁儿童常有自我批判和否定，对未来有悲观的想法，且很难集中注意力。他们总是低估自己的成就，忽略别人对他们的肯定或欣赏，而经常聚焦负性事件，被誉为"负性注意偏向"。他们会体验到个人毫无价值或低自尊，认为自己的存在没有意义，并认为别人也这样看。这会对他们的学业成绩和人际关系都造成严重的消极影响。这些负向态度和歪曲思维反复萦绕着他们，容易让他们感到绝望并产生自杀的想法及付诸行动。

（3）不同的年龄段各有特点。研究发现婴儿的抑郁主要通过被动或无反应来表达；3～5岁学龄前儿童主要表现出退缩和抑制，如明显对游戏失去兴趣，在游戏中不断有自卑自责、自残和自杀表现；6～8岁的儿童主要有躯体化症状，如腹部疼痛、头痛、不舒服等，可能还会痛哭流涕、大声喊叫，有无法解释的激惹和冲动；9～12岁儿童更多出现空虚无聊、自信心低下、自责自罪、无助无望、离家出走、恐惧死亡；12～18岁儿童更多出现冲动、易激惹、行为改变、鲁莽不计后果、学习成绩下降、食欲改变和拒绝上学。同时研究表明幼年较不明显的症状可能会发展为之后的儿童抑郁症。

2. 病因

（1）遗传因素。有研究显示抑郁症患者家族内发生抑郁症的概率为正常人口的8～20倍，且血缘越近，发病率越高。异卵双生子同病率为19.7%，自幼分开抚养的同卵双生子后期同病率高达66.7%。且遗传因素的影响随着年龄增加而增加，女孩比男孩更易受遗传影响。

（2）生物学因素。研究发现抑郁个体与注意和感觉加工有关的脑区活动性较低，与包含意识和调控情绪、调节压力反应、学习和复述情绪唤起性记忆的脑区活动性较高。比如，杏仁核过度刺激与形成特定记忆有关的脑部结构，可能是患有抑郁症的儿童倾向于反复思考过去的负性生活事件的原因。脑部扫描也发现抑郁成人的海马体积缩小。海马是大脑的记忆中心，因为海马的异常，抑郁个体会经历长时间的焦虑，并很难再认出安全的情境（Davidson et al., 2002）。

（3）生理因素。研究表明，抑郁症在学龄前儿童中很少发生（小于1%），学龄儿童中也很少（大约2%），但是到了青春期就会变为2～3倍的患病率。进入青春期后，雌激素和睾丸激素的分泌水平增加，尤其当与社会压力一起出现时，会增加青少年尤其是女生对抑郁症的易感性（Angold，2003）。

研究证实，抑郁症在10岁以前男女患病比例相似，10岁以后，尤其进入青春期以后，女生与男生的比例是2∶1到3∶1，这一模式一直延续到青春期和成年期，这已经被称为是抑郁的双重标准，因为女性更容易受到轻度情绪障碍的影响，也更容易复发（引自 Mash & Wolfe，2005）。

（4）家庭因素。系列研究表明，家庭问题可能引发或直接导致抑郁症状的发展。加拿大2005—2016年对52 103名儿童的一项研究表明，5岁以前接触抑郁母亲的儿童，同接触健康母亲的儿童相比，在入学时期出现身心健康问题的风险要高出17%。一项研究发现，母亲患抑郁症的青少年在15岁前被诊断为抑郁的可能性比正常水平要高2倍，而且母亲抑郁症状的长期性会增加儿童患病的危险性（Brennan et al., 2003）。

研究还表明父母婚姻关系和家庭内部关系与儿童抑郁之间有明显相关，如女孩较男孩更易受父母离异的困扰而出现抑郁，患有抑郁的儿童大多跟父母和兄弟姐妹存在冲突或不良关系。关于教养方式的研究表明，父母严厉惩罚、过度干涉和保护将导致或加重儿童的抑郁症状。

（5）社会支持。研究表明，社会支持与抑郁有较高的负相关。如同伴关系差的小学生与具有良好同伴关系的小学生相比，更易患抑郁症。抑郁儿童通常孤独、缺少朋友、缺少亲密关系，觉得他人不喜欢自己。另外，社会退缩是大部分抑郁儿童的一个明显症状（Goodyer & Cooper，1993），他们经常会花大量时间独处，回避或失去形成有效社会技能和健康社会关系的机会（Kovacs，1997；Kovacs & Goldston，1991）。

（6）生活压力事件。抑郁和严重的生活压力事件相关，这些事件可能包括搬家、转学、严重的事故或家人生病、极度缺乏家庭资源、家庭暴力环境、被遗弃或排斥、自尊受到威胁等。日常的一些应激性压力事件，如考试失利、和父母争吵、老师批评、失恋、父母冲突或离婚、亲人死亡等，都可能导致抑郁。有研究表明，曾被寄养、生病住院等经历均可能导致学龄儿童产生抑郁。另外，研究还发现，男孩的抑郁多与学校相关的压力源有关（Sund et al., 2003）。

3. 诊断标准

DSM-IV-TR（APA，2000）将抑郁症（障碍）分为重性抑郁障碍（Major Depressive Disorder，MDD）和持续性抑郁障碍（Persistent Depressive Disorder，PDD，也称心境恶劣，Dysthymia）。以下分别介绍两种抑郁障碍类型的不同诊断标准。

（1）MDD的诊断标准。

①在同一个两周时间内，出现5个以上的下列症状，表现出与先前功能相比不同的变化，其中至少1项是心境抑郁或丧失兴趣或愉悦感。（注：不包括能明确归因于其他躯体疾病的症状。）

a. 主诉（例如，感到悲伤、空虚、无望）或他人观察几乎每天大部分时间都心境抑郁（例如，表现流泪）。（注：儿童和青少年可能表现为心境易激惹。）

b. 主诉或他人观察几乎每天或每天的大部分时间，对于所有或几乎所有活动的兴趣或乐趣都明显减少。

c. 在未节食的情况下体重明显减轻，或体重增加（例如，一个月内体重变化超过原体重的5%），或几乎每天食欲都减退或增加（注：儿童则可表现为未达到应增体重）。

d. 几乎每天都失眠或睡眠过多。

e. 几乎每天都精神运动性激越或迟滞（由他人观察所见，而不仅仅是主观体验到的坐立不安或迟钝）。

f. 几乎每天都疲劳或精力不足。

g. 几乎每天都感到自己毫无价值，或过分的、不适当的内疚（可以达到妄想的程度），而不仅仅是因为患病而自责或内疚。

h. 主诉或他人观察几乎每天都存在思考或注意力集中的能力减退或犹豫不决。

i. 反复出现死亡的想法（而不仅仅是恐惧死亡），反复出现没有特定计划的自杀意念或自杀企图，或有实施自杀的特定计划。

②这些症状引起有临床意义的痛苦，或导致社交、职业或其他重要功能方面的损害。

③这些症状不能归因于某种物质引起的生理效应，或其他躯体疾病。

④症状的出现不能用分裂情感性障碍、精神分裂症、精神分裂症样障碍、妄想障碍或其他特定的或未特定的精神分裂症谱系及其他精神病性障碍来解释。

⑤从未有过躁狂发作或轻躁狂发作，且发作并非物质滥用或躯体疾病的生理效应所致。

（2）PDD的诊断标准。

①主诉或他人观察至少在两年内的多数日子里，一天中的多数时间中出现抑郁心境。（注：儿童和青少年的心境可以表现为易激惹，且持续至少1年。）

②抑郁状态时，有下列两项（或更多）症状存在：a. 食欲不振或过度进食；b. 失眠或睡眠过多；c. 缺乏精力或疲劳；d. 自尊心弱；e. 注意力不集中或犹豫不决；f. 感到无望。

③在两年的病程中（儿童或青少年为1年），个体从来没有一次不存在诊断标准①和②的症状超过2个月的情况。

④重性抑郁障碍的诊断可以连续存在两年。

⑤从未有过躁狂或轻躁狂发作，且从不符合环性心境障碍（心境障碍中的一种类型，指轻度抑郁、躁狂交替发作和存在的一类慢性心境障碍）的诊断标准。

⑥这种障碍不能用一种持续性的分裂情感性障碍、精神分裂症、妄想障碍、其他特定的或未特定的精神分裂症谱系及其他精神病性障碍来更好地解释。

⑥这些症状不能归因于某种物质（例如，滥用的毒品、药物）的生理效应，或其他躯体疾病（例如，甲状腺功能低下）。

⑦这些症状引起临床意义的痛苦，或导致社交、工作或其他重要功能方面的损害。

4. 常用干预方法

常用治疗方法有药物治疗、心理治疗、社会支持等。特别需要注意的是，药物治疗对于重度抑郁尤其必要，同时首要的治疗方法必须是心理治疗，因为患者需要治疗师帮助处理他们内心冲突和解决他们成长中的缺失感。

研究证实许多设计严谨、结构完善的心理治疗方法，如认知行为治疗、人际关系治疗、家庭治疗、心理剧和精神动力学治疗等可以有效治疗成人抑郁症。其中认知行为治疗被大量证据表明可以有效治疗儿童抑郁症。研究者总结了当前对儿童抑郁症的主要治疗手段，具体见表11-2。

表11-2 儿童抑郁症的主要心理治疗手段

治疗方法	治疗目标及重点
精神动力学治疗	通过对早期经验的再次体验，帮助抑郁儿童克服面对创伤经历的阻抗；通过哀悼的过程，帮助儿童接纳过去的痛苦经历，回到当下。帮助儿童修通无意识的消极信念，重塑健康、积极的人格。
行为治疗	增加引起正强化的行为，减少来自环境的伤害。包括教授社交技能和其他应对技能，使用焦虑管理和放松训练。
认知治疗	着重于帮助抑郁儿童对悲观和消极的思维、导致抑郁的信念和偏见，以及对失败的自责归因保持觉知。一旦意识到这些自我贬低的思维模式，应该教会他们从一种消极的、悲观的视角向更积极的、乐观的视角转变。
认知行为治疗	是心理社会干预最常用的形式，将行为和认知治疗的元素结合为一种完整的手段。归因训练被证实可用来改变青少年的悲观信念。
人际治疗	探索导致持续抑郁的家庭成员间的相互作用。个体是家庭的一部分，鼓励抑郁儿童理解自己的消极认知模式及自己的抑郁对其他人的影响，增加家庭成员和同伴的愉快行为。
支持性治疗	提供治疗性的支持，创建一个安全的环境，让儿童感觉到与其他人的联系，得到其他人的支持。尝试增加儿童的自尊感，减少抑郁症状。

资料来源：Mash & Wolfe，2005。

第二节 儿童发展性障碍

一、儿童发展性障碍概述

发展性障碍（Development Disabilities）一词于20世纪70年代在特殊教育界逐渐流行起来。美国国会1978年颁布的《发展障碍援助和权利法案》（Developmental Disabilities Assistance and Bill of Rights Act）对其定义如下："发展性障碍是指一个人经常性的严重障碍；起源于智力或身体的缺陷或者两者的结合；表现于22岁之前；可能是无限期的。它会导致主要生命活动领域——接受性和表达性语言、学习、运动、自我指导、独立生活以及经济上自立——存在；反映出个人对特殊的多学科的或一般的照顾和治疗的需要，或者个人对终生的或长时间的、个别设计的和合作的各种服务的需要。"国内有研究者将发展性障碍定义为在发育期间因为生理或心理原因而导致的显著、长期的发展迟缓，并导致功能上具有实质性限制（向友余等，2007）。

儿童发展性障碍一般可分为智力障碍、广泛性发育障碍和特定性发育障碍三种类型。其中，广泛性发育障碍主要指儿童孤独症谱系障碍（社交敏感性障碍）；特定性发育障碍主要有语言障碍、运动技能障碍、注意缺陷/多动障碍等。发展性障碍由于淡化了对特殊儿童所进行的分类，降低了"标签"所带来的负面影响而为教育界所接受。

二、儿童发展性障碍的临床表现类型

（一）智力障碍

智力障碍（Dysgnosia，或称智力发育障碍），也可称为精神发育迟滞（Mental Retardation，MR）、智力低下、智力落后、弱智或智力发育不良（Developmentally Disabled），是儿童常见的一种发育障碍（见案例 11-6）。DSM-V 以"智力障碍"一词替换了之前版本的"精神发育迟滞"，因其被医疗、教育、科研或其他行业及普通大众使用得更为普遍（American Psychiatric Association，2013）。

案例 11-6

患儿，女，7 岁，就读于小学一年级。眼睛近视，体质弱，平衡能力差，走路摇摆，上台阶很吃力，需要人搀扶。生活自理能力差，不爱活动，与人沟通困难，认识简单汉字。课堂自制力差，爱做小动作。有一定的表现欲望，对新事物兴奋，生气时情绪不容易控制。经当地妇幼保健院诊断为智力缺陷，精神发育迟滞。

智力障碍是一种比较常见的临床现象，是导致残疾的重要原因之一。WHO 1985 年报道轻度 MR 患病率约为 3%，中、重度为 3‰～4‰。一项针对全国 8 个省份 0～14 岁儿童智力障碍的流行病学调查结果显示患病率为 1.2%，其中城市约为 0.70%，农村约为 1.41%。

1. 临床表现

智力障碍的主要临床表现为智力低下和社会适应困难，DSM-V 提出必须符合下列 3 项诊断标准（APA，2013）。

（1）经过临床评估和个体化、标准化的智力测验确认的智力功能的缺陷，如推理、问题解决、计划、抽象思维、判断、学业学习和从经验中学习。

（2）适应功能的缺陷导致未能达到个人的独立性和社会责任方面的发育水平和社会文化标准。在没有持续支持的情况下，适应功能缺陷导致一个人日常生活功能受限，如交流、社会参与和独立生活，且在多个环境中，如家庭、学校、工作和社区。

（3）智力和适应功能缺陷在发育阶段发生。

综合 DSM-IV-TR（APA，2000）及 DSM-V（APA，2013）的分级，依据智力落后的

水平和社会适应能力缺损程度一般将智力障碍分为4级，具体如下：

（1）轻度智力落后（Mild Mental Retardation）。患儿智商为55～70，约占85%，早期因与一般儿童似乎无明显差异不易被发现。在婴幼儿期可能有语言和运动功能发育较迟，其躯体和神经系统发育无明显异常迹象。在学龄期可发现逐渐出现学习困难，成绩落后且随着升学更趋明显，很难完成小学教育。语言发育虽稍落后，但社交用语尚可，个人生活尚能自理，可从事简单的劳动和技术性操作。计算、读写、应用抽象思维有困难。躯体方面一般不存在异常。成年后能基本谋生，但缺乏灵活性，常依赖别人，容易上当受骗。

（2）中度智力落后（Moderate Mental Retardation）。患儿智商为40～54，约占10%，通常在3～5岁时被发现。患者早年各方面的发育均较普通儿童迟缓，尤其是语言理解与表达能力发育迟缓，虽然可学会说话，但吐字不清，言语简单，常词不达意，对周围环境的辨别能力差、认识事物趋于表面与片段，缺乏社交能力。进入小学后学习成绩明显低下，仅能读到低年级。成年后可在监护下从事简单刻板或机械的体力劳动，经训练可生活自理，但常需别人的帮助。智力水平相当于6～9岁的正常儿童。躯体发育较差，多数可发现器质性病因，但一般可活至成年。

（3）重度智力落后（Severe Mental Retardation）。重度智力落后患儿智商为20～25，占3%～4%。患者表情呈愚蠢貌。多数患者在出生后不久即被发现有明显的精神和运动发育落后，语言发育水平低，发音含糊不清，有的甚至不能讲话。患者掌握的词汇量少，缺乏抽象思维能力，对数字的概念模糊，不能与正常儿童一起学习，情感反应不协调，易冲动。常有躯体或中枢神经系统的器质性病变，或伴有畸形，并出现癫痫、脑瘫等神经系统症状。患者成年后，可在照管下从事极为简单的体力劳动。经特殊训练，个别患者可学会少量对话或具有自我照顾能力。极少数具有超常特殊认识能力，被称为"白痴学者"（Idiot Savants）。

（4）极重度智力落后（Extremely Mental Retardation）。患儿智商为0～20，占1%～2%。患者存在明显神经系统发育障碍和躯体畸形，智力水平极低，没有言语功能，大多数既不会讲话也听不懂别人的话，仅以尖叫、哭闹来表示需求，感知觉明显减退，不能辨别亲疏，毫无防御和自卫能力，不知躲避危险。日常生活全需他人照料。经特殊训练，患者仅可获得极其有限的自助能力。大多数患者因病或因生存能力差而早亡。

除以上所述外，智力障碍患儿常伴有听力障碍、视力障碍、运动障碍、大小便失禁、癫痫等，部分患儿存在躯体畸形和特殊的躯体特征。尚可能并发其他精神障碍，其发生率高于普通人群，这些障碍包括：行为障碍、恐惧症、强迫症、广泛性焦虑障碍、孤独症谱系障碍、精神分裂症、情感障碍、器质性精神障碍等。

2. 病因

智力障碍的原因大致可从遗传和生物学因素、心理社会因素两个方面考虑。大约有50%是器质性或生理原因所致。

（1）遗传和生物学因素。一般包括产前因素、产中因素和产后因素。产前因素如遗传因素（染色体畸变、基因遗传疾病等）、母体在妊娠期受到有害因素的影响（病毒和弓形虫感染、使用药物及接触化学毒素、遭受辐射、母体健康状况不良、胎盘功能不足等）

等。产时因素包括宫内窘迫、出生时窒息、产伤致颅脑损伤和颅内出血等。早产儿、极低出生体重儿中枢神经系统发育问题也可能导致智力发育的落后。产后因素包括中枢神经系统感染、严重颅脑外伤、各种原因引起的脑缺氧、代谢性或中毒性脑病、严重营养不良、甲状腺功能低下、重金属或化学药品中毒等。

(2) 心理社会因素。研究者们发现,绝大多数智力低下均与心理社会因素有不同程度的关系,特别是轻度智力低下。产时不利因素本身对儿童智力发育直接影响并不大,只有与不利的社会、心理因素相结合才能显示其影响。如国外多项研究显示,轻度智力落后在低社会经济地位和少数群体内发生的概率更高,尤其在最低社会经济地位群体内高达2.5%。因贫穷或被忽视、虐待而导致儿童早年缺乏营养、缺乏良性环境刺激、与社会严重隔离、缺乏文化教育机会、缺乏情绪方面的照顾等均可导致智力发育落后。部分研究者将这些因素统称为家庭性智力落后(Familial Retardation)(刘新民主编,2005)。

3. 诊断标准

DSM-IV-TR(American Psychiatric Association,2000)对于智力落后的诊断标准为:(1)显著的低于平均水平的智力功能,个体智力测验得分接近70或低于70(如果是婴儿,临床判断为显著低于平均水平的智力功能即可);(2)伴随至少两个领域中的适应能力的缺陷或损伤(如不能有效地满足他所在的文化团体对其所在的年龄阶段提出的期望标准),包括交流、自我照料、家居生活、社会/人际技能、适应社区资源、自我指导、功能性学业能力、工作、休闲、健康和安全;(3)发生在18岁之前。

4. 常用干预方法

国内外对于智力障碍儿童的精神病理学干预都还较为有限,主要鼓励通过适当的预防措施进行预防或降低,如家长教育和产前筛查等。而治疗的原则是早发现、早诊断、早干预。在婴幼儿期,治疗重点是尽可能针对病因治疗,及早进行早期干预治疗,减少脑功能损伤,使已损伤的脑功能能得到代偿。年龄稍大的患儿,教育训练和康复治疗是治疗的重要环节。以下简要介绍几种方法:

(1) 早期干预。研究者证实智力落后的最佳干预时间是学前阶段。系统的早期干预,如在高危儿童(低收入家庭、健康照料缺乏、住房条件差)或早期出现症状儿童(低智商、适应能力差等)进入学校学习之前,为他们提供补充性教育经验被证实可以产生较好的效果。如卡罗莱纳初学者项目(Carolina Abecedarian Project)(引自Mash & Wolfe,2005)面向贫困家庭儿童,为他们提供从婴儿早期到学前的丰富环境,结果显示这些儿童2岁时测试分数已经高出控制组,到15岁时仍然保持该效果,且参与项目的儿童更少被划入智力落后的范围。

(2) 教育训练。教育训练是促进患儿智力和社会适应能力发展的重要方法。训练目标应随病情严重程度的不同而有所不同。对于轻度患儿,儿童早期阶段重点在于学会一定的读、写、算,并学会生活自理、处理日常家务、社会规则等;青少年期则重点在于职业培训,使患儿学会一定的非技术性或半技术性职业技能,以使其成年后独立生活、自食其力。对于中度患儿,重点应在于生活自理能力的培养,并使之能在他人指导照顾下进行简单劳动。对于重度、极重度患儿,仍应进行长期训练,以使患儿学会自行进食和简单卫生习惯。

（3）心理治疗。心理治疗的目的并不在于促进患者的智力发展，而在于解决患者的内心冲突、增进自信、增强患者能力、促进患者独立。对所有的患者均应尽可能给予心理治疗，即使对严重者也不能放弃。已有研究指出，只要患者具有基本的言语或非语言交流能力，就能够从各种不同形式的心理治疗中获益。心理治疗的形式包括：认知行为疗法、游戏治疗、精神分析治疗、家庭治疗等。智力障碍儿童的心理治疗原则与同等发育水平的智力正常儿童相同。但在充分考虑患儿的发育水平时，还要有更多的支持性气氛，每次治疗的时间应短些，次数要多些。

（4）家长教育及培训。家长培训被认为是一种广泛应用的为患儿家庭提供支持的方法，目的是帮助父母去关注患儿的发展，帮助其获得生存技能，而不是减少问题行为。另外，患儿在家中接受父母的教育，时间一般从婴儿期到6岁，治疗师每周家访进行观察、给予反馈、进行发展评估、示范如何教授新行为的波太奇项目（Portage Project）已经被很多国家广泛推行（引自 Mash & Wolfe，2005）。

（二）孤独症谱系障碍

孤独症谱系障碍（Autism Spectrum Disorder，ASD）也曾被称为儿童孤独症（Autism in Children）、自闭症（Autism）、孤独性障碍（Autistic Disorder）或自闭型症候群障碍（Autism Spectrum Disorders，ASDs）等，是一组以社交障碍、语言交流障碍、兴趣或活动范围狭窄以及重复刻板行为为主要特征的神经发育性障碍，是广泛性发育障碍（Pervasive Developmental Disorder，PDD）的代表性疾病。自1943年 Leo Kanner 首次报道以来，随着对其研究和认识的不断深入，有关的名称和诊断标准也相应发生演变。早期曾有过的名称包括"Kanner 综合征""儿童精神分裂样反应"等。1980年，DSM-Ⅲ首次将孤独症-广泛性发育障碍从精神分裂症中区分开来，称之为"广泛性发育障碍（PDD）"。1987年发布的 DSM-Ⅲ修订版进一步将其归属于发育障碍，命名为"孤独样障碍"。1994年发布的 DSM-Ⅳ中将孤独症、未分类的广泛性发育障碍、Asperger 综合征归属于广泛性发育障碍。2013年5月发布的 DSM-Ⅴ正式提出孤独症谱系障碍（ASD）的概念。

ASD 的患病率报道不一，过去一般较为罕见，为儿童人口的2～5例/万人，但最新全球研究结果发现患病率在持续上升，2018年美国疾病控制与预防中心发布的关于儿童孤独症患病率的估计数据为1∶59，相较2016年的数据提高15%。我国对2000年以来0～6岁残疾儿童的抽样调查显示，ASD 患病率基本处于0.1%～0.3%，且呈上升趋势。ASD 在全世界范围各个社会阶层均存在，在男孩中比例要高于女孩3～4倍，且这一比例较为稳定（Fombonne，2003）。研究还显示，80%以上的 ASD 患儿共患注意缺陷/多动障碍（ADHD）、焦虑、行为障碍、抑郁，45%～74.5%伴有发育迟缓，30%以上合并神经功能障碍和癫痫，患儿成年后大多社会适应不良或终生障碍，生活不能自理，成为社会和家庭巨大的经济和精神负担。世界卫生组织（WHO）指出：ASD 是目前全球患病人数增长最快的严重疾病之一，已成为严重影响生存质量，影响人口健康的重大公共卫生问题之一。儿童孤独症谱系障碍实例见案例11-7。

案例 11-7

赵某，男，5岁，因语言落后、刻板，对自己的要求不能用语言表达，与其他幼儿交往时常发生攻击行为，几乎无法用语言与他人进行正常沟通，常大声尖叫等，前来就诊。体格检查及神经系统检查无异常发现，脑电图、脑CT检查均无异常，孤独症行为评定量表得分97分（总分≥31分为孤独症筛查界限分；总分＞53分为孤独症诊断界限分）。图片词汇测试不合作，儿童感觉统合能力发展评定量表结果为重度异常。根据DSM-Ⅴ标准诊断为儿童孤独症谱系障碍。

1. 临床表现

社会交流障碍、语言障碍和刻板行为是ASD患儿的三个主要症状，又称Kanner三联症；同时患儿在智力、感知觉和情绪等方面也有相应的特征。一般从1岁半左右开始，家长会逐渐发现ASD患儿与其他儿童存在不同。

（1）社会交流障碍。社会交流障碍是ASD的核心症状，患有ASD的儿童缺乏与他人的交流意愿和交流技巧。例如：婴儿期即表现出不喜欢拥抱，缺乏与亲人的目光对视，喜欢独自玩耍，对父母的多数指令常常充耳不闻，但听力正常。患儿在运用躯体语言方面也同样落后，较少运用点头或摇头表示同意或拒绝；很少主动寻求父母的关爱或安慰；幼儿期，患儿仍缺乏与同龄儿童交往或玩耍的兴趣，不会以适当的方式与同龄儿童交往并建立伙伴关系；学龄期后，随着年龄增长及病情改善，患儿对父母、同胞可能变得友好而有感情，但仍明显缺乏主动与人交往的兴趣和行为。大部分患儿交往方式也存在问题，他们对社交常情缺乏理解，对他人情绪缺乏反应，不能根据社交场合调整自己的行为。成年后，患者仍缺乏交往的兴趣和社交的技能，不能建立恋爱关系和结婚。

（2）语言交流障碍。这是大多数ASD儿童就诊的主要原因。多数患儿语言发育落后，有些在两三岁时仍不会说话，或者在正常语言发育后出现语言倒退。部分ASD患儿具备语言能力甚至语言过多，但其语言缺乏交流性质，表现为无意义、重复刻板的语言，或是自言自语；ASD患儿语言内容单调，常难以理解。

（3）重复刻板行为。患儿对正常儿童所喜爱的玩具和游戏缺乏兴趣，而对一些非玩具的物品，如车轮、瓶盖等圆的可旋转的东西却特别感兴趣。有些患儿还对塑料瓶、木棍等非生命物体产生依恋行为。有非常明显的刻板行为，如转圈、玩弄开关、来回奔走、排列玩具和积木、爱听某一首或几首特别的音乐等，并常会出现刻板重复的动作和奇特怪异的行为，如重复蹦跳、将手放在眼前凝视或用脚尖走路等。

（4）智力异常。46%的患病儿童具有中等及以上智力水平，近年来研究显示患儿智力分布曲线会大幅波动，即在某些智力方面显示出极度缺乏和异常，但在某些智力方面和正常儿童无显著差异。这也是一些家长无法发现孩子显著异常的原因。另外部分患儿在智力低下的同时可出现"孤独症才能"，如在音乐、计算、推算日期、机械记忆和背诵等方面呈现超常表现。

(5) 感觉异常。多数患儿存在感觉异常，例如对某些声音的特别恐惧或喜好，对某些视觉图像的恐惧，很多患儿不喜欢被人拥抱，痛觉迟钝等。

(6) 其他。大多数 ASD 患儿表现为明显的多动和注意分散。此外，发脾气、攻击、自残等行为在 ASD 患儿中均较常见。

2. 病因

目前仍没有任何一种假说能从根本上全面地解释 ASD 的病因。研究证实引起 ASD 的危险因素主要如下。

(1) 遗传因素。双生子研究显示，ASD 在同卵双生子中的同病率高达 61%～90%，而异卵双生子则未见明显的共患病情况。在兄弟姊妹之间的再患病率估计在 4.5% 左右。这些现象提示 ASD 存在遗传倾向性。另外早产、妊娠期出血、产后缺乏活力等问题在少部分孤独症儿童身上出现过。

(2) 生物学因素。研究显示，某些染色体异常可能会导致 ASD 的发生。某些性染色体异常也会出现孤独症的表现。每年均有新的关于孤独症候选基因的报道。

自 20 世纪 70 年代末相关研究就发现，孕妇感染病毒后，其子代患 ASD 的概率增大。目前已知的相关病原体有：风疹病毒、巨细胞病毒、带状疱疹病毒、单纯疱疹病毒、梅毒螺旋体和弓形虫等。另外受孕早期孕妇若有反应停和丙戊酸盐类抗癫痫类药物的用药史以及酗酒等，可导致子代患 ASD 的概率增加。

(3) 心理因素。国内研究者易春丽和周婷（2018）提出，孤独症可能是婴儿期发病的创伤后应激障碍的表现，发病是依恋创伤与个体神经基础交互作用的结果。孤独症儿童经历的创伤性事件主要为人际创伤——尤其是与主要照料者之间的依恋相关创伤。根植于创伤性事件中的恐惧会导致儿童对社会交往的回避，进而导致其社会功能的缺损。而刻板行为的功能则是在于帮助孤独症儿童建立控制感，并帮助他们缓解焦虑。而语言发展延迟和缺损或许也是创伤后应激障碍的结果。

罗伯茨等（Roberts et al., 2013）发现，童年时期遭受身体、情感和性虐待的母亲生育孤独症孩子的风险增加了 1.8%，这在一定程度上揭示了创伤导致的代际传递性问题，虽然不是完全一致的疾病遗传。

3. 诊断标准

对 ASD 的诊断需要临床医生根据儿童的特征行为和临床表现，通过病史询问、体格检查，以及对儿童行为观察和量表评定，参照 DSM-V 作出诊断。具体诊断标准如下。

(1) 在多种场合下，社交交流和社交互动方面存在持续性的缺陷，表现为目前或历史上的下列情况（以下为举例而非全部情况）：

①社交情感互动中的缺陷，例如，从异常的社交接触和不能正常地来回对话到分享兴趣、情绪或情感的减少，到不能启动或对社交互动作出回应。

②在社交互动中使用非语言交流行为的缺陷，例如，从语言和非语言交流的整合困难到异常的眼神接触和身体语言，或从在理解和使用手势方面的缺陷到面部表情和非语言交流的完全缺乏。

③理解、发展、维持人际关系的缺陷，例如，从难以调整自己的行为以适应各种社交

情境的困难到难以分享想象的游戏或交友的困难，到对同伴缺乏兴趣。

(2) 受限的、重复的行为模式、兴趣或活动，表现为目前的或历史上的下列两种情况（以下为举例而非全部情况）：

①刻板或重复的躯体运动（例如，简单的躯体刻板运动，如摆放玩具或翻转物体，模仿言语，特殊短语）。

②坚持相同性，缺乏弹性地坚持常规或仪式化的语言或非语言的行为模式（例如，对微小的改变极端痛苦，难以转变，僵化的思维模式，仪式化的问候，需要走相同的路线或每天吃同样的食物）。

③高度受限的固定的兴趣，其强度和专注度方面是异常的（例如，对不寻常物体的强烈依恋或先占观念，过度的局限或持续的兴趣）。

④对感觉输入的过度反应或反应不足，或在对环境的感受方面不寻常的兴趣（例如，对疼痛/温度的感觉麻木，对特定的声音或质地的不良反应，对物体过度地嗅或触摸，对光线或运动的凝视）。

(3) 症状必须存在于发育早期（但是，直到社交需求超过有限的能力时，缺陷可能才会完全表现出来，或可能被后天学会的策略所掩盖）。

(4) 症状导致社交、工作或目前其他重要功能方面的有临床意义的损害。

(5) 症状不能用智力障碍或全面发育迟缓来更好地解释。智力障碍和孤独症谱系障碍经常共同出现，作出孤独症谱系障碍和智力障碍的合并诊断时，其社交交流应低于预期的总体发育水平。

4. 常用治疗方法

20世纪80年代以前，ASD普遍被认为是不治之症。自从洛瓦斯（Lovaas，1987）采用应用行为分析疗法成功"治愈"9例孤独症儿童以后，世界各国（主要是美国）相继建立和发展了许多ASD教育训练疗法或课程，多数疗法或课程的建立者均声称自己的疗法取得了显著的疗效，但是一些疗法有夸大之嫌。不过相对趋同的观点是，早期诊断和干预可以改善其预后。事实上治疗结果常常不尽如人意，60%的ASD儿童成人后不能独立地生活，只有4%的儿童能达到与正常儿童相近的水平。那些非言语智力正常，而言语功能达到5岁以上水平的儿童有最佳的预后。

研究者们综合当前ASD的常用疗法，将其分为如下四类：

(1) 以促进人际关系为基础的疗法。包括地板时光疗法（Floor Time）、人际关系发展干预疗法（Relationship Development Intervention，RDI）。

(2) 以技巧发展为基础（Skill-based）的干预疗法。包括图片交换交流系统（Picture Exchange Communication System，PECS）、行为分解训练法（Discrete Trial Training，DTT）。

(3) 基于生理学的干预疗法（Physiologically Oriented Intervention）。包括感觉统合训练、听觉统合训练、饮食修正疗法（如禁食麸质和奶酪蛋白）等。

(4) 综合疗法。ASD以及相关障碍儿童治疗教育课程（TEACCH）、应用行为分析疗法（Applied Behavioral Analysis，ABA）属于这一类。

另外当前已证实的以行为疗法为基础的一些治疗方法，如ABA等，由于在治疗过程强制抑制 ASD 患儿的自我刺激行为（如情绪宣泄行为、自我攻击行为等），可能引发患儿最初抑制的恐惧相关的记忆，从而导致患儿创伤后应激障碍（Post-traumatic Stress Disorder，PTSD）症状增加（Kupferstein，2018），且训练强度易造成患儿及家长的压力而难以坚持，治疗效果不佳。因而该疗法引起争议并遭到国内外部分研究者的反对。研究者还证实了如下治疗方法具有一定疗效。

（1）父母心理支持及亲子依恋修复。国内外研究者证实该方法针对高功能患儿或假性患儿（即因症状相似被诊断为 ASD，但可能是 PTSD 的儿童）有较好疗效，尤其在患儿的语言功能恢复方面。基于心理创伤的假说，研究者认为，ASD 儿童心理干预工作的主要目标在于帮助患儿重建与其父母的安全依恋关系，并帮助其重建安全感和控制感（周婷，易春丽，2016）。具体做法如下。

①治疗师不直接处理患儿的症状，而更强调对父母的支持。一是关注和共情父母的焦虑、愤怒、沮丧等负面情绪，并帮助他们宣泄情绪及学习良好应对的方法；二是指导父母如何与患儿进行正性、积极互动。治疗师会跟父母讨论如何理解患儿的行为及动机，以便他们更好地理解患儿的需求，并以适当的方式给予患儿安抚。例如，如果父母能够意识到患儿在玩手、转圈和咬手指这些行为背后的焦虑情绪，他们就能够理解帮助患儿去除焦虑来源的重要性，而不是一味限制患儿的这些行为。

②治疗师强调为患儿提供稳定、安全、简单的家庭和学习环境（小学、幼儿园等）。因为患儿对人际威胁的高敏感性，减少社交刺激尤为重要。在治疗初期，患儿的互动者最好主要是其父母。当患儿焦虑和恐惧情绪没有那么强烈的时候，他们才能够把在与父母互动中学习到的社交技能，迁移到与他人的交往中。在幼儿园或者小学，在不影响他人的前提下，患儿被允许与其他孩子保持一定距离，甚至在他们感到不舒服的时候，能够被允许离开教室。学校强调的一些行为规范和纪律，对于患儿来说也许不适用。因为太多的行为限制可能增加他们的社交负担，从而引发他们的焦虑情绪。只有当患儿认为他们的环境是安全的时候，他们才可能开始认知及进行社会交往等探索性行为。

③治疗师不对患儿语言问题做任何直接干预。根据创伤假设，患儿的语言缺陷极有可能是创伤后应激障碍的结果。那么，当创伤的损害被修复的时候，语言问题便能够自动恢复。事实上研究者发现很多临床治疗的案例均可验证这一假设，当患儿对社会关系感到足够安全的时候，他们的语言能够重新发展起来。治疗过程的重点是修复患儿心理创伤，而不是语言能力训练。

（2）游戏治疗。国内研究者刘建霞（2012）等采用以儿童为中心的游戏治疗，通过营造自由、安全、接纳的治疗氛围，帮助孤独症患儿在游戏中暴露及疗愈自身的早期创伤，患儿的消极情绪明显好转，刻板行为显著减少，学校适应显著增加。研究者张晓丽（2011）等基于 TEACCH 的治疗框架，设计并实施轻松愉悦的游戏课程，证实能够明显提高患儿认知、情绪的自控能力及语言沟通能力。研究还证实，沙盘游戏治疗（杨帆，2015；任海莲，2018）、体育游戏（潘红玲等，2018；刘军，2014）、体感游戏（徐云，朱旻芮，2016；雷显梅等，2016；徐云，季灵芝，2016）等方法均对患儿症状改善有一定疗效。

(三）注意缺陷/多动障碍

儿童注意缺陷/多动障碍（Attention Deficit/Hyperactivity Disorder，ADHD），又称多动症，是指从学龄前期（6岁以前）开始，以注意障碍、活动过度和行为冲动为主要特征的一种儿童发展性障碍。ADHD不仅影响儿童的学校、家庭和校外生活，而且容易导致儿童持久的学习困难、行为问题和自尊心弱，此类患儿在家庭及学校均难与人相处（见案例11-8）。如不能得到及时治疗，部分患儿成年后仍有症状，明显影响患儿学业、身心健康以及成年后的家庭生活和社交能力。当前国外调查发现该症患病率3%～10%，男女比为4:1～9:1。国内调查显示该症患病率为4.31%～5.83%。粗略估计，我国有1461万～1979万的ADHD患儿。ADHD为慢性持续性疾病，虽然1/4的患儿随年龄增长在青春期以后逐渐缓解症状，但如果不经过有效治疗，大多数患儿预后不容乐观，文献报道10%～60%的患儿病情持续发展为成人ADHD。

案例 11-8

强强（化名），男，9岁，小学三年级学生。强强在幼儿园时就比其他孩子明显表现出多动行为。上小学后，这种情况有增无减。主要表现在：上课时不遵守纪律，好晃椅子，经常惹同桌及前后位的同学，注意力不集中，东张西望，老师批评或暗示后有短暂效果；课余活动中不大合群，好搞"恶作剧"，如有时接连用肩膀或腿把身边同学撞倒或绊倒，自己却满不在乎，或遇人会从旁冲出大叫，并做出狰狞的鬼脸惊吓他人。有时会伴有攻击行为，如抓咬他人或自己的手臂，敲打桌椅等。在家里则表现为任性、冲动，遇到想做的事情父母不能满足时，便大喊大叫，甚至在地上打滚，乱摔东西。此外，精力特别旺盛。相比同龄儿童沟通能力较差，无法完整表达句子，画画和语言理解能力较弱，且无法有效地参与课堂活动。学习成绩在班上较为落后，经常有不及格现象。

家庭教养方式上，强强的父亲比较粗暴，看到孩子好动、不听话，烦了就骂，急了就揍；母亲则对孩子过于宠爱，只要孩子一耍赖，母亲就满足孩子的要求。

在老师的建议下，强强的父母带其到儿童医院精神科进行检查，强强被诊断为儿童多动症。

资料来源：叶子欣，2017。

1. 临床表现

ADHD的症状多种多样，并常因年龄、所处环境和周围人对待态度的不同而有所不同。但注意力缺陷、活动过度和行为冲动三大症状是ADHD的核心症状，具有诊断价值。系列症状具体如下。

（1）活动过度。患儿常表现出与年龄极不相称的好动、不安，活动量明显增多，话多，特别在完成指令性的、需要静坐的任务时。有部分患儿在婴儿期就有过度活动，表现为格外活跃，会从摇篮或小车里向外爬，开始学步时，往往以跑代步，四处攀爬，似乎从不疲倦，常常弄伤自己。学龄患儿在听课或做作业时，不时在座位上活动，小动作不断，或找同学说话，或逗弄他人。这些表现不仅影响自己，而且影响他人学习，常常成为老师批评、同学抱怨、家长就诊的主要原因。

（2）注意力集中困难。表现为与年龄不相称的明显注意力集中困难和注意持续时间短暂。患儿常常在听课、做作业或其他活动时注意力难以持久，容易因外界刺激而分心。在学习或活动中不能注意到细节，经常因为粗心发生错误。注意力维持困难，经常有意回避或不愿意完成需要较长时间持续集中精力的任务，如课堂作业或家庭作业。做事拖拉，容易丢三落四，经常遗失玩具、学习用具，忘记日常的活动安排，甚至忘记老师布置的家庭作业。

（3）情绪不稳，冲动任性。患儿自控能力差、情绪不稳定、易激动、易怒、易哭、易冲动、常发脾气。倔强、固执、急躁、表现幼稚、缺乏荣誉感、不辨是非，有的说谎、逃学、欺骗，有的外出不归甚至染上恶习。可在信息不充分的情况下快速地做出行为反应，做事不顾及后果、凭一时兴趣行事，为此常与同伴发生打斗或纠纷，造成不良后果。在别人讲话时插嘴或打断别人的谈话，在老师的问题尚未说完时便迫不及待地抢先回答，不能耐心地排队等候。

（4）学习困难。患儿虽然智力正常，但都表现出学习困难，记忆力、辨别能力差、如常把"b"写成"d"，或把"6"写成"9"等，学习成绩较差。有的智商很高，但学习成绩却不理想，表现为忽上忽下，成绩波动很大，抓一抓成绩就上去，不抓就下降，甚至造成留级。

（5）合并症。ADHD和品行障碍的同病率高达30%～58%。品行障碍表现为攻击性行为，如辱骂和打伤同学、破坏物品、虐待他人和动物、性攻击、抢劫等，或一些不符合道德规范及社会准则的行为，如说谎、逃学、离家出走、纵火、偷盗等。另外25%的患儿有焦虑障碍或学习障碍；30%的患儿有抑郁症。这些合并症既影响ADHD的干预，也可能造成比ADHD更为严重的功能损害，为临床治疗带来更大压力。

2. 病因

至今本病症的确切病因不明，目前认为是遗传和各种不良环境因素共同作用的结果。主要病因集中在如下几个方面。

（1）遗传因素。研究发现ADHD患儿中孪生子症状有高度一致性；寄养子中一级亲属的发病率较高。有关双生子的研究发现同卵双生子发病率高于异卵双生子，同胞兄弟姐妹患病率高于非同胞兄弟姐妹3倍。另外ADHD患儿父母童年期有多动和品行障碍的历史及有精神障碍者也比较多；父亲有反社会人格特征或酒精依赖，母亲有癔症者均较多。另外与妊娠和分娩相关的危险因素包括患儿早产、产后出现缺血缺氧性脑病以及甲状腺功能障碍。

（2）生物学因素。神经生化和精神药理学研究发现，ADHD患儿大脑内神经化学递质失衡，如患儿血和尿中多巴胺和去甲肾上腺素功能低下，5-羟色胺功能下降。神经解剖和神经生理PET显示ADHD患儿较正常儿童有脑功能低下变化，特别是前额区。磁共振成像（MRI）发现胼胝体和尾状核异常。功能MRI发现ADHD患者尾状核、额区和前扣带回代谢的改变，主要是代谢减少。

与ADHD发生有关的儿童期疾病包括病毒感染、脑膜炎、头部损伤、癫痫等。更多存有争议的因素包括营养不良、与饮食相关的致敏反应、过多食用含食物添加剂的饮料或食物、儿童缺铁、血铅水平升高、血锌水平降低等。

（3）心理社会因素。研究证实父母关系不和、家庭破裂、教养方式不当、童年与父母分离、受虐待，经济贫困、住房拥挤、父母性格不良、酗酒、吸毒、有精神病、学校教育方法不当等不良的家庭和社会环境或条件，均可成为ADHD发病的诱因，并影响病程的发展与预后。

3. 诊断标准

目前仍主要以患儿家长和老师提供的病史、临床表现、体格检查、精神检查为主要依据。DSM-V（APA，2013）关于ADHD的诊断标准具体如下。

（1）持续的注意缺陷和/或多动－冲动的模式干扰了功能或发育，以下列①或②为特征。

①注意障碍：下列症状中有6项（或更多）持续至少6个月，且达到了与发育水平不相符的程度，并直接负性地影响了社交、学业或职业活动。[注：这些症状不仅仅是对立行为、违拗、敌意的表现，也包括不能理解任务或指令。年龄较大（17岁及以上）的青少年和成人，至少需要有如下症状中的5项。]

a. 经常不能密切关注细节或在作业、工作或其他活动中犯粗心大意的错误（例如，忽视或遗漏细节，不精确）。

b. 在任务或游戏活动中经常难以维持注意力（如在听课、对话或长时间的阅读中难以维持注意力）。

c. 当别人对其直接讲话时，经常看起来没有在听（例如，即使在没有任何明显干扰的情况下，仍显得心不在焉）。

d. 经常不遵循指示以致无法完成作业、家务或工作中的任务（例如，可以开始任务但很快就失去注意力，容易分神）。

e. 经常难以组织任务和活动（例如，难以管理有条理的任务；难以把材料和物品放得整齐；凌乱，工作没头绪；时间管理不良；不能遵守截止日期）。

f. 经常回避、厌恶或不情愿从事那些需要精神上持续努力的任务（例如，学校作业或家庭作业，对于年龄较大的青少年和成人，则为准备报告、完成表格或阅读冗长的文章）。

g. 经常丢失任务或活动所需的物品（例如，学校的资料、铅笔、书、工具、钱包、钥匙、文件、眼镜、手机等）。

h. 经常容易被外界的刺激分神（对于年龄较大的青少年和成人，可能包括不相关的想法）。

i. 经常在日常活动中忘记事情（例如，做家务、外出办事，对于年龄较大的青少年和成人，则为回电话、付账单、约会）。

②多动和冲动：下列症状中有6项或以上持续至少6个月，且达到了与发育水平不相符的程度，并直接负性地影响了社交、学业或职业活动。[注：这些症状不仅仅是对立行为、违拗、敌意的表现，也包括不能理解任务或指令。年龄较大（17岁及以上）的青少

年和成人，至少需要符合下列症状中的 5 项]。

a. 经常手脚动个不停或在座位上扭动。

b. 当被要求坐在座位上时却经常离座（例如，离开教室、办公室或其他工作的场所，或是在其他情况下需要保持原地的位置）。

c. 经常在不适当的场合跑来跑去或爬上爬下（注：对于青少年或成人，可以仅限于感到坐立不安）。

d. 经常无法安静地玩耍或从事休闲活动。

e. 经常"忙个不停"，好像"被发动机驱动着"（例如，在餐厅、会议中无法长时间保持不动或觉得不舒服，可能被他人感受为坐立不安或难以跟上节奏）。

f. 经常讲话过多。

g. 经常在提问还没有讲完之前就把答案脱口而出（例如，接别人的话；不能等待交谈的顺序）。

h. 经常难以等待（例如，当排队等待时）。

i. 经常打断或侵扰他人（例如，插入别人的对话、游戏或活动，没有询问或未经允许就开始使用他人的东西；对于青少年和成人，可能是侵扰他人正在做的事情）。

（2）注意障碍或多动-冲动的症状在 12 岁之前就已存在。

（3）若干注意障碍或多动-冲动的症状存在于两个或更多的场合（例如，在家里、学校或工作中，与朋友或亲属互动中，或在其他活动中）。

（4）有明确的证据显示这些症状干扰或降低了社交、学业或职业功能的质量。

（5）这些症状不能仅仅出现在精神分裂症或其他精神病性障碍的病程中，也不能用其他精神障碍来更好地解释（例如，心境障碍、焦虑障碍、分离障碍、人格障碍、物质中毒或戒断等）。

4. 常用干预方法

一般根据患者及其家庭、生活环境、条件的特点制定综合性干预方案。药物治疗能够短期缓解部分症状，对于疾病给患者带来的一系列不良影响则更多地依靠非药物治疗方法。

（1）心理治疗。主要有行为治疗、认知行为治疗、支持性心理治疗三种方式。行为治疗及时对患儿的行为予以正性或负性强化，使患儿学会适当的社交技能，用新的有效行为替代不适当的行为模式。认知行为治疗主要解决患儿的冲动性问题，让患儿识别自己的行为是否恰当，选择恰当的行为方式，学习如何去解决问题。同时要针对患儿周围人尤其是家长和老师进行支持性心理治疗，使他们消除对患儿的歧视和不公正态度，并缓解对患儿疾病的心理压力。针对患儿伴发的心理问题如焦虑、厌学、情绪低落等采取支持和鼓励性心理治疗，以帮助他们克服自卑心理，恢复自信，重建人际关系。

（2）行为指导和训练。教师和家长需要针对患儿的特点进行有效的行为指导和训练，避免歧视、体罚或其他粗暴的教育方法，恰当运用正强化的方式提高患儿的自信心和自控力。一方面可提供条件让患儿在学校也能接受一定的专业干预，另一方面可以将患儿的座位安排在老师附近，以减少上课时的注意力分散，课程安排时要考虑到给予患儿充分的活动时间。

另外可采用运动项目，如拳击、柔道、游泳、网球等，指导患儿控制冲动和攻击行为，使他们增强自信心和自控力。同时让患儿与同龄伙伴多接触，如加入一些团体运动或活动项目，为促进患儿的社会适应提供环境。

（3）父母教育和训练。适合于伴有品行障碍或其他心理问题，或父母教育方式不恰当的患儿家庭。教育和训练可采取单个家庭或小组的形式，内容主要有：给父母或监护人提供良好的支持性环境，让他们学会解决家庭问题的技巧，学会与孩子共同制定明确的奖惩规则，有效地避免与孩子之间的矛盾和冲突，掌握合理使用正强化的方式鼓励孩子的良好行为，使用惩罚方式消除孩子的不良行为。

第三节　儿童其他障碍类型及干预

一、儿童学习障碍

儿童学习障碍早在19世纪中后期就为欧洲一些儿科医生所发现。在以后的将近一个世纪的研究中，有许多学科的研究人员介入这个问题的探索，出现了很多与学习障碍相关或无关的病名称谓，诸如"纯字盲""先天性词盲""阅读无能""失读症""发育性语言障碍""书写障碍""计算障碍""轻微脑损伤""斯特劳斯综合征""轻微脑功能障碍（MBD）"等。20世纪60年代早期的美国，因父母和教育者对儿童被诊断为精神发育迟滞而接受特殊教育不满，推出了"学习失能"这一概念，以区别性地描述那些并非精神发育迟滞、教育机会缺乏、精神病理或感知觉缺陷等原因造成的学习问题（引自 Mash & Wolfe，2005）。进入20世纪70年代以后，这些名称逐渐被淘汰，基本规范到 ICD-10 和 DSM-Ⅳ里，统称为特殊性学习障碍。不过目前，国内外仍有不同的命名和诊断界定的出现。

ICD-10 将学习障碍（Learning Disorder，LD）归入特殊发育障碍类下，定义为"特殊学习技能发育障碍"，指从发育的早期阶段起，儿童获得学习技能的正常方式受损，这种损害不是缺乏学习机会、智力发育迟缓、后天脑外伤或疾病的结果。障碍源于认知加工过程的异常，以大脑发育过程中的生物功能异常为基础。

学习障碍的临床分类有阅读、拼写、计算、运动等学校学习技能障碍，其中阅读障碍（Reading Disorder，RD）是临床常见的主要类型，约占80%，其他学习障碍类型大多与之相伴发。美国教育部统计在校儿童患病率为4.73%，美国疾病控制与预防中心统计患病率为5%~10%。国内长沙地区调查发现汉语儿童阅读障碍为3.25%，男性为女性的2.5倍。约95%的学习障碍儿童在三年级以前出现学习困难。部分研究指出，由于很多学习障碍未被报告，同时缺乏流行学调查，所以实际发病率比调查和估计的要高很多。

儿童学习障碍的实例见案例11-9。

案例 11-9

点点（化名）是一位患有学习障碍的六年级学生。经过两年的随班就读，她已经有了明显进步，如愿意做课堂笔记，能完成作业并订正，但在集体教学中依然无法跟上正常教学。

通过观察和访谈，教师发现点点学习障碍呈现的症状主要表现为：

（1）理解能力弱。点点信息加工速度慢，难以理解较长的课堂指令与教学语言，难以记忆一次性呈现的多个信息。一旦教师讲得快些或内容多些，她就听不懂教学内容。尽管她可以独立完成朗读和较为机械的抄写作业，但难以理解文章内容，难以迁移运用所学的知识。

（2）注意力缺陷。点点注意力难以集中，易走神。课堂上，需要教师用语言或站在其旁边的方式多次提醒，甚至帮助她把分散注意力的文具或纸片收拾好。但在课后交流中发现，即使教师这样做，点点依旧没有听到上课的内容。

（3）社会交往被动。点点性格内向，与同伴交往处于被动状态，寻求同伴帮助和处理矛盾的沟通能力较弱。课堂教学中，她无法融入小组共同完成学习任务。

资料来源：殷晓艳，2019。

1. 临床表现

主要在一般认知和特殊学习技能方面表现困难。

（1）语言理解困难。常表现"听而不闻"，不理睬父母或老师的讲话，易被视为不懂礼貌。有的机械记忆字句较好，而且能运用较复杂的词汇，但对文章理解较差，不合时宜地使用语词或文章。常喋喋不休或多嘴多舌，用词联想奔逸，使人难懂他在讲什么。喋喋不休往往是患儿寻求别人关注和理解的一种手段。

（2）语言表达障碍。会说话时间较迟，开始说话时常省略辅音，语句里少用关系词。言语理解良好而语言表达困难。可模仿说出单音，但不能模仿说出词组。有的患儿可自动反射性说出一两个词语，但随意有目的性说话困难。有类似口吃表现、节律混乱、语调缺乏抑扬、说话伴身体摇晃、形体语言偏多等。

（3）阅读障碍。读字遗漏或增字、阅读时出现"语塞"或太急、字节顺序混乱、漏行、阅读和书写时倒翻、不能逐字阅读、计算时位数混乱和颠倒；默读不专心，易用手指指行阅读；若是英语或拼音可整体读出，但不能分读音节；组词读出时不能提取相应的词语，对因果顺序表达欠佳，并且命名物体困难。

（4）视空间障碍。特征是触觉辨别困难，精细协调动作困难，顺序和左右认知障碍，计算和书写障碍。有明显的文字符号镜像处理现象，如对 p 和 q、b 和 d、m 和 w、6 和 9 混淆和无法区分。计算时忘记计算过程的进位或错位，直式计算排位错误，抄错抄漏题，数字顺序颠倒，数字记忆不良，从而导致量概念困难和应用题计算困难。结构性障碍使视觉信号无法传入运动系统，因此易出现空间方位判断不良，判断远近、长短、大小、高低、方向、轻重以及图形等的困难。

（5）书写困难。缺乏主动书写，手部笨拙（如不会使用筷子、穿衣系扣子笨拙、握持笔困难），写字丢偏旁部首或张冠李戴，写字潦草难看，涂抹过多，错别字多。

除上述之外，LD儿童还可伴随情绪和行为问题，如注意集中困难，课堂上多动或打瞌睡（觉醒不足），情绪冲动，自我意识不良，继发性情绪问题，品行障碍或青少年违法等问题。

2. 病因

（1）遗传和生物学因素。研究发现，学习障碍问题的发生与遗传、脑结构异常、左右脑半球对称性异常、轻度的脑功能障碍、智力结构异常等发病机制有关。如国外研究表明，家庭成员中有患学习障碍的个体，其阅读障碍或数学障碍的发生率高达35%～45%（Shalev et al.，2001）；有学习障碍患者的大脑左半球（包含语言中枢）存在细胞异常（Geschwind & Galaburda，1985），这些细胞异常只发生在胎儿第5～7个月，支持了出生前的轻微脑损伤会导致学习障碍这一观点（Lyon et al.，2003）。

而上述情况的发生又与儿童出生前遭遇的不利因素（如母亲吸烟、吸毒、酗酒，胎内营养不良、各种原因引起的胎儿神经损伤）、出生后的脑外伤、产伤、早产低出生体重、窒息、新生儿黄疸、某些传染病、重金属（如铅）中毒等因素有关。

（2）社会心理因素。研究发现，学习障碍经常伴随着情绪障碍或其他适应不良行为，这可能是因为它们之间有同样的潜在病因。如诵读困难与儿童注意缺陷/多动障碍之间重叠率为30%～70%。有些学习障碍的儿童表现出类似于注意缺陷/多动障碍的症状，诸如：注意力分散、烦躁不安和多动等（Vellutino et al.，2004）。

3. 诊断标准

DSM-V（APA，2013）关于学习障碍的诊断是基于个体临床报告的发育史、躯体疾病、家庭及教育状况，及学校的报告和心理评估基础上，参照如下4项标准进行诊断。

（1）学习和使用学业技能的困难，如存在下列6项症状中的至少1项，且持续至少6个月。

①不准确或缓慢而费力地读字（例如，读单字时不正确地大声阅读或缓慢、犹豫、频繁地猜测，难以念出字）。

②难以理解所阅读内容的意思（例如，可以准确地读出内容但不能理解其顺序、关系、推论或更深层次的意义）。

③拼写方面的困难（例如，可能添加、省略或替代元音或辅音）。

④书面表达方面的困难（例如，在句子中犯下多种语法或标点符号的错误；段落组织差；书面表达的思想不清晰）。

⑤难以掌握数觉感、数字事实或计算（例如，数字理解能力差，不能区分数字的大小和关系，用手指加个位数字而不是像同伴那样回忆数字事实，易在算术计算中迷失）。

⑥数学推理方面的困难（例如，应用数学概念、事实或步骤去解决数量的问题有严重困难）。

（2）学业技能显著低于个体实际年龄的预期水平，并对学业或职业表现或日常生活活动造成重大干扰，并可以通过标准化成就测量和综合临床评估证实。17岁以上个体，可以用记录在案的学习困难史来代替标准化评估。

（3）学习方面的困难开始于学龄期，但直到对学业技能的要求超过个体的有限能力时，才会完全表现出来（例如，在定时测试中，读或写冗长、复杂的报告，并且有严格的截止日期或特别沉重的学业负担）。

（4）智力障碍、未矫正的视觉或听觉敏感度、其他精神或神经障碍、心理社会逆境、对学业指导的语言不精通或教育指导不足都不能更好地解释学习困难。

根据症状的严重程度，DSM-V（APA，2013）将学习障碍分为轻度、中度、重度3种级别，具体如下：

轻度：指在1个或2个学业领域存在某些学习技能的困难，但其严重程度非常轻微，当为其提供适当的便利条件和支持服务时，个体能够得到补偿并发挥功能。

中度：指在1个或多个学业领域存在显著的学习技能的困难，在学校期间，如果没有间歇的强化和特殊的教育，个体不可能变得熟练。在学校、工作场所或在家的部分时间内，个体需要一些适当的便利条件和支持性服务来准确和有效地完成有关的学习活动。

重度：指严重的学习技能的困难影响了几个学业领域，在学校期间的大部分时间内，如果没有持续的、强化的、个体化的、特殊的教育，个体不可能学会这些技能。即使在学校、在工作场所或在家有很多适当的便利条件和支持性服务，个体可能仍然无法有效地完成所有学习活动。

4. 常用干预方法

由于儿童学习障碍涉及脑功能发育、各种情绪、行为问题和心理障碍、家庭和学校的心理压力、生活环境不良、生活质量恶化等多方面问题，一般要采取综合性治疗措施才能改善。

（1）家庭教育和心理支持。要让家长或监护人了解孩子问题的性质、解决的必要性和方法，给家长和孩子以知识教育和心理支持，以取得合作并使治疗得以坚持进行。矫正家庭成员（含寄养或福利机构成员）的不正确认识和不良行为方式，设法改善患儿心理环境，使之有利于患儿心理康复和健康发展，提高生活质量。

（2）融合教育和特殊教育的结合。国外一般推行融合教育（后称为常规教育）的模式。"融合运动"开始于20世纪50年代，并在北美推行。其依据是研究发现对有障碍的学生进行分班教育不仅无效，甚至可能带来伤害（Baldwin，1958）。同时也可以对学习障碍儿童提供直接指导和强化训练，目前已被证明有效的训练技巧包括：练习操纵音素、组词、提高理解力及流畅性等。两者相结合是当前教育界较为提倡和鼓励的做法。训练过程可以结合大量的练习，且干预者尽可能提供有趣的练习方式和及时的奖励。

（3）认知行为干预。该干预方法是使学生融入积极的学习中，尤其注重学生监控自身的思维过程，通过运用自我监控、自我评估、自我记录和自我强化管理策略，来强化自我控制（Eikeseth & Nesset，2003）。在学习过程中，儿童将被引导学会问自己一些问题，如"我为什么要读这些？""作者想表达什么？""我在哪里可以找到答案？"等，以让自己更好地理解材料。

二、儿童品行障碍

品行障碍（Conduct Disorder，CD）是指儿童期（7岁以后）持续出现的、与其年龄不相适应的行为和损害他人和公共利益的行为。其严重性超出一般的淘气，行为的发生不是由于一时的过失或年幼无知，而是一贯的行为模式。常见的不良行为有：说谎、打架、偷窃、伤害别人、虐待动物、破坏财物、纵火、逃学、离家出走、惹是生非、酗酒、赌博、过早性行为、性攻击行为等。以上行为严重时会损害他人人身安全、财产或社会治安，构成违法行为。DSM-Ⅲ于1980年正式将攻击性行为和反社会行为单独列为品行障碍，用以诊断强奸、暴力行为的儿童。ICD-10亦将反社会行为和攻击性行为单独列为品行障碍。

国外学者鲁特（Rutter，1970）对英国地区进行调查，发现10～11岁儿童中品行障碍患病率为4.0%。我国研究者忻仁娥等（1986）对3 000名4～5.5岁学龄前儿童进行的心理卫生调查显示，品行障碍患病率为7.35%，反社会行为患病率为1.24%。罗学荣等（1994）对湖南省6 911名7～16岁儿童品行障碍的流行病学调查所揭示的患病率较低，为1.45%。大量研究证实男性患病率远高于女性。另外品行障碍患者常共患注意缺陷/多动障碍、情绪障碍、癫痫和肥胖等。美国报道显示有5%的儿童会发生持久的、严重的反社会行为，占到临床就诊的30%～50%（Loeber et al.，2000）。研究表明40%有品行障碍的儿童会发展为成人期反社会人格障碍（Hinshaw，1994）。

儿童品行障碍的实例见案例11-10。

案例 11-10

小鹏（化名）是一名12岁的男孩，独生子女，家庭经济条件较差。9岁时父母离异，小鹏被判给了父亲，母亲改嫁，但实际上，父母离婚后，他与祖母一起生活（祖母现已84岁高龄）。

由于父母基本上都不再照管小鹏，祖孙俩的生活十分艰难。祖母对孩子的教育力不从心，教育方法欠缺。小鹏的学习成绩在小学一直很差，作业经常不交，考试成绩总是不及格；而且经常与其他同学发生纠纷，脾气较暴躁，同学们对他印象不好，老师亦感到十分头疼，在教育方式上也以批评、训斥为主。他逐渐对学习毫无兴趣，也不服从祖母管教，开始到"外面"去寻找所谓的乐趣。他结交了一些品行较差的同龄人，经常出入游戏机房，在外面游荡，品行上的偏差更大了。在校常打人、骂人，成绩也越来越差。于是便转学到了初级职业技术学校。

治疗师在对他的现实表现进行系统观察之外，还结合多方面评估，其中包括：（1）智力评估：瑞文测验-联合型图册显示其智商为86，百分数等级为17%。语言表达能力较好，动作协调能力较好。（2）个性评估：情绪好激动，比较固执，爱冒险，少有顾忌。（3）社会适应评估：在感觉、运动、生活自理、语言发展、时空定向、劳动技能和经济活动方面不存在问题，个人取向和社会责任方面较弱。（4）教育学评估：入学时，不喜欢学习，作业经常无法完成。（5）病程评估：起病于小学阶段，7 岁以后，症状持续半年以上。

根据 ICD-10 的诊断标准，小鹏被诊断为品行障碍。

资料来源：苏雪云，张福娟，2002。有适当改编。

1. 临床表现

根据处理人际关系的情况，即能否与他人建立亲密关系，分为社会化型和社会化不足型，每种类型又根据是否具有攻击性分为攻击型与非攻击型。

（1）社会化不足攻击型。性情孤僻、冷酷无情、自私自利、侵犯别人、言行粗鲁、违法乱纪、为所欲为、不听管教，将来可发展成反社会人格。

（2）社会化不足非攻击型。孤独内向、害羞、胆怯；虽然说谎，但是为了保护自己；逃学，但不惹是生非；偷窃多是在家小偷小摸。经心理治疗和耐心教育能改变其不良行为。

（3）社会化攻击型。拉帮结伙、讲哥们义气，但对局外人则冷酷无情；酗酒、赌博、打架、偷窃、抢劫、强奸、行凶等；常堕入流氓团伙，落入法网。

（4）社会化非攻击型。能够与人建立亲密关系，但不拉帮结伙，而是自行其是；蔑视权威和纪律，说谎、逃学、离家出走、酗酒等。经耐心教育，不少患儿能够改过。治疗和预防重在加强教育，施行心理治疗和行为治疗。

2. 病因

儿童品行障碍与遗传因素、躯体发育因素、家庭教育、社会环境等因素有关。主要因素如下：

（1）遗传和生物学因素。收养子和双生子的研究表明，人群中大约 50% 的反社会行为可归因于遗传影响，另外攻击行为也具有遗传倾向。男孩品行问题较为多见。脑电研究显示有品行问题的儿童大脑对奖赏表现出强烈敏感性，但对惩罚反应较少或缺乏反应。另外，出生综合征、闭合性颅脑损伤等先天发育问题，以及睾酮调节水平异常、低言语智商、言语推理缺陷和执行功能缺陷、前额叶结构性和功能性缺陷、脑肿瘤等，均可能导致攻击性行为增加。

（2）家庭和社会因素。研究者发现，儿童品行问题与两类家庭紊乱有关，一类是一般家庭紊乱（General Family Disturbance），包括父母的精神障碍、反社会行为的家族史、父母婚姻失调、家庭动荡、资源限制以及反社会的家庭价值观；另一类是养育实践（Parenting Practice）和家庭功能（Family Function）的特殊家庭紊乱（Specific Family Disturbance），诸如过度使用体罚、缺乏监督、缺少情感支持和联系以及父母在教养上的不一致性等。

另外，不良的社会环境，如不良的社会风气、不良的校风、坏人的教唆引诱等也是儿童品行障碍的影响因素。

（3）个人因素。研究证实儿童低自尊、反社会的价值观、个人不良经历、不良的社交技能、学校适应困难、学业成绩不良、物质滥用（如吸毒、酗酒）、有高风险性行为（如过早性行为、多个性伴侣、无保护性行为等）等均为其发生品行障碍的危险因素。

3. 诊断标准

DSM-V（APA，2013）对品行障碍的诊断标准及临床亚型分类如下。

（1）侵犯他人的基本权利，或违反与年龄匹配的主要社会规范或规则的、反复的、持续的行为模式，在过去的 12 个月内，表现为下列任意类别的 15 项标准中的至少 3 项，且在过去的 6 个月内存在下列标准中的至少 1 项：

①攻击人和动物（共计 7 项）：a. 经常欺负、威胁或恐吓他人；b. 经常挑起打架；c. 曾对他人使用可能引起严重躯体伤害的武器（例如，棍棒、砖块、破瓶子、刀、枪）；d. 曾残忍地伤害他人；e. 曾残忍地伤害动物；f. 曾当着受害者的面夺取（例如，抢劫、抢包、敲诈、持械抢劫）；g. 曾强迫他人与自己发生性行为。

②破坏财产（共计 2 项）：a. 曾故意纵火，蓄意造成严重的损失；b. 曾蓄意破坏他人财产（不包括纵火）。

③欺诈或盗窃（共计 3 项）：a. 曾破门闯入他人的房屋、建筑或汽车；b. 经常说谎以获得物品或好处或规避责任（即"哄骗"他人）；c. 曾盗窃值钱的物品，但没有当着受害者的面（例如，入店行窃但没有破门而入；伪造）。

④严重违反规则（共计 3 项）：a. 尽管父母禁止，仍经常夜不归宿，在 13 岁之前开始；b. 生活在父母或父母的代理人家里时，曾至少 2 次离开家在外过夜，或曾 1 次长时间不回家；c. 在 13 岁之前开始经常逃学。

（2）此行为障碍在社交、学业或职业功能方面引起有临床意义的损害。

（3）如果个体的年龄为 18 岁或以上，则需不符合反社会型人格障碍的诊断标准。

根据症状发生年龄，DSM－V（APA，2013）将品行障碍分为 3 种类型：

①儿童期发生型：指在 10 岁以前，个体至少表现出品行障碍的 1 种特征性症状。

②青少年期发生型：指在 10 岁以前，个体没有表现出品行障碍的特征性症状。

③未特定发生型：指符合品行障碍的诊断标准，但是没有足够的可获得的信息来确定首次症状发作在 10 岁之前还是之后。

根据症状的严重程度，DSM－V 将品行障碍分为轻度、中度、重度 3 种级别：

①轻度：指对诊断所需的行为问题超出较少，且行为问题对他人造成较轻的伤害（例如，说谎、逃学、未经许可天黑后在外逗留，其他违规）。

②中度：指行为问题的数量和对他人的影响处在特定的"轻度"和"重度"之间（例如，没有面对受害者的偷窃、破坏）。

③重度：指存在许多超出诊断所需的行为问题，或行为问题对他人造成相当大的伤害（例如，强迫的性行为、躯体虐待、使用武器、强取豪夺、破门而入）。

4. 常用干预方法

（1）心理治疗。品行障碍当前一般采用长期干预而不是短期急性干预模式。每隔 6~12 个月定期进行 5~10 次短期心理治疗，最长可达 5~10 年。有效的治疗方案应包括下列因素：①心理教育；②以反社会行为和平时行为为监测目标；③以奖赏和中止为重点的父母或监护人行为训练；④以家庭为基础建立家人沟通和解决问题的训练和家庭治疗；

⑤家庭-学校联系和补习；⑥儿童解决社交问题的技术训练；⑦父母个人或婚姻问题的咨询；⑧处理家庭解体所带来的收养-照料安置问题；⑨不同专业和机构间的协调与合作。

（2）家庭干预。对于长期存在的品行问题，可能需要多系统的干预方案，其核心内容包括家庭沟通和解决问题的技能训练。父母或监护人需要一个解决问题的框架，使他们理解孩子的问题和交互作用模式。在所有方案中，监测目标行为的训练也是必要的。在此基础上给父母或监护人提供以正强化（及时奖励强化）为主、消退（弱性处罚）为辅的行为管理技能训练。同时父母及儿童本人的心理支持和治疗也非常重要。

本章要点

1. 社会变革的不断加剧和社会压力的不断增长使得儿童罹患各类心理障碍的情况日趋严重，儿童受到各种情绪和行为困扰，严重影响其生活质量和健康成长。
2. 儿童常见的心理障碍主要包括情绪障碍、发展性障碍和其他障碍类型。
3. 儿童各类常见心理诊断标准主要参考国际广泛通用的美国精神医学学会编著的《精神障碍诊断与统计手册》系列版本（DSM系列）和世界卫生组织制定的《国际疾病分类》系列版本（ICD系列）。
4. 儿童情绪障碍是发生在儿童期，以焦虑、恐惧、抑郁等情绪障碍或躯体功能障碍为主要临床表现的一组疾病，过去多称为儿童神经症。儿童常见情绪障碍包括儿童依恋障碍、儿童焦虑障碍与分离性焦虑、儿童恐惧症、儿童强迫症及儿童抑郁症等，主要病因包括：遗传因素、亲子依恋关系、环境因素等。环境因素又主要包括家庭环境及社会环境等。
5. 儿童发展性障碍指在发育期间因为生理或心理原因而导致的显著、长期的发展迟缓，并导致功能上具有实质性限制的儿童障碍类型。常见类型有智力障碍、儿童孤独症谱系障碍、儿童注意缺陷/多动障碍等。主要病因包括：遗传因素、生物学因素、心理社会因素等。
6. 儿童学习障碍和儿童品行障碍是儿童常见的其他障碍类型。
7. 儿童心理障碍的常用干预方法要注重综合性、系统性，一般包括心理治疗、家庭教育及训练、行为治疗、药物治疗等。

拓展阅读

马什，沃尔夫. (2009). *异常儿童心理*(第3版，徐浙宁，苏雪云译). 上海：上海人民出版社.
刘新民（主编）. (2005). *变态心理学*. 北京：中国医药科技出版社.
张伯源（主编）. (2005). *变态心理学*. 北京：北京大学出版社.
费尔德曼. (2015). *儿童发展心理学*(原书第6版，苏彦捷等译). 北京：机械工业出版社.
美国精神医学学会. (2015). *精神障碍诊断与统计手册*(第5版，张道龙等译). 北京：北京大学出版社.

世界卫生组织（编著）. (2008). 疾病和有关健康问题的国际统计分类（第三卷第十次修订本，董景五主译）. 北京：人民卫生出版社.

思考与实践

1. 请结合相关资料比较当前国内外儿童心理障碍的流行病学现状和干预现状，并结合专业知识和社会背景分析其原因，提出你的看法和建议。

2. 试以某一常见的儿童心理障碍为例，向小组同学介绍该障碍的流行病学资料、病因和临床表现，并结合所学理论和技能在小组内共同研讨和制定心理干预方案。

3. 相关调查显示，全球范围内儿童孤独症谱系障碍、注意缺陷/多动障碍、抑郁症等患病率均在显著增加，你对于这一调查结论看法如何？请结合相关文献或数据资料论证你的看法及阐述其中的原因。

4. 以小组或班级为单位，设计调查问卷或访谈提纲，调研本地或家乡的儿童心理门诊或特殊儿童干预/教育机构，了解当前儿童心理障碍的常用干预方法，并尝试评价其干预效果的优点及不足。

第十二章
儿童心理危机与干预

突如其来的重大危机事件，特别是亲历或目睹生命受到极大威胁或伤害时，往往会让个体产生无法抵御、失去控制的感觉，当经验和资源又无法帮助他应对该事件时，个体就极有可能会出现创伤后应激反应。这种创伤可能发生在任何年龄阶段，包括儿童早期和青少年期。

由于知识和经验不足，儿童容易过分评估事件带来的不良后果，如果没有得到及时有效的辅导或干预，其正常的学习和生活就会受到影响，便会表现出情绪和行为问题，比如变得孤独、抑郁、多疑等。如果儿童反复遭遇无法应对的心理危机，可能会出现精神卫生问题，比如社会适应不良、心境障碍、药物滥用、暴力行为、人格异常、自杀等（Udwin et al.，2000）。这会严重影响儿童未来人格的正常发展和积极人格的形成。因此，识别儿童的心理危机并对其进行及时干预非常重要。

第一节 儿童心理危机概述

一、儿童心理危机的概念

心理危机的研究最早源自林德曼（Lindemann）1943年对波士顿"椰子林"火灾难民及死者家属的适应研究，系统研究则始于美国心理学家卡普兰（Caplan）的研究。卡普兰于1961年首次提出了心理危机的概念与理论，他认为心理危机是当一个人面临突然或重大的生活困难情境（Problematic Situation）时，他先前处理问题的方式及其惯常的支持系统不足以使他应对眼前的处境，即他必须面对的困难处境超过了他的应对能力时，个体就会产生暂时的心理困扰（Psychological Distress），这种暂时的心理失调状态就是心理危机。

随后研究者提出了众多不同的心理危机概念。如卡奈尔（Kanel）认为，不管哪种方式的定义，心理危机都包括三个基本部分：(1) 危机事件的发生；(2) 对危机事件的感知导致当事人的主观痛苦；(3) 惯常的应付方式失败，导致当事人的心理、情感和行为等方面的功能水平较突发事件发生前降低。这个定义比较全面而准确地概括了心理危机的过程与实质，因而得到了许多学者和临床工作者的认同。

20世纪90年代我国研究者开始关注心理危机。史占彪和张建新（2003）认为心理危机是指个体或群体无法用现有的资源和惯常应对机制处理事件的遭遇。边玉芳等（2010）提出青少年心理危机的概念为：青少年在其学习和生活中由于生理、心理、社会各方面的原因，青少年自身已有资源和应激机制无法承受这些危机事件对其心理的冲击，从而使内心的平衡被打破并由此产生的痛苦体验。

综上所述，我们认为儿童心理危机可以指当儿童面对的困难情境超过其应对能力和可用资源，而其又无法回避当前困难情境时所产生的暂时性心理失调状态。

二、儿童心理危机的特征

詹姆斯和吉利兰（James & Gilliland，2013/2017）将心理危机的特征概述为：危险与机会并存、成长与变化的机缘、没有灵丹妙药、选择的必要性、普遍性与特殊性、复原力、认知、复杂的症状。我们结合儿童自身心理特征，对儿童心理危机的特征进行了梳理，归纳为以下几个方面：

（一）危险与机会并存

胡泽卿、邢学毅（2000）认为，心理危机是一把双刃剑，既可引起焦虑、悲伤、愤懑等不良情绪，又可使人更加成熟。危机可理解为"危险"与"机会"，可能会让儿童陷入危险情境，比如大量研究表明有童年期被虐待或被忽视经历的个体，如果没有得到及时干预，可能会在未来几十年内不断重现伤害并出现身心疾病。

但是危机也是个体成长与变化的机缘。危机可能促使个体寻求帮助，在他人的帮助下渡过危机，变得更加强大和更富有同情心。比如索马里黑人模特华莉丝·迪里4岁被强奸，5岁受割礼，13岁时被迫嫁给六十岁的老头，她赤脚逃婚到达伦敦，在好心人的收留和著名摄影师的帮助下，成为世界顶级名模。随后其投身到非洲反割礼运动中，她根据自身经历撰写了《沙漠之花》，到处奔走演讲，被联合国前秘书长安南任命为联合国反割礼大使，在她的帮助下，非洲有28个国家陆续废除残害幼女身心的割礼陋习，无数女性得到了拯救。

（二）普遍性与特殊性

危机的普遍性表现在危机总是伴随着失衡和解体，危机中的每个人都会崩溃（Janosik，1984），包括儿童在内的所有人都不能完全避免危机，而且在特定事态的特定组合中，危机必然会发生。

危机的特殊性表现在即使相同的危机情境下，每个人出现的危机反应症状、反应强度、应对危机的方式不同，危机反应持续时间和危机应对的结果也会不同。研究发现，经历突发创伤的儿童，对创伤事件的回忆详尽而深刻，儿童可能重演创伤困境，出现对事件沉思回顾、感知错误和时间记忆错误等反应；长期经历反复性创伤体验如躯体虐待和性虐待的儿童，会避免谈及自己，对疼痛和性变得麻木，对痛苦只字不提，出现对攻击者认同或将攻击转向自己等行为（Terr，1983）。

（三）复杂性

心理危机往往是复杂的，且不遵循因果关系规律（Brammer，1985）。危机的成因是复杂的，往往与个体的认知有关，比如个体如何评价突发的事件、如何看待危机干预人员的作用，会重构和冲淡对事件的灾难化解释，这与解决危机的速度和程度密切相关。危机还往往跟个体所处环境息息相关。家庭、邻里、社区等都可能会直接影响到儿童心理危机的解决。心理创伤往往是与言语难以描述的恐怖经历联系在一起的，儿童语言表达能力尚不成熟，经历创伤的儿童就更加难以用准确的语言形容它，这就使得儿童心理危机的处理更加复杂。

（四）复原力

美国心理学会将复原力定义为个体在面对逆境、威胁、创伤等重大压力时表现出来的良好适应与反弹能力。流行病学研究显示，美国普通人群的创伤后应激障碍的发病率约为8%（American Psychiatric Association，2000），诺里斯（Norris）等人研究发现，经历创伤事件后，创伤后应激障碍的平均发病率约为20%（引自 James & Gilliland，2013/2017），儿童中创伤后应激障碍的终生患病率约为6%（Giaconia et al.，1995）。由此可见，每个人都有复原力，儿童危机干预的关键就是要启动儿童自身所储备的复原力。

三、儿童心理危机的反应

（一）一般应激反应

像成人一样，儿童在面对突发性、危险性事件时也会感到痛苦，同时会产生一系列表现在生理、情绪、认知、行为活动方面的身心应激反应。儿童的应激反应特征不同于成人，且不同年龄阶段的儿童在心理危机反应上稍有不同，张英萍等（2015）对不同年龄段儿童的危机反应进行了总结，具体见表12-1（经适当改编）。

表12-1 不同年龄段儿童的心理危机反应

年龄段	心理危机反应
学龄前儿童（1~5岁）	生理：吸吮手指、尿床、大小便失禁或便秘等 情绪：怕黑、畏惧夜晚 行为：说话困难（如口吃）、食欲减退、黏住父母
学龄初期儿童（5~10岁）	生理：做噩梦、睡眠失调、食欲不振、不明原因的头痛或排泄等问题 情绪：怕黑、畏惧夜晚、易怒、哭诉 行为：逃避上学、学习不能专心、在家或学校出现攻击行为、同伴交往退缩、黏人
青春前期儿童（11~14岁）	生理：睡眠失调、食欲不振、不明原因的头痛或排泄问题等 情绪：烦躁、紧绷 行为：与父母冲突、学校问题（攻击行为、退缩或失去兴趣）、同伴交往退缩

此外，不同性别的儿童产生的心理危机反应也有所不同，比如青春前期男童容易做出顶撞、暴力、逃学、离家出走等行为；青春前期女童容易出现食欲不振、头痛等生理反应，严重的会出现厌世、自杀想法等。

（二）儿童创伤后应激障碍

一般来说，儿童面对危机出现应激反应是一种很自然的自我保护方式。亚诺希克（Janosik，1984）发现这些危机反应一般持续6周后，当事人的主观不适感就会趋于消失。但时间并不一定能抚平一切创伤。如果危机持续发生，危机个体没有得到及时疏导，就容易出现应激障碍，比如急性应激障碍、适应障碍、急性应激性精神病、创伤后应激障碍等，其中创伤后应激障碍因其后果严重而引起了社会广泛关注，这类患者的自杀率是普通健康群体的6倍。

创伤后应激障碍首次出现于1980年美国精神医学学会的《精神障碍诊断与统计手册》（第3版）（DSM-Ⅲ）中，是指一种创伤后出现的心理失衡状态。《中国精神障碍分类与诊断标准》（第3版）（*Classification and Diagnostic Criteria of Mental Disorders in China*，Third Edition，CCMD-3）对PTSD有明确的诊断标准，PTSD主要有重新体验症状、回避症状和警觉性增高三大症状，但是儿童的PTSD临床表现与成人的并不完全相同，具体如下：

1. 反复重现创伤性的体验

像成人一样，儿童亲历或目睹灾难后也会反复体验事件发生的过程，但是往往是在比较放松的状态下重现灾难性体验或实现宣泄（毛颖梅，2009），比如通过反复的游戏或者噩梦再次体验创伤，这个过程中儿童并没有感觉到自己是在重温灾难体验（American Psychiatric Association，2000），而成人往往是在突然或者紧张状态下重现灾难性经验。

儿童很少像成人一样会反复出现视觉"闪回"（Flashback），而是在绘画、故事和游戏中反复重现创伤性体验。比如目睹"9·11"事件的儿童会在游戏中重复恐怖袭击场景。有些年龄稍大的儿童重演可能表现为一些犯罪行为，比如逃学、吸毒以及非法获取枪支等（Newman，1976）。

2. 回避与创伤事件有关的活动

PTSD儿童可能表现出一些回避症状，比如分离焦虑、黏人、不愿意离开（李成齐，2006），也有儿童会产生一系列的退缩症状，比如可能会觉得自己永远也长不大。也有的儿童会表现为无视痛苦，不表达情感，缺乏同情心，绝对回避心理上的亲近。

3. 持续的警觉性增高

年龄较大儿童常伴有神经兴奋、对细小的事情过分敏感、注意力集中困难、失眠或易惊醒、激惹性增高、焦虑、抑郁、自杀倾向等表现，也可发生人格改变。

4. 身体反应

年幼PTSD儿童可能会出现退行行为，比如之前学会的上厕所技能现在不会了，需要重学（Bloch et al.，1956）。皮努斯（Pynoos）认为PTSD儿童会出现睡眠紊乱和严重的惊跳反应，使其在校出现学习和社交问题（引自James & Gilliland，2013/2017）。

凯瑟琳（Catherien，2004）认为不同年龄阶段的儿童，其PTSD的反应也有所不同，但是每个成长阶段的儿童都存在一些典型反应（见表12-2）（引自李成齐，2006，经适当改编）。

表 12-2　不同年龄段儿童创伤后应激障碍反应

年龄段	创伤后应激障碍反应
学龄前儿童（0~6岁）	生理：睡眠失调、发展退化 情绪：急躁、畏惧夜晚 行为：呆滞、黏人、发展退化
学龄儿童（6~12岁）	生理：注意力下降、胃痛、头痛、过敏、气喘等 情绪：害怕睡觉 行为：拒绝上学、在家或学校出现攻击行为、同伴交往退缩、黏人、拒绝上学
青少年期（12~18岁）	生理：胃肠障碍（如溃疡、痉挛）、慢性疼痛（如头痛、心痛）、身体麻木或刺痛等 情绪：焦虑、抑郁、自杀念头、丧失现实感 行为：自我伤害行为、问题行为、分离症状、物质滥用

由于儿童的个性特征、自身的经历、父母的危机应对方式以及创伤性事件发生时儿童所处发展阶段的不同，儿童的具体创伤性反应有所不同，比如有的儿童变得具有攻击性或者鲁莽，这些明显的不良反应比较容易识别，但是也可能会被简单地理解为有暴力倾向或缺乏管教。也有的儿童会压抑，不说出自己的不安，以免父母焦虑不安，这些儿童可能要在危机事件发生一段时间后才出现问题行为，这往往容易让家长忽略孩子的不良反应与创伤性生活事件之间的联系。因此，了解儿童 PTSD 的特点和特殊性，能帮助我们觉察到儿童行为的变化，有利于有针对性地开展心理危机干预工作。

第二节　儿童心理危机干预概述

虽然大部分危机当事人的主观不适感会在 6 周后趋于消失，但是特尔（Terr，1983）的研究显示，儿童对创伤处理的灵活度和适应度没有成人好，儿童并不会随着长大而淡忘创伤事件，他们也不会因创伤经历而变得坚强，反而会通过严格限制自己的生活空间来控制周围的环境。斯塔拉德等（Stallard et al.，2010）的研究发现，如果儿童长期处在危机焦虑中或暴露在多重创伤中，他们的自我复原会受到严重影响。因此，对危机儿童给予及时的、适当的、有效的干预很有必要。

一、心理危机干预的概念

危机干预（Crisis Intervention）又称为危机介入或危机管理，林德曼和卡普兰认为危机干预是化解危机并告知被干预者如何应用较好的方法处理未来应激事件的过程。

《心理学大辞典》将危机干预描述为对处在心理危机状态下的个体、家庭及群体提供明确有效的干预措施，包括提供情感支持、指导学习新的认知方法和应付方法，以有效处理危机事件，使个体、家庭及群体最终战胜危机与困难，重建人际关系，个体人格得以完善，适应能力得以提高，能更好地适应社会生活。

整体来说，危机干预有广义和狭义之分。广义的危机干预包括心理危机前的预防、危机爆发阶段的反应性处理和危机恢复的随访。狭义的危机干预是指心理危机爆发后，危机干预者对危机当事人进行的短暂心理治疗，以消除或缓解危机对象当前的症状，不涉及人格矫治等深层次干预治疗。本章从狭义的角度界定儿童心理危机干预概念，即指危机干预者对处于心理危机状态下的儿童给予及时、适当的心理援助，使其症状得到缓解，心理功能恢复到危机前水平，习得有效的危机应对技能，以防未来类似心理危机的发生。

二、儿童心理危机干预的任务

长期在美国从事危机干预实践及教学培训工作的詹姆斯和吉利兰于 1987 年提出了危机干预线性模型——六步模型，随后他们发现实践中很难采用渐进的线性危机干预计划，在结合了迈尔和詹姆斯（Myer & James）等人提出的危机干预系统模式后，他们于 2013 年提出了一个混合干预模式（James & Gilliland，2013/2017）。该模式既有渐进的线性计划，又可被视为一系列的待实现任务。该模式便于理解，易于操作。

（一）倾向性：初次接触

倾向性是为某件事所做的最初和最重要准备。在危机干预中，有倾向性的儿童愿意接受危机干预者的帮助，但是在危机情境下，大多数儿童失去了控制，他们仅能模糊地感受到危机干预者的存在，不一定期望危机干预者给予帮助。那么危机干预者在与危机儿童的初次接触时，向危机儿童重复自己的身份，表明目的，告知儿童接下来会发生什么尤为重要。

危机干预者在与危机儿童首次接触时进行的自我介绍要让儿童感到没有威胁、有所帮助并在尝试帮助他解决问题，比如"我叫×××，是×××工作人员。我不知道你的名字，你可以告诉我吗？"注意先介绍自己的全名，而不是头衔和单位名称，让儿童知道危机干预者可以是盟友和支持资源。

接下来要让危机儿童了解下一步可能发生的事情，比如："现在我想仔细听听是怎么回事，我可能会问你一些问题。我也会花一些时间来听你说，可能有时候我会总结一下你说的话，这样我才能确保完全了解你说的话。我在想我们可不可以离开这个不安全的地方，到那边慢慢聊呢？"然后通过开放式提问等进行简短的交流，鼓励危机儿童讲述他的遭遇，促使危机儿童适当宣泄。

（二）问题探索：确定危机

干预的主要工作之一就是要从儿童的角度理解其所面临的是什么问题，否则危机干预者接下来所采取的干预策略可能都无效，干预程序可能出现问题。危机干预者可适时适度地采用共情、尊重、真诚、倾听、积极关注等沟通技术，获得儿童的信任，了解儿童的心理危机是什么。

当然，确定危机并不意味着要完全挖掘儿童的各种心理因素和既往经历，而是要聚焦于危机事件，要探究导致危机的触发因素和可能导致危机恶化的因素。在这一过程中发现的其他问题应该在危机解决后再进一步讨论处理。

（三）提供支持

处在危机情境中的儿童很难轻易相信危机干预者是可以信任的人，也不一定会感到自己是被看重、珍视和关心的。那么，危机干预者可以通过提供物质支持、社会支持、心理支持来让儿童切实感受到"这里有一个人真的很关心你"。

对缺乏食物、衣物或居住场所的儿童，需要为其提供满足这些需求的资源。

处在危机中的儿童主要支持系统往往是缺失的，比如发生危机事件时，其父母没有在身边，那么危机状况下就无法提供支持。为此，危机干预者必须激活危机儿童的主要支持系统，向危机儿童提供必要的信息，比如告知其父母目前的状况等。

此外，无论危机儿童表现出何种态度，危机干预者都要向儿童表达自己是一个可靠的支持人员，比如告知儿童"我就在这儿陪你"；对情绪休克儿童（儿童出现不言不语、视而不见、对人漠不关心等反应），应鼓励其宣泄，让他们尽量哭出来或说出来，并给予安慰与引导等。通过言语和非言语信息向儿童证明，自己是在以关心、无条件接受的积极态度帮助他们解决危机。

以上这三个任务需要危机干预者进行大量的倾听，但是并不是说危机干预者只需要被动地倾听而不采取任何行动。生命高于一切，在儿童存在安全问题的时候，危机干预者必须采取一些行动，保证儿童安全。

确保安全始终是整个干预过程中默认的首要任务，也就是说危机干预工作者要将安全问题作为危机干预工作的出发点。这里包括儿童自身的安全、与儿童有可能互动的人员的安全和危机干预者自身的安全。

对处在危机情境下，基本生理需求没有得到满足的儿童，需提供食物和临时住所。对处在精神病发作期、有自杀意图或其他危机情境中的儿童，要奉行保密例外原则，启动危机事件紧急预案，联系儿童监护人，寻求医疗、救援方面的帮助，及时进行转介，让儿童尽快得到专业的诊断与治疗。在转介前要严密监控，让儿童脱离高危情境，如高楼层，拿走剪刀、绳子等一切可以用来自伤或伤人的工具，选择一个安全的地点进行危机干预。

此外，还要让儿童获得心理安全，即让儿童感知到自己是安全的。因为危机情境容易导致儿童过度警觉，将安全的环境也感知为危险环境，对此，危机干预者必须取得儿童的信任，可以向危机儿童做一些安全保证，比如"你现在跟我在一起坐在这个房间里，你很安全"，给予幼小儿童拥抱等。

（四）寻找应对方案

面对创伤性事件，儿童受到惊吓，已有的知识与经验又有限，往往导致其不能充分分析他自身的资源和他所拥有的外在资源。为此，危机干预者可以从三个角度来帮助危机儿童寻找可供选择的应对方案：

第一，寻找社会支持。引导儿童探寻过去和现在所认识的人中，哪些人可能会关心他到底发生了什么。

第二，探寻应对机制。儿童可能会采取哪些行为、举动或使用哪些环境资源来摆脱当前危机困境。

第三，探索积极的、建设性的思维方式。引导儿童重新思考或审视危机情境及其问题，这或许会改变他对问题的看法，还能减缓他的压力和焦虑水平。

通过讨论来扩充儿童视野，缓解其焦虑水平，帮助其树立面对创伤事件的信心。需要注意，寻找应对方案必须集中在"此时此刻"需要解决的问题，危机干预者必须要在短时间内思如泉涌并采取行动。

（五）制订计划，重新建立自我控制感

危机干预工作者要制订能帮助儿童恢复平衡和稳定状态的行动步骤与计划。制订的行动计划是以分钟、小时或者天数计，而不是以周、月、年来计算，而且应该是切实可行的。因此，首先要确定能够立即提供帮助的其他人、团体和其他转介资源等；其次，这个计划是儿童能够理解、掌握的，而且是儿童当下能够使用的、具体的、积极的办法。

由于儿童的知识经验与资源有限，危机干预者可以为其提供心理教育，即帮助儿童了解危机发生后自己的心理状态正在发生什么样的变化，以及即将会发生什么变化，让他们对自己的情感、行为和认知有一定的预期，并告诉他们能够使用何种策略来减轻这些症状，这对儿童重新控制自己的生活非常重要。比如，儿童缺乏足够的知识和心理资源来应对欺凌，危机干预者就必须为受欺凌儿童提供非常具有指导性的应对欺凌的策略，告诉儿童需要做什么，以及在做的过程中如何在心理上照顾自己，等等。

很多时候，危机干预中的应对方案并不一定是儿童喜欢的，那么可以重新以共同讨论与合作的形式设定应对方案，这可以让危机儿童重新获得控制力和自主性，否则会让儿童感觉自己的自尊、权利被剥夺，自己的控制力和自主性受到限制，那么儿童在执行计划时可能就会不主动、不配合，危机干预的效果就会受到影响。

（六）获得承诺

上一任务完成得比较好，这一任务就会较为顺利。通常情况下，这一阶段任务就是要求儿童复述一下一定会采取一个或若干个具体、积极、有意设计的行动步骤，获得儿童直接、恰当的承诺保证。危机干预者可以说："我希望你能总结一下我们讨论的计划，当你难以控制愤怒的时候，你该怎么做。"这有利于危机干预者检查、核实儿童对行动计划的理解程度，也利于强化儿童的承诺，促使儿童按计划去行动。

如果儿童对行动计划理解不够或有误，那么危机干预者可以做进一步的澄清。如果儿童对实施计划的承诺表示出任何一点犹豫，危机干预者都必须进行反思，因为一个强加的承诺是不会起作用的。

（七）随访

危机干预者在实施了危机干预后应进行即时和短期的随访，以确保计划正在进行，危机儿童和其他相关人员是安全的，并了解危机儿童是否恢复到危机前的平衡状态。对缺乏其他社会支持系统的儿童而言，危机干预专业人员的坚持随访尤其重要，因为随访会让其感受到危机干预者仍然在陪伴着他。

在实际危机干预工作中，并不一定严格根据以上七个任务来执行，因为儿童的危机状态本身就是一个动态发展的过程，如果在某一任务阶段又出现了新的问题，就必须再次回到该任务阶段，继续进行干预。

第三节　儿童心理危机的评估

相同的危机情境，会因儿童人格特征、生活经历及应对方法等的不同，而导致危机反

应的严重程度、持续时间等不同，因此，从危机爆发到危机解决，评估工作必须贯穿危机干预的整个过程。

一、儿童心理危机评估的内容

一般认为评估应该尽量全面，但是危机干预中的评估往往是在事情极为紧迫的情况下完成的，因此，大多数情况下，评估是在系列的提问与倾听过程中完成的。

在危机干预的最开始就要进行危机严重程度评估，以确保儿童安全。在危机干预过程中也需不断对儿童的状态、支持系统、应对机制及干预方案进行评估，以更好地为危机儿童提供相应的、适度的心理援助。

（一）危机的严重程度评估

我们知道，儿童在面临危机时会出现身心应激反应，因此，对危机严重程度的评估可以从情绪、行为、认知三个方面展开，但是为了强调安全，我们特意将自杀风险的评估也纳入进来。

1. 情绪状态

儿童陷入危机状态的第一表征是情绪的异常或情感遭到破坏，可以表现为愤怒而对自己失去控制、过于忧郁而不愿意见人、过于焦虑而自主神经功能紊乱。因此，在危机评估中需要识别危机儿童目前的情绪类别：是焦虑、抑郁还是愤怒，儿童能不能控制这些情绪？儿童是如何表达这些情绪的？干预者还需要从儿童的情感反应判断他对危机的态度：是回避、否认还是积极解决？儿童的情绪反应是不是符合逻辑？其系列情绪反应的一致性状况如何？

如果儿童情绪与情境明显不符，消极情绪变动很明显，且儿童对其情绪失去了控制，那么这类儿童必须重点关注。

2. 行为功能

危机干预者需要注意观察儿童的行为功能，比如：是否主动做了什么？以前遇到类似事情，儿童做了些什么？现在的情况下，儿童觉得必须做什么？现在有没有什么人是儿童能够立即联系到并且可以在这场危机中给予儿童支持的？以此来了解儿童的主观能动性和自控能力。只有了解了儿童的目前行为状态如何，危机干预者才能考虑设置何种行动方案让儿童行动起来，以帮助危机儿童找回控制力，指导危机儿童做一些具体的事情，让儿童恢复一定的能动性，即做一些自主改变或者恢复应对的状态，之后其他的工作才能有条不紊地进行下去。

如果儿童行为反应超过了危机情境本身，比如失眠、异常安静或人际退缩、有攻击性行为、躯体不适等，那么这类儿童必须予以重点关注。

3. 认知状态

危机干预者对危机儿童的思维方式的评估，主要包括以下几个重要方面：（1）要考察儿童对危机的认识，其真实性和合理性如何；儿童在多大程度上进行了合理化、夸大的解释。（2）考察儿童这些夸大或合理化的解释是否会导致危机恶化，危机儿童是否过于注意危机事件而出现记忆力、识别能力下降。（3）考察危机儿童对危机进行思考已有多长时间了，儿童改变危机处境的想法有多少。危机干预者需弄清楚这些问题，找出危机儿童的不合理或者模糊的想法，帮助儿童建立更加积极的、现实的思维方式以面对危机。

如果儿童有较为严重的混乱感，对危机事件的解释严重与现实不符，那么这类儿童必须重点关注。

4. 自杀风险

不是所有的危机都会让当事人有自杀念头或实施自杀。但是危机干预者在干预工作中必须把生命安全放在第一位，必须考虑当事人自杀的可能性。所以尽管在对认知、情感、行为进行评估的时候包含了自杀风险的评估，但我们依然将自杀风险列出来，以强调自杀风险评估工作的重要性。

对有自杀意念的儿童，可以采用黄蘅玉（2013）介绍的4P模式进行自杀风险评估。所谓4P是指Pain（痛苦）、Plan（计划）、Previous History（既往史）、Pluses（附加情况）。

（1）痛苦。危机干预者要弄明白：儿童的痛苦有多大？儿童对这种痛苦的容忍度怎么样？这种痛苦持续了多久？儿童以前有没有经受过同类型的痛苦？如果有，儿童是如何应对的？用0~10分来让儿童对自己的痛苦程度进行评分，1分代表一点痛苦，10分代表极其痛苦，如果儿童将自己的痛苦程度定在了5分以下，其自杀风险较低；如果定在7分以上，代表需要更多关注。也可以用0~10分来让儿童对自己的忍受程度进行评分，1分代表可以忍受一点，10分代表完全无法容忍，痛苦容忍度越高，表明儿童就越难以承受痛苦，自杀的倾向性就越高。如果儿童因时间的延续，痛苦越来越深，就需要更加注意。

（2）计划。如果儿童已经表明自己想自杀，那么危机干预者必须直接明确地询问儿童有关自杀计划的详情，比如：是否有明确的时间、地点、方式、手段？是即刻致命的吗？实施自杀是否迫在眉睫？计划是评估危险度高低的要素，计划中自杀的地点和方式直接影响了自杀风险度的高低。如果儿童已经明确表示活不下去，想立即采取行动自杀，而且已经在实施自杀计划，那么危机干预者必须即刻干预，制止自杀行为。

（3）既往史。干预者要询问儿童是否有过自杀行为，如果有过自杀行为，说明其自杀意念已经持续一段时间了，他再次采取自杀来结束痛苦的可能性较高。除此之外，还需了解儿童是否有过失去亲友的痛苦，情感是否受挫，是否有家庭成员或朋友曾自杀身亡，有没有抑郁或其他精神类疾病。如果儿童丧亲或者情感受挫，情绪很极端，控制能力下降，自杀风险就会增加。此外，亲友自杀事件可能会强化儿童选择自杀来解决问题的动机。

（4）附加情况。干预者要探寻儿童内心是否有让他活下去的理由，挖掘他内心深处的深层愿望，这样能将其自杀风险降低。比如一个女孩企图服用药物自杀，在及时发现后被送往医院。如果单凭"你要想想你爸爸妈妈，你死了，他们多痛苦"等好心劝解，很可能无法消除其自杀想法，如果聆听她的痛苦，耐心倾听她对社会网络的描述，有利于她的情绪慢慢转向积极方向，挖掘出其内心被忽略的希望和梦想。

（二）危机干预过程中的评估

能满足孩子需求、有胜任能力、情感稳定的家长在孩子遇到危机情境时与孩子保持紧密联系，能帮助儿童更好地应对高危情境。如果儿童有很多正向支持系统，那么危机对儿童的影响可能会减弱，儿童心理状态的恢复也可能会更快。因此，危机干预者还要对儿童的支持系统情况进行评估，比如哪些人可以在危机中给予儿童支持，他们在哪里，与儿童是什么关系，与儿童的接触频率怎么样，能否给儿童提供陪伴等。可以通过画儿童支持系统生态图来更好地了解和获取儿童支持系统的信息（见图 12-1）。

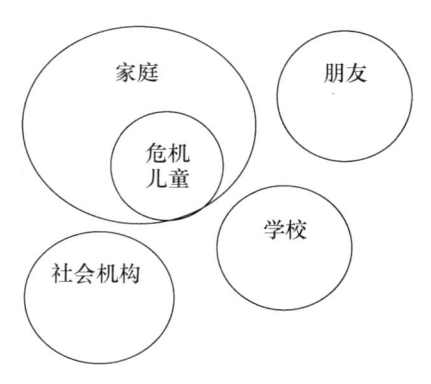

图 12-1　儿童支持系统生态图

说明：可在空白的圆圈里填上支持系统的人的名字或称谓，用不同的线条或符号标出关系，顺着线条加上箭头表示力量。

此外，危机干预者必须对危机儿童的特点、能动性状况、每种干预方案的优势、妨碍危机儿童克服心理危机的障碍等情况进行评估，以尽可能快地帮助危机儿童恢复到危机前的平衡状态、能动性和自主性。

二、儿童心理危机评估的常用工具

心理治疗中所采用的评估工具或诊断工具往往不适用于危机干预的评估，因为这些工具不仅耗时，还要求当事人必须在场且处于足够稳定的状态下方能完成。由于危机事件的可变性及急迫性，我们需要借助一些简单、具有良好信度和效度的评估工具来帮助完成危机评估工作。以下这些量表大多由危机干预者根据危机儿童的言语及非言语信息完成。

（一）分类评估表

分类评估表（Triage Assessment Form，TAF）（见附件 2）由迈尔等（Myer et al., 1992）设计，主要从情感、行为及认知状态来评估危机当事人的功能水平，有情感严重性量表、行为严重性量表和认知严重性量表三个分量表，每个分量表都实行 1～10 分的等级打分，1 分表示无障碍，10 分表示最严重。如果三个量表总分值为 3～12 分，意味着儿童具有能动性；13～23 分，意味着儿童具有部分能动性；24～30 分，意味着儿童丧失了能动性。TAF 已被证实是一个能够被快速掌握、有良好信效度的危机评估工具。

（二）事件冲击量表与儿童事件影响量表

事件冲击量表（Impact of Event Scale，IES）由霍罗威茨等（Horowitz et al., 1979）编制，测量人在经历灾难后的两种主要思维反应：闯入思维和回避思维。闯入思维是指受创伤个体不由自主地产生与灾难有关的影像、噩梦等；回避思维是指受创伤个体刻意地不去回想或谈论所经历的灾难以及所有与此灾难有关的事物。维斯和马尔马拉（Weiss & Marmar, 1997）结合 DSM-Ⅳ 创伤后应激障碍的诊断标准，加入了情绪唤醒分量表，形成了事件冲击量表修订版（Impact of Event Scale-Revised，IES-R）。

史密斯等（Smith et al.，2003）以 2 976 个在科索沃战争中饱受创伤的儿童为研究对象，对 IES 进行了修订，形成了儿童事件影响量表（Children's Revised Impact of Event Scale，CRIES）。汪智艳等（2010）对 CRIES 进行了翻译，并以经历汶川地震的 428 名 11～16 岁的儿童为施测对象，形成了中文版儿童事件影响量表（见附件 3），该量表是评估儿童 PTSD 症状的一种较好工具。汪智艳认为在对儿童创伤的诊断和评估研究上，未来还需要结合 PTSD 的诊断性访谈，以进一步确认 CRIES 的鉴别效度以及临床诊断划界。

事件冲击量表与儿童事件影响量表适用于有一定认知能力和表达能力的个体，对高年龄阶段的儿童适用，但不适用于年幼儿童。

第四节 儿童心理危机干预的实施

危机干预工作的重点是要在短时间内给予当事人心理援助和支持，除了了解儿童当下的需要，帮助儿童寻找社会系统支持资源之外，还要创造信任、真诚、安全、接纳的氛围。只有在这种成长的氛围之下才能建立起良好的干预关系，给儿童提供的心理支持才容易被儿童所接受，干预工作才能顺利进行。

一、建立良好关系和提供支持的一般技术

（一）传达共情的技术

危机干预中的共情是指危机干预者放下自己，站在儿童的视角设身处地地体验危机儿童的想法和感受，以促进良好干预关系的建立。

1. 通过复述和总结性澄清表达共情

危机情境下，危机儿童的思维很容易受到震荡而不连贯，再加之危机环境过于复杂、混乱，儿童的言语表达能力又有限，儿童很难将思想表达清楚。

如果危机干预者能够理解危机儿童的情感和言外之意，并将自己对儿童的理解和感受用自己的话反馈给危机儿童，不仅可以帮助危机干预者确认自己是否理解了儿童的感受、思想和行为，还能促进儿童澄清自己的感受、想法。如果危机儿童觉得危机干预者的理解是准确的，就会进一步觉得自己获得了理解，而且是更深层次的理解。需要注意的是这种反馈的内容需专注于危机儿童此时此地的感受和心事，而不是转而谈论与儿童无关的其他人或事。因此，危机干预中的复述和总结性澄清是不可缺少的。

比如"先停一下，你已经说了很多，我担心会记不住。让我总结一下你刚刚说的，看我理解的内容是否和你说的一样"，这能让儿童感受到有人在用心倾听他，还能帮助危机干预者正确理解儿童想要表达的内容、感受、想法及行为。

2. 巧用沉默传递共情

有的时候危机儿童需要时间来思考如何回答干预者的问题，危机干预者也需要时间来思考自己对儿童所诉内容和感受的理解。因此，危机干预者不能说太多的话，否则不仅显得鲁莽，还可能会不受儿童欢迎，要适当地保持沉默，这就将"我理解你，你正在努力想用合适的语言把你的感受表达出来，这很好，我知道这很难，但我相信你行，我随时可以

帮助你表达你的感受"用非言语的形式表达出来了。

（二）传达真诚的技术

真诚是指危机干预者以"真实的我"来协助危机儿童，这就要危机干预者将自己的自我、感受、经验等无保留、无条件地与危机儿童共享。危机干预者的真诚可以让儿童感觉自己处在没有虚假的氛围里，可以表里如一地表达自己的感受。艾根（Egan）认为可以从以下几个方面进行（引自张英萍，2015）：

1. 不受特定角色束缚

危机干预者不是上帝，不要带上任何假面具，也不要假装或模仿某个听过见过的治疗师，而是真诚地表达自我。罗杰斯曾说：一旦我能够接受这样的事实——我有很多缺欠，有很多弱点，经常会犯很多错误，在我应该有所知的时候却显得很无知，在我应该心胸开阔的时候却抱有偏见，常产生与事实不相符合的感受、等待，那么我就更加真诚地是我自己了。

2. 自发性

尽管在危机评估时我们需要快速收集有效信息，谈话要讲究策略，但不能总揣测自己该说些什么，相反，所有的谈话都是发自内心的，帮助行为也是自发的，不受各种规则和技术的束缚，这就需要危机干预者必须是自信的。

3. 没有防御

危机干预者必须清楚自己的优缺点，这样才能在面对儿童的敌对情绪时，不至于令其感到被攻击或被冒犯，以至做出反唇相讥或辩解的举动；才能很真诚地告知儿童表达自己的愤怒等情绪是完全正常的，然后引导儿童进一步探讨敌对情绪反应的深层意义。

4. 言行一致

危机干预者在干预过程中不能心里想的和嘴上说的不一致，也不能在行为上做出与自己价值观相违背的事情。比如，儿童说："这是什么建议？你不是应该帮我走出这个困境吗？"危机干预者可以将自己内心的想法说出来，可以回应为"我看得出你对我很生气，因为我所做的没有符合你的期待，那么你期待我表现成什么样子才是对你最有帮助呢？"这样的回应既保持了危机干预者言行的一致性，又促使危机干预工作进一步深入。

5. 分享自己

向危机儿童展示自我，跟儿童诉说自己的相关故事，以唤起儿童的共鸣，并以言语或非言语的形式表达自己的感受，让儿童来了解自己的内心感受。这可以增加危机干预关系的亲密度、信任感，还为儿童提供了示范，可以激发危机儿童有更多的自我开放，进行更多的自我表达和情感流露。

（三）传达接纳的技术

不管危机儿童做了什么、说了什么，哪怕危机儿童的价值观、品质、信念与干预者自身的信念、价值观是完全对立的，危机干预者也必须无条件接纳儿童，将自身的需要、价值观、愿望等放一边，对危机儿童的言行、想法、感受表达尊重、关心。对危机儿童保持接纳，不是支持其错误观点或者行为，而是让儿童感觉到他是被接纳的，不管持有何种观点、表达何种情绪。

1. 巧用肢体语言

儿童对非言语性语言的敏感度高于成人。因此干预一开始，危机干预者就需要注意自己的姿态。如果危机干预者表现得漫不经心，比如靠坐在椅子上抱双臂、跷二郎腿、眼神冷漠，就无形中向儿童传递了"这关我什么事""我累了""我心里根本就没有在意你说什么"，这样就很难与危机儿童建立信任的干预关系。

危机干预者可以通过和平、自然的面部表情、身体姿势、语音语调等向儿童传达专注、关心，比如通过适度严肃的表情、点头、倾身朝向儿童、适当的身体接近、说话和声细语和抑扬顿挫、语气亲切等来让危机儿童感到危机干预者对自己的关注、接纳；通过给予年幼儿童或者是与自己同性别的儿童轻轻的拥抱、拍肩背以及为其擦拭眼泪等增加安全感。这利于危机干预者更好地对危机儿童给予帮助。

2. 支持与陪伴

在儿童情绪激动时，比如愤怒、失望、兴奋时，干预者要对自己的情绪变化和可能受到的影响进行审视，同时还要给予儿童支持，尽量使用第一人称陈述，比如表达"我会和你一起面对这件事""我们一起来……"。

对儿童的啜泣、叫喊要给予发泄空间，危机干预者可以说"发泄出来……那样会好一些的""来，做几个深呼吸，你会好受些"，这能直接帮助危机儿童缓解情绪。

对儿童的忧郁和担心要给予回应。比如"我听到了你的担心，你并不想再麻烦我。但是，这并不会麻烦到我，我真心希望可以帮助你"。让危机儿童感受到被无条件接纳。

3. 保持客观立场

如果儿童将自己不好的想法投射到危机干预者身上，危机干预者可以不进行否认、防御，不隐藏自己的感受，而保持客观立场，真诚地告诉危机儿童"其实，我想告诉你，我对你的尊重是无条件的，而不在于你做了什么"。这样才更有可能赢得危机儿童的接受和尊重，逐渐让儿童审视自己的想法和感受，从而放弃错误观念或行为。

需要注意的是，在实际的干预工作中，危机干预者要根据儿童的个性选择合适的方式与儿童进行沟通，如果儿童较为拘谨，或者语言表达能力不成熟，危机干预者可以从游戏、故事或者绘画开始，用词要考虑儿童的理解能力，来帮助建立良好的干预关系。

建立良好的干预关系不仅需要助人的积极态度，也需要技巧，只有不断对这些技巧进行训练、演练，才能内化为危机干预者的品质。

二、儿童心理危机干预的特殊技术

创造信任、真诚、安全、接纳的氛围是心理危机干预过程中基础性的工作。国内外心理危机干预工作者根据儿童的实际心理危机状况采用了一些心理危机干预特殊技术，如情感处置技术、放松技术等。经实践证明，这些特殊的技术在儿童情绪觉察和稳定、放松和自我成长中发挥了重要的作用。下面主要介绍情感处置技术和应激晤谈法两种技术。

（一）情感处置技术

许多儿童在经历危机事件之后开始关闭自己的情绪以控制痛苦。实际上所有的情绪都有一些保护意义，比如哀伤告诉我们哪里需要愈合。因此，危机干预者要让危机儿童的心理状态恢复到危机出现前的稳定状态，就必须让儿童了解自己的情绪，并引导其释放情绪，之后建设性地引导其表达这些情绪，这一类技术即称为情感处置技术。

情感处置技术的具体过程分为三步：

第一步，协助危机儿童对自己的情绪进行命名，并用语言表达出来，这样能获得情绪控制感，不至于代之以不恰当行为反应。明确情绪的差异及其发展，比如烦躁、生气、愤怒是三个有差异、递进的情绪，这样也可以给儿童带来情绪控制感。

第二步，帮助危机儿童觉察情绪发生的过程，如情绪来临及消失的手段，且不要给予好坏的价值判断。

第三步，让危机儿童觉察引发情绪的原因，并进一步明白情绪的价值和意义。

情感处置技术包括愤怒处置技术、哀伤处置技术、安全岛技术、保险箱技术等，这里重点介绍愤怒和哀伤的处置技术。具体如下：

1. 愤怒处置技术

每个人或多或少、或长或短经历过愤怒情绪。压抑愤怒或让愤怒爆发都不是好的选择，有一种愤怒处置技术，可以控制愤怒甚至使愤怒减少。具体做法如下：

（1）用字词表达愤怒。可以让危机儿童在愤怒词汇选择表（见表12-3）中分别选择四个词来代表最愤怒、最不愤怒、中等程度愤怒，并对每一类别的词的愤怒程度进行排列。通过这一做法可以让儿童体会到愤怒在程度上是有差别的，而且除了用身体动作表现自己的愤怒之外，还可以用语言来描述愤怒的情绪。

表 12 - 3　愤怒词汇选择表

烦恼	恼怒	厌烦	防卫	失望	难过	激怒	受侵犯	怒不可遏
愤怒	受挫	生气	狂怒	敌意	憎恨	暴躁	被惩罚	相当不满
愤慨	发怒	讨厌	急躁	发狂	恶意	触怒	被责骂	失去控制
恼火	烦扰	凶暴	盛怒	伤心	气恼	激动	不舒服	报仇心切

危机干预者可以让儿童以写日记的形式写下与愤怒有关的事情，以及自己的情绪和身体感觉，以帮助儿童找到愤怒的原因。

愤怒是一种继发性情绪，其原发情绪往往是害怕或者害怕被伤害，因此，危机干预者要让危机儿童觉察到害怕，并客观地看待它。

（2）减轻愤怒与害怕。可以采用克莱因创立的想象技巧来缓解愤怒与害怕。具体做法及步骤如下：

第一步，倾听儿童描述与愤怒或害怕有关的事件及体验。

第二步，让儿童回忆被他人支持且放松的情景，引导儿童用一个词语来描述此感觉，形成保护方案甲。

第三步，让儿童想象自己坐在一个空白的电影或电视屏幕前，并根据自己的意愿来调整屏幕的远近、明暗、音量大小，调整到自己感觉是安全、舒适的状态，形成保护方案乙。

第四步，让儿童回顾曾经经历过但自己又不想要的经历，而经历好像在想象的屏幕上放映，危机干预者运用保护方案甲和保护方案乙来让儿童放松。在经历快被回顾完时让儿童思考自己准备用什么应对措施，危机干预者应对儿童表达出的自我接纳、好奇、幽默等应对措施给予赞许回应,形成保护方案丙。

第五步,让儿童继续想象屏幕上出现最不想要的经历,危机干预者根据需要选用保护方案,然后提醒危机儿童他是一个逐渐长大的人。让儿童想象自己长大了,更有能力了,以"来自未来的访客"身份审视年轻的自己,安慰、鼓励年轻的自己,告诉年轻的自己"放心去体验你的感觉";引导暗示儿童那个时候已经尽力了,会很快从不愉快的事件中走出来,未来美丽的日子在等待着他,危机干预者再次根据需要选用保护方案。

第六步,让儿童想象自己经历过但又不想要的那段经历,引导儿童发现经历结束时自己所做的改变,建议儿童拥抱过去的自己,让儿童想象未来自己可能的经历,自己能否灵活应对这类危机状况。

最后,让危机儿童思考这些变化发生的结果,并根据需要对自己进行调整。

2. 哀伤处置技术

危机儿童常见的情绪反应也包括哀伤、持续压抑哀伤,但这样更容易发生情绪性问题。帮助危机儿童面对并处置哀伤对儿童适应生活有重要意义。哀伤练习主要有三个步骤:

第一步,全面收集正确信息,进行哀伤评估。引导儿童简要描述创伤事件的发生过程,罗列出有关要素;协助儿童了解这些创伤事件是否唤醒了此前更早的体验,引导其将此类体验描述出来。

第二步,扩充儿童视野,与儿童一同去探寻、发现面对创伤时自己的内在力量以及所拥有的宝贵资源。

第三步,重新调整,帮助危机儿童找出继续好好活下去的方法。如自己还需要什么,还能做些什么,哪些人或事会陪伴自己帮助自己,想象自己长大之后再来看这些问题时没有强烈痛苦体验并分析其原因。

需要注意,如果让儿童了解自己的情绪会使其濒临崩溃,那么就暂时不用情感处置技术。

(二)危机事件应激晤谈法

危机事件应激晤谈法(Critical Incidence Stress Debriefing,CISD)也称危机事件集体减压法,这是一种系统的、通过交谈、分享与讨论来减轻压力的方法,简单易行。它比较适合灾难幸存者、灾难救援人员,一般在危机事件发生后的24~48小时进行。整个过程一般需要2~3小时,实施步骤一般分为六个阶段:

第一阶段:介绍期。危机干预工作者做自我介绍,说清楚为何进行这次团体减压,强调保密原则与保密例外。如果儿童彼此之间并不熟悉,可以让儿童依次进行简短的自我介绍。

第二阶段:事实期。让儿童描述危机事件发生过程中他自己及事件本身的一些实际情况,包括所在、所见、所闻、所嗅和所为等,每一位儿童都必须发言。让参加者感知整个事件的真相。干预者要对每个儿童的发言给予简短回应和理解。

第三阶段:感受期。询问儿童目前有何感受,在事件发生时有何感受,以前有没有过类似的感受。危机干预者要尽量帮助儿童用具体细化的语言将感受表达出来,这样才能将情绪宣泄出来，达到缓压效果。

第四阶段：症状期。让儿童描述事件发生时的身心反应，如头晕、失眠、食欲不振、画面或事件闪回等，以及事件发生对生活、学习带来什么影响和改变。通过分享让儿童体会到自己的表现是正常的。

第五阶段：辅导期。干预者归纳或整理危机儿童所描述的身心症状与感受，并介绍应激反应模式，让儿童对压力反应有正确客观的认识；让儿童积极讨论如何应对压力，在压力情境中谁可以帮助他以及如何获得帮助等。干预者要提供一些健康的应对方式，并对不当的应对方式（如逃课、沉迷网络等）做些提醒。随后让儿童制定未来几天、几周的行动计划，促进危机儿童慢慢稳定。

第六阶段：恢复期。协助危机儿童总结在这个危机事件中学到了什么，重申共同反应，强调小组成员的相互支持、可利用资源等。

需要注意的是，高度创伤儿童不适宜使用 CISD，因为其可能会给参与会谈的其他儿童带来更具灾难性的创伤体验。

第五节　儿童常见心理危机的干预

一、儿童自杀行为的危机干预

（一）儿童自杀的现状

世界卫生组织把自杀定义为一个人有意识地企图伤害自己的身体，以结束自己生命的行为。2003 年，世界卫生组织将每年 9 月 10 日定为世界预防自杀日。自杀已经成为全世界共同关注的公共卫生和社会问题。在 20 世纪 70 年代以前，很少有关于儿童自杀的报道，但近几年来儿童自杀的消息却频频出现在网络、电视媒体上，且呈低龄化发展趋势。

（二）儿童自杀的影响因素

导致儿童自杀的原因往往是多方面的，与儿童的个性特征、学业压力、人际环境、社会媒体等息息相关。

1. 个性特征

儿童正处在身心发育的关键时期，相比于其他年龄段的人群而言，更容易受到家庭、社会变化的冲击，对压力或情绪变动缺乏相应的应对能力，容易产生自杀等极端想法和行为。

余思和刘勤学（2019）的研究发现，对身体越不满意的儿童，其自杀意念越高。此外，企图自杀的儿童往往还有绝对化、灾难化等不良认知方式，比如"我考试不及格，我爸爸一定不会饶过我，再也不会爱我了""周围人肯定不喜欢我"等，具有这样信念的儿童在遇到问题时就容易自暴自弃、自伤自毁。

2. 学业压力

儿童本应对世界充满好奇，喜欢探究与学习，但是当学校、家长、同学都认为学习是儿童生活的一切时，儿童的世界就发生了变化，吃饭、上课、上培训班等被固定下来，娱乐时间大幅减少，儿童探索外部世界和自己的机会在无形中被剥夺。过度的学习压榨了儿童的时间，父母、老师的过度期望让儿童背负了过高的目标。长此以往，有的儿童对学习失去了兴趣，有的儿童害怕自己处理不好学习问题，提到学习便紧张焦虑，身心处于亚健康状态，甚至有的儿童因学业压力过大而在开学初或考试后企图自杀。比如 2017 年 9 月 4 日，日本两名学生因暑假作业和升学压力，在开学第一天自杀；2020 年 4 月 23 日，安徽七年级一女生在疫情后复学报到的当天在学校宿舍跳楼而亡；等等。

3. 人际环境

家庭成员间的人际环境影响儿童的身心健康。有研究表明，那些蓄意自我伤害的 16 岁以下儿童，有一半生活在父母离异或分居的家庭中。李艳兰（2015）通过调查研究发现，亲子分离年龄越小、分离时间越长、父母与孩子的联系频率越少，成年后儿童自杀意念水平越高。

家庭治疗专家李维榕曾说过"一个'坏孩子'，可能是最忠于家庭的孩子"。父母关系不融洽，孩子会很自然地卷入进去，变得孤僻、敏感、退缩，会出现逃学、厌学甚至攻击性行为。当孩子遇到危机，处在离异或分居状态的父母以及忙碌的父母，或疲于处理夫妻关系，或忙于工作，难以及时觉察到孩子的情绪变化，让孩子处于有形或无形的留守状态，更无法及时为孩子提供帮助。

校园是儿童生活的重要部分，校园人际关系状况也是影响儿童心理健康的重要因素。如果儿童缺乏同伴群体的支持，感到被孤立，低自尊的儿童就更容易做出自伤行为。邢秀雅等（2009）以安徽省 465 名农村初中生和 6 240 名农村高中生为调查对象进行了中学生自杀未遂的学校相关因素研究，结果发现，儿童自杀未遂与校园欺凌密切相关。学校对孤立的欺凌事件的忽视，会很快导致欺凌文化的出现，使一个孤立的小事件演变为扩散性危机，即欺凌现象不再局限于教室，可能会延伸至网络，会严重地影响儿童的身心健康。

4. 社会媒体

网络游戏、动画片等将人物设置成可死而复生，传递出对生命的漠视，容易让儿童以游戏的态度对待死亡，认为死是一件有趣的事情。

此外，网络媒体对自杀的过度报道中，详细描述自杀者采用的手段、工具获取途径等，无形中为儿童提供了效仿自杀的机会。2019 年 2 月 26 日，英国《每日电讯报》报道，在 595 名 20 岁以下的轻生者当中，有 128 名（约占被调查轻生者总人数的 1/4）生前曾通过网络接触过自杀有关的不良信息。

（三）儿童自杀行为干预案例及干预技术

儿童自杀行为干预案例见案例 12-1。

案例 12-1

有自杀念头的比利

在参加完团体辅导的放松训练、情绪想象及自尊构建后，大家都轮流描述个人体验。11岁的比利（化名）一直非常安静和得意。随后，在团体领导者的引导下，比利说："我看到我自己在高速公路旁，有一辆很大的大货车飞快地跑着，我觉得我要死了，我想死，我看到我自己跳到了它前面。"

听完比利的描述，团体领导者很震惊，随后说道："比利，听到你这样说我很震惊，在其他人走后，你可以和我详细谈谈吗？另外，我想让你知道，我很高兴你没有把这个想象当作秘密，我相信大家都想帮助你，使你活着，并学会如何保持安全。"

资料来源：James & Gilliland，2009。

儿童自杀行为的具体干预技术如下：

1. 表达倾听与接纳，明确问题

在案例12-1中，比利描述了自己头脑中与自杀相关的想象，流露出了自杀念头。这是自杀信号，同时也是求助信号。团体领导者发现了比利自杀征兆后，他不但没有否认、反驳或告诫比利，还用开放的态度对待比利，并肯定了比利愿意将想象分享给团体的做法。这种回应有助于危机干预者取得比利的信任，为接下来获取困扰比利的问题及原因打下基础。他向比利表达他已经了解了他的情况并愿意帮助他，同时将这一情况传递给了团体其他人员的做法，利于比利情绪的恢复。因为涉及比利个人的隐私，团体领导者选择在团体活动结束后单独与比利沟通的做法是可取的。

2. 自杀风险评估

当儿童通过直接或间接的方式表达出自杀意念，或者近期内有自杀未遂行为，在危机干预中都需要特别关注，必须做自杀风险评估。

危机干预者必须抛开一些错误的观念，比如威胁别人说要自杀的人不会自杀，与可能自杀的人讨论自杀将会诱导其自杀。实际上，很多自杀而亡的人在生前曾公开地说过自己自杀的想法，因此，不可忽视自杀言论。与有自杀意念的人讨论自杀，可以帮助危机干预者进一步评估自杀风险，也可以让儿童获得信任的感觉。

案例12-1中的比利间接透露出了自杀意念，属自杀高风险者。可以采用4P模式进行自杀风险评估：比利到底遇到了什么问题？这个问题给他带来了多大的痛苦？持续多长时间了？目前对痛苦的忍受程度如何？有没有明确的自杀计划？自杀是否是立刻就能实施的？自杀手段的危险性如何？有没有精神类疾病？亲朋好友有没有自杀死亡的情况？比利还有没有一些隐藏在心里的期待？

如果比利的自杀计划中自杀工具很容易获得，自杀意愿很强烈，必须确保比利的人身安全，那么我们一定不能单独让他留下，并跟其监护人取得联系。

3. 明确问题，提供支持

需要注意的是，危机干预者不能为了评估而评估，这一过程中一定要以冷静、真诚的态度与比利进行沟通，不惊慌、不争辩、不责备、不说教、不论自杀对与错，设身处地地去接受比利的倾诉，不仅关注导致比利出现无助感、无力感的问题，纠正"当前遇到的问题是永无止境的，自己是没有办法解决的""这些问题将带来灾难性的结果"等不合理认知，还要积极关注比利的积极方面，对比利为活下去所做的努力做出肯定，要找出比利继续活下去的内心期待,为下一步的干预寻找突破口。

4. 探寻可利用资源,引导其做其他选择

根据皮亚杰的认知发展理论,11岁的比利正处在具体运算思维阶段,还没有抽象与假设思维的能力,可能还不能完全理解死亡的概念,认为死亡是暂时和可以逆转的。因此,在充分理解比利情绪的同时,危机干预者要让比利知道死意味着什么——再也不能看见与被看见、听见与被听见。

危机干预者可以从引发比利产生自杀想法的原因入手,并将话题导入对这一问题的解决,促使儿童思考自己采取了什么应对方式、效果不好的原因;积极地探寻有哪些人能够关心自己,他们分别能提供哪些帮助。让比利看到解决问题有更多的选择性。

5. 制订计划,建立契约

导致比利产生自杀意念的因素往往是多方面的,比利身上肯定有许多问题需要解决,但不能在短时间内解决所有的问题。那么危机干预者一定要分清楚问题解决的紧迫度、难易度。对于有自杀意念的人而言,重获信心、建立问题解决的积极性很重要,因此,危机干预者可以把比利的紧急问题放在第一位,比较容易解决的问题放在第二位,再着手解决比利比较难以解决的重要问题。根据上一步探寻出的可利用资源,危机干预者可以与比利共同协商出具体的行动时间与步骤。然后要求比利复述一下接下来会采取的具体行动计划。为了确保比利的安全,一定要求比利做出一个不自杀的承诺。在遇到问题时,又产生自杀意念,害怕对自己失去控制时,一定要打电话给干预者。

二、儿童性虐待的心理危机干预

希拉迪(Schiraldi,2000/2002)将引发危机困境的因素分为蓄意人为因素、非蓄意人为因素和自然因素三种,他发现相对于自然因素、非蓄意人为因素引起的心理危机而言,蓄意人为因素引起的心理危机最难恢复。

性虐待是蓄意人为因素中的一种。很多研究表明,在童年期遭受过性虐待的儿童,如不接受治疗,可能将反复遭受伤害,并在很多年后都会表现出非常严重的症状,比如焦虑、抑郁、羞耻、因为躯体不适经常去求医、人际关系上过于敏感,甚至是创伤后应激障碍、人格障碍。那些在童年期遭受过性虐待的女性成年人更有可能继续遭到强奸、殴打、暴力等其他形式的虐待,因为她们需要做出一些冒险行为获取自己的存在感。所以对经历性虐待的危机儿童进行干预非常有必要。

(一)儿童性虐待的概念

美国精神医学学会编著的《精神障碍诊断与统计手册》(第5版)(DSM-5)对儿童性虐待有明确界定。儿童性虐待是指任何涉及儿童的性行为,其目的是为父母、照料者或其他对儿童负有责任的个体提供性满足感,分为接触型性虐待和非接触型性虐待两种类型。接触型性虐待包括抚摸儿童的生殖器、插入、乱伦、强奸、鸡奸及有伤风化的暴露;非接触型性虐待是指父母或照料者没有与儿童进行直接的躯体接触,但是对儿童进行非接触式的利用,如强迫、引诱、欺骗、恐吓或迫使儿童参与使他人获得性满足的活动。

(二)儿童性虐待的危机干预案例及干预技术

案例12-2介绍了苏茜遭到继父性侵的危机事件。

案例 12-2

苏茜遭到继父性侵

苏茜（化名）是一个8岁的女孩，在家里排行老二。她有一个11岁的哥哥和一个5岁的妹妹。她和哥哥、妹妹都与母亲、继父生活在一起。苏茜的继父起先是抚摸她，这种情形持续了若干个礼拜后，有一天，苏茜的母亲带着她的哥哥和妹妹出门，只剩下她和继父在家里，就在这一次，继父强奸了她，而且威胁她说，如果她胆敢将此事说出去，就杀了她，同时也会杀死她的母亲和妹妹。第二天上午，苏茜还是将这件事告诉了她的哥哥，她的哥哥随即又将这件事告诉了母亲。母亲对此事将信将疑，而且非常震惊，一下子不知所措，于是便打热线电话求助。

苏茜妈妈：（拨打儿童保护中心的热线电话。怒不可遏地大声喊叫，几乎完全失去了控制）喂，喂！我要报告一例（哽咽、抽泣）强奸事件。哎，我的天呐，我怎么就没看见……我怎么让这样的事情发生了呢？（继续在电话里愤怒不已，神经质地怒吼，一边恳请热线电话危机工作者的帮忙，一边痛骂自己的丈夫。）

当事件被发现后，像苏茜妈妈那样敢于正视丈夫性侵女儿并对其进行举报的不多，一般的父母都会极力否认，并将这一"家庭丑闻"掩盖起来。

儿童性虐待的危机干预技术如下。

1. 积极关注，确保安全

由于苏茜妈妈事先完全不知道其丈夫竟然会性侵女儿，当她得知这一事实时非常震惊。强奸属于暴力犯罪，因此，危机干预者在干预工作的开始阶段要做的工作是与苏茜妈妈一起确保苏茜的安全，并帮助苏茜妈妈冷静下来，以合理地控制她的情绪和行动，以免苏茜妈妈因为自责而自杀，或者因为愤怒而去杀了苏茜的继父；并建议苏茜妈妈带苏茜去医院做医学评估和治疗，并将家庭成员转移到一个安全的地方，直到施虐者被绳之以法。

2. 共情倾听，消除恐惧

危机干预者必须很详细、耐心地倾听苏茜妈妈的控诉，允许她把愤怒表达出来，对苏茜妈妈在得知女儿遭受性侵后立即采取行动给予肯定，并赞赏她是一个称职的妈妈，同时一定要强调其丈夫性侵苏茜，过错不在苏茜，也不在她。以此让苏茜妈妈知道危机干预者是可以信任的。此外，危机干预者还需要详细说明有关法律和如何对待苏茜，让苏茜妈妈知道接下来该做什么，不至于无从下手，以保证苏茜不会受到妈妈的责备而受到二次伤害，这一点很重要。

对于苏茜，干预工作要在一个让其感觉到舒适、安全、有吸引力的房间进行。危机干预者在向苏茜介绍了自己之后，可以这样说：

> 我猜想你遇到了一些非常可怕的事情，而且你现在可能正感觉很害怕。我想跟你谈谈这一类可怕的事情。你对这件事感觉很害怕，这是很正常的，因为这事儿本身就很可怕。但是你不必担心，因为你现在很安全，你的妈妈和我们都将保证你的安全。

所以，如果你愿意的话，你现在就可以把你遭遇的事情跟我谈谈，我会回答你关于这件事的任何问题，也可以回答你关于下面将会发生的事情的任何问题。

由于苏茜只有 8 岁，可能无法详细地描述受侵害过程，可以借助一个玩偶或者一张画像，让苏茜指出儿童在受虐过程中哪些身体部位被接触过。

很年幼的儿童还不懂身体的功能，基本上都会很担心、害怕她所遭受的性虐待会产生什么更严重的结果，比如死亡、怀孕，所以在苏茜经过医学评估之后，危机干预工作者要告诉苏茜她的身体完好无损，身体的某些部位并未"破裂"，告诉她不会死去，也没有怀孕，以立即消除她的恐惧。

3. 防患于未然，事后照料

苏茜遭遇性侵的事件被披露后，苏茜的家庭必然会产生一系列的危机。因此，家庭要恢复正常，家庭成员也需要接受治疗，时间至少需要一年。

在国外，有一所优秀的儿童保护机构——卡尔·帕金斯儿童虐待中心会对遭受性虐待儿童进行为期一年的综合性治疗，对受虐儿童进行个体咨询或团体咨询，对其家庭成员进行家庭治疗，个体治疗每周进行两次，与团体治疗穿插进行（引自 James & Gilliland，2013/2017）。在团体治疗过程中，儿童会发现他们并不是孤立的，其他儿童也跟他一样，并表现出同样的思想、情感、行为等（Knauer，2000）。

遭受性虐待的儿童很可能在童年后期出现行为问题，比如撒谎、斗殴、盗窃等，在这些行为还未成为受虐儿童的典型行为特征之前，可以在团体治疗和个体治疗中利用游戏疗法、角色扮演等对这些行为进行治疗，把这些行为特征消除在萌芽状态。消除问题行为与对创伤本身进行治疗是同等重要的（Welfel & Ingersoll，2001）。同时，在治疗中澄清儿童的错误观念——"家庭的破裂是我导致的"很重要，因为只有让儿童相信性虐待事件不是他的错，也不是他的告发导致了家庭的破裂，他才能不在日后继续遭受这类伤害，才能获得对生活的控制力。

鼓励苏茜的母亲参加支持性团体治疗，可以帮助她消除自我责备感，获得对自己和家庭的控制感和力量感。

三、儿童丧亲的心理危机干预

卡巴洛等（Carballo et al.，2006）对海啸危机事件的幸存儿童进行了追踪研究，他们发现儿童创伤后应激障碍的发生概率并不像预期的那样高，反而是海啸中亲人的丧失以及这种丧失带来的安全感丧失给儿童造成了巨大的影响。

（一）儿童丧亲的概念

儿童丧亲是指儿童遭遇重要亲人如父母、兄弟姐妹等离世。对儿童而言，失去依恋对象会产生长期影响，特别是在父母一方去世后很容易导致家庭条件发生变化，儿童的基本安全感和关爱会受到威胁。

尽管不同年龄段儿童对死亡的理解是不同的，但是在面对丧亲时都会受到影响。哪怕是处在自我中心阶段的 3 岁幼儿，他们无法理解死亡，但是并不意味着他们感受不到丧亲的痛苦，他们可能表现出高焦虑，做出激动不安的举动，比如过度哭闹、吮吸手指、咬东西、大发脾气等。也有的儿童会将丧亲悲痛隐匿起来,以至于照料者认为儿童没有受到丧亲影响。

儿童由于经验缺乏和个性发展不成熟,容易对事情产生困惑和误解,甚至没有办法处理哀伤。如果他们的悲痛未能及时并很好地得到解决,他们就可能出现慢性病、持久的内疚感、低自尊、在学校表现差以及人际关系问题。唐尼(Dowdney)的临床研究表明,持续的中度抑郁、焦虑及愤怒在丧亲儿童的身上都是司空见惯的(引自 James & Gilliland,2013/2017)。

一些人认为,在亲人去世时应该保护儿童,不让儿童接触与死亡有关的事情,甚至用"离开"代替"死亡",也不允许儿童参加哀悼仪式。事实上这种做法是不恰当的。很多研究表明,儿童被真诚地告知亲人死亡消息,并被允许一起参加哀悼仪式,能更好地应对丧亲。

(二)儿童丧亲的心理危机干预案例及干预技术

案例 12-3 介绍了安达丧亲的危机事件。

案例 12-3

安达丧亲

心理咨询室里,11 岁的安达(化名)讲起了自己的成长经历。他说:"最近,我总是被一些记忆的片段困扰,那些记忆经常会出现在我的脑海中,我想忘也忘不掉。我总是想起来我奶奶去世的场景,觉得很难受。有一天,爸爸的朋友来接我,说让我回家。等到了家门口,发现都是人,门上还有白对联,我才知道,我奶奶走了。我就开始号啕大哭。"说着的时候,他的眼泪从眼里溢出来,他扭过头,用手背擦眼泪。我将纸巾递到他手里,他一边擦眼泪,一边哽咽着继续说:"爷爷掀开白布,让我看了奶奶最后一眼,然后就再也不允许我靠近了……"说到这里,安达大哭了起来,之前压抑的哭泣变成了号啕大哭。许久之后,他的情绪才稍有平复。"从那以后我就不爱说话了,不想学习,什么都不想做。"

随后了解到,安达不到 1 岁就被爸爸妈妈放在爷爷奶奶家抚养,他从小就跟爷爷奶奶生活在一起,跟爷爷奶奶的感情很深。奶奶去世是在半个月前。

受年龄和认知发展状况的影响,不同年龄段的儿童对死亡的理解极其不同。3 岁以前的儿童不能将死亡和离开区别开来,对死亡没有意识。4 岁左右的儿童可能从字面意义去理解死亡。到了六七岁,儿童认知发展进入具体运算阶段,其对死亡的理解更具体、更具有真实性,可以很形象地描述死亡相关画面,也逐渐明白了死亡的普遍性。12 岁,儿童的认知发展进入形式运算阶段,儿童逐渐理解了死亡的终结和不可逆性。

案例中的安达已经 11 岁了,从其表述中可以判断其基本理解了死亡的不可逆性,但是情绪处于极度悲伤状态。

儿童丧亲的心理危机干预技术如下：

1. 倾听悲伤者心声

在哀伤咨询中，共情地倾听丧亲者的诉说似乎是唯一的、最有效的策略（Rando，1984）。在对安达进行干预的开始阶段就要专注地倾听和耐心地陪伴，鼓励安达进行情感表达，允许安达反复哭泣、诉说、回忆，以减轻安达内心巨大的悲痛。通过温暖的目光、姿势的微微前倾、点头等非言语行为和关切的语音信息给予安达支持与安慰，让安达感觉到有人支持他、理解他。

2. 评估情绪状态

由于奶奶去世后，安达表示不想说话，不想学习，那么危机干预者就必须对安达的心理状态进行评估。由于安达已经 11 岁，可以采用儿童抑郁量表对其情绪状态进行评估。这个量表可测量个体近两个星期的情绪状况，共 27 个项目，采用 0～2 级的三级评分，当总分大于 19 分时表明安达有抑郁症状存在。

3. 告别仪式

在宣泄了情绪后，危机干预者可以借助空椅子技术进行"告别仪式"，以更快地帮助安达走出情绪的困扰。安达只是见了奶奶最后一面，这样的告别是仓促的，因此，对深爱奶奶的安达来说，内心肯定充满了自责，那就需要帮助他完成内心的"未完成事件"，具体步骤如下：

（1）在安达面前摆一把空椅子，给予指导语让他进入冥想状态。

"安达，现在想象奶奶就在你对面的椅子上坐着，她对你微笑，很和蔼，很亲切，她向你挥手，但她似乎要慢慢远去，你想跟奶奶说什么？"鼓励安达把多日的悲伤宣泄出来。

（2）继续引导，鼓励告别。

"安达，奶奶已经离开人世，她要走了，你不能再逃避了，但她的爱还在，并将永远留在你心里，记住奶奶这份爱，安达，让奶奶安心走吧。"危机干预者要耐心等待，给安达时间，等他开口说再见，并表示会好好生活。

这是丧亲干预里最重要的一步，即放弃对逝者的依恋，做好重新调整的准备。

4. 寻找社会支持，制订行动计划

在完成上面重要的一步后，就可以让安达罗列出奶奶的离开给他生活带来的变化，为了面对这些变化，他可以做哪些，对于他一个人难以完成的，他的家人是否能给予支持。

在这一过程中，必须找出其家人或者朋友可以给予支持的地方，并与安达的家人取得联系，让他们了解安达的表现，并多与安达进行情感交流，但是避免"过度"关心，帮助安达投入新的生活。

本章要点

1. 儿童心理危机是指当儿童面对的困难情境超过其应对能力和可用资源，而其又无法回避当前困难情境时所产生的暂时性心理失调状态。

2. 儿童心理危机具有危险与机会并存、普遍性与特殊性、复杂性、复原力等特征。

3. 儿童的 PTSD 临床表现与成人的并不完全相同，很少像成人一样会反复出现视觉

"闪回"，而是在绘画、故事和游戏中反复重现创伤性体验；容易出现退缩症状，以回避与创伤事件有关的活动；常伴有神经兴奋、对细小的事情过分敏感、注意力集中困难、失眠或易惊醒等症状；年幼 PTSD 儿童可能会出现退行行为。

4. 儿童心理危机干预是指危机干预者对处于心理危机状态下的儿童给予及时、适当的心理援助，使其症状得到缓解，心理功能恢复到危机前水平，习得有效的危机应对技能，以防未来类似心理危机的发生。

5. 儿童心理危机干预有七个任务，即初次接触时危机干预者要进行自我介绍，与儿童建立心理联结，让儿童做好危机干预倾向性准备；通过面谈确定儿童此时此刻的危机；向危机儿童提供物质支持、心理支持，激活其社会支持系统；聚焦此时此刻，寻找危机应对方案；制订行动计划，让儿童重新建立自我控制感；让儿童阐述接下来的行动并承诺会按计划实行；最后一项任务是随访，以确保危机干预计划正在进行。在干预过程中，确保儿童身心安全是默认的首要任务，当然，危机干预者也必须考虑自身以及与儿童可能接触的人员的人身安全。

6. 在危机干预过程中，干预者必须不断对儿童危机的严重程度和危机干预过程中的支持系统及干预方案进行评估，其中特别适用于儿童危机干预情景评估的工具主要有分类评估表以及事件冲击量表、儿童事件影响量表。

7. 危机干预工作的重点是要在短时间内给予当事人心理援助和支持，在短时间内创造信任、真诚、安全、接纳的氛围尤其重要。建立良好关系和提供支持的一般技术主要有：通过复述和总结性澄清表达共情、巧用沉默传递共情；不受特定角色束缚、自发性、没有防御、言行一致、分享自己来传递真诚；巧用肢体语言、支持与陪伴、保持客观立场来表达接纳。

8. 危机中的儿童往往会将情绪隐藏起来，可以通过愤怒处置和哀伤处置技术引导儿童释放情绪，建设性地表达这些情绪。也可以通过集体交谈、分享与讨论即危机事件应激晤谈法来减轻压力。需要注意的是，高度创伤儿童不适宜使用危机事件应激晤谈法，以免加深该儿童自身创伤体验，并给参与会谈的其他儿童带来更具灾难性的创伤体验。

拓展阅读

唐海波．（2019）．精神卫生法背景下精神障碍的识别与干预．长沙：中南大学出版社．
McConaughy, S. H.（2008）．儿童青少年临床访谈技术：从评估到干预（徐洁译）．北京：中国轻工业出版社．
许思安（主编）．（2009）．青少年儿童心理危机干预的理论与实践．广州：暨南大学出版社．

思考与实践

1. 试述儿童心理危机干预者的主要工作内容。
2. 试列举儿童心理危机干预过程中可使用的技术。

3. 试述危机案例处理与心理咨询案例处理有何异同。

4. 案例题：

2018年6月28日11时30分许，上海某小学门口一男子持刀砍伤3名小学生与一名成年人。2名受伤男童经抢救无效死亡，另1名受伤男童和女性家长无生命危险。有学生目睹了该事件发生的过程，现场血腥。

学校需要为该案例中目睹事件经过的学生做危机干预的团体心理辅导，请你依据危机混合干预模式，采用危机事件应激晤谈法，设计一个团体危机干预辅导方案。

附件 1

鲁特儿童行为问卷

一、父母问卷项目

根据孩子最近一年情况按 0、1、2 三级评分。

(一) 有关健康问题（1~8 项）

0＝从来没有　1＝有时出现，每周不到 1 次　2＝至少每周 1 次

1. 头痛
2. 肚子痛或呕吐
3. 支气管哮喘发作
4. 尿床或尿裤子
5. 在床上或在裤子里大便
6. 发脾气（伴随叫喊或发怒动作）
7. 到学校就哭或拒绝上学
8. 逃学

(二) 其他行为问题

0＝从来没有　1＝轻微或有时有　2＝严重或经常出现

9. 非常不安，难于长期静坐
10. 动作多，乱动，坐立不安
A①11. 经常破坏自己或别人的东西
12. 经常与别的儿童打架或争吵
13. 别的孩子不喜欢他
N②14. 经常烦恼，对许多事都心烦
15. 经常一个人待着
16. 易被激惹或勃然大怒
17. 经常表现出痛苦、不愉快流泪或忧伤
18. 面部或肢体抽动和作态
19. 经常吸吮手指

---

① A 是指违纪行为或反社会行为。
② N 是指神经症行为。

20. 经常咬指甲或手指

A21. 经常不听管教

22. 做事拿不定主意

N23. 害怕新事物和新环境

24. 神经质或过分特殊

A25. 时常说谎

A26. 欺负别的孩子

(三) 日常生活中的某些习惯问题

0＝从来没有　1＝轻微或有时有　2＝程度严重或经常出现

27. 有没有口吃（说话结巴）

28. 有没有言语困难，而不是口吃（如表达自己或转述别人的话有困难）。如果有请描述其困难程度

A29. 是否偷过东西

(1) 不严重，偷小东西，如钢笔、糖、玩具少量

(2) 偷大东西

(3) 上述两类全偷

(4) 在家里偷

(5) 在外边偷

(6) 在家里及外面都偷

(7) 自己一个人偷

(8) 与别人一起偷

(9) 有时自己，有时与别人一起偷

30. 有没有进食的不正常：如果有，是：(1) 偏食；(2) 进食少；(3) 进食过多；其他，请描述。

31. 有没有睡眠困难：如果有，是：(1) 入睡困难；(2) 早晨早醒；(3) 夜间惊醒；其他，请描述。

29、30、31 三项各有 (1)(2)(3) 请答"是"

二、教师问卷项目

有关健康和行为问题

0＝从来没有

1＝a. 有时出现，每周不到一次
　　b. 症状轻微

2＝a. 至少每周一次
　　b. 症状严重或经常出现

N1. 头痛或腹疼

2. 尿裤子或在裤子里大便

3. 口吃

4. 言语困难

5. 为轻微理由就不上课

N6. 到学校就哭，或拒绝上学

7. 逃学

8. 注意力不集中或短暂

9. 非常不安，难于长时静坐

10. 动作多，乱动，坐立不安

A11. 经常破坏自己或别人的东西

12. 经常与别的儿童打架或争吵

13. 别的孩子不喜欢他

N14. 经常引起烦恼，对许多事情心烦

15. 经常一个人待着

16. 易被激惹或勃然大怒

N17. 经常表现痛苦、不愉快流泪或忧伤

18. 面部或肢体抽动和作态

19. 经常吸吮手指

20. 经常咬指甲或手指

A21. 经常不听管教

A22. 偷东西

N23. 害怕新事物和新环境

24. 神经质或过分特殊

A25. 时常说谎

A26. 欺负别的小孩

附件 2

分类评估表

严重程度量表

严重程度 维度	1 没有损害	2/3 少许损害	4/5 轻度损害	6/7 中度损害	8/9 明显损害	10 严重损害
情感	心境稳定，情感可控。情感变化范围与日常生活相适应。短暂感受到稍微强烈的负面情绪。存在短暂的忧郁期。	情感基本适宜。需要在一定程度上控制情绪。对问题的反应不会过度情绪化。	情感尚适宜，会出现明显的波动和负面情绪。情绪尚能控制，但专注于危机事件。对问题/要求的反应变得缓慢微弱或快速激烈。负面情绪加重且持续时间明显延长。来访者意识到有时会情绪失控。	情感主要是负面的，并且会夸大或明显减弱。难以控制易变的情绪。对问题/要求的反应明显情绪化，但有一定程度的适应性，通过努力能够控制。感情反应与环境不协调。强烈的负面情绪，持续时间延长。负面情绪严重程度明显加重。	情感尤其鲜明或严重受限。负面情绪难以控制，全面影响生活。对问题/要求的反应情绪化，即使尽最大的努力也不合时宜。负面情绪非常严重。情感反应明显与环境不协调。情绪波动极其明显。	情感极其明显，从歇斯底里到毫无反应。没有控制情绪的能力，对危机或他人存在潜在的危险。情感被破坏，无法对问题/要求产生反应。代偿失调。有不真实感，就像在看电视一样。人格解体，觉得自己不是自己了。
行为	行为比较得体。日常功能没有被损害。行为稳定无攻击性。无威胁或危险行为。	行为基本得体，有轻度短暂攻击行为。日常功能轻微损害，需要一定努力才能维持日常功能。行为轻度不稳定。有问题行为，但对己对人无威胁。	行为不得体，但尚无危险。行为可自控或在干预工作者的要求下能够控制，但有一定的困难。行为对己对人有轻度的威胁。来访者会忽略一些日常生活所需完成的任务，日常功能在一定程度上受损。	行为适应不良，但无即刻的破坏性。在反复的要求下也难以控制行为。行为对己对人有一定威胁并且越来越难以控制。维持日常功能的能力受损。	行为使得危机情境恶化。行为前后矛盾，即使在反复的要求下也难以控制。行为对人对己有威胁。明显缺乏维持日常功能的能力。	行为完全无效，即使反复要求来访者改变，行为还是不稳定且不可预测。行为极具破坏性，可能对人对己造成伤害。无法完成日常生活所需的最简单的任务。

续表

严重程度 维度	1 没有损害	2/3 少许损害	4/5 轻度损害	6/7 中度损害	8/9 明显损害	10 严重损害
认知	决策合理有逻辑。注意力保持完整。问题解决和决策能力正常。来访者对危机事件的感知和解释与实际相符。	决策有点奇怪但安全，总体而言能考虑他人感受、想法和幸福。思维受到危机影响但尚能控制。能够进行合理的对话，虽然稍有困难，但能理解和承认他人的观点。问题解决功能基本保持完整。来访者的想法可能会转向危机事件，但思维的关注点还在意志力的控制之下。问题解决和决策能力轻微受影响。来访者对危机事件的感知和解释大体上与实际相符，只有轻微扭曲。	决策越来越不合理，但对人对己尚无危险。某种程度上不考虑他人的感受、想法和幸福。思维局限于危机事件，但不至于困在其中。无法认识不同的观点，进行合理对话的能力受限。问题解决能力有些受限制。偶尔出现注意力不集中。来访者感觉到对危机事件的想法的控制越来越弱。来访者反复面临问题解决和决策困难。来访者对危机事件的感知和解释在某些方面与实际不符。	决策基本不合理，可能对人对己产生危险。越来越不顾他人的想法、感受和幸福。思维局限于危机事件，并且困于其中。理解和回应问题的能力受损。由于注意力不集中，问题解决有困难。注意力不集中，对危机事件的侵入性思维控制能力有限。问题解决和决策能力受到强迫、自我怀疑和混乱的不利影响。来访者对危机事件的感知和解释与实际情况明显不符。	决策重度不合理，对人对己很有可能产生危险。对危机事件的思维变得具有强迫性。表现出自我怀疑和混乱。理解和回应问题的能力极其不稳定。由于注意力无法集中，缺乏问题解决能力。来访者被有关危机事件的侵入性思维所困扰。受到强迫、自我怀疑和混乱的不利影响，来访者的问题解决和决策能力严重受损。来访者对危机事件的感知和解释与实际情况严重不符。	决策能力完全丧失。思维对人对己有明显危害性。思维混乱，完全被危机控制。丧失理解和回应问题的能力。除了危机事件根本无法保持注意力。来访者受到强迫、自我怀疑和混乱的折磨，丧失决策能力。来访者对危机事件的感知和理解与实际情况不符，严重扭曲现实，可能存在妄想、幻觉以及其他精神病性症状。

危机事件

识别并简要描述本次危机状况：_____

_____

情感维度

识别并简要描述目前的情感状况（如果不止一种情绪体验，可以分等级描述，1 是最主要的，2 是次要的，3 是最不重要的）。

愤怒/敌意：_____

焦虑/恐惧：_____

伤心/忧郁：_____

挫败感：_____
_____

行为维度
识别并简要描述目前的行为方式（如果不止一种行为方式，可以分等级描述，1是最主要的，2是次要的，3是最不重要的）。

趋近：_____
_____

逃避：_____
_____

无能动性：_____
_____

认知维度
在下列领域识别并简要描述是否存在侵犯、威胁或丧失（如果不止一种认知反应，可以分等级描述，1是最主要的，2是次要的，3是最不重要的）。

生理方面（食物、水、安全、住所等）：_____
_____

心理方面（自我概念、幸福感、自我完善、自我同一性等）：___
_____

社会关系方面（正性互动和支持、家庭、朋友、教堂等）：____
_____

道德/精神方面（人格的完整性、价值观、信仰系统、精神和谐等）：____
_____

分类评估（X＝初始评估；O＝终期评估）

情感：　　　　　　　　　　　　　　　　　行为：
愤怒____恐惧____伤心____　　　　　　　趋近____逃避____无能动性____
_____　　　　　　　_____
1 2 3 4 5 6 7 8 9 10　　　　　　　　　1 2 3 4 5 6 7 8 9 10

　　　　　　　　　　　认知：
　　　　　　　侵犯____威胁____丧失____
　　　　　　　_____
　　　　　　　1 2 3 4 5 6 7 8 9 10

初始总分（X）：_____　终期总分（O）：_____

记录下反映上述特征的事件：_____
_____
_____

资料来源：Triage Assessment Form（TAF），Triage Assessment System for Students in Learning Environments（TASSLE），Triage Assessment Checklist for Law Enforcement（TACKLE）. Crisis Interventions Preventions Solutions Inc. Pittsburgh, Pa. Reprinted with permission.

附件 3
儿童事件影响量表（CRIES，中文版）

题项	没有	很少	有时	常常	总是
1. 你会在并不愿想起的时候想起这件事吗？					
2. 你会不会想要把这件事从记忆中删除？					
3. 要集中注意力或专注于一件事对你来说是不是有困难？					
4. 你会不会对这件事情有一阵阵强烈的感觉？					
5. 你是不是比事情发生之前更容易被惊吓或者更加紧张？					
6. 你是不是会避开那些容易让你回想起这件事情的事物？					
7. 你是不是尽量不去谈论这件事？					
8. 关于这件事情的画面会不会出现在你脑海中？					
9. 是不是有其他的一些事物总会让你想起这件事情？					
10. 你是不是努力不去想这件事？					
11. 你是不是特别容易被人惹恼？					
12. 你是不是在明显没有必要的时候也保持警觉或小心？					
13. 你的睡眠有问题吗？					

参考文献

鲍尔比. (2017). 情感纽带的建立与破裂(余萍, 曾铮译). 北京: 世界图书出版公司.
边玉芳等. (2010). 青少年心理危机干预. 上海: 华东师范大学出版社.
蔡丹, 沈勇强. (2019). 游戏治疗. 上海: 上海教育出版社.
Carmichael, K. D. (2007). 游戏治疗入门(王瑾译). 北京: 高等教育出版社.
岑国桢. (1996). 行为矫正. 上海: 华东理工大学出版社.
岑国桢. (2013). 行为矫正: 原理、方法与应用. 上海: 上海教育出版社.
陈劲骁. (2015). 法国精神分析之母(硕士学位论文). 南京: 南京师范大学.
Compas, B. E., & Gotlib, I. H. (2004). 临床心理学导论——科学与实践(姚树桥, 朱熊兆译). 北京: 人民卫生出版社.
崔丽霞(编著). (2012). 儿童心理学入门. 北京: 北京师范大学出版社.
达科特. (2015). 百分百多尔多(姜余译). 桂林: 漓江出版社.
邓晶, 钱铭怡. (2017). 心理咨询师和治疗师人际关系性人格对双重关系伦理行为的影响. 中国心理卫生杂志(1), 19-24.
迪伊. (2017). 高级游戏治疗(雷秀雅, 李璐译). 重庆: 重庆大学出版社.
丁伟, 金瑜. (2003). 儿童心理行为及其发育障碍第17讲: 当代儿童心理发展理论简介(二). 中国实用儿科杂志(5), 313-315.
樊富珉. (2005a). 团体心理咨询. 北京: 高等教育出版社.
樊富珉. (2005b). 我国团体心理咨询的发展: 回顾与展望. 清华大学学报(哲学社会科学版)(6), 62-69+109.
方富熹, 方格. (2004). 儿童发展心理学. 北京: 人民教育出版社.
费尔德曼. (2015). 儿童发展心理学(苏彦捷等译). 北京: 机械工业出版社.
Dattilio, F. M., & Jongsma, A. E. (2005). 家庭治疗指导计划(孙莉译). 北京: 中国轻工业出版社.
弗洛伊德. (2016). 小汉斯: 畏惧症案例的分析(简意玲译). 北京: 社会科学文献出版社.
伏羲玉兰. (2002). 舞蹈心理治疗的新进展. 北京舞蹈学院学报(3): 43-48.
傅宏(主编). (2015). 儿童心理咨询与治疗(第2版). 南京: 南京师范大学出版社.
高天. (2007). 音乐治疗学基础理论. 北京: 世界图书出版公司.
高天(编著). (2008). 音乐治疗导论. 北京: 世界图书出版公司.
戈登堡. (2005). 家庭治疗概论(第6版, 李正云等译). 西安: 陕西师范大学出版社.
格尔德等. (2020). 儿童心理咨询(原书第5版, 杜秀敏译). 北京: 机械工业出版社.
郭本禹(主编). (2009). 精神分析发展心理学. 福州: 福建教育出版社.
郭峰等. (2005). 儿童青少年心理咨询与成年人心理咨询的比较. 中国临床康复(32), 170-172.
亨德森, 汤普森. (2015). 儿童心理咨询(第8版, 张玉川等译). 北京: 中国人民大学出版社.

洪莉竹. (2008). 中学辅导人员专业伦理困境与因应策略研究. 教育心理学报, 39（3）, 451-472.
侯志瑾. (1996). 儿童心理咨询与治疗的发展与现状. 首都师范大学学报（社会科学版）（4），126-132.
胡世红（编著）. (2011). 特殊儿童的音乐治疗. 北京：北京大学出版社.
胡泽卿, 邢学毅. (2000). 危机干预. 华西医学（1），115-116.
黄蘅玉. (2013). 对话孩子：我在加拿大做心理咨询与治疗. 上海：上海社会科学院出版社.
江光荣. (2005). 心理咨询的理论与实务. 北京：高等教育出版社.
江光荣. (2012). 心理咨询的理论与实务（第2版）. 北京：高等教育出版社.
江光荣, 胡姝婧. (2010). 国内心理咨询的过程——效果研究状况及问题. 心理科学进展, 18（8），1277-1282.
金盛华（主编）. (2010). 社会心理学(第二版). 北京：高等教育出版社, 66-67.
卡尔. (2004). 儿童和青少年临床心理学(张建新等译). 上海：华东师范大学出版社.
凯斯, 达利. (2006). 艺术治疗手册(黄水婴译). 南京：南京出版社.
柯瑞. (2005). 团体咨询的理论与实践(第6版, 刘铎等译). 上海：上海社会科学院出版社.
科里. (2004). 心理咨询与治疗的理论及实践(谭晨译). 北京：中国轻工业出版社.
克莱因. (2009). 爱、罪疚与修复(吕煦宗等译). 台北：心灵工坊文化事业股份有限公司.
克莱因. (2015). 儿童精神分析(林玉华译). 北京：世界图书出版公司.
拉帕波特. (2019). 聚焦取向艺术治疗：通向身体的智慧与创造力(叶文瑜译). 北京：中国轻工业出版社.
拉扎勒斯. (2009). 简明综合心理治疗(方莉, 程文红译). 北京：商务印书馆.
兰德雷斯. (2013). 游戏治疗(第4版, 雷秀雅, 葛高飞译). 重庆：重庆大学出版社.
雷显梅等. (2016). 运用体感游戏干预自闭症儿童动作技能的研究. 现代特殊教育(10), 36-42.
李成齐. (2006). 儿童创伤后应激障碍的症状表现与干预策略. 中国特殊教育(6), 88-91.
李姐娜等. (2002). 奥尔夫音乐教育思想与实践. 上海：上海教育出版社.
李建军（编著）. (2011). 儿童团体治疗. 南京：江苏教育出版社.
李文权等. (2003). 系统式团体心理辅导改善儿童同伴关系的研究. 心理发展与教育(1), 76-79.
李贤芬等. (2012). 母亲孕期抑郁情绪对儿童早期气质影响的研究. 中国儿童保健杂志, 20（10），920-922.
李雪荣. (1987). 儿童行为与情绪障碍. 上海：上海科学技术出版社.
李雪荣等. (1992). 家庭环境对儿童心理健康的影响. 武汉医学杂志(2), 85-87.
李岩. (2011). 新入园儿童分离焦虑的音乐治疗干预研究. 中国音乐治疗学会第十届学术年会论文集, 226-235.
李艳兰. (2015). 儿童期亲子分离对大学生自杀意念、攻击性影响. 中国临床心理学杂志(4), 678-681.
联合国. (1989). 儿童权利公约.
何路曼. (2019-11-06). 联合国：全球五分之一的青少年受心理健康问题困扰. 中国新闻网. http://www.chinanews.com/gj/2019/11-06/8999367.shtml.
林洁瀛, 钱铭怡. (2012). 与未成年人相关的心理咨询与治疗的保密原则. 中国临床心理学杂(3), 409-412+416.
林芝, 徐云. (1996). 临床儿童心理问题评估. 中国心理卫生杂志, 10（5），211-213.
刘建霞. (2012). 自闭症儿童游戏治疗个案研究. 哈尔滨学院学报, 33（5），127-130.
刘军. (2014). 体育游戏对孤独症儿童社会交往能力的干预研究(硕士学位论文). 济南：山东师范大学.
刘新民（主编）. (2005). 变态心理学. 北京：中国医药科技出版社.
罗杰斯. (2004). 当事人中心治疗：实践、运用和理论(李孟潮, 李迎潮译). 北京：中国人民大学出版社.

罗杰斯. (2006). 罗杰斯著作精粹(刘毅, 钟华译). 北京: 中国人民大学出版社.

罗学荣等. (1994). 湖南省7岁～16岁儿童品行障碍的流行学调查. 中国心理卫生杂志(5), 227-228+216.

吕静. (1992). 儿童行为矫正. 杭州: 浙江教育出版社.

马佳等. (2005). 深圳市儿童少年学习障碍认知特征分析. 中国全科医学(11), 901-902.

马什, 沃尔夫. (2009). 异常儿童心理(第3版, 徐浙宁, 苏雪云译). 上海: 上海人民出版社.

马晓辉. (2015). 安娜·弗洛伊德心理健康思想解析. 浙江: 浙江教育出版社.

Malchiodi, C. A. (2005). 儿童绘画与心理治疗——解读儿童画(李甦, 李晓庆译). 北京: 中国轻工业出版社.

毛颖梅. (2009). 儿童创伤后应激障碍及其游戏治疗. 中小学心理健康教育(10), 7-9.

美国精神病学会. (1996). DSM-IV精神疾病诊断准则手册(孔繁钟, 孔繁锦编译). 台湾: 合记图书出版社.

孟沛欣. (2012). 艺术疗法. 北京: 开明出版社.

米切尔, 布莱克. (2007). 弗洛伊德及其后继者——现代精神分析思想史(陈祉妍等译). 北京: 商务印书馆.

Minuchin, S., & Fishman, H. C. (1999). 结构派家族治疗技术(刘琼瑛译). 台北: 心理出版社.

米克姆斯. (2017). 舞动疗法(余泽梅译). 重庆: 重庆大学出版社.

米纽秦, 尼克. (2010). 回家(刘琼瑛, 黄汉耀译). 太原: 希望出版社.

默恩斯等(2015). 以人为中心心理咨询实践(第4版, 刘毅译). 重庆: 重庆大学出版社.

倪凤琨. (2005). 自尊与攻击行为的关系述评. 心理科学进展, 13 (1), 66-71.

Nichols, M. P., & Schwartz, R. C. (2005). 家庭治疗——理论与方法(王曦影, 胡赤怡译). 上海: 华东理工大学出版社.

牛勇(编著). (2012). 人本主义疗法. 北京: 开明出版社.

潘红玲等. (2018). 体育游戏对孤独症儿童沟通行为影响的个案研究. 武汉体育学院学报(1), 95-100.

潘雯. (2008). 辽宁省儿童青少年精神障碍的流行病学调查分析(硕士学位论文). 沈阳: 中国医科大学.

庞艺璇. (2018). 舞动治疗团体辅导对初中生社交焦虑的干预研究(硕士学位论文). 南昌: 南昌大学.

任海莲. (2018). 西宁地区自闭症患儿康复护理中沙盘游戏的应用. 青海医药杂志(1), 22-23.

James, R. K., & Gilliland B. E. (2009). 危机干预策略(第5版, 高申春译). 北京: 高等教育出版社.

James, R. K., & Gilliland B. E. (2017). 危机干预策略(第7版, 肖水源, 周亮等译校). 北京: 中国轻工业出版社.

Rose, S. D. (2014). 青少年团体治疗理论(翟宗悌译). 上海: 华东理工大学出版社.

Schiraldi, G. R. (2002). 创伤后压力调适(冯翠霞译). 台北: 五南图书出版股份有限公司.

邵瑾, 樊富珉. (2015). 1996—2013年国内团体咨询研究的现状与发展趋势. 中国心理卫生杂志(4), 258-263.

沈玲等. (2011). 焦虑性障碍儿童家庭环境因素的研究. 中国儿童保健杂志(10), 897-899.

史占彪, 张建新. (2003). 心理咨询师在危机干预中的作用. 心理科学进展(4), 393-399.

世界卫生组织(编著). (2008). 疾病和有关健康问题的国际统计分类(第三卷第十次修订本, 董景五主译). 北京: 人民卫生出版社.

苏雪云, 张福娟. (2002). 品行障碍儿童行为矫正的案例分析. 中国临床康复(11), 1558-1559.

万国斌等. (2014). 儿童中心游戏治疗在中国大陆的临床推广应用. 第七届全国心理卫生学术大会论文

汇编，203.

汪向东等. (编著). (1999). *心理卫生评定量表手册*. 北京：中国心理卫生杂志社.

汪智艳等. (2010). 修订版儿童事件影响量表在地震灾区初中学生中的信效度. *中国心理卫生杂志*(6), 463-466.

王恩界, 周展锋. (2017). 心理咨询效果影响因素的研究现状与展望. *中国全科医学*, 20(1), 108-113.

王晓萍. (2010). *儿童游戏治疗*. 南京：江苏教育出版社.

韦小满, 蔡雅娟(编著). (2016). *特殊儿童心理评估*(第2版). 北京：华夏出版社.

温尼科特. (2015). *小猪猪的故事：一个小女孩的精神分析治疗过程记录*(赵丞智译). 北京：中国轻工业出版社.

Winnicott, D. W. (2016). *游戏与现实*(卢林, 汤海鹏译). 北京：北京大学医学出版社.

吴武典等. (2010). *团体辅导*(第2版). 台北：心理出版社.

吴秀碧. (2018). *团体咨询与治疗——一种崭新的人际-心理动力模式*. 北京：中国轻工业出版社.

郗浩丽. (2012). *温尼科特——儿童精神分析实践者*. 广州：广东教育出版社.

向友余等. (2007). 发展性障碍儿童初筛行为检核表的编制. *中国特殊教育*(12), 47-50.

肖旻婵. (2005). *中小学心理健康教育研究：中美比较研究*(博士学位论文). 上海：华东师范大学.

忻仁娥等. (1986). 学前儿童精神卫生问题发生率及社会心理因素分析——3 000例调查报告. *上海精神医学*(4), 183-188.

Hinshelwood, R. D. (2017). *临床克莱茵：克莱茵学派精神分析的历史、临床理论与经典案例*(杨方峰译). 北京：中国轻工业出版社.

邢秀雅等. (2009). 安徽省4县农村中学生自杀未遂的学校相关因素研究. 中华流行病学杂志(1), 21-25.

徐畅. (2019). 运用奥尔夫集体舞提高发展性障碍儿童规则意识. *现代特殊教育*(3), 70-72.

徐汉明, 盛晓春. (2010). *家庭治疗——理论与实践*. 北京：人民卫生出版社.

徐云, 季灵芝. (2016). 体感游戏在孤独症儿童干预中的效用. *中国临床心理学杂志*(4), 762-765+761.

徐云, 朱旻芮. (2016). 我国自闭症儿童融合教育的"痛"与"难". *现代特殊教育*(19), 24-27.

严虎. (2015). *儿童心理画：孩子的另一种语言*. 北京：电子工业出版社.

杨帆. (2015). 自闭症儿童沙盘游戏治疗个案分析. *现代特殊教育*(1), 56-57.

杨甫德, 崔勇(主编). (2015). *精神康复：艺术治疗实操手册*. 北京：人民卫生出版社.

杨宏飞. (2005). 心理咨询效果评价模型初探. *心理科学*(3), 656-659+662.

杨立梅. (1994). *柯达伊音乐教育思想与实践——音乐基础教育的原则和方法*. 北京：中国人民大学出版社.

杨渝川等. (2003). 同伴团体对儿童青少年学业成就和社会功能关系的影响. *心理学探新*(2), 45-50.

叶子欣. (2017). 我有一个"英雄梦"——一例多动症儿童行为矫正个案研究. *中小学心理健康教育*(27), 57-59.

易春丽, 周婷. (2018). *重建依恋：自闭症的家庭治疗*. 北京：世界图书出版公司.

易静. (2011). 依恋理论之母：安斯沃斯. *大众心理学*(1), 47-48.

殷晓艳. (2019). 课堂支持：搭建学习障碍学生集体教学融合的支点——基于一则案例的分析. *教学月刊*(小学版综合)(12), 48-51.

于丽霞等. (2013). 短程心理咨询的会谈间体验对咨询效果的影响——来自纵向测量的证据. *心理科学*, 36(5), 1216-1222.

余思, 刘勤学. (2019). 青少年身体不满意与自杀意念的关系：一个有调节的中介模型. *心理发展与教育*(4), 486-494.

曾纯静，曾纯洁. (2019). 功能性评估及干预对自闭儿童自我刺激行为矫正的个案研究. 长沙民政职业技术学院学报(2)，14-17.

张伯源（主编）. (2005). 变态心理学. 北京：北京大学出版社.

张晓丽. (2011). 自闭症儿童游戏治疗的初步探究. 中国音乐治疗学会第十届学术年会论文集，402-406.

张英萍. (2015). 儿童心理危机干预：理论、策略和应用. 北京：中国社会科学出版社.

郑爱明. (2011). 儿童家庭治疗. 南京：江苏教育出版社.

中华人民共和国全国人民代表大会常务委员会. (2020). 中华人民共和国民法典.

周婷，易春丽. (2016). 行为抑制性、父母特质焦虑与学龄前儿童行为问题的关系. 中国临床心理学杂志(5)，828-832.

朱文臻等. (2011). 心理咨询中的突然获益：工作同盟及初始症状的影响. 心理科学，34（6），1502-1507.

朱旭，江光荣. (2011). 工作同盟的概念. 中国临床心理学杂志，19（2），275-280.

Achenbach, T. M. (1974). *Developmental psychopathology*. New York：Ronald Press.

Achenbach, T. M., & Edelbrock, C. S. (1981). Behavioral problems and competencies reported by parents of normal and disturbed children aged four through sixteen. *Monographs of the Society for Research in Child Development*，46（1），1-82.

Ackerman, N. W. (1970). The art of family therapy. *International Psychiatry Clinics*，7（4），21-26.

Aikawa, T. et al. (1998). The arginine-vasopressin secretion profile of children with primary nocturnal enuresis. *European Urology*，33（Suppl. 3），41-44.

American Psychiatric Association. (2000). Diagnostic and statistical manual of mental disorders (4th ed., Text revision). Washington, DC：American Psychiatric Association.

American Psychiatric Association. (1996). Diagnostic and statistical manual of mental disorders (4th ed.). Washington, DC：American Psychiatric Publishing.

American Psychiatric Association. (2013). Diagnostic and statistical manual of mental disorders (5th ed.). Washington, DC：American Psychiatric Publishing.

Anderson, J. C. et al. (1987). DSM-III disorders in preadolescent children：Prevalence in a large sample from the general population. *Archives of General Psychiatry*，44（1），69-76.

Angold, A. (2003). Adolescent depression, cortisol and DHEA. *Psychological Medicine*，33（5），573-581.

Arnheim, R. (1969). *Visual thinking*. Berkeley：University of California Press.

Arnheim, R. (1972). *Toward a psychology of art*. Berkeley：University of California Press.

Arnheim, R. (1974). *Art and visual perception*. Berkeley：University of California Press.

ASCA. (2016). ASCA Ethical Standards for School Counselor. https://www.schoolcounselor.org/About-School-Counselling/Ethical-Legal-Responsibilities.

Axline, V. (1947). *Play therapy*. New York, NY：Ballantine Books.

Baldwin, W. K. (1958). The social position of the educable mentally retarded child in the regular grades in the public schools. *Exceptional Children*，25（3），106-112.

Barlow, D. H. et al. (1996). Advances in the psychosocial treatment of anxiety disorders-Implications for national health care. *Archives of General Psychiatry*，53（8），727-735.

Barlow, S. H. et al. (2000). Therapeutic applications of groups：From Pratt's "thought control classes" to modern group psychotherapy. *Group Dynamics：Theory, Research, and Practice*，4（1），115-134.

Bartholomew, K., & Horowitz, L. M. (1991). Attachment styles among young adults：A test of a fourcategory model. *Journal of Personality and Social Psychology*, 61 (2), 226-244.

Bayless, K. M., & Ramsey, M. E. (1982). *Music: A way of life for the young child*. St. Louis, MO: C. V. Mosby.

Bear, R. A., & Nietzel, M. T. (1991). Cognitive and behavioral treatment of impulsivity in children: A meta-analytic review of the outcome literature. *Journal of Clinical Child Psychology*, 20 (4), 400-412.

Berg, I. (1989). Family evaluation: An approach based on bowen theory. *British Journal of Psychiatry*, 155 (2), 278.

Berman, S. L. et al. (1996). The impact of exposure to crime and violence on urban youth. *The American Journal of Orthopsychiatry*, 66 (7), 329-336.

Bernstein, P. L. (eds). (1979). *Eight theoretical approaches to dance movement therapy*. Dubuque, Iowa: Kendall/Hunt.

Betensky, M. (1995). *What do you see?: Phenomenology of therapeutic art expression*. London: Jessica Kingsley.

Bixler, R. H. (1949). Limits are therapy. *Journal of Consulting Psychology*, 13 (1), 1-11.

Black, D. W. et al. (2003). Children of parents with obsessive-compulsive disorder: A 2-year follow-up study. *Acta Psychiatrica Scandinavica*, 107 (4), 305-313.

Bloch, D. et al. (1956). Some factors in the emotional reaction of children to disaster. *American Journal of Psychiatry*, 113 (5), 416.

Bowen, M. (1966). The use of family theory in clinical practice. *Comprehensive Psychiatry*, 7 (5), 345-374.

Bowen, R. C. et al. (1990). The prevalence of overanxious disorder and separation anxiety disorder: Results from the ontario child health study. *Journal of the American Academy of Child and Adolescent Psychiatry*, 29 (5), 753-758.

Brammer, L. M. (1985). *The helping relationship: Process and skills* (3rd ed.). Upper Saddle River, NJ: Prentice-Hall.

Brennan, P. A. et al. (2003). Maternal depression, parent-child relationships, and resilient outcomes in adolescence. *Journal of the American Academy of Child and Adolescent Psychiatry*, 42 (12), 1469-1477.

Broidy, L. M. et al. (2003). Developmental trajectories of childhood disruptive behaviors and adolescent delinquency: A six-site, cross-national study. *Developmental Psychology*, 39 (2), 222-245.

Bromfield, R. (2003). Psychoanalytic play therapy. In C. Schaefer (Ed.), *Foundations of play therapy*. New York, NY: Wiley.

Brooks-Gunn, J., & Duncan, G. J. (1997). The effects of poverty on children. *The Future of Children*, 7 (2), 55-71.

Brusica, K. (1989). *Defining music therapy*. Spring City: Spring House Books.

Buchanan, A. (1992). *Children who soil: Assessment and treatment*. Chichester: Wiley.

Carballo, D. M. et al. (2006). Impact of the tsunami on psychosocial health and well-being. *International Review of Psychiatry*, 18 (3), 217.

Carskadon, M. A., & Acebo, C. (2002). Regulation of sleepiness in adolescents: Update, insights, and speculation. *Sleep*, 25 (6), 606-614.

Chethik, M. (2000). *Techniques of child therapy*. New York: Guildford Press.

Coghill, D. (2012). Editorial: Getting the basics right in mental health assessments of children and young people. *Journal of Child Psychology and Psychiatry and Allied Disciplines*, 53 (8), 815–817.

Corey, G. et al. (2010). Issues and ethics in the helping professions. New York: Cengage Learning.

Costello, E. J., & Angold, A. (2000). Developmental psychopathology and public health: Past, present, and future. *Development and Psychopathology*, 12 (4), 599–618.

Cox, D. J. et al. (1996). Additive benefits of laxative, toilet training, and biofeedback therapies in the treatment of pediatric encopresis. *Journal of Pediatric Psychology*, 21 (5), 659–670.

Craig, A. et al. (2002). Epidemiology of stuttering in the community across the entire life span. *Journal of Speech Language and Hearing Research*, 45 (6), 1097–1105.

Dahl, R. E. (1997). The regulation of sleep and arousal: Development and psychopathology. Annual progress in child psychiatry and child development.

Darcourt, L. (2011). *100% Dolto*. Paris: Groupe Eyrolles.

Davidson, R. J. et al. (2002). Depression: Perspectives from affective neuroscience. *Annual Review of Psychology*, 53 (1), 545–574.

Dawson, G. et al. (2012). Early behavioral intervention is associated with normalized brain activity in young children with autism. *Journal of the American Academy of Child & Adolescent Psychiatry*, 51 (11), 1150–1159.

Deakin, E. et al. (2012). Child psychotherapy dropout: An empirical research review. *Journal of Child Psychotherapy*, 38 (2), 199–209.

Dishion, T. J. et al. (1995). The development and ecology of antisocial behavior. In D. Cicchetti, & D. Cohen. (Eds.), *Manual of developmental psychopathology*. New York: Wiley.

Drotar, D. (1995). *Consulting with pediatricians*. New York: Plenum.

DuPaul, G. J. (1991). Parent and teacher ratings of ADHD symptoms: Psychometric properties in a community-based sample. *Journal of Clinical Child Psychology*, 20 (3), 245–253.

Egan, S., & Perry, D. (2001). Gender identity: A multidimensional analysis with implications for psycho-social adjustment. *Developmental Psychology*, 37 (4), 451–463.

Ehiobuche, I. (1988). Obsessive-compulsive neurosis in relation to parental child-rearing patterns amongst Greek, Italian, and Anglo-Australian subjects. *Acta Psychiatrica Scandinavica*, 78 (suppl 344), 115–120.

Eikeseth, S., & Nesset, R. (2003). Behavioral treatment of children with phonological disorder: The efficacy of vocal imitation and sufficient-response-exemplar training. *Journal of Applied Behavior Analysis*, 36 (3), 325–337.

Elizabeth, F. et al. (2014). Reducing maladaptive behaviors in preschool-aged children with autism spectrum disorder using the early start denver model. *Frontiers in Pediatrics*, 2 (40), 1–10.

Erikson, E. (1974). *Dimensions of a new identity*. New York: Norton.

Essau, C. A. et al. (1999). Frequency and comorbidity of social phobia and social fears in adolescents. *Behaviour Research and Therapy*, 37 (9), 831–843.

Essau, C. A. et al. (2000). Frequency, comorbidity, and psychosocial impairment of specific phobia in adolescents. *Journal of Clinical Child Psychology*, 29 (6), 221–231.

Felsenfeld, S., & Plomin, R. (1997). Epidemiological and offspring analyses of developmental speech disorders using data from the Colorado adoption project. *Journal of Speech Language and Hearing Research*, 40 (4), 778–791.

Fombonne, E. (2003). Epidemiological surveys of autism and other pervasive developmental disorders: An update. *Journal of Autism and Developmental Disorders*, 33 (8), 365−382.

Freud, A. (1935). *Psychoanalysis for teachers and parents*. Boston: Beacon Press.

Freud, A. (1965). *Normality and pathology in childhood*. New York: International Universities Press.

Froebel, F. (1903). *The education of man*. New York: D. Appleton & Company.

Galaburda, A. M. et al. (1985). Developmental dyslexia: Four consecutive patients with cortical anomalies. *Annals of Neurology*, 18 (2), 222−233.

Gau, S. et al. (2006). Psychometric properties of the Chinese version of the conners' parent and teacher rating scales-revised: Short form. *Journal of Attention Disorders*, 9 (4), 648−659.

Geschwind, N., & Galaburda, A. M. (1985). Cerebral lateralization. Biological mechanisms, associations, and pathology: 1. A hypothesis and a program for research. *Archives of Neurology*, 42 (5), 428−459.

Gfeller, K. E. (1990). Cultural context as it relates to music therapy. In R. Unkefer (Ed.), *Music therapy in the treatment of adult mental disorders*. New York: Schirmer.

Giaconia, R. M. et al. (1995). Traumas and post-traumatic stress disorder in a community population of older adolescents. *Journal of the American Academy of Child & Adolescent Psychiatry*, 34 (10), 1369−1380.

Glowinski, A. L. et al. (2003). Genetic epidemiology of self-reported lifetime DSM-IV major depressive disorder in a population-based twin sample of female adolescents. *Journal of Child Psychology and Psychiatry and Allied Disciplines*, 44 (10), 988−996.

Golomb, C. (1990). *The child's creation of a pictorial word*. Berkeley: University of California Press.

Goodenough, F. (1926). *Measurement of intelligence by drawings*. New York: Harcourt, Brace & World.

Goodyer, I., & Cooper, P. J. (1993). A community study of depression in adolescent girls. II: The clinical features of identified disorder. *The British Journal of Psychiatry: The Journal of Mental Science*, 163 (9), 374−380.

Gumaer, J. (1984). *Counseling and therapy for children*. New York: Free Press.

Hall, G. et al. (Eds). (2009). *Theory and practice in child psychoanalysis: An introduction to the work of Françoise Dolto* (1st ed.). New York: Routledge.

Harris, V. et al. (2002). An Experimental investigation of the impact of the lidcombe program on early stuttering. *Journal of Fluency Disorders*, 27 (3), 203−214.

Hayward, C. et al. (2000). Cognitive-behavioral group therapy for social phobia in female adolescents: Results of a pilot study. *Journal of the American Academy of Child and Adolescent Psychiatry*, 39 (6), 721−726.

Heflinger, C. A. et al. (Eds). (1996). Handling confidentiality and disclosure in the evaluation of client outcome in managed mental health services for children and adolescents. *Evaluation and Program Planning*, 19 (2), 175−182.

Hinshaw, S. P. (1994). Conduct disorder in childhood: Conceptualization, diagnosis, comorbidity, and risk status for antisocial functioning in adulthood. *Progress in Experimental Personality & Psychopathology Research*, 3−44.

Hinshaw, S. P. et al. (1993). Issues of taxonomy and comorbidity in the development of conduct disorder.

Development and Psychopathology, 5 (1-2), 31-49.

Hirschtritt, M. E. et al. (2015). Lifetime prevalence, age of risk, and genetic relationships of comorbid psychiatric disorders in tourette syndrome. Jama Psychiatry, 72 (4), 325-333.

Hoag, M. J., & Burlingame, G. M. (1997) Evaluating the effectiveness of child and adolescent group treatment: A meta-analytic review. Journal of Clinical Child Psychology, 26 (3), 234-246.

Holden, G. W., & Ritchie, K. L. (1991). Linking extreme marital discord, child rearing, and child behavior problems: Evidence from battered women. Child Development, 62 (2), 311-327.

Horowitz, M. et al. (1979). Impact of event scale: A measure of subjective stress. Psychosomatic Medicine, 41 (3), 209-218.

Jackson, D. D. (1957). The question of family homeostasis. The Psychiatric Quarterly. Supplement, 31 (1), 79-90.

Janosik, E. H. (1984). Crisis counseling: A contemporary Approach. Monterey, CA: Wadsworth Health Sciences Division.

Jennings, S. (1999). Introduction to developmental play therapy: Playing and health. London and Philadelphia: Jessica Kingsley.

Kanner, L. (1948). Child psychology. Springfield, IL: Charles C. Thomas.

Kaplan, S. L., & Busner, J. (1993) Treatment of nocturnal enuresis. In T. R. Giles (Ed.), Handbook of effective psychotherapy. The plenum behavior therapy series. Boston, MA: Springer.

Kay, C., & Green, J. (2013). Reactive attachment disorder following early maltreatment: Systematic evidence beyond the institution. Journal of Abnormal of Child Psychology, 41 (5), 571-581.

Kazdin, A. E. (1980). Behavior modification in applied settings (2nd ed.). Homewood, IL: Dorsey Press.

Kazdin, A. E. (1992). Overt and covert antisocial behavior: Child and family characteristics among psychiatric inpatient children. Journal of Child and Family Studies, 1 (1), 3-20.

Kellogg, R. (1969). Analyzing children's art. Palo Alto, CA: Mayfield.

Kendall, P. (1994). Treating anxiety disorders in children: Results of a randomized clinical trial. Journal of Consulting and Clinical Psychology, 62 (2), 100-110.

Kendall, P. C., & Chu, B. C. (2000). Retrospective self-reports of therapist flexibility in a manual-based treatment for youths with anxiety disorders. Journal of Clinical Child Psychology, 29 (6), 209-220.

King, P., & Steiner, R. (1992). The Freud-Klein controversies 1941—1945. New York: Routledge.

Knauer, S. (2000). No ordinary life: Parenting the sexually abused child and adolescent. Springfield, IL: Charles C. Thomas.

Knell, S. M. (1993). Cognitive-behavioral play therapy. Northvale, NJ: J. Aronson.

Kolb, D. A., & Fry, R. (1975). Towards an applied theory of experiential learning. In C. Cooper (Ed.), Theories of Group Process. London: John Wiley.

Kopta, S. M. (2003). The dose-effect relationship in psychotherapy: A defining achievement for Dr. Kenneth Howard. Journal of Clinical Psychology, 59 (7), 727-733.

Kovacs, M., & Goldston, D. (1991). Cognitive and social cognitive development of depressed children and adolescents. Journal of the American Academy of Child and Adolescent Psychiatry, 30 (5), 388-392.

Kovacs, M. (1997). The emanuel miller memorial lecture 1994. Journal of Child Psychology and Psychiatry and Allied Disciplines, 38 (3), 287-298.

Kulic, K. R. et al. (2001). Prevention groups with children and adolescents. *Journal for Specialists in Group Work*, 26 (3), 211-218.

Kupferstein, H. (2018). Evidence of increased PTSD symptoms in autistics exposed to applied behavior analysis. *Advances in Autism*. 4 (1), 19-29.

Laban, R. (1971). *The educational and therapeutic value of dance*. In L. Ullman (ed.): Laban Art of Movement Guild.

Lamb, W. (1965). *Posture and gesture*. London: Duckworth.

Landreth, G. L. (1991). *Play therapy: The art of the relationship*. Muncie, IN: Accelerated Development.

Landreth, G. L. (2002). *Play therapy: The art of the relationship* (2nd ed.). New York: Brunner-Routledge.

Landreth, G. L. et al. (2009). Play therapy in elementary schools. *Psychology in the Schools*, 46 (3), 281-289.

Landreth, G. L. et al. (2005). *Play therapy interventions with children's problems*. Washington D C: Rowman & Littlefield.

Lask, B., & Fosson, A. (1989). *Childhood illness: The psychosomatic approach*. Chichester: Wiley.

Leckman, J. F. et al. (1994). Tic-related vs. non-tic-related obsessive compulsive disorder. *Anxiety*, 1 (5), 208-215.

Lee, W. (2002). One therapist, four cultures: Working with families in Greater China. *Journal of Family Therapy*, 24 (3), 258-275.

Lee, W. Y. (2005). Three "depressed families" in transitional beijing. *Journal of Family Psychotherapy*, 15 (4), 57-71.

Lenane, M. C. et al. (1990). Psychiatric disorders in first degree relatives of children and adolescents with obsessive compulsive disorder. *Journal of the American Academy of Child and Adolescent Psychiatry*, 29 (3), 407-412.

Leung, A. W. et al. (1994). Social anxiety and perception of early parenting among American, Chinese American, and social phobic samples. *Anxiety*, 2 (1), 80-89.

Liddle, H. A. (1987). Family psychology: The journal, the field. *Journal of Family Psychology*, 1 (1), 5-22.

Lin, Y. W., & Bratton, S. (2015). A meta-analytic review of child-centered play therapy approaches. *Journal of Counseling & Development*, 93 (1), 45-58.

Liu, Q. X. et al. (2012). Parent-adolescent communication, parental Internet use and Internet-specific norms and pathological Internet use among Chinese adolescents. *Computers in Human Behavior*, 28 (4), 1269-1275.

Loeber, R. et al. (2000). Oppositional defiant and conduct disorder: A review of the past 10 years, part I. *Journal of the American Academy of Child and Adolescent Psychiatry*, 39 (12), 1468-1484.

Loeber, R. et al. (1991). Diagnostic conundrum of oppositional defiant disorder and conduct disorder. *Journal of Abnormal Psychology*, 100 (3), 379-390.

Lovaas, O. I. (1987). Behavioral treatment and normal educational and intellectual functioning in young autistic children. *Journal of Consulting and Clinical Psychology*, 55 (1), 3-9.

Lowenfeld, V. (1947). *Creative and mental growth*. New York: Macmillan.

Lucassen, N. et al. (2015). Executive functions in early childhood: The role of maternal and paternal parenting practices. *The British Journal of Developmental Psychology*, 33 (4), 489-505.

Lyon, G. R. et al. (2003). A Definition of Dyslexia. *Annals of Dyslexia*, 53 (1), 1-14.

Lyren, A. et al. (2006). Understanding confidentiality: Perspectives of African American adolescents and their parents. *Journal of Adolescent Health*, 39 (8), 261-265.

Mash, E. J., & Wolfe, D. A. (2005). *Abnormal child psychology*. New York: Thomson Learning.

Minnis, H. et al. (2009). An exploratory study of the association between reactive attachment disorder and attachment narratives in early school-age children. *Journal of Child Psychology and Psychiatry*, 50 (8), 931-942.

Minnis, H. et al. (2013). Prevalence of reactive attachment disorder in a deprived population. *The British Journal of Psychiatry*, 202 (5), 342-346.

Minuchin, S. (2018). *Families and family therapy*. Cambridge, MA: Harvard University Press.

Minuchin, S. et al. (1975). A conceptual model of psychosomatic illness in children. Family organization and family therapy. *Archives of General Psychiatry*, 32 (8), 1031-1038.

Minuchin, S. et al. (2006). Mastering family therapy: Journeys of growth and transformation (2nd edition). *Australian & New Zealand Journal of Family Therapy*, 31 (1), 114-116.

Moog, H. (1976). The development of musical experience in children of preschool age. *Psychology of Music*, 4 (2), 38-47.

Moustakas, C. (1959). *Psychotherapy with children*. New York: Harper.

Myer, R. A. et al. (1992). Crisis assessment: A three dimensional model for triage. *Journal of Mental Health Counseling*, 14 (2), 137-148.

Neeleman, J. et al. (2002). Propensity to Psychiatric and Somatic Ill-Health: Evidence from a birth Cohort. *Psychological Medicine*, 32 (5), 793-803.

Newman, C. J. (1976). Children of disaster: Clinical observations at Buffalo Creek. *American Journal of Psychiatry*, 133 (3), 306-312.

North, M. (1972). *Personality assessment through movement*. London: MacDonald and Evans.

Nuffield, E. J. (1968). Child psychiatry limited—A conservative viewpoint. *Journal of the American Academy of Child Psychiatry*, 7 (2), 210-222.

Ollendick, T. et al. (1994). *International handbook of phobic and anxiety disorders in children and adolescents*. New York: Plenum.

Ospina, M. B. et al. (2008). Behavioural and developmental interventions for autism spectrum disorder: A clinical aystematic review. *Plos One*, 3 (11), 1-32.

Patterson, G. R. (1976). *Living with children*. Champaign, IL: Research Press.

Pears, K. C. et al. (2010). Early elementary school adjustment of maltreated children in foster care: The roles of inhibitory control and caregiver involvement. *Child Development*, 81 (5), 1550-1564.

Piacentini, J., & Bergman, R. L. (2000). Obsessive-compulsive disorder in children. *The Psychiatric Clinics of North America*, 23 (3), 519-533.

Pope, V. T., & Kline, W. B. (1999). The personal characteristics of effective counselors: What 10 experts think. *Psychological Reports*, 84 (3), 1339-1344.

Prout, H. T., & Brown, D. T. (2007). *Counseling and psychotherapy with children and adolescents: Theory and practice for school and clinical settings* (4th edition). New Jersey: John Wiley & Sons, Inc.

Prout, S. M., & Prout, H. T. (1998). A meta-analysis of school-based studies of counseling and psychotherapy: An update. *Journal of School Psychology*, 36 (2), 121-136.

Rando, T. (1984). *Grief, dying and death: Clinical interventions for caregivers*. Champaign, IL: Research Press.

Riddle, M. A. et al. (1990). Obsessive compulsive disorder in children and adolescents—Phenomenology and famiy history. *Journal of the American Academy of Child and Adolescent Psychiatry*, 29 (5), 766-772.

Roberts, A. et al. (2013). Maternal exposure to childhood abuse is associated with elevated risk of autism. *American Journal of Epidemiology*, 177 (6), 25.

Roberts, R. E. et al. (2002). Impact of insomnia on future functioning of adolescents. *Journal of Psychosomatic Research*. 53 (1), 561-569.

Rodman, F. R. (2003). *Winnicott life and work*. Cambridge: Perseus Publishing.

Rogers, C. R. (1957). The necessary and sufficient conditions of therapeutic personality change. *Journal of Consulting Psychology*, 21 (2), 95-103.

Rogers, C. R. (1961). *On becoming a person: A therapist's view of psychotherapy*. Boston: Houghton Miffin.

Rosenberg, B. (1982). Family therapy techniques. *Social Work*, 27 (4), 376-377.

Rubin, J. (1984). *Child art therapy* (2nd ed.). New York: Van Nostrand Reinhold.

Rutter, M., & Hersov, L. (1985). *Child and adolescent psychiatry* (2nd ed). Oxford: Blackwell Scientific Publications, 400-411.

Rutter, M. L. (1970). Psycho-social disorders in childhood, and their outcome in adult life. *Journal of the Royal College of Physicians of London*, 4 (3), 211-218.

Salin, L. (1984). Family therapy: Concepts and methods. *Family Process*, 23 (4), 577-578.

Sayers, J. (1991). *Mothers of psychoanalysis*. London: W. W. Norton.

Schaefer, C. (1993). *The therapeutic powers of play*. Northvale, NJ: J. Aroson.

Schmais, C. (1985). Healing processes in group dance therapy. *American Journal of Dance Therapy*, 8 (1), 17-36.

Segal, H. (1979). *Klein*. London: Karnac Books and the Institute of Psycho-analysis.

Shalev, R. S. et al. (2001). Developmental dyscalculia is a familial learning disability. *Journal of Learning Disabilities*, 34 (2). 59-65.

Shapiro, S. K., & Hynd, G. W. (1993). Psychobiological basis of conduct disorder. *School Psychology Review*, 22 (3), 386-402.

Shavers, V. L. (2007). Measurement of socioeconomic status in health disparities research. *Journal of the National Medical Association*, 99 (9), 1013-1023.

Shaywitz, S. E., & Shaywitz, B. A. (2003). Dyslexia (Specific reading disability). *Pediatrics in Review*, 24 (5), 147-153.

Shaywitz, S. E. et al. (2003). Neural systems for compensation and persistence: Young adult outcome of childhood reading disability. *Biological Psychiatry*, 54 (1), 25-33.

Shechtman, Z., & Yanov, H. (2001). Interpretives (confrontation, interpretation, and feedback) in preadolescent counseling groups. *Group Dynamics: Theory, Research, and Practice*, 5 (2), 124-135.

Shriberg, L. D. et al. (2000). Otitis media, fluctuant hearing loss, and speech-language outcomes: A preliminary structural equation model. *Journal of Speech Language and Hearing Research*, 43 (1), 100-120.

Shriberg, L. D. et al. (1999). Prevalence of speech delay in 6-year-old children and comorbidity with language impairment. *Journal of Speech Language and Hearing Research*, 42 (6), 1461-1481.

Silver, R. (1978). *Developing cognitive and creative skills through art*. Baltimore: University Park Press.

Silverman, W. K. et al. (1999). Treating anxiety disorders in children with group cognitive-behavioral therapy: A randomized clinical trial. *Journal of Consulting and Clinical Psychology*, 67 (12), 995-1003.

Skitka, L. J., & Frazier, M. (1995). Ameliorating the effects of parental divorce: Do small group interventions work?. *Journal of Divorce & Remarriage*, 24 (3-4), 159-179.

Smith, P. et al. (2003). Principal components analysis of the impact of event scale with children in war. *Personality & Individual Differences*, 34 (2), 315-322.

Spitz, R. V. et al. (1997). Look who's talking: A prospective study of familial transmission of language impairments. *Journal of Speech Language and Hearing Research*, 40 (5), 990-1001.

Stallard, P. et al. (2010). Psychological screening of children for post-traumatic stress disorder. *The Journal of Child Psychology and Psychiatry and Allied Disciplines*, 40 (7), 1075-1082.

Sund, A. M. et al. (2003). Psychosocial correlates of depressive symptoms among 12-14-year-old Norwegian adolescents. *Journal of Child Psychology and Psychiatry and Allied Disciplines*, 44 (5), 588-597.

Tallal, P., & Benasich, A. A. (2002). Developmental language learning impairments. *Development and Psychopathology*, 14 (3), 559-579.

Taylor, E. (1994). Syndromes of attention deficit and overactivity. In M. Rutter, E. Taylor and L. Hersov (Eds.). *Child and adolescent psychiatry: Modern approaches* (Third edition). Oxford: Blackwell.

Temple, E. et al. (2003). Neural deficits in children with dyslexia ameliorated by behavioral remediation: Evidence from functional MRI. *Proceedings of the National Academy of Sciences of the United States of America*, 100 (5), 2860-2865.

Terr, L. (1999). *Beyond love and work: Why adults need to play*. New York: Scribner.

Terr, L. C. (1983). Chowchilla revisited: The effects of psychic trauma four years after a school-bus kidnapping. *American Journal of Psychology*, 140 (12), 1543-1550.

Trevarthen, C. & Malloch, S. (2000). The dance of wellbeing: Defining the musical therapeutic effect. *Nordic Journal of Music Therapy*, 9 (2), 3-17.

Truax, C. B., & Carkhuff, R. R. (1988). *Toward effective counseling and psychotherapy: Training and practice*. New Brunswick, N. J.: Aldine Transaction.

Udwin, O. et al. (2000). Risk factors for long-term psychological effects of a disaster experienced in adolescence: Predictors of post traumatic stress disorder. *Journal of Child Psychology and Psychiatry*, 41 (8), 969-979.

Ullmann, L. P., & Krasner L. (Eds.). (1965). *Case studies in behavior modification*. New York: Holt, Rinehart and Winston.

Unnsteinsdóttir, K. (2012). The influence of sandplay and imaginative storytelling on children's learning and emotional-behavioral development in an Icelandic primary school. *Arts in Psychotherapy*, 39 (4), 328-332.

Valleni-Basile, L. A. et al. (1995). Family and psychosocial predictors of obsessive compulsive disorder in a community sample of young adolescents. *Journal of Child & Family Studies*, 4 (2), 193-206.

Vellutino, F. R. et al. (2004). Specific reading disability (dyslexia): What have we learned in the past four decades? *Journal of Child Psychology & Psychiatry*, 45 (1), 2-40.

Wagner, P. A., & Simpson, D. J. (Eds). (2008). *Ethical decision making in school administration*. California: Sage Publications.

Walkup, J. T. et al. (2008). Cognitive behavioral therapy, sertraline, or a combination in childhood anxiety. *New England Journal of Medicine*, 359 (12), 2753-2766.

Weininger, O. (1989). *Children's phantasies: The shaping of relationships*. London: Karnac.

Weiss, D. S., & Marmar, C. R. (1997). The impact of event scale-revised. Assessing psychological trauma and PTSD: A practitioner's handbook.

Weisz, J. R. et al. (1987). Effectiveness of psychotherapy with children and adolescents: A meta-analysis for clinicians. *Journal of Consulting and Clinical Psychology*, 55 (4), 542-549.

Welfel, E. R., & Ingersoll, R. E. (Eds.). (2001). *The mental health desk reference*. New York: Wiley.

West, M. (2000). *Music therapy in antiquity*. Aldershot: Ashgate.

Winnicott, D. W. (1964). *The child, the family and the outside world*. Harmondworth: Penguin.

Winnicott, D. W. (1965). *The maturational process and the facilitating environment*. London: Hogarth Press and the Institute of Psycho-Analysis.

Zeanah, C. H. et al. (2004). Reactive attachment disorder in maltreated toddlers. *Child Abuse & Neglect*, 28 (8), 877-888.

图书在版编目（CIP）数据

儿童心理咨询 / 杨琴主编．--北京：中国人民大学出版社，2022.1
（心理咨询与治疗丛书）
ISBN 978-7-300-29975-4

Ⅰ.①儿… Ⅱ.①杨… Ⅲ.①儿童心理学-咨询心理学-高等学校-教材 Ⅳ.①B844.1

中国版本图书馆CIP数据核字（2021）第204876号

心理咨询与治疗丛书
儿童心理咨询
杨　琴　主编
彭咏梅　刘郁乔　副主编
Ertong Xinli Zixun

出版发行	中国人民大学出版社			
社　　址	北京中关村大街31号	邮政编码	100080	
电　　话	010－62511242（总编室）	010－62511770（质管部）		
	010－82501766（邮购部）	010－62514148（门市部）		
	010－62515195（发行公司）	010－62515275（盗版举报）		
网　　址	http://www.crup.com.cn			
经　　销	新华书店			
印　　刷	北京市鑫霸印务有限公司			
规　　格	185 mm×260 mm　16开本	版　　次	2022年1月第1版	
印　　张	22.5 插页1	印　　次	2022年1月第1次印刷	
字　　数	529 000	定　　价	59.00元	

版权所有　　侵权必究　　印装差错　　负责调换